复杂系统建模理论、
方法与技术
The Theory, Method & Technique
For Complex System Modeling

刘兴堂　梁炳成　刘　力　何广军等　著

科学出版社

北　京

内 容 简 介

复杂系统建模是越来越多的复杂工程系统、社会经济系统、军事作战系统、人工生命系统等研究的基础,有着极其广泛而旺盛的社会、经济、国防和科技需求,堪称仿真科学与技术的前沿新领域。

本书是一部专门研究复杂系统建模理论、方法与技术的著作。作者在全面论述系统建模基本理论和常用建模方法的基础上,重点研究面向复杂系统数学建模的新方法与技术,以及仿真建模环境和工具,并深入讨论人们十分关心的大型复杂仿真系统建模的 VV&A 与可信度评估技术及其应用。

本书普遍适用于从事航空、航天、航海、能源、环保、工业、农业、医学、交通、生物学、经济学、人文科学等方面研究和仿真的科学工作者、工程技术人员和高校教师参考,亦可作为高校高年级学生和研究生的教科书。

图书在版编目(CIP)数据

复杂系统建模理论、方法与技术＝The Theory, Method & Technique For Complex System Modeling/刘兴堂等著. —北京:科学出版社,2008

ISBN 978-7-03-021563-5

Ⅰ.复… Ⅱ.刘… Ⅲ.系统建模 Ⅳ.N945.12

中国版本图书馆 CIP 数据核字(2008)第 045850 号

责任编辑:刘宝莉 / 责任校对:钟 洋
责任印制:徐晓晨 / 封面设计:陈 敬

科 学 出 版 社 出版
北京东黄城根北街 16 号
邮政编码:100717
http://www.sciencep.com

北京凌奇印刷有限责任公司印刷
科学出版社发行 各地新华书店经销

*

2008 年 6 月第 一 版 开本:B5(720×1000)
2024 年 6 月第七次印刷 印张:26 1/4
字数:504 000
定价:218.00 元
(如有印装质量问题,我社负责调换)

第一作者简介

刘兴堂 1942年2月生于陕西省三原县,文职将军、空军级专家。现任空军防空导弹精确制导与控制技术研究中心主任,空军工程大学教授、"控制科学与工程"学科博士生导师。兼任中国系统仿真学会常务理事、中国航空学会飞行力学及飞行试验分会委员、中国自动化学会仿真专业委员会副主任、中国计算机用户协会仿真应用分会理事、陕西省系统仿真学会副理事长。

1965年8月西北工业大学飞机设计与制造专业本科毕业。

1968年3月西北工业大学非线性振动理论硕士研究生毕业。

1968~1982年在中国飞行试验研究院从事飞机控制系统试飞和模拟研究。曾任专业组长、大型飞行模拟器工程和航空重点仿真实验室建设主管工程师。

1982年特招入伍,在空军工程大学导弹学院从教至今。长期从事飞行器导航、制导与控制及复杂系统建模与仿真的教学和研究工作。

曾获国家科技进步奖2项、省部级科技成果奖2项、军队科技进步奖7项;出版专著、译著和大型工具书13部:《机动飞机实用空气动力学》、《飞机舵面的传动装置》、《物理量传感器》、《现代系统建模与仿真技术》、《现代飞行模拟技术》、《空中飞行模拟器》、《精确制导、控制与仿真技术》、《导弹制导控制系统分析、设计与仿真》、《现代辨识工程》、《应用自适应控制》、《新俄汉科技综合词典》、《俄汉航空航天航海科技大词典》、《复杂系统建模理论、方法与技术》;发表学术论文百余篇。

序

仿真科学与技术在国民经济、国防建设和科学研究中发挥着越来越重要的作用,已成为共用的、战略性科学技术,被认为是继理论研究和实验研究之后,信息时代认识与改造世界的又一重要方法。在众多领域需求牵引下,正朝着现代化、科学化的方向迅猛发展。

系统建模是仿真科学与技术的基础和核心内容,目前已形成较为完整的理论、方法与技术体系,并向网络化、智能化和自动化的方向发展,复杂系统建模是它的前沿新领域。

为了进一步推动仿真科学与技术的发展,无论是一般系统建模或是复杂系统建模都存在着亟待普及和提高的问题。特别是随着信息化时代的到来,摆在人们面前的复杂系统问题甚至开放的复杂巨系统(如复杂工程系统、国民经济系统、社会自组织系统、生物和生态系统、人工生命系统等)问题建模任务越来越多,需要深入探讨和研究。《复杂系统建模理论、方法与技术》一书的出版正好顺应了这种潮流和社会需求。

这本书是作者长期从事系统建模与仿真研究工作的高度概括,同时反映了近年来国内外在该领域的新学术思想和成果。

我相信,该著作的出版定会受到广大读者的欢迎,为促进仿真科学与技术的不断发展和提高系统建模与仿真水平发挥重要作用。

李伯虎

2007. 6. 16

中国系统仿真学会理事长、中国工程院院士

前　言

　　仿真科学与技术是一门研究系统建模与仿真理论、方法、技术及其应用的综合性边缘科学技术。复杂系统建模（包括数学建模与仿真建模）是它的重要组成部分和前沿新领域。

　　仿真科学与技术走过了 60 多年光辉历程，在工农业生产、国民经济和国防建设各个领域产生了举世瞩目的影响和效益。事实证明，凡是有科学研究、工程设计和人-机训练的地方都离不开它的支持，特别是面对一些重大的、复杂的棘手问题（如社会经济、生态环境、载人航天、军事作战、能源利用等）的研究，采用传统的理论研究和实验研究方法往往不能奏效，势必转而应用模型研究手段（即建模与仿真方法），从而为决策者、设计师和工程技术人员提供灵活、适用、有效的技术平台和研究环境，以检验他们的关键性见解、创新性观点和所作决策或方案的合理性、正确性与可行性，高效地帮助人们推动科学技术进步，促进社会发展。因此，仿真科学与技术被认为是继理论研究和实验研究之后，第三种认识与改造世界的方法，以及各门学科在当今研究手段上的"交汇点"。

　　目前，仿真科学与技术已发展成为集计算机科学、计算技术、图形/图像技术、网络技术、控制技术、人工智能、信息技术、系统工程、软件工程等多学科为一体的综合性高新科学技术。先进建模工具与环境、仿真高层体系结构、组件/网络/网格化、虚拟制造、虚拟环境、虚拟样机、虚拟采办等技术的迅猛发展，进一步显示出仿真科学与技术的巨大生命力和广阔前景。

　　随着科学技术的进步和人类社会的发展，各类系统规模越来越大，结构越来越复杂，与日俱增的复杂系统研究、复杂工程设计及高级人-机训练任务摆在我们面前，给复杂系统建模与仿真提出了严峻挑战，复杂系统建模理论、方法与技术的研究是其重要方面。为了迎接这种新的挑战，满足国民经济、国防建设和科学研究对复杂系统建模的旺盛需求，深入研究复杂系统建模科学技术，帮助广大读者学习和掌握复杂系统建模知识，我们撰写了《复杂系统建模理论、方法与技术》这本书。深信它必将成为大家的良师益友，并为进一步促进仿真科技教育的普及和提高，推动仿真科技事业快速发展作出贡献。

　　全书共 6 章。第 1 章是绪论：阐明复杂性概念、复杂系统提法及特点；概述复杂系统研究对象与方法，并提出复杂系统建模问题及系统建模体系结构。第 2 章是系统建模的基本理论：论述系统数学建模和仿真建模的主要理论基础，特别是用于复杂系统建模的新理论，如复杂适应系统（CAS）理论、系统辨识理论、系统分形理论、定性理论、模糊理论、云理论、灰色系统理论、自组织理论、元模型理论和元胞自动机与支持向量机理念等。第3章是常用数学建模方法、原理及案例:概述数学建模方法体系;提出数学建模方法选取原则;系统讨论常用的17种数学建模方法的原理、过程及案例。第4章是面向复杂系统建模的新方法与技术:论述复杂系统建模的特殊性和重要思考;重点研究适于复杂系统的建模方法、原理、技术及其典型应用。第5章是复杂系统 M&S 支撑环境及工具:介绍并推荐复杂系统建模与仿真的先进环境及工具;指出主要 M&S 软件和语言的工程应用。第6章是大型复杂仿真系统的 VV&A 及可信度评估:阐述 VV&A 概念及有关概念;深入讨论大型复杂仿真系统的 VV&A 技术及应用,以及系统 M&S 的可信度评估方法。

本书是作者多年的教学和科研总结,同时反映了近年来该领域的新思想、新观点和新研究成果。

参与本书撰写的作者除刘兴堂、梁炳成、刘力、何广军外,还有赵玉芹、吴晓燕、白云、李小兵、刘宏、柳世考、赵敏荣、牛中兴、张双选、张刚、宋坤、王超、许杰等同志。

本书出版得到了军队"2110工程"的资助和空军工程大学导弹学院领导、机关和同仁们的大力支持,尤其受到了仿真界著名专家李伯虎、王子才、黄先祥、王正中、王行仁、肖田元、黄柯棣、王精业等同志的热情鼓励和帮助。中国系统仿真学会理事长李伯虎院士专门为此书作序。此外,本书内容不少汲取了参考文献的丰富营养。这里,一并衷心感谢各位领导、专家、文献作者、同仁及出版社的同志们。

由于复杂系统建模是仿真科学与技术的前沿新领域,涉及知识面既广又深,而作者水平有限,书中难免存在不妥之处,敬请广大读者批评指正。

目　　录

第1章 绪 论

1.1 系统概念与分类

1.1.1 系统概念

系统概念范畴很广,通常包括系统的定义、结构、层次、实体、属性、行为、功能、环境、演化与进化等,它们均与系统建模有关。不过,人们更多关心的是系统的定义、实体、属性、行为及环境。

系统论创始人奥地利学者贝塔朗菲认为,系统是相互作用的多元素的复合体。

我国科学家钱学森将系统定义为:系统是相互作用和相互依赖的若干组成部分结合的、具有特定功能的有机体。

总之,在自然界和人类社会中,凡具有特定功能、按照某些规律结合起来相互关联、相互制约、相互作用、相互依存的事物总体,均可称之为系统。广义地讲,系统包括自然系统和人工系统,工程系统和非工程系统,并有简单系统与复杂系统、中小系统、大系统和巨系统之分。

由系统论知,一个独立的系统总是以其特有的外部表征和内在特性而区别于其他系统,这主要是由构成系统的实体、属性、行为及环境等方面的内容各异而决定的。

简而言之,实体就是系统的具体对象;属性为描述实体特征的信息(常以状态、参数或逻辑关系等来表征);行为指随时间推移所发生的状态变化;环境则表示系统所处的界面状况(干扰、约束、关联因素等)。

应强调指出,对于任何系统特别是复杂系统,都有着通过科学研究实现探索和描述上述实体、属性、行为及环境的任务,这同样是系统建模与仿真的最终目标。

1.1.2 系统分类

系统是多样的、复杂的、五彩缤纷的,且常常充满着惊奇。为了便于分析、研究、控制和管理,人们总是从不同角度对其进行各种分类,常见分类有:

(1)按照自然属性,系统被分为人工系统(如工程系统、社会系统等)与自然系统(如海洋系统、生态系统等)。

(2)按照物质属性,系统被分为实物系统(如武器装备、机电产品等)与概念系统(如思想体系、战略战术等)。

应该指出,实物系统可以是人工系统或自然系统,而概念系统必定为人工系统。

(3) 按照运动属性,系统被分为静态系统(如平衡力系统、古建筑群等)与动态系统(如控制系统、动力学系统等)。

(4) 按照状态变化对时间是否连续,系统被分为连续系统(如雷达天线位置随动系统、模拟计算机系统等)、离散事件系统(如电话服务系统、生产调度系统等)和混合系统(如数字计算机控制系统、半实物仿真系统等)。

(5) 按照参数性质和状态特点,系统被分为集中参数系统与分布参数系统、确定型系统与随机系统、线性系统与非线性系统。

(6) 按照对系统的认知和研究现状,系统被分为白盒系统、灰盒系统及黑盒系统;它们又可分别叫做白色系统、灰色系统和黑色系统。白色系统中具有充足的信息量,其发展变化规律明显、定量描述方便、结构和参数具体。黑色系统的内部特征全部是未知的。灰色系统是介于白色系统与黑色系统之间的一种"信息不确定性"或"信息缺乏"的系统。

(7) 按照结构和关联的复杂程度,系统被分为简单系统(如 RC 电路、稳压电源等)与复杂系统(如世界能源系统、国家人口控制系统等)。

除此,还可以按照系统的静态、动态、时间与空间情况以及专业技术特点等,对各个领域内的系统做出更详细的分类。如控制系统还可以分为经典控制系统和现代控制系统;进一步又能分为开环控制系统、闭环控制系统和复合控制系统;更细地还可分为计算机控制系统、模糊控制系统、变结构控制系统、鲁棒控制系统、智能控制系统、神经网络控制系统和自适应控制系统,等等。

应强调指出,从系统建模和仿真的角度讲,通常系统被分为连续系统、离散事件系统与混合系统,以及简单系统与复杂系统是较为合理的。

从科学研究和科学发展观讲,钱学森等对系统还做出如下分类:

(1) 按照系统组成部分的数量规模大小,系统被分为中小系统、大系统和巨系统三类。

(2) 按照系统层次结构简单与否,系统被分为简单系统和复杂系统两类。

(3) 按照客观世界物质系统空间尺度大小,系统被分为渺观、微观、宏观、宇观和胀观五个层次。

(4) 按照系统输入、输出特性的复杂特性程度不同,系统被分为线性系统、非线性系统和复杂性系统。

(5) 人体系统、社会系统、生态系统、生物系统、环境系统等均属于非常复杂的适应系统。这类系统被称为开放的复杂巨系统。

为简单起见,本书仅将系统分为一般系统和复杂系统。显然,这里的一般系统指简单系统,而复杂系统涵盖着通常的复杂系统、复杂巨系统及开放的复杂巨系统。

1.2 复杂性概念与复杂系统提法

1.2.1 复杂性概念

1928 年贝塔朗菲在他撰写的"生物有机体系统"论文中首次提出了复杂性问题。随之,怀特梅的"有机体的哲学"论文也发表了类似观点。此后,许多科学家和学者,如马卡诺赫、匹茨、冯·诺依曼、维纳、普里高津、哈肯及钱学森等,对此进行了多方面研究,并作出了重要贡献。

复杂性概念被不断明朗化,到目前为止人们至少已认识到:复杂性是决定复杂系统本质特征的诸多因素和组分之间的相互作用而产生的一系列复杂、多样性现象及特性,它不能用传统进化论及还原论方法来分析、处理和研究。至今,复杂性尚无统一定义,只能相对于简单性而言,概括起来,可作如下理解:①复杂性出现在混沌的边缘,介于随机和有序之间;②复杂性寓于系统之中,是系统复杂性,是开放的复杂巨系统的动力学特性;③复杂系统演化过程中和环境交互作用,将呈现出复杂的动态行为特性和实现的整体特性,这些特性具有变化莫测和意想不到的特点,因此一般难以应用已有系统特性描述理论来解释和确定;④复杂性形式是多样的,主要表现为:结构复杂性、功能复杂性和组织复杂性;算法复杂性、确定性复杂性和集成复杂性;物理复杂性、生物复杂性及经济社会复杂性等;其中,集成复杂性又称集聚复杂性,它反映了组分及组分之间相互作用对系统新信息产生、演化和进化的本质影响。

1.2.2 复杂系统提法

复杂系统至今没有明确的严格定义,而只有如下共识提法:

【提法 1】 自然界和人类社会广泛存在着由无数个体组合而成的无限多样性和复杂性的事物,被人们统称为复杂系统。

【提法 2】 一般认为,复杂系统可以从系统内部结构、外部表征、行为及环境的复杂性来认识。

【提法 3】 初看起来,复杂系统区别于一般简单系统的本质特征在于它的复杂性。

【提法 4】 复杂系统是相对于线性系统(简单系统)与非线性系统、确定性系统与不确定性系统而言的,复杂系统内包含着许多复杂性。

【提法 5】 有巨大变化性的系统统称为复杂系统。

【提法 6】 复杂系统是指许多部件组成的系统,这些部件之间有许多相互作用,但不是简单的。在这些系统中,整体大于部分之和。

【提法 7】 复杂系统是由多个因素构成的,要素之间具有复杂的非线性关系的系统。

除此,复杂性科学还对复杂系统做出了描述性定义:复杂系统是具有相当多并基于局部信息做出行动的智能性、自适应性主体的系统。

综上所述,复杂系统是由相当多具有智能性、自适应性主体构成的大系统,系统中没有中央控制,内部存在着许多复杂性,并具有巨大变化性,从而决定了系统主体间及与环境间的复杂相互作用,使得复杂系统涌现出所有单独主体或部分主体不具有的整体行为(特性)——涌现性。

1.3　复杂系统的特点、研究对象及方法

1.3.1　复杂系统的特点

根据上述提法和描述性定义,我们不难总结出复杂系统区别于一般(简单)系统的如下显著特点:

从定量上讲,复杂系统具有高阶次、高维数、多回路、多输入、多输出和层次性等特点;从定性上讲,复杂系统具有非线性、不确定性、内外部扰动、多时空、开放性、自相似性、病态结构及混沌现象等特点;所有这些特点可综合为适应性、自治性、非线性、涌现性、演化性和进化性。其中,涌现性和非线性是复杂系统最本质的特点。所谓涌现性是指构成复杂系统的组分之间存在着相互作用而形成复杂结构,在表现组分特性的同时,还传递着作为整体而新产生的特性。也就是说,诸多部分一旦按照某些方式(或规律)形成系统,就会产生系统整体具有而部分与部分总和不具有的属性、特征、行为及功能等,而一旦把整体还原为不相干的各部分,则这些属性、特征、行为和功能等便不复存在。简而言之,我们把这些高层次具有而还原到低层次不复存在的特点称之为复杂系统的涌现性。涌现性是复杂系统演化过程中呈现出来的一种整体特性。非线性是指不能用线性数学模型描述的系统特性,构成复杂系统的必要部分、大部分乃至所有部分都存在着非线性,且组分间存在着非线性相互作用,而这种相互作用是产生复杂性的根源。不满足叠加原理,整体作用大于部分作用之和是非线性的基本特点,基于这种特点而产生了复杂系统动态过程的多样化和多尺度性,并使得复杂系统的演化变得丰富多彩。因此,许多学者认为,非线性是复杂系统的首要特征;非线性相互作用是区别于简单系统与复杂系统的本质标志。最能够体现上述特点的典型复杂系统要数现代复杂工程系统、社会系统、人体系统和宇宙系统。

(1)复杂工程系统(如载人宇宙飞船)通常具有严重的非线性、内外部随机扰动、结构和参数的不确定性和时变性,数学模型上的高阶、多维、多层次、多输入和多输出等。

（2）社会系统（如经济系统）是一个由简到繁、从低级到高级不断演化和进化的、开放的复杂巨系统，内部充满着层次性、自治性、不确定性、非线性、开放性、时空多变性及涌现性等。

（3）人体系统是一个极其复杂的生命体系统，具有多层次、多形态网络结构的适应性器官，自组织调节的非线性动力学系统，不断完善逐渐进化的生命信息系统，生老病死过程的不确定性及混沌现象等。

（4）宇宙系统是一个充满异彩和惊奇的胀观复杂系统，其非线性、多样性、混沌现象、多层次性、不可逆性、自适应性、开放性、自相似性、自治性、演化性和涌现性等所有的复杂系统特点都在该系统上呈现得淋漓尽致。

1.3.2 复杂系统的研究对象

复杂系统的研究对象是十分广泛的，可概括如下。

就其特性研究而言，包括：①系统组分的功能、行为及其相互关系；②系统整体行为和功能；③系统的涌现性、自治性、演化性和进化性等。

从研究领域讲，今后更多研究的是大量灰盒问题和黑盒问题，它们主要包括地球物理系统、深太空系统、生物与生态系统、人工生命系统、自适应进化系统、人工智能系统、社会自组织系统、经济管理系统、军事作战系统以及复杂工程系统（如航天、航空、海洋、能源、材料、环保等）等。

1.3.3 复杂系统的研究方法

复杂系统的研究方法取决于上述特点和研究对象，它本质地区别于对简单系统或白盒问题的传统研究方法。在此，我们不能不指出，在 20 世纪 80 年代初，钱学森先生就发表了"系统科学、思维科学与人体科学"的论文，明确提出"系统学是研究复杂系统结构与功能一般规律的科学"。接着，1990 年又在《自然杂志》上发表了"一个科学新领域——开放的复杂巨系统及其方法"的论文，提出了"开放的复杂巨系统"概念及处理这类系统的方法论。他指出，简单大系统可用控制论的方法，简单巨系统可用还原论范畴的统计物理方法，而开放的复杂巨系统不能用还原论及其派生方法，只能采用本体论方法。这种复杂系统研究方法的新思想，时隔10 年后才被西方学术界所认识。这就是 1999 年美国 *Science* 杂志发表了"复杂系统"专辑，明确提出了"超越还原论"的口号。

最近，哈尔滨工业大学李士勇教授在长期研究非线性科学与复杂系统理论的基础上，提出了 6 个相结合的复杂系统综合研究方法，即定性判断和定量计算相结合、微观分析和宏观综合相结合、还原论与整体论相结合、确定性描述与不确定性描述相结合、科学推理与哲学思想相结合以及计算机模拟与专家智能相结合。我们认为，6 个相结合的研究方法正确地体现了钱学森所倡导的"系统科学、思维科学与人体科学"相结合的本体论综合研究方法。

1.4　系统研究现状和趋势

1.4.1　研究现状

对系统开展广泛而深入的理论研究与实验研究是人类认识及改造世界的基本活动和主要手段。对此,人们进行了长期不懈努力,取得了一系列辉煌成就,从而不断推动着科技进步和社会发展。截至目前,对于系统研究状况可概括如下:

就研究范畴而言,①研究和描述了系统的部分组分概念(如空间、时间、事件、过程、性质、因果性、数量、质量、可能性、可观测性、可控性、相互关系、部分与整体等);②发现与验证了支配组分的部分规律性(如电磁学规律、力学定律、守恒定律、相似原理、价值规律、热力学定理等);③探索、分析或解释了某些宏观现象和微观世界的机理(如星球运行、能量传递与转换、万有引力、物质结构、物化效应、随机过程、战争发展规律等);④在适应上述客观规律下,设计、制造、使用、评估及改造了部分领域的人工系统(如机器、设备、装备、工程系统、教育系统、工厂、企业、市场经济、能量开发、环境保护、交通运输、医疗卫生等);⑤能够预测和评估某些未知或未来复杂系统的性能、行为和功能(如新星球的可能出现,短、中、长期气象预报,股市走势,热核武器模拟试验,作战模式演变,国民经济可持续发展等)。

可见,面对系统问题的浩瀚大海和重峦叠嶂的科学高峰,已往的研究和取得的成果仍然是局部的、少数的、微小的,特别是对于复杂性问题、复杂系统的研究。

在国际上,有组织地进行了复杂性问题、复杂系统研究是由美国开始的。1984年以诺贝尔奖获得者盖尔曼·阿罗和安德森为首在新墨西哥州建立的圣塔菲研究所(SFI),这是一个专门研究复杂系统和复杂性问题的跨学科领域的机构,后来逐步发展成为著名的美国研究复杂问题中心。其主要研究成就是提出了复杂适应系统(CAS)理论及其研究方法,即创立了 Multi-Agent 体系和基于 Agent 建模与仿真方法学。可见,系统建模与仿真的方法已经成为复杂系统问题研究的独特方法。

由于复杂系统的研究,直接推动了各门学科尤其是仿真科学与技术的发展。如果说 20 世纪 70 年代以前,多数建模与仿真专著是面向物理系统,并讨论了基于演绎推理的传统建模与仿真方法的话,那么 70 年代以后,许多重要的系统建模与仿真专著,则从不同方面转向研究复杂系统建模与仿真的方法学问题。其中,这一时期具有代表性的著作和论文有理查森和普茨的《系统动力学建模导论》、齐格勒的《建模与仿真理论》、戈登的《系统仿真》、斯普里特和范斯蒂恩斯基的《计算机辅助建模与仿真》、欧阳莹元的《复杂系统理论基础》以及我国王正中教授的《现代计算机仿真及应用》、白方丹教授的《定性仿真》、戴金海教授的《复杂系统理论及其建模仿真方法学》和陈森法教授的《复杂系统建模理论与方法》等。

1.4.2　发展趋势

随着自然界和人类社会不断发展走向复杂化,复杂系统的研究日趋迫切并终将成为热点和焦点。其发展趋势是着力解决如下三方面问题:其一是开放的复杂巨系统及其方法论。对此,钱学森提出了通过对系统科学、思维科学与人体科学及其多学科进行综合研究,采用这方面的研究成果从定性到定量综合集成技术来解决开放的复杂巨系统问题。其二是复杂性与适应性的关系。为解决这个问题,霍兰通过研究大量复杂系统(自然、生物、社会等)演化规律和复杂性产生机理,创立了"复杂适应系统(CAS)理论",其核心思想是"适应性造就复杂性"。他提出,复杂适应系统内部的个体是具有适应能力的智能体(agent),并给出该智能体的适应和学习基本模型,从而使 CAS 具备了描述和研究复杂系统的能力。其三是复杂工程系统的复杂性以及安全性与可靠性的关系。Carlson 和 Doyle 基于"稳健性造就复杂性"的思想提出了高度最优化容限理论,即 HOT 理论。在 HOT 理论中,高度最优化(HO)强调通过高度结构化、非通用工程设计来实现,而容限(T)则强调复杂系统中稳健性是一个约束和受限量。他们同时表明,HOT 系统稳健,但仍然脆弱。应指出,大多数复杂工程系统(如飞行控制系统、大规模集成电路等)都会呈现 HOT 特性,因此,HOT 理论具有极重要的研究意义和应用价值。

解决复杂系统的安全性与可靠性关系亦至关重要。为此,在复杂系统研究中,高确信高后果系统(HAHC)占有相当重要的地位,这种系统对于武器、军事、能源、信息、金融、交通等尤为重要。Jame 指出,HAHC 系统应同时具有三个基本特征:①是杂和异质的,即 HAHC 系统必须由不同类的子系统构成;②必须与所处环境持续不断地交互作用;③必须具有动态行为。

应指出,对于出现 HOT 特性的大多数复杂工程 HAHC 系统要求满足系统上述 3 个特性是十分困难的,这方面的研究工作目前尚处于方法论层次。

综上所述,更确切地说,就要利用复杂系统建模方法与技术,通过计算机仿真或半实物仿真试验从定性到定量综合集成技术来解决发展中的复杂系统问题研究。

1.5　系统建模与仿真

1.5.1　模型概念、性质及分类

科学实验是人们改造自然和认识社会的基本活动与主要手段。科学实验有两种途径:其一是在实际系统进行试验,谓之实物试验或物理试验;其二是利用模型完成试验,叫做模型研究或系统仿真(即模拟)。

　　模型与模型研究的概念由来已久，可以追溯到古代仿鸟飞行和按比例样板造船，只是在计算机出现之后才在此基础上产生了系统仿真科学与技术。模型至今是科技工作者最常谈论的重要科学术语之一，它是相对于现实世界或实际系统而言的。在系统仿真中，被研究的实际系统或未来的想定系统叫做原型，而原型的等效替身则称之为模型。

　　在科学实验和理论研究中，基于如下主要两方面原因而产生了建模与仿真：①由于某种原因，如系统过于复杂，实验现场有毒、有害、不安全、受限制、不经济等不宜或者不能在实际系统上进行试验；②人们往往希望在产生实际系统（一般指人工系统）之前或对实际系统未来能够预测出它们的性能、功能和行为。

　　一个有效模型必须能够反映原型的主要表征、特性及功能，并具有如下基本性质：普遍性（或等效性）、相对精确性、可信性、异构性及通过性。

　　（1）普遍性是指一个模型可能与多个系统具有相似性，即一种模型通常可以描述多个相似系统。

　　（2）相对精确性是指模型的近似度和精度都不可超出应有限度和许可条件。这是因为，过于粗糙的模型将失去原型的过多信息和特性，而变得无用；太精确的模型则往往造成模型相当复杂而导致研究困难，甚至终不得其解。就此而言，模型应具有考虑诸多条件折中下的精确性。

　　（3）可信性表明模型必须经过校核、验证和确认，即进行所谓的 VV&A 活动，使之具有满意的可信度。

　　（4）异构性是指对于同一个系统，模型可以具有不同的形式和结构，即模型不是唯一的。

　　（5）通过性，即模型可视为"黑箱"，通常能够利用输入/输出实验数据辨识出它的结构和参数。

　　在模型研究中，为方便起见，同系统一样可将模型进行各种分类（见图 1.1）。

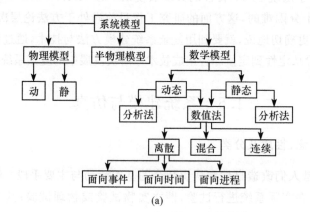

(a)

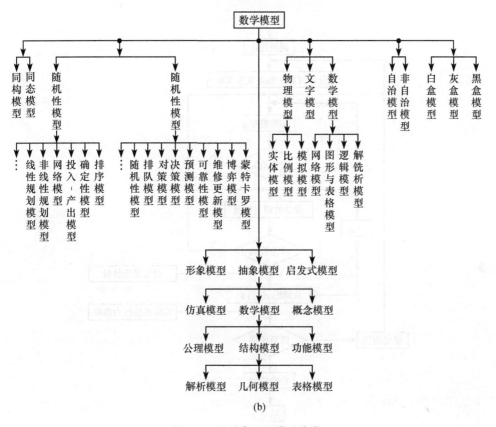

(b)

图 1.1 几种常见的模型分类

1.5.2 数学建模及其过程

系统数学模型的建立简称为数学建模。

所谓数学模型就是描述系统内、外部各变量间相互关系的数学表达式。它包括数值表达式和逻辑表达式。常量、变量、函数、方程、不等式、并、交、如果……那么……、图形、表格、曲线、序列及程序等都是数学模型的描述形式。

数学建模的最终目标就是要确定系统的模型形式、结构和参数,获得正确反映系统表征、特征和功能的最简数学表达式。

数学建模的一般过程是:观察和分析实际系统→提出问题→做出假设→系统描述→构筑形式化模型→模型求解→模型有效性分析(包括模型校核、验证及确认)→修改模型→最终确认→模型使用。

目前,计算机辅助建模越来越多地被采用。图 1.2 给出了现代数学建模的流程。

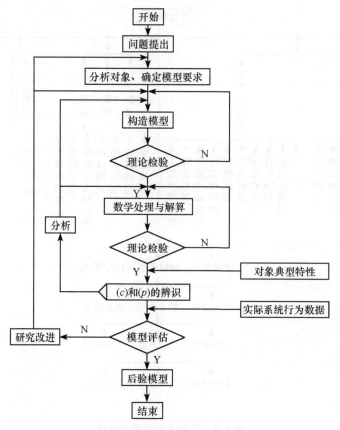

图 1.2　现代数学建模流程图

(c)为结构集;(p)为参数集

1.5.3　仿真建模与系统仿真

　　从仿真角度讲,完整的系统建模应包括数学建模和仿真建模两大部分。所谓仿真建模就是将非形式化模型或数学模型变换成仿真计算机系统(即仿真计算机及仿真支持软件)能够识别和运行的模型。由于仿真建模是模型变换的过程,所以又叫做二次建模。

　　通常,仿真模型以算法、程序和仿真装置的形式出现。根据所使用的仿真计算机类型(模拟机、数字机和混合机)不同,所建立的仿真模型亦各不相同。

　　所谓系统仿真就是建立系统模型,并利用该模型运行,进行科学试验研究的全过程(见图1.3)。按照所采用的模型形式不同(数学模型、实物模型、混合模型)系统仿真被分为数学仿真、实物仿真和半实物仿真。基于纯数学模型的系统仿真被称为数学仿真;以实物试件或仿真装置(物理效应器)为基础的系统仿真谓之实物仿真;既有数学模型又有仿真装置的系统仿真叫做半实物仿真。由于数学仿真所使用的工具主要是仿真计算机系统,也就是说数学仿真是完全在仿真计算机系统上实现的,所以数学仿真通常又称为计算机仿真。

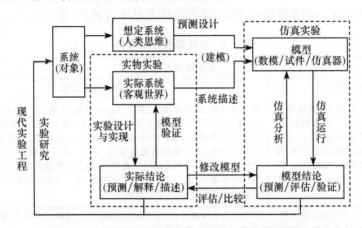

图 1.3　系统、建模、模型、仿真及实验的相互关系

根据所使用的仿真计算机类型不同,系统仿真可分为模拟计算机仿真、数字计算机仿真和混合计算机仿真。它们又分别简称为模拟仿真、数字仿真和数-模混合仿真。

值得指出的是,进入 20 世纪 80 年代全数字仿真技术促进了仿真方法学、并行技术、多媒体技术、分布交互式仿真(DIS)、高层体系结构(HLA)和协同仿真的迅速发展,使得数字仿真成为计算机仿真的主流和各类系统仿真的核心。由于复杂系统研究尤其是军用复杂大系统仿真的需求,促进了半实物仿真技术的迅猛发展,使它成为解决这类系统问题必不可少的手段。

目前,分布交互式仿真、高层体系结构、虚拟现实、虚拟样机、虚拟制造、虚拟采办等仿真技术高度发展,以及更先进仿真计算机出现,进一步增强了系统仿真的活力,有力地推动着系统仿真应用从传统的工程领域扩展到社会、经济、生态、环境、作战等非工程领域,并成为分析和研究复杂系统的重要现代技术手段,甚至是唯一的有效途径。

1.5.4　系统建模与仿真体系结构

随着模型研究及其相关理论与技术的发展,时至今天,系统建模与仿真(M&S)已经形成了较为完整的体系结构,包括理论体系、方法体系、技术体系和应用范畴等。

理论体系是指支撑系统 M&S 的坚实理论基础。除 M&S 对象的专业理论外,模型论、相似理论、系统论、辨识理论、计算机网络理论、定性理论、灰色系统理论、复杂适应系统(CAS)理论、元胞自动机和支持向量机理念及自组织理论已构成系统 M&S 的主干理论基础。

方法体系是指系统 M&S 采用的方法学,包括支持自身发展的方法和用于对象 M&S 的方法。就系统建模而言,其方法体系已十分宽广(见表 1.1)。

表 1.1　系统建模方法体系

系统建模方法	
传统建模方法	复杂系统建模新方法
机理分析法、实验法(实验统计法和实验辨识法)、直接相似法、比例法、概率统计法、回归分析法、集合分析法、层次分析法、图解法、蒙特卡罗法、模糊集论法、"隔舱"系统法、想定法、计算机辅助法等	混合建模法、组合建模法、基于 Agent 建模法、基于 Petri 网建模法、基于 MAS 建模法、基于混合 Petri 网建模法、基于神经网络建模法、基于因果追溯建模法、基于 CAS 建模法、基于 CGP 建模法、基于面向对象技术建模法、基于定性推理建模法、基于 GSPS 建模法、基于 GMDH 建模法、基于综合集成研讨厅建模法、基于分形理论建模法、基于元胞自动机建模法、基于支持向量机建模法、基于图论建模法、基于计算机智能逼近建模法、MRM 建模法等

注:MAS 为多智能主体系统;CAS 为复杂适应系统;CGP 为有约束的产生过程;GSPS 为通用系统问题求解系统;GMDH 为数据处理的群集方法;MRM 为多分辨率。

技术体系是指支撑系统 M&S 的技术群。在这些技术群中主要包括系统技术、组件化技术、计算机技术、计算与算法技术、网络技术、数据库技术、信息技术、软件技术、人工智能技术、面向对象技术、图形/图像技术、虚拟现实技术、模型简化与修改技术、综合集成技术、多分辨率技术及 VV&A 技术等。

系统 M&S 有着极其广泛而重要的应用范畴,十分旺盛的社会、国防及科技需求是其生存、发展和进步的动力源。可以说,凡是有科学研究、工程设计和人-机训练的地方都离不开系统 M&S 的支持,特别是对于复杂系统研究,必须在传统理论研究和实验研究的基础上,采用本体论综合研究方法,借助系统 M&S 手段才能达到既定目标和预期效果。应强调指出,在信息时代,系统 M&S 已成为通用技术和战略技术,以及继理论研究和实验研究之后,第三种认识与改造世界的方法。同时,系统建模是系统仿真的前提条件和基础,也就是说只要开展系统仿真试验研究,就必须首先进行系统建模。

1.6　对复杂问题建模与仿真的重要思考

1.6.1　复杂系统研究是建模与仿真发展的动力源

随着科技持续进步和社会不断发展,人们对于复杂系统研究的需求越来越大,又由于复杂系统研究的核心是自身的自治性、演化性、进化性及复杂性(主要包括适应性、非线性及涌现性等),显然利用传统机理分析法和实验统计法往往难以获得接近实际的结论,因此,不得不转而采用构建模型的研究方法(或称仿真方法),

即不断地在先验知识和近似模型之间来回区分新模式,引入新概念,并将它纳入一次又一次修改后的模型,再进一步通过模型运行和模型试验结果分析去解释、阐明和开发被研究的复杂系统问题。这就是复杂系统问题研究对于建模与仿真的客观需求及在研究方法学上越来越多的依赖性,同时反映了建模与仿真发展的必然趋势(见图 1.4)。

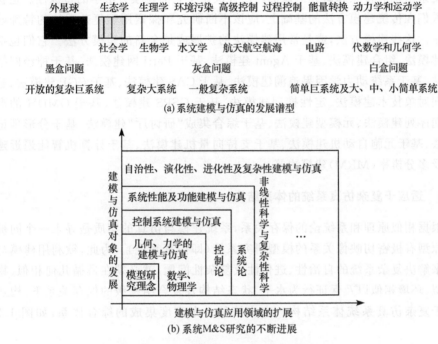

(a) 系统建模与仿真的发展谱型

(b) 系统 M&S 研究的不断进展

图 1.4　系统建模与仿真的发展趋势

由图 1.4 可见,在复杂系统问题研究的推动下,复杂系统建模与仿真已经成为仿真科学与技术的迫切需求和前沿新领域。

1.6.2　支撑复杂系统建模与仿真的新理论

达尔文的进化论表明,宇宙空间起初只有一些简单系统,如基本粒子、原子、分子、单细胞生物体等,随着时间的推移,逐渐出现了像大自然和人类这样的复杂系统。如前所述,复杂系统具有显著区别于简单系统的复杂性特点,从而给建模与仿真带来了相当大的困难,但同时也极大地促进了支撑系统建模与仿真的理论发展,近几年来的发展尤其迅速,使系统建模与仿真的理论基础不断扩大、日趋完善、坚实。

支撑复杂系统建模与仿真的理论基础除模型论、相似理论、系统理论、辨识理论、网络理论、层次分析理论及专业理论外,还出现了新的理论,如系统分形理论、

CAS 理论、定性理论、云理论、模糊理论、元胞自动机和支撑向量机、自组织理论、灰色系统理论等。这些新理论的出现都对复杂系统建模与仿真发展起到了重要或关键的作用。

1.6.3 复杂系统建模方法学进展

复杂系统的特点和研究对象的广泛性决定了它的建模方法学的特殊性。这就是说人们在传统建模方法的基础上,应该不断研究和探索用于复杂系统的特殊建模方法。这些建模方法,或是常用建模法的扩展或是全新的建模方法。它们包括混合建模法、组合建模法、基于 Agent 建模法、基于 Petri 网建模法、基于神经网络建模法、基于系统动力学因果追溯建模法、基于 CAS 建模法、基于 CGP 建模法、基于面向对象技术建模法、定性推理建模法、基于 GSPS 建模法、基于 GMDH 的混沌时间序列建模法、元模型建模法、基于综合集成"研讨厅"建模法、基于分形理论建模法、基于元胞自动机建模法、基于支持向量机建模法、基于计算机智能逼近建模法及多分辨率(MRM)建模法等。

1.6.4 适应于复杂仿真系统的体系结构

根据相似原理和系统论的保存关系,系统建模与仿真的实质是寻求一个同被研究原型有极密切映像关系的模型研究系统(即仿真系统)。为此,欲利用建模与仿真来解决复杂系统的自治性、进化性及复杂性问题,就必须在遵循几何相似、物理相似、环境相似以及保证行为水平、状态结构及复合结构级的保存关系下,构建适应于复杂仿真系统体系结构。它应该是一个高度集成的综合体系,如图 1.5 所示。

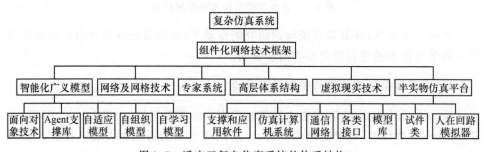

图 1.5 适应于复杂仿真系统的体系结构

1.6.5 复杂系统建模环境及工具

为了缩短建模周期和减少建模人员精力,研制、开发及应用复杂系统建模环境及工具是至关重要的。

复杂系统建模环境及工具系指用于复杂系统的建模语言、建模软件与建模平台等。应该说,目前的复杂系统建模环境及工具是较为丰富的、有效的,并在不断增多和提高。本书将在第 5 章介绍一些流行的、通用的、先进的复杂系统建模语言、软件和平台,主要包括 Rational Rose、Power Designer、Microsoft Office Visic、Trufun Plato、HLA&RTI、GIS、OpenGL&Vega、STAGE&STRIVE、ModSAF、JMASS、JSIMS&JWARS、UML、Swarm、MATLAB& Simulink 等。另外,还将推荐 30 余种用于各种专业领域的 M&S 软件。

1.6.6　复杂仿真系统与 VV&A 技术

一个缺乏可信度的系统建模与仿真是没有任何意义的。对于复杂仿真系统可信度保证尤为重要,被视为建模与仿真的生命线。为此,VV&A 技术及其应用是国内外仿真界关心和研究的重点与热点之一。

VV&A 是指系统建模与仿真的校核(verification)、验证(validation)与确认(accreditation)。VV&A 技术及其应用简称为 VV&A 活动,是对系统建模与仿真过程的全面监控,从而保证系统(特别是复杂系统)建模与仿真的有效性(validity)、可信性(credibility)和可接受性(acceptability)。

由于 VV&A 活动将贯穿于复杂仿真系统全生命周期过程中的各个阶段,所以它既重要而又复杂。为了做好这件工作,结合我国国情,研制和开发复杂仿真系统全生命周期 VV&A 过程模型和规范化复杂仿真系统 VV&A 有关概念、计划、方法、技术、文档、结论及应用操作是至关重要的。

思　考　题

1. 给出系统的一般定义及从不同角度分类。
2. 试述复杂性概念和复杂系统的几种主要提法。
3. 指出复杂系统的主要特点,并简要论述复杂系统的本质特点。
4. 针对复杂系统的研究对象有哪些?采用什么方法进行研究?
5. 包括复杂系统在内的系统研究现状如何?其发展趋势怎样?
6. 为什么要进行模型研究?其意义作用如何?
7. 模型有哪些基本性质?给出模型的常见分类方法。
8. 何为数学模型和数学建模?给出数学建模过程及框架。
9. 论述包括复杂系统在内的系统建模体系结构。
10. 何为系统仿真?指出系统仿真与系统建模的关系。
11. 在复杂系统建模中,有哪些主要问题值得人们认真思考。

第 2 章　系统建模的基本理论

2.1　引　言

系统建模包括数学建模与仿真建模，它们以多个学科理论为基础。模型论、相似理论、系统论和辨识理论是系统建模的最基本理论。除此，系统建模的基本理论还包括复杂适应系统理论、自组织理论、网络理论、定性理论、云理论、模糊理论、灰色系统理论、元胞自动机和支持向量机理念、马尔可夫理论、元模型理论及综合集成研讨厅体理念及虚拟现实理论等。

2.2　模型论及其相关理论

2.2.1　引言

模型论及其相关理论是系统建模最重要的基本理论之一，是描述系统模型的数学知识，包括系统抽象与描述及系统与模型描述间的保存关系等。

模型论的相关理论包括：模型集总、简化和修改，以及模型有效性和模型灵敏度分析等。

2.2.2　实际系统的抽象

本质上讲，模型是从实际系统概念出发的关于现实世界的一小部分或某几方面的"抽象"的"映像"。按照模型论，系统建模需要进行如下抽象：输入量、输出量、状态变量及它们之间的函数关系。这种抽象过程谓之模型的理论构造。

抽象中，必须联系真实系统与建模目标，首先提出一个详细描述系统的抽象模型，再在此基础上不断增加细节至原抽象中去，使其抽象不断地具体化。这里，描述变量起着至关重要的作用，它或可观测，或不可观测。从外部对系统施加影响或干扰的可观测变量称为输入量，而系统对输入量的响应谓之输出量。输入量和输出量对的集合，表征着真实系统的"输入-输出"性状。这时，真实系统可视为产生一定性状数据的信息源，而模型则是产生与真实系统相同性状数据的一些规则、指令的集合，抽象在其中则起着媒介作用(见图 2.1)。

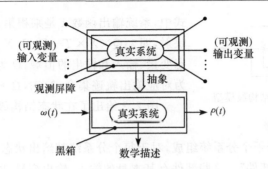

图 2.1 真实系统建模的抽象过程

由图 2.1 可见,系统建模实际上是将真实系统抽象为"黑箱",再根据黑箱外部的输入、输出而提出关于黑箱内部的情况假定(一些规则、指令的集合)——模型。如果用数学方式表达模型,最终产生的就是数学模型。

上述这种通过抽象认识系统(或事物)的方法称为模型论,又叫黑箱理论。黑箱理论是系统辨识建模方法的重要理论基础。

2.2.3 系统描述及其保存关系

1. 系统描述级(水平)

按照系统论的观点,实际系统可在某种级(水平)上被分解。因此,可以如下分级来描述系统。

1) 性状描述级

性状描述级又称行为水平。在该级上描述,系统被看成一个"黑箱"(见图 2.1),被施加输入信号,同时测量输出响应,结果获取一个输入-输出对 (ω,ρ) 及 R_s 关系,$R_s = \{(\omega,\rho):\Omega,\omega,\rho)\}$。于是,系统的性状仅给出输入-输出观测结果。其模型为五元组集合结构

$$S = (T,X,\Omega,Y,R) \tag{2.1}$$

若 ρ,ω 满足 $\rho = f(\omega)$ 函数关系时,其集合结构变为

$$S = (T,X,\Omega,Y,F) \tag{2.2}$$

2) 状态结构级

在状态结构级上,系统模型不仅能反映输入-输出关系,而且应能够反映系统内部状态,以及状态与输入、输出间的关系。系统数学模型对于动态结构可以用七元组集合来描述,即

$$S = (T,X,\Omega,Q,Y,\delta,\lambda) \tag{2.3}$$

对于静态结构有

$$S = (X,Y,Q,\lambda) \tag{2.4}$$

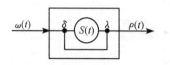

图 2.2　系统状态结构级模型

式中，系统输出函数 λ 是乘积集合 $Q \times X \times T$ 上的映射，即 $\lambda: Q \times X \times T \to Y$；$Q$、$X$、$Y$ 分别为系统状态变量、输入和输出的值域；Ω 为输入轨迹集合；ρ 为对应输出轨迹集合；$\delta: Q \times \Omega \to Q$。

图 2.2 给出了在状态结构级上的系统模型。

3）复合结构级

系统一般由若干个分系统组成，对于每个分系统都给出状态结构级的描述，被视为系统的一个"部件"。这些部件有其本身的输入、输出变量，以及部件间的连接关系和接口。于是，可建立起系统在复合结构级上的数学模型（见图 2.3）。这种复合结构级描述是复杂系统、大系统和简单巨系统的建模基础。

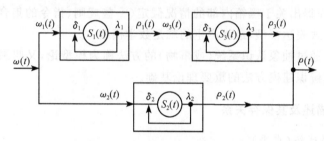

图 2.3　系统的复合结构级模型

应该强调指出：

（1）复杂系统分解为复合结构是无止境的，即每个分系统还会有自己的复合结构。

（2）一个有意义的复合结构级描述只能给出唯一的状态结构描述，而一个有意义的状态结构级描述本身只有唯一的性状（行为）级描述。

（3）系统上描述必须允许分解停止，又允许进一步分解，即包含着递归可分解性。

2. 系统描述间的保存关系

系统建模的实质在于建立一对模型间的对应关系，也就是在描述系统所需要达到的程度下，能否用一个基本模型来有效地描述真实系统，或者用一个集总模型有效地表示模型。如上所述，建立这样的关系有两个基本描述级，即性状集和结构级。如果两个系统（或模型）S 和 S' 在此两级上可以建立对应关系，就称为它们有"保存"关系或"态射"（morphism）。

在性状级上，保存关系是等价关系的概念，也就是说 S 和 S' 是性状等价，即 $R_s = R'_s$，或者说它们具有精确相同的输入-输出关系。

在结构级上，两个系统（或模型）间的保存关系包括下列同构和同态关系。

所谓同态和同构概念可用如下定义来解释。

【**定义 2.1**】　设 (S,O) 和 $(T,*)$ 是两个代数系统,如果存在一个映射 $f:S\rightarrow T$,使得对每个 $a,b\in S$,有 $f(a\circ b)=f(a)*f(b)$,则称 f 是从 (S,O) 到 $(T,*)$ 的同态映射,简称同态。此时,亦称 (S,O) 和 $(T,*)$ 是同态的。

【**定义 2.2**】　设 (S,O) 和 $(T,*)$ 是两个代数系统,如果存在一一对应映射 $f:S\rightarrow T$,使得任意 $a,b\in S$,有 $f(a\circ b)=f(a)*f(b)$,则称 f 是从 (S,O) 到 $(T,*)$ 的同构映射,简称同构。此时,亦称 (S,O) 和 $(T,*)$ 同构,并记 $(S,O)\cong(T,*)$。

【**定义 2.3**】　若两个代数系统包含着有限多个运算,如 $(S,O_1,O_2,\cdots,O_k)$ 和 $(T,*_1,*_2,\cdots,*_k)$,则要对每个运算均保存,即

$$\begin{cases} f(a\circ_1 b)=f(a)*_1 f(b) \\ f(a\circ_2 b)=f(a)*_2 f(b) \\ \vdots \\ f(a\circ_k b)=f(a)*_k f(b) \end{cases} \tag{2.5}$$

此时,才称 f 是同态或同构。

3. 系统保存关系的分层及其诸定理

按照能够保存的结构方面,系统保存关系将有不同层次(或级别)。随着级别增加,系统能够保存的结构方面更丰富,从而对同态强度亦增加(见表 2.1)。

表 2.1　系统保存关系的分层

级　别	保存关系	形式对象
0	I/O 关系同态	(g,k)
1	I/O 函数同态	(g,k)
2	系统同态	(g,h,k)
3	规范同态	(g,h,k)
4	结构同态(弱和强)	$[d,(h_a)]$

注:I/O 为系统的输入和输出。

1) I/O 关系同态

设 S 和 S' 分别是 I/O 关系观测 (T,X,Ω,Y,R) 和 (T',X',Ω',Y',R') 表示,其意义是:如果输入段 ω' 作用于 S',并观测输出段 ρ',对应于 $(\omega',\rho')\in R'$,则应该有 I/O 对偶 (ω,ρ)。

2) I/O 函数同态

从 IOFO(T,X,Ω,Y,F) 到 IOFO$'(T',X',\Omega',Y',F')$ 的 I/O 函数同态是 (g,k) 对偶。其中,①$g:\Omega'\rightarrow\Omega$;②$k:(Y,T)\rightarrow(Y',T')$;③当每个 $f'\in F'$,致使 $f'=k\cdot f\cdot g$。这种同态如图 2.4 所示。

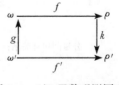

图 2.4　I/O 函数观测同态

【**定理 2.1**】　若 (g,k) 是由 (T,X,Ω,Y,F) 到 (T',X',Ω',Y',F') 的 I/O 函数同态,那么 (g,k) 也是从与 (T,X,Ω,Y,R) 有关的 IOFO 到与 (T',X',Ω',Y',F') 有

关的 IOFO′的 I/O 关系同态。

3）I/O 系统同态

从 $S=(T,X,\Omega,Q,Y,\delta,\lambda)$ 到 $S'=(T',X',\Omega',Q',Y',\delta',\lambda')$ 的系统同态是三元量 (g,h,k)，致使①$g:\Omega'\to\Omega$；②$h:\bar{Q}\to Q'$，其中，$\bar{Q}\subseteq Q$；③$k:Y\to Y'$ 且对所有 $q\in\bar{Q},\omega'\in\Omega'$；④$h\{\delta(q,g(\omega'))\}=\delta'\{h(q),\omega'\}$ 转换函数的保存；⑤$k'\{\lambda(g)\}=\lambda'[h(q)]$ 输出函数的保存。

【定理 2.2】　令 $H:Q\to Q'$ 为线性映射，若且仅若以下条件成立，则 H 是 S 到 S' 的同态：①$A'H=HA$；②$HB=B'$；③$C'H=C$。

4）规范同态

对于迭代规范 $G=(T,X,\Omega_G,Q,Y,\delta_G,\lambda)$ 和 $G'=(T',X',\Omega'_G,Q',Y',\delta'_G,\lambda')$，从 G 到 G' 的规范同态是 (g,h,k)，致使①$g:\Omega'_G\to\Omega_G$；②$h:\bar{Q}\to Q'$，其中 $\bar{Q}\subseteq Q$；③$k:Y\to Y'$ 且对所有 $q\in\bar{Q},\omega'\in\Omega'_G$；④$h\{\delta_G(q,g(\omega'))\}=\delta'_G(h(q),\omega')$；⑤$k(\lambda(q))=\lambda'(h,(q))$。

【定理 2.3】　如果 (g,h,k) 是 G 到 G' 的规范同态，则 (g,h,k) 是 S_G 到 S'_G 的系统同态。此处，g 是 q 的扩展。

【定理 2.4】　设 h 是 M 至 M' 的离散事件规范同态，$h:Q_M\to Q'_M$ 是映射，对所有 $(s,e)\in Q_M$，以使 $h(s,e)=(h(s),e)$，则 h 是 $G(M)$ 至 $G(M')$ 的一个规范同态。

2.2.4　模型的非形式化与形式化描述

从系统描述方式角度讲，模型可以有形式化与形式化描述。前者称为非形式模型，后者叫做形式模型。

非形式模型包括分量、描述分量、分量间相互关系和假定说明等四部分。图 2.5 给出了非形式化模型的结构示意图。

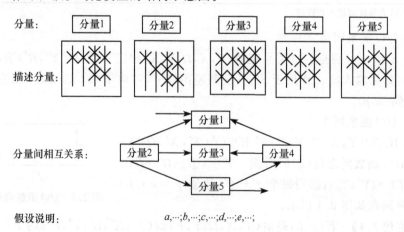

图 2.5　非形式化模型的结构示意图

通常,非形式模型的描述格式如下:

分量

$\left.\begin{array}{l}\text{COMPONENT} \cdot \text{A} \\ \text{COMPONENT} \cdot \text{B}\end{array}\right\}$ 实际系统的分量联系的一般描述

描述变量

$\left.\begin{array}{l}\text{COMPONENT} \cdot \text{A} \\ \text{VARIABLE} \cdot \text{A1} \\ \quad\vdots \\ \text{COMPONENT} \cdot \text{B} \\ \text{VARIABLE} \cdot \text{B1} \\ \quad\vdots\end{array}\right\}$ 每个变量范围;符号表征这个集的任一元素; 简单指明描述变量的伴生分量中变量的作用

$\left.\begin{array}{l}\text{PARAMETERS} \\ \text{PARAMETERS} \cdot 1 \\ \quad\vdots \\ \text{PARAMETERS} \cdot m\end{array}\right\}$ 每个参数变量的范围;符号表征该范围的任一元素; 说明模型结构中的参量的作用

分量相互关系　主要根据规则、假设和定律对分量同其他分量间的联系、影响、效应或作用等作出非形式化描述。

假设说明　主要指对非形式化模型构成的某些附加条件的描述。

形式模型就是我们所说的数学模型,它由形式语言来表示。

一个形式语言 $\mathcal{L}$ 是由一些数学符号构成的集合。通常,这些符号可以分为三类:关系符号、函数符号和常量符号。

设 A 是一个非空集合。如果对于 $\mathcal{L}$ 的每一个关系符号 P 都有 A 上一个指定的关系 R 来解释它;每一个函数符号 F 都有 A 上的一个指定的函数 G 来解释它;同样,每一个常量符号 C 都有一个指定的元素 a 来解释它。这样就构成了在 A 中对于 $\mathcal{L}$ 的一个解释 L(L 可视为由 $\mathcal{L}$ 中符号到 A 上的一些关系、函数及 A 中一些元素的映射),则把 (A, L) 称为 $\mathcal{L}$ 的一个模型,记为 U。这时,A 称为 U 的论域。

设 U 和 U' 为同一形式语 $\mathcal{L}$ 的两个模型。若存在一个由论域 A 到 A' 上的 1-1 映射 f 满足下列条件,则 U 和 U' 是同构的:

(1) 对 A 中的每一 n 元组 $a_1, a_2, \cdots, a_n$ 都有:$R(a_1, \cdots, a_n)$ 真当且只当 $R'(f(a_1), \cdots, f(a_n))$ 真;

(2) 对 A 中每一个 m 元组 $a_1, a_2, \cdots, a_m$ 都有:$f(G(a_1, \cdots, a_m)) = G'(f(a_1), \cdots, f(a_m))$;

(3) 对于每一常量有:$f(a) = a'$。

如果上述 f 中去掉"1-1"条件,则称 U 和 U' 是同态的。

如果 $A' \subseteq A$ 且满足下列条件,则称 U' 为 U 的子模型,或称 U 为 U' 的扩张模

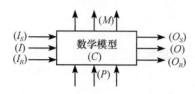

图 2.6　数学模型的形式化描述

(I) 为输入级；(O) 为输出级；(C) 为结构级；

(P) 为参数级；(M) 为目标级；

S 为子集；R 为全集

型，记作 $U' \subseteq U$。

（1）对于 A' 中的每一 n 元组 $a_1, a_2, \cdots, a_n$ 都有：$R'(a_1, \cdots, a_n)$ 真当且仅当 $R(a_1, \cdots, a_n)$ 真；

（2）对于 A' 中每一个 m 元组 $a_1, \cdots, a_m$ 都有：$G'(a_1, \cdots, a_m) = G(a_1, \cdots, a_m)$；

（3）对于每一常量 C 有 $a = a'$。

数学模型可以看成源于实际系统的各种信息集 $(I), (O), (C), (P), (M)$ 的完全形式化描述（见图 2.6）。

根据不同使用目的，数学模型可以有多种类型和形式。表 2.2 和表 2.3 分别给出了不同使用目的下的数学模型及仿真领域内的常见模型形式。

表 2.2　不同使用目的下的数学模型类型

使用目的	模型类型			
	已　知	设　定	要求满足	求　得
直叙	$(I)(C)$	(P)	—	(O)
分析	$(O)(C)$	(I)	(M)	(P)
合成	$(I)(O)$	—	(M)	$(C)(P)$
研究	$(I_S)(O_S)$	—	(M)	$(C)(P)(I_R)(O_R)$
复杂	—	$(I_S)(O_S)$	(M)	$(C)(P)(I_R)(O_R)$

表 2.3　仿真领域内的常见模型形式

模型形式　＼　说明	模型描述变量的轨迹	模型的时间集合	模型形式	变量范围	
				连续	离散
混合模型	连续模型	连续时间模型	常微分方程	√	—
			偏微分方程	√	—
	离散模型	离散时间模型	活动扫描	√	—
			差分方程	√	—
			有限状态机	—	√
			马尔可夫链	—	√
		离散事件模型	离散事件	√	√
			过程交互	√	√
线性模型	连续模型		传递函数	√	
			Z 传递函数	√	
逻辑模型			逻辑表达式	—	—

2.2.5　模型集总

1. 基本概念

基本模型或称基础模型（base model），它提供了对实际系统所有行为的完全解释。因此,该模型包含着实际系统中应有的分量和相互关系。在这种试验规模下,这种模型对于真实系统的"全部"输入-输出性状都是有效的。同时,由于基本模型包含过多的分量及其相互关系,故而一般是十分复杂、庞大的。

实际上,上述基本模型通常是难以得到的,更何况它并不实用。所以,根据具体建模目标我们总是希望在一定试验规模下构造出一个较简单而满足精确性要求的模型。

2. **模型的集总与集总模型**

为了满足上述要求,可在建模时排除基本模型里与建模目标甚远或涉及不到的那些分量,并对该描述分量的相互关系加以简化。排除基本模型中次要分量并简化其现存分量相互关系的过程称为模型集总。集总后的模型谓之集总模型(lampe model)。

集总前,为排除基本模型中次要分量和简化现存分量相互关系所作的一些规定或说明,即集总条件被称为建模假设。可见,任何数学模型都是在一定假设条件下得到的。这种假设必须是合理的、科学的,甚至经过验证的。

系统仿真中所使用的模型一般为集总模型,且常常是在计算机上实现的。图 2.7 给出了从基本模型到集总模型的计算机实现过程。

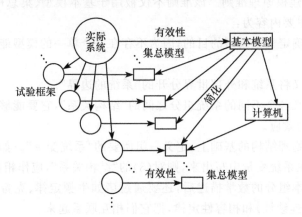

图 2.7　模型集总的计算机实现示意图

2.2.6　模型简化

1. **模型简化概念**

一个好的有用模型应该既能准确地反映实际系统外部表征和内在特性,又是稳定而不至于太复杂。因此,在模型选取和使用的过程中,存在着复杂的、精度较高的模型同简单的、精度较低的模型之间如何合理、恰当折中的问题。这种折中的过程就是模型进一步简化的过程,对于一般系统如此,而复杂系统更应该这样。同时,化高阶、高维模型为低阶、低维模型在系统分析与设计中也会经常遇到。这就是模型简化的一般概念。

2. 模型简化定义

所谓模型简化就是为复杂系统准备一个低阶、低维的近似模型,使其计算、分析和实验上都比原集总模型(简称原模型)容易处理,而又能提供满足建模目标关于实际系统的足够多的信息。由此定义出发,简化后的模型应该近似地等效于原模型。

3. 模型简化要求

模型简化应符合如下主要要求:

(1) 准确性,即模型应与原模型特性一致。

(2) 稳定性,即当原模型稳定时,简化模型亦应是稳定的,且具有相应的稳定裕度。

(3) 简便性,即简化方法和过程必须十分简便。

(4) 应符合 Brogan 提出的建模原理准则。为了帮助读者理解该要求,下面简要给出 Brogan 建模原理准则。该准则不仅被用于基本模型、集总模型,也被用于简化模型。其主要内容为:

① 必须明确定义该模型的目的,因为不存在一个单一的模型能适用于各种各样的建模目的。

② 必须定义将系统和外部世界分开的"系统的边界"。

③ 必须定义各个不同的系统组分之间的"结构关系",它要能够最好地代表所期望的或观测的效应。

④ 在系统物理结构的基础上,定义一组所要的"系统变量"。如果发现有某一重要的量不能在系统变量中写出来,则对(3)的"结构关系",应作相应修改。

⑤ 系统基本组分的数学描述后,还要通过诸如牛顿定律、克希霍夫定律等物理上的守恒(或连续性)和相容性定律,把它们相互联系起来。

⑥ 系统基本组分的数学描述称之为"基本方程",必须写出来。

⑦ 基本的连续性和相容性方程还要整理一下,把模型的数学形式最后肯定下来。

⑧ 最后,只有在经过分析把模型与实际系统相比较,能与实际相符合,才算建模成功。如有明显差别还得重新按照上述步骤修改。

4. 模型的简化方法及原理

模型简化有多种方法。图 2.8 给出了其中的常用简化方法分类。

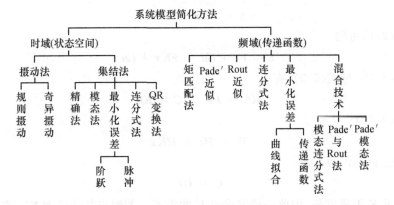

图 2.8　常用模型简化方法分类

在这些简化方法中,应用最广泛的是集结法、摄动法和 Pade′逼近法。

1) 集结法

所谓集结法是指在模型简化过程中保留模型的主要特征,即将原系统与建模目标有关的主要特征(包括外部表征及内在特性)集结在被简化的模型上。其基本思想是构建一个线性变换 $z = Kx (K \in R^{r+n})$,将 n 维空间模型的主要特征集结到 r 维($r < n$)状态空间的模型上。

如考虑一线性定常动态系统,其状态方程为

$$\begin{cases} \dot{x}(t) = Ax(t) + Bu(t) \\ y(t) = Cx(t) \end{cases} \tag{2.6}$$

式中,$x(t) \in R^n$——状态向量;

　　$u(t) \in R^m$——控制信号;

　　$y(t) \in R^p$——输出信号;

A、B、C——$n \times n$、$n \times m$ 及 $p \times n$ 维系统阵、控制阵及输出阵,且设(A,B,C)是完全可控、可观测的。

我们希望以如下集结模型来替代上述模型(即原模型(2.6)):

$$\begin{cases} \dot{z}(t) = Fz(t) + Gu(t) \\ w(t) = Hz(t) \end{cases} \tag{2.7}$$

式中,$z(t) \in R^r$——集结后的状态向量;

　　$w(t) \in R^q$——集结后的输出信号;

　　F、G、H——具有相应维数的矩阵。

最简便的方法是令 F 的特征值与 A 的主特征值相等,并根据 B 确定 G,然后求出 H。为此,设

$$z = Kx \tag{2.8}$$

对式(2.8)求导得

$$\dot{z} = KAx + KBu \tag{2.9}$$

又由式(2.7)可得

$$\dot{z} = Fz + Gu = FKx + Gu \tag{2.10}$$

比较式(2.10)与式(2.9),有

$$KA = FK, \quad G = KB \tag{2.11}$$

另据式(2.7)有

$$W = Hz = HKx \tag{2.12}$$

为了保证 $Y = W$,故要求

$$C = HK \tag{2.13}$$

由于 K 不是方阵,因此一般能求出 K 的伪逆。若假定其伪逆为 K^+,则有

$$H = CK^+ \tag{2.14}$$

这里

$$K^+ = K^T (KK^T T)^{-1} \tag{2.15}$$

至此,完成了原模型(2.6)的集结简化。

2) 摄动法

由于复杂系统一般由许多不同类的环节及元件组成,因此反映在系统模型中的参数大小可能相差甚远,有的甚至相差好几个数量级。摄动法的基本观点就是基于上述事实,通过忽略原模型中某些小量参数的关联,从而达到降低模型阶次的目的。

摄动法通常可分为两类,即"弱耦合"模型和"强耦合"模型,它们分别称之为规则摄动和奇异摄动。

(1)"弱耦合"模型(规则摄动)。

在许多系统中,各子系统间的动态并联影响远弱于这些子系统的内部作用,于是便可以忽略子系统间的关联而使模型简化。

若原系统是弱耦合,则状态空间表达式可表示为由 k 个线性系统构成,其原模型为

$$\begin{bmatrix} \dot{x}_1 \\ \dot{x}_2 \\ \vdots \\ \dot{x}_k \end{bmatrix} = \begin{bmatrix} A_{11} & \varepsilon A_{12} & \cdots & \varepsilon A_{1k} \\ \varepsilon A_{21} & A_{22} & \cdots & \varepsilon A_{2k} \\ \vdots & \vdots & & \vdots \\ \varepsilon A_{k1} & \varepsilon A_{k2} & \cdots & A_{kk} \end{bmatrix} \begin{bmatrix} x_1 \\ x_2 \\ \vdots \\ x_k \end{bmatrix} + \begin{bmatrix} B_{11} \\ \varepsilon B_{21} \\ \vdots \\ \varepsilon B_{k1} \end{bmatrix} \begin{bmatrix} u_1 \\ u_2 \\ \vdots \\ u_k \end{bmatrix} \tag{2.16}$$

式中,ε——一个小的正耦合参数;

x_i, u_i——分别为第 i 个子系统的状态向量和控制向量。

假定所有 A_{ij} 阵均为常阵,且为分析方便起见先考虑 $k = 2$ 的情况。这时,该系统称为"ε 耦合"系统,其原模型为

$$\begin{bmatrix} \dot{\boldsymbol{x}}_1 \\ \dot{\boldsymbol{x}}_2 \end{bmatrix} = \begin{bmatrix} \boldsymbol{A}_{11} & \varepsilon\boldsymbol{A}_{12} \\ \varepsilon\boldsymbol{A}_{21} & \boldsymbol{A}_{22} \end{bmatrix} \begin{bmatrix} \boldsymbol{x}_1 \\ \boldsymbol{x}_2 \end{bmatrix} + \begin{bmatrix} \boldsymbol{B}_{11} & \varepsilon\boldsymbol{B}_{12} \\ \varepsilon\boldsymbol{B}_{21} & \boldsymbol{B}_{22} \end{bmatrix} \begin{bmatrix} \boldsymbol{u}_1 \\ \boldsymbol{u}_2 \end{bmatrix} \qquad (2.17)$$

显然，若忽略各子系统间的弱关联影响，即当 $\varepsilon=0$ 时，式(2.17)可解耦成两个子系统

$$\begin{cases} \dot{\hat{\boldsymbol{x}}}_1 = \boldsymbol{A}_{11}\hat{\boldsymbol{x}}_1 + \boldsymbol{B}_{11}\hat{\boldsymbol{u}}_1 \\ \dot{\hat{\boldsymbol{x}}}_2 = \boldsymbol{A}_{22}\hat{\boldsymbol{x}}_2 + \boldsymbol{B}_{22}\hat{\boldsymbol{u}}_2 \end{cases} \qquad (2.18)$$

可见，这时的每个子系统的阶次都较低。另外，从分散控制角度讲，这两个独立的子系统的仿真（或计算）模型必然是简单的，其计算工作量将大大减小。

(2) "强耦合"模型（奇异摄动）。

若原系统是强耦合，且当 $k=2$ 时，可将其状态空间表达式改写为

$$\begin{bmatrix} \dot{\boldsymbol{x}}_1 \\ \varepsilon\dot{\boldsymbol{x}}_2 \end{bmatrix} = \begin{bmatrix} \boldsymbol{A}_{11} & \boldsymbol{A}_{12} \\ \boldsymbol{A}_{21} & \boldsymbol{A}_{22} \end{bmatrix} \begin{bmatrix} \boldsymbol{x}_1 \\ \boldsymbol{x}_2 \end{bmatrix} + \begin{bmatrix} \boldsymbol{B}_{11} \\ \boldsymbol{B}_{22} \end{bmatrix} u \qquad (2.19)$$

此时，系统可分解为两部分：一部分为慢系统（状态变量为 $\boldsymbol{x}_1$），另一部分是快系统（状态变量为 $\boldsymbol{x}_2$）。若 $\varepsilon=0$，则式(2.19)变成

$$\begin{cases} \dot{\boldsymbol{x}}_1 = \boldsymbol{A}_{11}^{-1}\boldsymbol{A}_{12}\boldsymbol{A}_{22}^{-1}\boldsymbol{A}_{21}\boldsymbol{x}_1 \\ \dot{\boldsymbol{x}}_2 = \boldsymbol{A}_{22}^{-1}\boldsymbol{A}_{21}\boldsymbol{x}_2 \end{cases} \qquad (2.20)$$

显然，这是一个代数方程，所以系统的阶次关系被降为 $n-1$ 阶。

应该指出，利用摄动法简化模型是必然涉及采用什么判据来衡量"耦合强度"的问题，以及这些方法所引起的建模误差问题。对此，可参阅文献（刘兴堂等，2001）。

3) Pade' 逼近法

(1) 定义。

对一函数 $f(x)=C_0+C_1x+C_1x^2+\cdots+C_nx^n$，如能找到一有理函数 $\dfrac{U_m(x)}{V_n(x)}$，其中，$U_m(x)$ 和 $V_n(x)$ 分别为 x 的 m 次与 n 次多项式，且 $m\leqslant n$，当且仅当 $f(x)$ 和 $\dfrac{U_m(x)}{V_n(x)}$ 的幂级数展开前 $m+n$ 项完全相同时，则称 $\dfrac{U_m(x)}{V_n(x)}$ 为 $f(x)$ 的 Pade' 近似式。

(2) 原理。

由定义知，Pade' 逼近法的实质是用有理函数做逼近函数的一种数值逼近法。如可用有理函数来逼近超越函数 e^x。推而广之，当用一个低阶的有理函数来逼近一个高阶的有理函数时，就变成了模型简化问题。

假定 $G(S)=\dfrac{A_{21}+A_{22}S+\cdots+A_{2m+1}S^m}{A_{11}+A_{12}S+\cdots+A_{m+1}S^n}$ 在 $S=S_0$ 处解析，并在其邻域可展开泰勒级数

$$G(S)=C_0+C_1(S-S_0)+C_2(S-S_0)^2+\cdots=\sum_{i=0}^{\infty}C_i(S-S_0)^i$$

式中，$C_i = \dfrac{1}{i!} \dfrac{\mathrm{d}^i G(S)}{\mathrm{d} S^i} \bigg|_{S=S_i}$。

若设 $S_0 = 0$，则有

$$G(S) = C_0 + C_1 S + C_2 S^2 + \cdots$$

另假定另有一低阶模型

$$R_{lk}(S) = r_0 + r_1 S + r_2 S^2 + \cdots$$

式中，$r_i = \dfrac{1}{i!} \dfrac{\mathrm{d}^2 R_{lk}(S)}{\mathrm{d} S^i} \bigg|_{S=0}$。

显然，要使该低阶模型 $R_{lk}(S)$ 能够逼近高阶模型 $G(S)$，必须使 r_i 同 c_i 相等。由于 $R_{lk}(S)$ 中有 $l+k+2$ 个系数，所以仅要求 $C_0, C_1, \cdots, C_{l+k+1}$ 与 $r_0, r_1, \cdots, r_{l+k+1}$ 对应相等。这就是模型简化中的所谓 Pade' 逼近法。

2.2.7　模型修改

模型必须经过多次反复修改（或修正）方可成为有用模型。20 世纪 90 年代初期，模型特别是计算模型修正理论研究获得了很大进展，提出了多种方法，各有特色，但也有局限性。后来应用较广泛的方法包括摄动法、灵敏度分析法、矩阵元素修正法、最佳矩阵逼近法、子结构误差修正、频率响应函数法和多水平修改过程等。其中，摄动法和灵敏度分析法尤为重要和实用。

1. 模型修改方法的选择

研究与实践表明，选择模型修改方法应着重注意以下四个方面：

（1）被修改的变量和参数。包括噪声统计特性、模型系数矩阵元素、子结构误差参数、物理或几何参数等，这些变量和参数都与建模中的不确定性、随机性、模糊性有关。

（2）使用的测试量。包括模态参数、响应测量、激励测量、扰动类型辨识、测试系统误差等，它们都与试验方法有关。

（3）测量信息的完整性。包括试验模态的完备程度、测量点与自由度的关系、测量位置与自由度的关系、数据的频率范围及多传感器数据融合等，所有这些通常由试验条件来决定。

（4）被修改模型的自由度数。这主要取决于模型修改过程中是否必须对模型自由度的减缩。

2. 摄动法

摄动法是基于将实际系统试验数据视为在原始模型标准数据附近摄动，利用试验测得的数据估计模型修正量的一种方法。这种方法对于模型修改具有普适性,且特别适于动力学系统建模中的模型修改。如对于 n 自由度无阻尼振动系统,修正前的质量、刚度、特征值、特征向量的矩阵分别为 M_0、K_0、Λ_0 和 ϕ_0,经修正后的质量、刚度、特征值和特征向量的矩阵分别为 M、K、Λ 和 ϕ,于是可将其表示成原模型各量的一阶摄动为

$$\begin{cases} M = M_0 + \Delta M \\ K = K_0 + \Delta K \\ \phi = \phi_0 + \Delta \phi \\ \Lambda = \Lambda_0 + \Delta \Lambda \end{cases} \tag{2.21}$$

式中,ΔM、ΔK——利用实验数据估计摄动量。

目前,摄动法已有多种,如矩阵摄动法、一阶灵敏度摄动法、模态参数一阶摄动法、频域输出一阶摄动法等。有关这些方法的原理和应用可参阅文献(田景文等,2006)。

2.2.8　模型灵敏度分析

1. 引言

模型灵敏度反映了当模型输入变化时模型输出的响应状况,用以分析诸多输入变量中哪些对输出有重大影响,以及模型输出变化与输入变化的关系。这种分析主要解决的问题是通过某种方法计算(或估计)参数变化对系统模型的影响,从而确定出构成模型的诸因素对模型的紧密、稀疏程度,并以此作为模型设计的重要依据之一。因此,模型灵敏度理论又叫做模型灵敏度分析理论。

2. 模型灵敏度分析概念

在数学建模时,常会得到如下形式的微分方程:

$$\begin{cases} \dot{x} = f(x,t;p), \quad x \in R^n, p \in R^m \\ x(t_0) = x_0 \end{cases} \tag{2.22}$$

式中,p 是一组随时间变化的参数,或某种近似值。如在线性模型 $\dot{x} = Ax$ 中,我们可以把矩阵 A 的元素 a_{ij} 看作实际系统里可变化的参数。这些参数变化对于模型的影响是不尽相同的。或者说,有些影响大,有的影响甚微。这就是模型对于参数变化的灵敏度概念。又如,对于线性规划模型

$$\max \phi = c_1 x_1 + c_2 x_2 + \cdots + c_n x_n$$

$$\text{s. t.} \begin{cases} a_{11} x_1 + a_{12} x_2 + \cdots + a_{1n} x_n \leqslant b_1 \\ \vdots \\ a_{m1} x_1 + a_{m2} x_2 + \cdots + a_{mn} x_n \leqslant b_n \end{cases} \tag{2.23}$$

$$x_j \geqslant 0; j = 0, 1, 2, \cdots, n; i = 1, \cdots, n$$

式中,所有的 b_i 与 c_j 都是已知常数。但是,在实际问题中它们并不一定是常数,可能有所波动。例如,当 c_j 表示产品价格,b_i 表示资源时,它们都会经常波动。当然,它们的波动对于上述模型的影响是不一样的,因此便存在着一个规划模型对于价格、资源等因素变化的敏感程度问题。

进一步讲,对于一个模型,如果任何参数改变后再重新设计和求解,显然既不经济又费时间。因此,我们总希望尽可能通过分析研究出一个反映参数波动影响规律的模型,对波动限制在一定范围之内时,无需重新求解,而只需在已经求得的最优解中代入具体变化后的参数值即可。这就是模型灵敏度分析的另一层含义。

3. 灵敏度函数

式(2.22)的解 $(x, t; p)$ 对于参数 p 变化的灵敏度可由下列矩阵计算:

$$S = \left[\frac{\partial x}{\partial p}\right] \triangleq \left[\frac{\partial x_i}{\partial p_j}\right], \qquad 1 \leqslant i \leqslant n; \quad 1 \leqslant j \leqslant n \qquad (2.24)$$

它满足方程

$$\dot{S} = \frac{\partial f}{\partial x}\frac{\partial x}{\partial p} + \frac{\partial f}{\partial p} = \frac{\partial f}{\partial x}S + \frac{\partial f}{\partial p}, \quad S(t_0) = 0 \qquad (2.25)$$

这时,所提供的参数向量 p 已不能维持初始状态 x_0。

注意到矩阵 $\varphi = \frac{\partial f}{\partial x}, \psi = \frac{\partial f}{\partial p}$ 是在解 $x(t; p)$ 处对于标称参数 p 下计算的。因此,对于一个给定的参数 p,当已知式(2.22)解 $x(t; p)$ 后,就能够对于灵敏度矩阵 $S = \frac{\partial x}{\partial p}$,给出式(2.25)的解,从而得到式(2.22)解相对于参数 p 的变化的测量。此处,S 被称为灵敏度函数。

4. 灵敏度分析的统计回归法

该分析法被广泛用于模型灵敏度分析,其基本过程如下:
(1) 建立模型输入-输出关系的回归模型。
(2) 根据复相关系数和预测残差平方和等优良指标,综合选择优良回归模型。
(3) 进行回归优良模型一致性验证。
(4) 通过上述计算灵敏度函数 S 的方法完成灵敏度分析。

5. 灵敏度分析应用

模型灵敏度分析是系统建模的重要理论之一。它主要是通过估算参数变化对系统模型的影响来确定诸因素的主次程度,从而为模型设计提供科学分析依据,尤其是为模型简化提供可置信的根据。如在建立战略武器杀伤力模型时,虽然影响杀伤力的因素很多,但利用模型灵敏度分析理论可以大胆的忽略相当多的次要因素,最终获得一个有效的简化模型 $K=Y^{\frac{2}{3}}/C^2$。该模型不但是可以置信的,而且很有实用价值,因为它为我们提供了两个重要的科学结论:

(1) 对于战略武器来说,杀伤力 K 不仅决定了武器威力 Y,而且极大地取决于武器系统的精度 C。

(2) 由简化模型可知,当 $Y^*=8Y$ 时,$K^*=4K$;而当 $C^*=C/8$时,$K^*=64K$。这充分说明,提高武器系统精度是增强战略武器杀伤力的重要途径。

2.2.9　模型的有效性及可信性

1. 模型有效性概念

在系统建模和模型使用中,必然会引出这样一些问题:所建立的数学模型是否准确地(或满意地)描述了被研究的实际系统? 由数学模型转化的仿真模型是否准确地表示数学模型的输入、输出参数和逻辑结构,以及能否按预期要求执行? 如何保证放心地使用这些模型及其产生的仿真数据? 这就是模型有效性问题,也是系统建模中最核心、最重要和最困难的问题。

模型的有效性问题是十分复杂的。为了获得提供人们放心使用的有效性模型,就必须专门对模型有效性进行深入研究、分析和评估。这就是有关模型有效性的基本概念。

进一步讲,所谓模型有效性就是在对模型所作的预测精度为基准下,反映实际系统数据和模型数据之间的一致性,即实际系统与模型的 I/O 对偶的一致性。这种概念可用下列等式粗略而形象地描述:

$$实际系统函数 \overset{?}{=\!=} 模型产生数据$$

理论上讲,因为模型本身可以通过理论研究和实物实验(在允许的条件下)在不同的水平上建立起来,所以模型的有效性可以根据获取的困难程度有强度轻重之分。一般可分为三级水平:

(1) 复制有效。如果模型产生的数据与从实际系统所取得的数据相匹配,则模型被视为复制有效。这是模型有效性的最松水平。

(2) 预测有效。如果从实际系统取得的数据之前就能够至少看出匹配数据,则模型被视为预测有效。这属于模型有效性的稍强水平。通常,借助这样的模型可对系统未来的行为进行唯一的预测。

(3) 结构有效。如果模型不仅能够复制实际系统行为,而且能够真实地反映实际系统所产生此行为的操作,这就是结构有效。结构有效是更强的模型有效性水平。在这种水平下,模型可以反映出(或表示出)真实系统的内部工作状态,而且是唯一地表示出来。

应该指出,在某些场合下,上述各级有效性水平又被分别称为重复性、复制程度和重构性。

2. 模型可信性及其相关概念

可信性(credibility)是指模型必须经过检验和确认,成为代表实际系统的有效模型。从使用者的角度讲,可信性是用户在模型中看到适合自己的性能,并且拥有对模型或仿真能够服务于他的目的的信心。更确切地说,可信性是系统研究和制造者应用模型或仿真解决具体问题及进行决策的信心。若决策者和其他关键项目人员承认模型或仿真及其数据是"正确的",则模型或仿真及其数据就具有可信性。

与此同时,经常会遇到可信度或置信度的术语。这是与可信性既有区别又有联系的概念,是对可信性的度量。具体讲,所谓可信度或置信度是指"仿真系统作为原型系统的相似替代系统在特定 M&S 的目的和意义下,在总体结构和行为水平上能够复现原型系统的可信性程度"。

可信性或置信度要解决的问题是模型和仿真系统与其被研究真实系统的一致性程度的定量评估,并最终转化为对模型研究(或仿真)结果的一致性检验,故属于检验范畴。

除此,还会遇到"逼真度"概念。所谓逼真度,就是模型或仿真以可观测或可觉察(perceivable)方式复现真实系统的状态和行为的程度。这里,有模型逼真度和仿真逼真度之分。

模型逼真度指的是"在研究目的限定条件下,模型相对于仿真对象的近似程度"。在一定程度上,模型的逼真度或近似程度可以用拟合优良度来衡量。而拟合优良度是确定实际系统与模型或原模型与简化模型 I/O 对偶一致性的优劣量度。同样可以归为检验范畴。其检验关键在于正确地选择拟合优良度判据。

理论上,拟合优良度可以表示为在整个输入、输出对偶空间中选择一种量 $d((\omega,\rho),(\omega',\rho'))$,它们解释为介于 (ω,ρ) 对偶和 (ω',ρ') 对偶之间的误差大小。

在进行拟合优良度检验时,建模者需做出如下两种判断选择:①由数据产生的输出和系统观测数据应适度一致;②在模型和实际系统之间的拟合性,对于近期建模目标是满意的。为了做出这种判断,必须建立一个相应"适度"和"满意的"标准和衡量准则,这就是所谓"拟合优良度判据"。

拟合优良度可用准则 L 为基准来定义。

若 $d((\omega,\rho),(\omega',\rho')) \leqslant L$,则模型对偶 (ω',ρ') 是在实际系统对偶 (ω,ρ) 的误差容限内,即 (ω',ρ') 充分地逼近 (ω,ρ),并从而认为其间的拟合性是"适度的"或"满意的"。

普遍使用的一类拟合优良度判据是由线性空间定义的范数引申出的那些量,

如绝对值时间最大值、绝对值积分、平方误差积分等判据。表2.4给出了这些量的范数定义。

表 2.4 几种常用拟合优良度的范数定义

判据名称	范数定义
最大值	$\| \rho \| = \max\{\rho(t) \mid t \in \mathrm{dom}(\rho)\}$
绝对值积分	$\| \rho \| = \int_{\mathrm{dom}(\rho)} \mid \rho \mid \mathrm{d}t$
平方误差积分	$\| \rho \| = \int_{\mathrm{dom}(\rho)} \rho^2(t) \mathrm{d}t$

范数 $\| \cdot \|$ 指定了线性空间从原点 0 到每个元的距离 d，即

$$d_0(\rho, \rho') = \| \rho, \rho' \|$$

如对于平方误差积分有

$$d_0(\rho, \rho') = \int_{(0,\tau)} \left[\rho(t) - \rho'(t) \right] \mathrm{d}t \qquad (2.26)$$

式中，$(0,\tau)$——ρ 和 ρ' 的公共域。

显然，因为 $e = \rho - \rho'$ 是误差轨迹，所以 $d_0(\rho, \rho')$ 就是平方误差积分。

3. 模型有效性分析

系统建模和模型运行的整个过程都离不开模型有效性分析，分析的实质是进行模型的校核、验证与确认（见图2.9）。校核系指仿真模型的校验，即检查计算机程序的逻辑和代码是否准确地表示数学模型的输入参数及逻辑结构。所要回答的问题是：数学模型是否按预期要求执行？仿真模型（系统）的正确性的精度如何？验证是指证实数学模型和真实对象具有相同行为。所要回答的问题是：是否正确的建立了实际系统的数学模型？该数学模型是否准确地反映了实际系统，达到了数学建模目标？确认则是指由权威机构或专家群对整个建模和模型运行做出可信

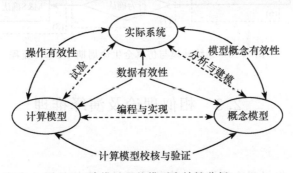

图 2.9 建模过程的模型有效性分析

性评估,从而判定其数学模型和仿真模型共同的可接受性,并最终回答:是否信赖模型和仿真结果?

　　上述模型校核、验证与确认简称模型的 VV&A(verification validation and accreditation)。随着仿真科学与技术的发展,特别是在复杂系统建模与仿真的需求牵引下,目前的 VV&A 已经形成了一套完整的理论、技术、方法和工具,VV&A 活动的八个阶段被广泛的应用于系统建模与仿真的全生命周期(见图 2.10)。

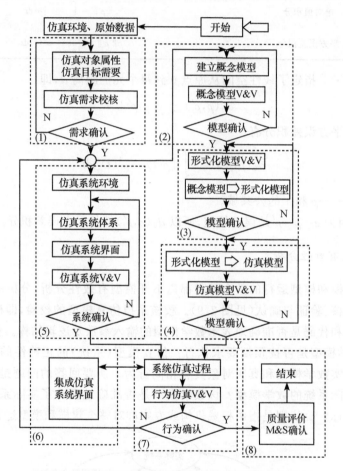

图 2.10　系统建模与仿真全生命周期 VV&A 流程

2.3　相似理论及演绎推理

2.3.1　引言

　　通俗地讲,相似理论就是用一事物推理另一事物的方法和理论,是系统建模最重要基础理论。演绎推理包括数学推理和逻辑推理,同相似理论有着极密切的关系,可归属于相似理论的范畴。

2.3.2　相似概念及分类

1. 相似概念与含义

自然界和人类社会中广泛存在着“相似概念”,最普遍的是几何相似和现象相似。几何相似最简单而直观,如平面几何中多边形相似和三角形相似等,又如三维空间的几何体相似和各轴异比相似以及图像相似等。现象相似是几何相似的延伸和扩展,时空遍布我们周围,形式五彩缤纷。如相似的物理现象就表明了一个系统中所发生的过程的各物理量与另一系统中所发生的过程的相应物理量之间存在着固定的比例系数 m_i。这表明现象相似中必然存在着类似几何相似的关系

$$V' = \frac{V}{m_v}, \quad t' = \frac{t}{m_t}, \quad u' = \frac{u}{m_u} \tag{2.27}$$

式中,m_v、m_t、m_u——固定比例系数。

这是“相似”的一层含义。

“相似”还具有另一层含义。这就是人们对客观事物认识上的相似性。这是由于人的感受器官在接受信息及其变化时,经过转化单元,各级神经机构的整合,每一级所得中间结果都是相似的、有局限性的。同时,人在分析解决问题时也需经过多级相似,从而丢失许多信息和产生部分失真,因此最后得到的结论自然不可能与客观存在完全相同,而只能相似。可见,在任何情况下,相似是绝对的,全单映射或完全相同几乎是不可能的。

2. 相似分类与方式

按照相似程度,相似可分为绝对相似、完全相似、不完全相似(或局部相似)、近似相似和模糊相似等,亦可分为完全相似、基本相似、较相似、一般相似和不相似等五级。

所谓绝对相似是指所研究的两个系统(如原型与模型)全部几何尺寸和其他相应参数在时空域上产生的全部变化(或整个过程)都是相似的。

如果两个系统相应方面的过程在时空域上相似,则称为完全相似。如当我们研究发电机的电流和电压问题时,所建立的发电机数学模型应保证与实际发电机在电磁现象方面是完全相似的。这时就无需追究热工或机械过程方面的相似,即没有必要强求模型与原型(实际发电机)绝对相似。

不完全相似(或部分相似)是一种仅保证研究部分的系统相似。而非研究和不要部分的过程可能被歪曲,这是为研究目的所容许的。

在某些简化假设下的现象相似称之为近似相似。对于数学建模来说,这种近

似相似必须保证其模型的有效性。

模糊相似是指在两个系统之间保证它们的隶属函数相似或各自白化后的完全相似。

相似方式是保证上述系统相似的方方面面,采用何种相似方式取决于建模目标和仿真任务。通常,有如下相似方式供我们选取:几何相似、参量比例相似、结构相似、性能相似、感觉相似、生理相似、心理相似、思维方法相似、行为过程相似、群体行为相似和环境相似等。

2.3.3 相似关系

数学上的关系一般包括普通数相等关系、大小关系、图形全等关系,集合之间的包含关系、对应关系(即函数关系),以及相似关系等。

对于相似关系可如下定义:

设 X,Y 是两个非空集,如果存在一个从 X 到 Y 的关系 S_s,使得 X 中的每一个元素 x,有 Y 中的唯一确定的元素 y 与之对应,即 $X \xrightarrow{S_s} Y$,这时则称关系 S_s 是从 X 到 Y 的相似关系。

同时,有 S_s 的定义域

$$D[S_s] = \{x; x \in X, 且对某一 y \in Y, 有 (x,y) \in S_s\} \tag{2.28}$$

及值域

$$R[S_s] = \{y; x \in X, (x,y) \in S_s 对某一 x \in S_s\} \tag{2.29}$$

2.3.4 相似定理

系统相似理论以下列三个基本相似定理为基础。

1. 相似第一定理

相似系统应具有同样的相似判据,即相似指标应当等于"1"。

该定理的数学形式为

$$\pi = \text{idem} \tag{2.30}$$

式中,π——相似判据符号;

idem——表示所观测的一系列系统是相同的。

上述第一相似定理是在研究力学问题时由牛顿提出的。对于两个力学系统,如果用 F、M、l 和 t 分别表示力、质量、长度和时间,则有

$$\frac{F_2}{F_1} = m_F, \quad \frac{M_2}{M_1} = m_M, \quad \frac{t_2}{t_1} = m_t$$

可得

$$\frac{m_M m_l}{m_t^2 m_F} = 1 \tag{2.31}$$

式(2.31)就是力学系统的相似指标。它进一步表明,相似系统的相似指标必然等于"1",即任何相似系统必须满足相似第一定理。

2. 相似第二定理

相似第二定理又叫 π 定理。它表明,相似系统的相似判据为 π。

假定任意物理系统是由 n 个不同量纲的物理量所组成,物理过程的关系决定于方程 $F(j_1, j_2, \cdots, j_n)$,若式中 n 个物理量有 k 个是相互独立的,如选出 r_1, $r_2, \cdots, r_k$ 作为基本量,则其余 $n-k$ 个物理量与选定的基本量所组成的 $n-k$ 个无量纲的比例数 $\pi_1, \pi_2, \cdots, \pi_{n-k}$ 可以用算式完全表达出来,而这些无量纲比例数 π 就是相似判据。

可见,π 定理的实质是如何寻求相似系统的相似判据。或者说,π 定理指出了如何利用量纲分析法找到一个物理现象(或系统)的相似判据个数,并确定出这些相似判据的表达式。

应强调指出:

(1) 物理过程的量纲分析必须具备两个条件:①给出参与物理过程的物理量; ②已知各物理量的量纲式。

(2) 物理量 Q 的量纲式一般形式为

$$\dim Q = L^\alpha M^\beta T^\gamma \tag{2.32}$$

式中,α、β、γ——量纲指数;

L、M、T——给定的三个基本量 (l, m, t) 的量纲。

在量纲分析中,采用哪些物理系统作为基本量系统是无所谓的。表 2.5 给出了电气系统的量纲式。

表 2.5　电气系统各物理量的量纲式

物理量名称	量纲式	物理量名称	量纲式
电流	I	电抗	$L^2MT^{-3}I^{-2}$
电感	$L^2MT^{-2}I^{-2}$	电压	$L^2MT^{-3}I^{-1}$
电阻	$L^2MT^{-3}I^{-2}$	电量	TI
电容	$L^2M^{-1}T^4I^2$	功率	L^2MT^{-3}
电导	$L^{-2}M^{-1}T^3I^2$	能量	L^2MT^{-2}

3. 相似第三定理

若两个现象(系统)单值条件相似,并且从单值条件引出的相似判据相等,则这两个现象(系统)相似。

该定理是第一、二定理的补充,它表明了判断现象(系统)相似的充要条件。

所谓单值条件是指一个现象(系统)从一群现象(系统)里区别出来的所需要的条件。通常,单值条件由现象(系统)的几何特性、物理参数、起始条件、边界条件等构成。从此角度讲,相似第三定理的实质是要求现象(系统)相似必须是单值条件相似,即几何相似、物理参数相似、起始条件相似、边界条件相似,当然还包括时间相似。

2.3.5 演绎推理

由于包括数学推理和逻辑推理在内的所有演绎推理都是依据相似物进行的,所以演绎推理同样属于相似理论范畴。

数学推理在建模中占有相当重要的地位,可用下列实例来说明。例如,有一凸十角形,要求确定它有多少条对角线。解决这个问题的方法虽然很多,但采用数学推理更为方便,其推理过程如下:

(1) 首先写出各种多角形的角数目与对应对角线数目的关系:

角数 n:3,4,5,6,7,…; 对角线 L:0,2,5,9,14,…

(2) 根据上述关系构造出角数目与对角线数目关系的一般代数式

$$L = \frac{n(n-3)}{2}, \qquad n = 3,4,5,\cdots \tag{2.33}$$

(3) 进行数学证明,得出推理结论:因为是 D_m(图形是 n 角形),故是 E_m(该图形对角线为 L 条)。

(4) 将推理结论用于实际问题。对于本例,因为 $n=10$,所以由式(2.34)有

$$L = \frac{10 \times (10-3)}{2} = 35(条)$$

由此例可见,"因为是 D_m,所以是 E_m"的这一数学推理结论,是根据"D_1 是 E_1","D_2 是 E_2",等等这样的相似物推理得到的。显然,数学推理是建立在相似物基础上的。

逻辑推理也是如此。在逻辑学上,典型的逻辑推理格式是:"如果是 D_m,则是 E_m",其数学表达式为

$$\begin{array}{c} P \\ \underline{P \supset q} \\ \therefore \quad q \end{array} \tag{2.34}$$

式中,上下位置安排表示"而且","$\supset$"表示如果……,则……;横线和"$\therefore$"表示"因为……,所以……"。

例如,若用"P"表示"系统故障","Q"表示"自动检修",上下位置安排表示"而且","$\therefore$"表示"因为……,所以……"。这时的逻辑推理形式为

$$\begin{array}{c} P \\ \underline{P \supset Q} \\ \therefore \quad Q \end{array} \tag{2.35}$$

式(2.35)表明,因为 D_m(现在系统发生故障,而且故障后必须自动检修),所以 E_m(系统写上转入自动检修状态)。可见,在逻辑推理中利用 P 来推理 q,也是一

种根据相似物进行推理的。

2.3.6　连续物理系统的相似性及其模型通式

连续物理系统是工程技术领域内最广泛的一类系统。它们可以是电子的、机械的、机电的、液压的、气动的、热力学以及混合形式的,因此这类系统的建模具有普遍而重要的意义。按照相似理论,不同的连续物理系统具有相似的物理参量,因此必定能够寻找出基于相似性下通用数学模型形式,简称"模型通式"。这样,便会给连续物理系统的建模带来极大方便。分析研究结果表明,这类系统一般可用一个积分-微分方程式描述,这就是连续物理系统的数学模型通式

$$A \frac{\mathrm{d}w}{\mathrm{d}t} + Bw + C\int_{t_0}^{t} w\mathrm{d}t = E \tag{2.36}$$

为了使用方便,特作一下说明:

(1) 通式中的系数 A、B、C 为确定系统响应特性的常系数,它们构成了系统的传输集。其中,系数 A 是容性的,如电容、质量惯性等,通过这类元件的流是超前于源的;系数 B 为耗散的,如电阻和阻尼惯性等,通过这类元件的流与源是同相位的;系数 C 为感性的,如电感和柔性惯性等,通过这类元件的流相位滞后于源。

(2) 通式中的 W 和 E 分别是输入与输出集合,它们是确定通过系统功率流的两个重要参数。

(3) 通式中的 A、B、C、W 及 E 可以是单变量,亦可以为一个矩阵和列向量。

(4) 借助该通式可方便得到各类连续物理系统的数学模型(见表 2.6)。

表 2.6　连续物理系统的相似参数及数学模型

参数与模型 / 系统类型	相似参数						数学模型
	动能势能	耗散	势能动能	力变量	流变量	惯性	
电气的	电容 C	电导 $G=I/R$	倒电感 $1/L$	电压 e	电流 $i=\mathrm{d}q/\mathrm{d}t$	电量 q	$C\mathrm{d}e/\mathrm{d}t + e/R\ \frac{1}{L}\int_{t_0}^{t} e\mathrm{d}t = i$
机械的(直线)	质量 M	阻尼 φ	刚性 K	速度 v	力 $f=ma$ $a=\mathrm{d}v/\mathrm{d}t$	位移 y	$M\mathrm{d}v/\mathrm{d}t + Dv + K\int_{t_0}^{t} v\mathrm{d}t = f$
机械的(旋转)	转动惯量 J	阻尼 D	刚性 K	角速度 ω	转矩 $T=\mathrm{d}H/\mathrm{d}t$	角位移 θ	$J\mathrm{d}\omega/\mathrm{d}t + D\omega + K\int_{t_0}^{t} \omega\mathrm{d}t = T$
流体的(气动的)	容性 σ	传导性 μ	倒容性 λ	压力 p	(气)液体流 $Q=\mathrm{d}V/\mathrm{d}t$	容积 V	$\sigma\mathrm{d}p/\mathrm{d}t + \mu p + \lambda\int_{t_0}^{t} p\mathrm{d}t = Q$
热力的	热容 ψ	导热性 r		温度 t	熵流 $\Phi=\mathrm{d}s/\mathrm{d}t$		$\psi\mathrm{d}\theta/\mathrm{d}t + r\theta = \Phi$
结构的	惯性 $1/K$	阻尼 $1/D$	迁移率 $1/M$	负荷 R	应力流 $\Delta=\mathrm{d}\delta/\mathrm{d}t$	变形 δ	$K^{-1}\dfrac{\mathrm{d}R}{\mathrm{d}t} + D^{-1}R +$ $M^{-1}\int_{t_0}^{t} R\mathrm{d}t = \Delta$

2.4 系统辨识理论

相对于模型论和相似理论,系统辨识理论是系统建模的最重要现代基础理论之一。其主要贡献在于,把传统的实验法建模提升到了一个新水平,通过充分发挥计算机和辨识技术的作用,使辨识成为最广泛的现代系统建模手段。

2.4.1 系统辨识概念、定义及要素

1. 概念

随着科学技术的发展,各门学科的研究方法趋于数字化和定量化,尤其是对于复杂系统的研究、分析、设计与评估,不仅需要进行理论研究和实物试验,而且必须建立研究对象的模型,并在此基础上进行系统仿真。传统的建模方法虽然很多,但从根本上讲主要有三类,即机理分析法、实验法和定性推理法。实验法又叫实验统计法,其实质是以大量的实物试验为基础,进行数理统计,最终获得系统的统计模型。近年来系统辨识方法和技术的出现,使实验法产生了新的生机,创造了从实际系统运行和试验数据处理获得模型的条件和方法,这就是本节要讲述的系统辨识问题。

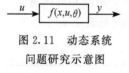

图 2.11 动态系统
问题研究示意图

另外,人们在研究图 2.11 所示的动态问题时,通常可把问题求解归为以下三类:①经典问题:给定 u, f,求 y;②控制问题:给定 y, f,求 u;③辨识问题:给定 u, y,求 f。显然,第③类问题就是我们所指的系统辨识问题,其基本概念是通过实验获取输入 u 和输出 y,而求得动态系统的模型 f。

2. 定义

最早的系统辨识定义是由 Zadeh 于 1962 年给出的:"系统辨识是在输入-输出的基础上,从系统的一类系统范围内,确定一个与所试验系统等价的系统"。Eykhoff 于 1974 年又给出了一个相应定义:"辨识问题可以归结为一个模型表示客观系统(或将要构造的系统)本质特征的一种演算,并用这个模型把客观系统的理解表示成有用的形式"。这种有用形式实际上就是数学结构形式,即数学模型。常用的数学模型有代数方程、微分方程、差分方程、状态方程、传递函数、Z 传递函数、时间序列、表格、曲线、逻辑表达式及模糊函数等。

还可以通俗地讲,系统辨识就是根据被识系统的输入、输出观测信息来估计它的数学模型。

3. 要素

由上述定义,我们不难发现作为系统辨识应该具有三个基本要素,即模型、数据和准则。这是因为:①系统辨识的目的在于建立模型;②输入和输出观测信息通常均以数据形式出现;③等价系统(或称数学模型)只能是近似的,所以必须在辨识中事先规定一个准则函数,以控制其近似度,一般简称为准则。

实际上,上述观点早已反映在 1978 年 Ljung 对于系统辨识的进一步定义:"辨识有三个要素——数据、模型和准则。辨识就是按照一个准则在一组模型类中选择一个与数据拟合最好的模型"。

2.4.2　系统辨识框架和内容

1. 辨识框架

系统辨识框架指实现系统辨识的技术系统方案、结构和环节。其框架形式决定于辨识对象及目标。辨识框架的一般结构如图 2.12 所示。

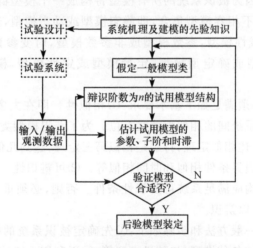

图 2.12　系统辨识框架的一般结构

辨识环节通常包括以下主要环节:①系统分析和辨识目标;②先验知识(信息)获取及利用;③试验系统或项目设计与实现;④输入/输出观测信息采集和预处理;⑤辨识方案、方法和模型类的选择或确定;⑥辨识算法研制及应用;⑦模型结构和参数(或非参数)辨识;⑧模型校核、验证和确认。

2. 辨识内容

辨识内容是对上述辨识框架中关键环节的进一步解释。

1) 辨识试验设计

由于辨识建立在对实际系统试验的基础上,其目的是通过试验观测数据建立数学模型,并最终用于系统控制、计算、决策、分析和设计等,因此必须事先根据辨识目标和先验知识(信息)设计一系列为辨识所需要的试验。试验的目的在于充实先验信息和获取所需要的输入-输出数据,并确定如下参量:①主要时常数;②输入信号形式及允许幅度和频率;③过程非线性与时变性;④噪声类型和水平;⑤变量间延时等。

2) 辨识方案选择

在选择辨识方案时,通常需要考虑如下问题:①开环辨识和闭环辨识;②离线辨识与在线辨识(如对于自适应控制中的辨识只能选择在线辨识);③模型类与形式;④权衡辨识精度、经济性及辨识周期等;⑤试验信号形式选择;⑥信息测量系统及信息交换的误差;⑦噪声状况及随机因素等。

3) 模型类选定

模型类选定取决于对被识系统的综合分析和辨识目标,通常是一个复杂的递阶决策过程。这是因为被识系统的所有模型将构成一个模型群(族),而这种模型群实质是可区分的不相容模型集合,即静态模型或动态模型,连续模型或离散模型,线性模型或非线性模型,参数模型或非参数模型,时变参数模型或非时变参数模型,随机型模型或确定型模型,定量模型或定性模型,模糊模型或数值模型等。

待选模型类,必须满足如下基本要求:①相似性。即在大多数情况下,必须把待选模型类同被识系统间的相似性放在首位。为了获得模型类与被识系统的相似性,应使两者满足前述相似定理,特别是相似第三定理,达到几何相似、物理参数相似、初始条件相似、边界条件相似和时间相似等。②可辨识性。也就是由选定的模型类产生的模型结构应满足系统可辨识性条件。否则,必须重新选类并重新调整其模型结构,直至可以辨识。

模型类选取的一般方法和步骤如下:①先确定被识系统的模型框架 M_0,这是一个包括范围很大的各种模型,如随机模型等;②再利用系统结构知识使被选择的模型类 M_0 的范围逐级减少,最终得到一个较小的模型类 M_{out},这将是一个具有固定结构参数(阶次和延迟量等)的参数模型或非参数模型。

4) 模型结构判定

模型结构的判定主要是在上述模型类 M_{out} 基础上辨识该模型的阶(次)。目前,判定模型结构的方法很多,但主要可归为两大类,即经典法和近似法。经典法又分两类:统计假定检验法(如 F 检验法等)和矩阵-奇异性判定法(如 Hankel 矩阵判定法等)。近似法亦有两类:预报法和信息度量法。

应指出,在上述判定法中,工程上应用较广泛的是余差(残差)方差定阶、AIC

信息准则定阶、零极点对消定阶、行列式比定阶、Hankel 定阶、按残差白色定阶,这些定阶方法的原理和应用可详细参阅文献(刘兴堂,2006)。除此,为方便起见,还可利用某些仿真软件,如在《控制系统辨识、分析、仿真与设计软件》SATERC 中,操作 13 就是专门用于系统辨识的阶估计。

5)模型时延量确定

被识系统模型中含有未知时延量是普遍存在的,如过程模型 $G_p(z) = \dfrac{y(z)}{u(z)} =$

$\dfrac{b_1 z^{-1} + \cdots + b_m z^{-m}}{1 + a_1 z^{-1} + \cdots + a_m z^{-m}} \cdot z^{-d}$ 里就含有时延量 d。

在这种情况下,时延量 d 的确定同样可参阅文献(刘兴堂,2006)。

6)模型校核、验证及确认

如前述,模型校核、验证及确认简称 VV&A 是系统辨识所必须完成的内容,辨识的结果只有经过 VV&A 之后方可按有效模型装定,以备使用。

2.4.3　系统辨识方法与算法

1. 辨识方法

目前,已形成两大类辨识方法,即非参数辨识与参数辨识。

非参数辨识是一种经典方法,它采用非周期或周期的连续时间输入作用激励,使被识系统产生响应,通过测定系统输出响应,从而求得以时间或频率为自变量的试验响应曲线,即所需要辨识的系统非参数模型。

按照在被识系统(或过程)上施加的输入作用形式不同,非参数辨识被区分为阶跃响应法、脉冲响应法、相关函数法、局部辨识法、频率响应法等。这些非参数辨识方法的方法原理、辨识过程及应用实例仍可详细参阅文献(刘兴堂,2006)。

参数辨识法是针对参数模型的辨识方法。实质是对模型参数的估计,因此又称为参数估计方法。

目前,参数辨识方法相当多,但基本可归结为最小二乘类辨识法、极大似然法、随机逼近法和预报误差法等四大类。

最小二乘法思想是 18 世纪由大数学家高斯(Gauss)提出的。他认为:未知量的最合适值(最可能值)是使各项实际观测值和计算值之间差的平方乘以度量其精确度的数值之后的和为最小。目前,最小二乘法获得了高度发展被最广泛地应用于系统辨识和参数估计,甚至在许多辨识方法失效的情况下,最小二乘法仍然可提供对问题的有效解决办法。

为了适应不同辨识场合,一般最小二乘法得到了多方面改进,甚至形成了最小二乘类辨识方法,主要包括一般最小二乘、加权最小二乘、递推最小二乘、广义最小二乘、递推广义最小二乘、增广最小二乘、辅助变量法、递推辅助变量法以及相关函数-最小二乘法等。

随机逼近法(SAT)是在随机噪声条件下,进行函数最优化的一种通用方法。在系统辨识中,它被用于在随机环境下,当观测量受到随机噪声干扰时,递推地逼近搜索目标——被辨识模型的参数估值。

随机逼近法通常有两种递推估计方法,即 Robbins-Monro 法和 Kiefer-Wolfowitz法。为进一步改善辨识算法速度出现了随机牛顿法等。

极大似然法的本质是一类概率性贝叶斯估计方法,其基本思想仍可以追溯到高斯的观点。当时高斯就认为:根据概率的方法能够导出由观测数据来确定系统参数的一般方法。不过作为近代极大似然法,一般公认:著名统计学家Fisher是极大似然法的奠基人,他于1912年提出了极大似然法并指出了它的性质。

总之,极大似然法是一种普遍用于随机系统(过程)的概率性参数估计方法,包括一般极大似然法、递推极大似然法、牛顿-拉弗森(Newton-Raphson)递推法和近似递推极大似然法等。

有关上述各种极大似然法的原理、算法及其应用,可详细参阅文献(刘兴堂,2006)。

所谓预报误差法,就是设定预报模型,即通过历史数据 $y(k-1)$ 和参数 θ 等来给出 k 时刻的输出观测量 $y(k)$ 的预报值 $\hat{y}(k)$ 的模型,使预报误差平方和为最小,从而确定出观测量 $y(k)$ 下的参数估计值。理论上讲,最小二乘法和极大似然法都可以视为预报误差法的特例。

2. 辨识算法

为了实现上述各种辨识方法,工程上研制了各种相应辨识算法。在一定程度上讲,这些算法包含了辨识方法的原理、计算公式及辨识方法的实现流程等。如图2.13所示为一般递推极大似然法的计算机流程,其相应辨识算法是:

(1) 输入初始数据 $\boldsymbol{y}(k),k=0,1,\cdots,n;\boldsymbol{u}(k),k=0,1,\cdots,n$。

(2) 设定初值 $\hat{\boldsymbol{\theta}}_{n-1}=0,\boldsymbol{P}_{n-1}=C^2\boldsymbol{I}(C=10^3),\hat{v}(k)=0,k=1,2,\cdots,n-1$。

(3) 构成初始值 $\boldsymbol{\Omega}_n^{\mathrm{T}}=-\hat{\boldsymbol{\psi}}^{\mathrm{T}}(n)=[-\boldsymbol{y}(n-1),\cdots,-\boldsymbol{y}(0);-\boldsymbol{u}(n-1),\cdots,$
$-\boldsymbol{u}(0);v(n-1),\cdots,v(0)]$。

(4) 计算 $\hat{v}(n)=y(n)-\hat{\boldsymbol{\psi}}^{\mathrm{T}}(n)\hat{\boldsymbol{\theta}}(n-1)$。

(5) $N\leftarrow n-1$。

(6) 递推计算 $\boldsymbol{K}_{N+1}=\boldsymbol{P}_N\dfrac{\boldsymbol{\Omega}_{N+1}}{1+\boldsymbol{\Omega}_{N+1}^{\mathrm{T}}\boldsymbol{P}_N\boldsymbol{\Omega}_{N+1}}$。

(7) 递推计算 $\hat{\boldsymbol{\theta}}_{N+1}=\hat{\boldsymbol{\theta}}_N+\boldsymbol{K}_{N+1}\hat{v}(N+1)$。

(8) 若 $\dfrac{\|\hat{\boldsymbol{\theta}}_{N+1}-\hat{\boldsymbol{\theta}}_N\|}{\|\hat{\boldsymbol{\theta}}_N\|}<\Delta$,则输出 $\hat{\boldsymbol{\theta}}_N$;否则,输入新数据 $\boldsymbol{u}(N+1),\boldsymbol{y}(N+1)$。

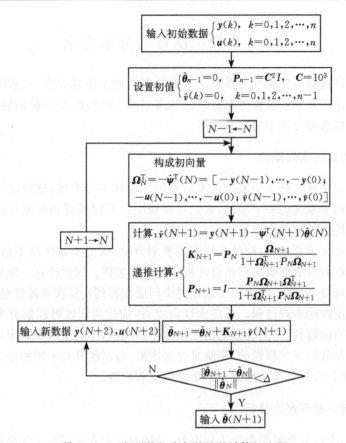

图 2.13　一般递推极大似然法的计算机流程

(9) 构成向量 $\hat{\boldsymbol{\psi}}^{\mathrm{T}}(N+2)=[y(N+1),\cdots,-y(N-n+2);u(N+1),\cdots,$ $u(N-n+2);\hat{v}(N+1),\cdots,v(N-n+2)]$。

(10) 计算 $\hat{v}(N+2)=y(N+2)-\hat{\boldsymbol{\psi}}^{\mathrm{T}}(N+2)\hat{\boldsymbol{\theta}}(N+1)$。

(11) 用 $\dfrac{\partial\hat{v}(k+1)}{\partial\hat{\boldsymbol{\theta}}}\triangleq\Omega_{k+1}$ 递推 $\boldsymbol{\Omega}_{N+1}$。

(12) 递推计算 $\boldsymbol{P}_{N+1}=\dfrac{I-\boldsymbol{P}_N\boldsymbol{\Omega}_{N+1}\boldsymbol{\Omega}_{N+1}^{\mathrm{T}}}{1+\boldsymbol{\Omega}_{N+1}^{\mathrm{T}}\boldsymbol{P}_N\boldsymbol{\Omega}_{N+1}}\boldsymbol{P}_N$。

(13) $N\leftarrow N+1$。

(14) 返回(6)。

除此,系统辨识法还包括闭环辨识方法、试验信号及其优化设计、先验信息利用及嵌入、观测数据采集和预处理、时变系统辨识、非线性系统辨识、多输入多输出系统辨识等,特别是非线性系统辨识和多输入-多输出系统辨识对于复杂系统建模尤为重要。有关内容可参阅文献(刘兴堂,2006)。

2.5　系统层次性与分形理论

系统分层或具有层次性是系统论的重要概念和主要观点之一,它同分形理论一起共同揭示了复杂系统整体部分之间的多层面、多维度、全方位的联系方式,对复杂系统建模起着方法学的指导作用。

2.5.1　系统的层次性概念

系统的层次性是指一个复杂系统通常包含着许多子系统,整合在同一级别上的子系统就构成系统的一个层次,它们在系统中具有同类或相似的作用。同一层次上的子系统在其结构上也往往是相同或相似的。

在系统研究或建模中,简单系统不需要划分层,而复杂系统则不然,必须按层次划分由低级到高级逐级组织整合才能成为系统整体。层次性在一定程度上反映了一个系统的复杂程度,是由低层次经过中间层次再到高层次并逐级整合,最终形成系统整体层次的客观过程。从层次性角度讲,前述涌现性可以解释为高层次具有而低层没有的特性,不同性质的涌现形成不同层次,不同层次反映出不同质的涌现性。这就是我们通常所说的,系统是分层次的,各层次具有不同的运动形式和特性,即高层次具有比低层次更复杂的运动形式和特性。

2.5.2　系统分析与层次分析

广义讲,系统分析就是系统工程本身,是研究复杂系统如何实现总体效能最优的科学与技术。狭义讲,系统分析可视为系统工程的一个逻辑步骤,可说是系统工程的核心。系统分析的创始人奎得(Quade)曾指出:所谓系统分析是通过一系列步骤,帮助决策者选择决策方案的一种系统方法。

系统分析有五大要素,即目标、替代方案、费用、模型和准则。目标是对系统的要求或要追求的目的;方案是试图实现目标的途径和工程措施;费用亦称之为成本,是指实现目标所消耗的全部资源,且主要指"寿命周期总费用";模型是被分析系统的等效替代物,用以对方案进行分析和仿真;准则是系统效能的量度,作为评估方案优劣的依据。严格讲,系统分析要求还应包括"结论"与"建议"。

系统分析有各种方法,但总体上可分为定性分析与定量分析两大类。层次分析是两者相结合的数学方法之一。

复杂系统具有层次性是系统数学建模的重要理论根据之一。基于该理论的层次分析法把人的思维过程层次化、数量化,并用数学方法为分析决策、预报或控制、管理等提供定量依据。

层次分析方法是匹兹堡大学教授 Saaty 等于 20 世纪 70 年代初提出来的,简称 AHP 法。其基本思想在于,将复杂的问题(系统或过程)分解成若干层次,并在比原系统简单得多的层次逐步分析。它通过比较若干因素对同一目标的影响,把决策者的主观判断用数量形式表达和处理,从而确定出它在目标中的比重,最终选择其比重最大的系统方案。

2.5.3 系统层次分析方法概述

1. 层次分析法的主要流程

明确问题→建立层次结构模型→利用成对比较法构造判断矩阵→进行层次单排序,获得权向量→进行一致性检验→完成层次总排序及一致性检验(必要时,重新调整判断矩阵的元素取值,再重复上述两种排序及检验)→获得最优系统方案。

2. 层次分析法的关键环节

层次分析法的关键环节为建立结构模型、构造判断矩阵、获得权向量和进行一致性检验。

1) 建立层次结构模型

在深入分析和明确问题的基础上,将影响系统问题的因素按其性质分为不同层次,如目标层、准则层、指标层、方案层、措施层等,并利用框图描述层次的递阶结构与诸因素的从属关系,即建立起层次结构模型。

对于一般决策问题,通常可描述成三个层次结构:最高层、中间层和最低层。最高层是层次分析要达到的总目标,又称目标层;中间层为实现预定目标采取的某种原则、策略、方式等中间环节,通常又被称为策略层、约束层或准则层;最低层是所选用的解决问题的各种措施、方法及方案等,故也叫方案层。

基于上述三层的层次结构模型如图 2.14 所示。

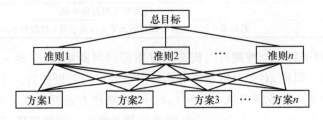

图 2.14 系统层次结构模型

2) 利用成对比较法构造判断矩阵

针对上一层的某个因素对于本层次的所有因素的影响,进行两两比较,如针对图 2.14 中准则 1,进行方案 1 与方案 2,方案 1 与方案 3,…,方案 1 与方案 n;方案 2 与方案 3,…,方案 $n-1$ 与方案 n 等比较,从而得到判断矩阵 $\boldsymbol{B}=(b_{ij})_{n \times n}$

（见表 2.7）。

表 2.7　判断矩阵 B 的诸元素值 b_{ij}

	C_1	C_2	⋯	C_n
C_1	b_{11}	b_{12}	⋯	b_{1n}
C_2	b_{21}	b_{22}	⋯	b_{2n}
⋮	⋮	⋮	⋮	⋮
C_n	b_{n1}	b_{n2}	⋯	b_{nn}

表 2.7 判断矩阵 B 的诸元素值 b_{ij} 反映了各元素（此处指方案）相对重要性的认识。为了衡量诸方案的优劣程度，一般采用能使决策者定量化判断的 1～9 级及其倒数的标度方法（见表 2.8），即 b_{ij} 的取值范围可以是 $1,2,\cdots,9$ 及其互倒数 $1,1/2,\cdots,1/9$。其理由是：①成对比较时，在人们头脑中总是五种明显等级：相同、稍强、强、很强、绝对强，它们相应于 b_{ij} 表示为 $1,3,5,7,9$；在两个等级间有一个中间状态，相应于 b_{ij} 为 $2,4,6,8$。②心理学家认为，成对比较因素应适当。若太多将超出人的思维能力，从而会降低判断精确度。因此，比较因素最多 $n\pm2$。若以 $n=9$ 为限，则 $C_1,C_2,\cdots,C_9$ 正好适合于人头脑中的 9 种划分优劣概念，即 b_{ij} 采用 $1,2,\cdots,9$。③Saaty 曾进行过实例比较，发现一些较简单的尺度中，以 1～9 最好，且不劣于其他一些较复杂的标度方法。

表 2.8　1～9 及其倒数标度法

标　度	含　义
1	表示两个因素相比，具有相同重要性（或相当）
3	表示两个因素相比，一个比另一个稍强（或稍微优于）
5	表示两个因素相比，一个比另一个强（或优于）
7	表示两个因素相比，一个比另一个很强（或很优于）
9	表示两个因素相比，一个比另一个绝对强（或极其优于）
2,4,6,8	上述两相邻判断的中值
倒数	若因素 i 与 j 比较得到判断元素 b_{ij}，则 j 与 i 比较得 $b_{ij}=1/b_{ji}$

应指出，对于每一个准则可以构造出方案层的判断矩阵，于是 m 个准则就有 m 个判断矩阵。同样，对于目标层亦可构造出准则层的判断矩阵。上述 B 阵应满足 $b_{ij}>0,b_{ii}=b_{jj}=1;b_{ji}=1/b_{ij}(i,j=1,2,\cdots,n)$ 被称为正互反阵。若正互反阵 B 满足 $b_{ij}=b_{jk}\cdot b_{kj}(i,j,k=1,2,\cdots,n)$，则 B 阵称为完全一致性矩阵，简称一致阵。

3）层次单排序及一致性检验

层次单排序就是依据上述判断矩阵 B，计算对于上一层某个因素而言的本层次联系因素的重要性权值，得到权向量 W。这种排序方法很多，如求和法、正规法及方根法等。以求和法为例，其方法如下：

（1）首先求出判断矩阵 B 的各行元素之和 V_i，即

$$V_1 = \sum_{j=1}^n b_{1j}, \quad V_2 = \sum_{j=1}^n b_{2j}, \quad \cdots, \quad V_n = \sum_{j=1}^n b_{nj} \tag{2.37}$$

（2）对 V_i 进行正规化，即将 $V_1, V_2, \cdots, V_n$ 相加之和再除 V_i，得

$$W_i = \frac{V_i}{\sum_{i=1}^n V_i}, \quad i = 1, 2, \cdots, n \tag{2.38}$$

（3）构造列向量

$$W = [W_1, W_2, \cdots, W_n]^{\mathrm{T}} \tag{2.39}$$

式（2.39）就是层次单排序中的权向量。权向量的元素 W_i 表示了某一层次中各个因素对于上一层次某因素的相对重要性权值。

利用正规法和方根法进行层次单排序可参阅文献（刘兴堂等，2001）。

所谓一致性就是衡量判断矩阵判断质量的标准。一般讲，若判断矩阵 $\boldsymbol{B}$ 如前述满足 $b_{ij} = b_{jk} \cdot b_{kj} (i, j, k = 1, 2, \cdots, n)$，则判断矩阵 $\boldsymbol{B}$ 具有完全一致性。

根据矩阵理论，判断矩阵在满足上述完全一致性条件下，有其非零最大特征值根 $\lambda_{\max} = n$，且除 $\lambda_{\max}$ 外的其余特征根均为零。于是，层次单排序的计算问题便归结为计算判断矩阵 $\boldsymbol{B}$ 的最大特征根及其特征向量问题。应指出，在完全一致性条件下，判断矩阵 $\boldsymbol{B}$ 将满足 $\boldsymbol{BW} = \lambda_{\max} \boldsymbol{W} = n\boldsymbol{W}$。这里，特征向量 $\boldsymbol{W}$ 即层次单排序的系数列向量或权向量。

然而，在一般决策问题中，实际给出的判断矩阵 $\boldsymbol{B}$ 的元素值 b_{ij} 与理想值总会有一定偏差，这就使得到判断矩阵 $\boldsymbol{B}$ 一般不具有完全的一致性。于是，相应判断矩阵的特征值将发生变化。这时，可利用判断矩阵特征值的变化来检验判断一致性程度。

按照矩阵理论，如果 $\lambda_1, \lambda_2, \cdots, \lambda_n$ 是满足 $\boldsymbol{Bx} = \lambda x$ 的数，则这些数就是矩阵 $\boldsymbol{B}$ 的特征根，且对于所有 $b_{ii} = 1$ 有 $\sum_{i=1}^n \lambda_i = n$。这就是说，当矩阵 $\boldsymbol{B}$ 具有完全一致性时，$\lambda_1 = \lambda_{\max} = n$，其余特征根均为零；而当矩阵 $\boldsymbol{B}$ 不具有完全一致性时，则有 $\lambda_1 = \lambda_{\max} > n$，其余特征根 $\lambda_2, \lambda_3, \cdots, \lambda_n$ 有如下关系：

$$\sum_{i=2}^n \lambda_i = n - \lambda_{\max} \quad \text{或} \quad \lambda_{\max} - n = -\sum_{i=2}^n \lambda_i \tag{2.40}$$

这样，在层次分析中，可以把判断矩阵最大特征根以外的其余特征根（$\lambda_2, \lambda_3, \cdots, \lambda_n$）的负平均值作为度量判断矩阵偏离完全一致性的指标，即用

$$CI = \frac{\lambda_{\max} - n}{n - 1} \tag{2.41}$$

来检验决策者判断思维的一致性。如果 $\lambda_{\max}$ 稍大于 n，且其余特征根接近于零（即 CI 接近于零），则认为判断矩阵具有满意的一致性。而且，只有判断矩阵具有这样满意的一致性或前述完全一致性，才能保证应用层次分析得到合理的结论。

为了度量不同阶数判断矩阵是否具有满意的一致性,还需要引入判断矩阵的平均随机一致性指标 RI,表 2.9 给出了对于 1~11 阶判断矩阵的 RI。这是 Saaty 用 100~500 子样试验得到的。

表 2.9　平均随机一致性指标 RI 值

阶数 n	1	2	3	4	5	6	7	8	9	10	11
RI	0	0	0.58	0.90	1.12	1.24	1.32	1.41	1.45	1.49	1.51

利用表 2.9 和式(2.41)可计算得到

$$CR = \frac{CI}{RI} \tag{2.42}$$

式中,CR 称之为随机一致性比率。它表示当矩阵阶数大于 2 时,判断矩阵的一致性指标 CI 与同阶平均随机一致性指标 RI 之比。

当

$$CR = \frac{CI}{RI} < 0.1 \tag{2.43}$$

时,认为判断矩阵具有满意(或可接受)的一致性。否则,需要重新调整判断矩阵 $\boldsymbol{B}$ 的元素取值,直至使之符合一致性要求。

(4) 层次总排序及其一致性检验。

层次总排序是计算同层次所有因素对最高层次相对重要性权值。也就是利用上述层次单排序结果综合出对更上一层的排队顺序。如在已得到方案层对准则层、准则层对目标层的单排序后,把寻求方案因素对目标层的优劣顺序称为方案层总排序。

若上一层(如准则层)A 包含 m 个因素 $A_1, A_2, \cdots, A_m$,对其目标层来说,层次总排序权值分别为 $a_1, a_2, \cdots, a_m$;而下一层(如方案层)包含 n 个因素 $F_1, F_2, \cdots, F_n$,它们对于因素 $A_1, A_2, \cdots, A_m$ 的层次单排序权值为

$$\begin{bmatrix} w_1^1 & w_1^2 & \cdots & w_1^m \\ w_2^1 & w_2^2 & \cdots & w_2^m \\ \vdots & \vdots & & \vdots \\ w_n^1 & w_n^2 & \cdots & w_n^m \end{bmatrix}$$

当 F_k 与 j 无关,且 $w_k^j = 0$ 时,F 层次的总排序权值由表 2.10 给出。

层次总排序的一致性检验也是从高层到低层逐层次进行的。如果 F 层次某些因素对于上一层次 A_i 单排序的一致性指标为 CI_j,相应的平均随机一致性指标为 RI_j,则 F 层次总排序的随机一致性比率为

$$CR = \frac{\sum\limits_{j=1}^{n} a_j CI_j}{\sum\limits_{j=1}^{n} a_j RI_j} \tag{2.44}$$

当 CR<0.1 时,认为层次总排序结果具有满意的一致性。否则,还需要重新调整判断矩阵的元素值。

表 2.10　F 层次总排序权值

方案层 F	准则层 A 目标层 a	A_1 a_1	A_2 a_2	⋯ ⋯	A_m a_m	F 层次总排序权值
	F_1	w_1^1	w_1^2	⋯	w_1^m	$\sum\limits_{j=1}^{n} a_j w_1^j$
	F_2	w_2^1	w_2^2	⋯	w_2^m	$\sum\limits_{j=1}^{n} a_j w_2^j$
	⋮	⋮	⋮		⋮	⋮
	F_n	w_n^1	w_n^2	⋯	w_n^m	$\sum\limits_{j=1}^{n} a_j w_n^j$

2.5.4　系统分形概念

分形是研究自然界、工程技术和人类社会等领域普遍存在的大量不规则形体(如山川、河流、湖泊、海洋、地形、地貌、云彩、涡旋、海岸线、边境线、生物体、植物体、人体、股市走趋、布朗运动轨迹及战场态势等)特征的几何学,即数学上的分形几何学。美国数学家曼德布罗特(Mandelbrot)于 1982 年出版专著《自然界中的分形几何学》,标志着系统分形理论的创立。

分形理论对复杂系统建模都具有重要的基础作用,特别是提供了新的方法论。分形可以分为自然分形、时间分形、社会分形和思维分形四大类。自然分形包括几何分形、功能分形、信息分形和能量分形等;时间分形表示在时间轴上具有自相似的系统;社会分形指人类社会活动和社会现象所表现出的自相似现象;思维分形指人类在认识、意识上所表现出的自相似特性。总之,分形理论指出了客观物质世界和人类思维中整体与部分之间具有相似性,因此,自相似性是分形的本质。

2.5.5　分形理论的要点

分形理论有如下几方面要点:

(1) 分形是一个具有复杂结构的几何现象,其复杂性可以用分数维 D 加以描述。对于复杂的分形,一般必须采用多种维数来描述,而多种分形维数的定义正是从不同角度刻画分形对象的复杂结构特征。文献(李士勇等,2006)给出了描述分形对象的多种分形维数特征,如表 2.11 所示。

表 2.11　从拓扑维数到多种分形维数的特征

名称	基本概念	定义式	主要特点
拓扑维数	在欧氏空间中,确定一个几何对象中一个点的位置所需要的独立坐标数目,称为欧氏维数、空间维数又称拓扑维数。一个 d 维的几何对象,覆盖它所需要的小盒子数和尺子的关系为 $N(r)=1/r^d$	$d=\ln N(r)/\left(\ln\dfrac{1}{r}\right)$ $N(r)=\dfrac{1}{r^d}$	在欧氏空间中几何对象连续地拉伸、压缩、扭曲,其拓扑维数也不会改变。拓扑维数有两个特点:一是它为整数;二是几何对象的拓扑维数保持不变
豪斯道夫维数	维数在几何直观上可表示为 $V\sim r_D$,V 表示某种测度,r 表示测量尺度。将拓扑维数中的 r 取极限 $r\to 0$,可得到分维的定义,又称豪斯道夫维数 D_0	$D_0=\lim\limits_{r\to 0}\dfrac{\ln N(r)}{\ln\dfrac{1}{r}}$	它是构造其他分形维数的基础,它对任何集(图形)都有定义。多数情况计算困难,D_0 大于拓扑维而小于分形所位于的空间维
相似维数	如果把某几何图形缩小为 $1/a$ 的相似的 b 个图形,则有 $a^D=b$,称 D 为相似维数	$D=\dfrac{\ln b}{\ln a}$	D 可以是整数,也可以是分数,对于不同的非整数相似维数的几何对象的维数越大,复杂性也越大
信息维数	为反映分形内部不均匀性,改进描述分形的细致程度,把小盒子编上号,当分形点落入第 i 个小盒子的概率 P_i 已知时,可写出用尺子 r 测得的平均信息量 I 代替 $N(r)$ 来定义信息维数	$D_1=\lim\limits_{r\to 0}I(r)/\ln\dfrac{1}{r}$ $I(r)=\sum\limits_{i=1}^{N(r)}P_i\ln\dfrac{1}{P_i}$	若落入每只盒子的概率都相同,即 $P_i=1/N(r)$,由于求和符号与 i 无关,故有 $I=\ln N(r)$。此时 $D_1=D_0$,一般有 $d\leqslant D_1\leqslant D_0$,计算 D_0 比 D_1 复杂
关联维数	对时间序列构造一批 m 维向量支起一个嵌入空间,把距离小于 r 的点对在所有点对中所占比例记为 $C(r)$,调整 r 取值,可能有 $C(r)=r^D$,指数 D 是对关联维数的很好逼近	$D_2=\lim\limits_{r\to 0}\dfrac{\ln C(r)}{\ln r}$ $C(r)=\dfrac{1}{N^2}\sum\limits_{i}^{N}\sum\limits_{j}^{N}\theta(r-r_{ij})$	关联维数是从实验数据(如混沌吸引子上一系列点的位置)中抽取出一种维数,只需通过相点的距离进行统计并通过数值计算分维,易于实现,应用广泛
容量维数	容量维数 D_C 是利用标准的半径为 ε 的小球或立方体覆盖一几何对象所需小球的最小数量为 $N(\varepsilon)$ 而定义的维数	$D_C=\lim\limits_{\varepsilon\to 0}\dfrac{\ln N(\varepsilon)}{\ln\dfrac{1}{\varepsilon}}$	D_C 可以是分数,也可以是整数。容量维数基于相同的覆盖对某些对象有一定的局限性
计盒维数	边长为 1 的立方体内放入边长 $(1/2)^n$ 的小立方体(盒子)数 $N(n)=2^{3n}$,每个小盒子中放入半径 $\varepsilon=(1/2)^{n+1}$ 的小球,可从容量维数定义式中得到计盒维数,$\varepsilon\to 0$ 时,$n\to\infty$,$N(\varepsilon)$ 换成 $N(n)$,$1/\varepsilon=2^{n+1}\to 2^n$	$D_b=\lim\limits_{n\to\infty}\dfrac{\ln N(n)}{\ln 2^n}$	计盒维数在各领域应用广泛,同样可用于线、面的情况,它非常易于用计算机求得

（2）分形的基本属性是标度不变性,这是一种普适规律,可以理解为通常所说的比例变换。

这种标度不变性在数学上可表示为

$$f(\lambda r)=\lambda^a f(r) \tag{2.45}$$

式中，λ——标度因子；

　　f——某被标度的物理量；

　　α——标度指数。

应该指出，标度不变性不仅存在于几何图形，而且亦会存在于其他形式的事物。

若某一事物的某一性质可如下定量描述：

$$S = R^{D_S} \tag{2.46}$$

式中，R——与该事物相关的尺度。

则该事物是无标度的，即具有分形结构，其中 D_S 称为该事物的分维数。

（3）为了反映分形体形成过程中局域条件的作用，人们提出了多重分形概念，它描述了分形提生长过程中的不同层次和特征。其重要关系式为

$$D_q = \frac{1}{q-1}[q\alpha - f(\alpha)] \tag{2.47}$$

$$\alpha(q) = \frac{\mathrm{d}}{\mathrm{d}q}[(q-1)D_q] \tag{2.48}$$

式中，D_q——q 次信息维 D_i；

　　q——参量。

（4）混沌吸引子是非线性动力学系统中那些有不稳定轨迹的初始点的集合，也是一类具有无限嵌套层次自相似几何结构的分形集，其分维 D_0 与李雅普诺夫指数 λ 之间的关系，可用约克公式来描述为

$$D_0 = j + \frac{\sum\limits_{i=1}^{j}\lambda_i}{|\lambda_{j+1}|} \tag{2.49}$$

式中，j——使 $\sum\limits_{i=1}^{j}\lambda_i = 0$ 的最大整数。

（5）分形理论创建了一种新的方法论，为人们从部分认识整体，从有限认识无限提供了依据。因此，已被广泛用于地球科学（如海岸线与河流分形、地震分形、矿藏分形、降水量分维等），生物学、物理学和化学（如生物体分形、物质结构和表面分形、超导体结构分形、高分子分形等），材料科学（材料裂纹分形、材料多度域分形等），计算机图形学和图形处理（如植物树木分形、分形图像处理、分形图像压缩），经济学和金融领域（如经济系统分形、收入分配分形、市场价格分维等），语言学和情报学（如词频分布分形、负幂律统计分形）以及哲学领域（如社会分形、思维分形等）等。因此，分形理论为复杂系统建模奠定了重要的方法论基础。

2.6　复杂适应系统理论

复杂适应系统（CAS）理论的创立不仅为一大类复杂系统的研究、分析、设计、

制造和管理提供了新思想,而且给复杂系统建模与仿真奠定了新的理论基础,创造了新的方法。该理论的核心是"适应性造就复杂性",其要点可归纳如下。

2.6.1　基本概念

研究表明,复杂适应系统是由许许多多具有适应性的主体(adaptive agent),简称"智能体"构成的,这些智能体无论在形式上还是在性能上都各不相同。所谓具有适应性,就是指它能够与环境以及其他主体进行持续不断地交互作用,从中不断的"学习"或"积累经验"、"增长知识",并据此改变自身的结构和行为方式,以适应环境的变化及和其他主体协调一致,促进整个系统发展、演化或进化。整个宏观系统的演化或进化,包括新层次的产生、分化和多样性的出现,新的聚合以及更大主体的派生等。

霍兰把上述智能体与环境及其他主体反复的不断主动地交互作用概括为"适应性",并认为这才是系统发展、演化或进化的基本动因。因此,智能体是 CAS 理论的最核心概念。但单独用它是无法完全表达 CAS 理论的丰富内容的。所以,霍兰进一步提出了 7 个有关概念:聚集、非线性、流、多样性、标识、内部模型及积木。在这 7 个概念中,前 4 个是个体的某种特性,它们将在适应和演化中发挥作用,而后 3 个是个体与环境及其他主体进行交互的机制。

(1) 聚集(aggregation)有两层含义。其一是把相似的事物聚集成类,这是简化复杂系统的一种标准方法,也是构建模型的一种主要手段;其二是指主体通过"黏合"形成较大的更高一级的介主体(meta-agent)。同时,再聚集将产生介主体,几次重复就可得到 CAS 非常典型的层次组织。

(2) 非线性(nonlinearity)。它指个体及其属性变化,特别是与环境及其他主体反复交互作用时,并非遵循简单的线性关系。非线性的产生可归之于个体的主动性和适应能力,而主体行为的非线性是产生复杂性的内在根源。

(3) 流(flow)。它指在个体相互间、个体与环境及其他主体之间存在的物质流、能量流和信息流等。系统越复杂各种流的交换就越频繁。

(4) 多样性(diversity)。霍兰指出:正是相互作用和不断适应的过程造成了个体向不同方面发展变化,从而形成了个体类型的多样。可见,多样性是在适应过程中,由于种种原因(如非线性、相互作用等),个体之间的差别会发展与扩大,最终形成分化的必然结果。

(5) 标识(tagging)。主体之间的聚集行为并非任意性,而是有选择的,在CAS 中,标识提供了具有协调性与选择性的聚集体,从而可区分出对称性。更进一步讲,标识是隐含在 CAS 中具有共性的层次组织机构背后的机制。

(6) 内部模型(internal model)。它指主体的内部模型,体现了主体在接受外部刺激(扰动),做出适应性反应的过程中能合理调整自身结构。因此,内部模型是主体适应性的内部机制的精髓。通常,内部模型可分成隐式和显式两类。前者用以指明当前行为;后者用于内部探索,指明前瞻过程。

(7) 积木块(building block)。积木块或称构件,是构成复杂系统的单元。CAS 的复杂程度不仅决定于积木块的多少和大小,而且取决于原有积木块的重新组合方式。应强调指出,上述内部模型的积木块机制,进一步显示了复杂系统的适应性和层次性,即主体间或同环境及其他主体相互作用就会通过内部模型产生适应性,这种适应性是通过积木块和其他积木块的相互作用和相互影响实现的,而在适应过程中一旦超越层次时,就会出现新的规律与特征。

2.6.2　CAS 树

CAS 树可形象地描述主体的适应和演化、进化过程。该树中的 7 个基本点就是霍兰提出的上述 7 个有关概念:聚集、非线性、流、多样性、标识、内部模型和积木块。因此,CAS 理论的一个重要观点在于,凡具有这 7 个基本点的系统都是复杂适应系统。图 2.15 给出了基于 7 个基本点的 CAS 树。它形象地描述了某大城市的动态过程这样一个复杂适应系统。由此,我们将会对城市复杂系统有一个全新的认识。

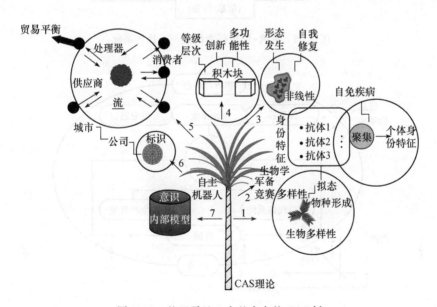

图 2.15　基于霍兰 7 个基本点的 CAS 树

2.6.3　主体的适应和学习

为了描述主体如何适应和学习,霍兰提出了建立主体基本行为模型,包括如下三方面内容：

（1）执行系统模型。

执行系统就是基于规则描述主体行为的最基本模式。最简单的一类规则为 IF（条件为真）/THEN（执行动作），即刺激-反应行为模型。通常，该模型由三部分组成：探测器、IF/THEN 规则和效应器（见图 2.16）。对于实际 CAS 来说，描述与主体有关信息输入和输出的规则并不如此简单，而是一个规则系统。其中，有些规则作用于探测器产生的信息，处理环境信息；有些规则作用于其他规则发出的信息；有些规则通过主体的效应器，发出作用于环境的信息；还有些规则发出激活其他规则的信息等。图 2.17 进一步给出了这种规则系统与探测器、效应器、环境及信息等之间的关系。

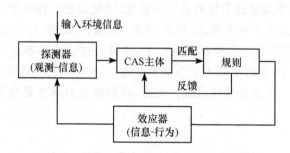

图 2.16　刺激-反应行为模型——执行系统

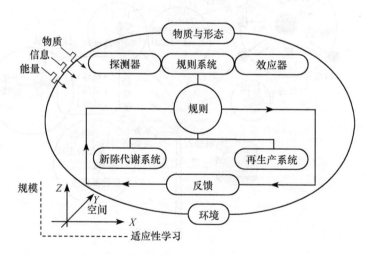

图 2.17　CAS 中规则系统与探测器、效应器、环境及信息之间的关系

（2）确立信用分派机制。

为了进一步描述主体能力，必须对上述规则系统中的规则进行比较和选择，以便确定主体获得经验时改变系统行为的方式。这里，信用分派将向系统提供评价

和比较规则的机制。"竞争"是信用分派的基础,对于每个规则分派都有一个"竞争"的特定数值,被称为强度或适应度。修改强度的过程谓之信用分派。每次应用规则后,个体将根据应用结果来修改强度,即适应度确认与修改,这实际上就是"学习"或"积累经验"。随着经验的积累,加入竞争的更为具体的例外规则将不断修改内部模型,从而提高个体适应环境的能力。

(3) 新规则发现或产生。

寻找新规则最直接的方法是利用规则(rule string)中选定位置上的值作为潜在的积木。对于非线性问题,霍兰提出必须允许可以在字符串的多个位置上使用积木,即允许一个积木包揽三个位置,或者包揽 1、3、7 这三个位置(见图 2.15)。

值得指出,遗传算法利用交换和突变可以进一步创造出新规则。在微观层次上,遗传算法是 CAS 理论的基础。

2.6.4 CAS 宏观模型

这里是指在前述 CAS 理论基础上建立复杂适应系统的宏观模型,霍兰称这种模型为回声模型(echo model),或叫做 CAS 的统一模型。

1. 构建回声模型的六条准则

为了构建回声模型,霍兰提出了下述六条准则,可做出 CAS 建模的基本原则:

(1) 回声模型应尽可能简单,并与其他判据相容。

(2) 回声模型应能够描述和解释主体在宽泛的 CAS 环境中的行为。

(3) 回声模型应有助于进行适应度进化实验。

(4) 回声模型中最基本机制应该在所有 CAS 中都有现成的对应物。

(5) 回声模型应该尽可能容纳一些著名的特定的 CAS 模型。

(6) 回声模型应尽量在各个方面都能经得起数学分析的考验,这是特定模拟达到有效推广的必由之路。

2. 建立回声模型三步骤

根据以上六条准则,建立回声模型不是一步到位,而是逐步修改的过程。大体分为三个步骤:

(1) 确定主体生存和活动的外部环境。为此,霍兰定义了资源和位置两个重要概念。

(2) 建立一个基本模型。

(3) 扩展基本模型,形成最终回声模型。

3. 位置和资源概念

回声模型给定了主体"活动"场所,称之为位置。位置是实际系统中抽象起来的概念,可以是地理环境的土地、河流、树林等,可以是经济领域的市场、城市等,还可以是军事作战中的阵地、兵力、武器等,也可以是网络环境中的网页等。在回声模型中,个体活动的外部环境由一组相互连接的"位置"所规定。一个位置可以容纳多个主体,主体在多个位置上交互作用。主体的主动性和适应性表现为它们在位置之间移动,或进一步选择适合于自己生存和发展的更适宜位置。

资源泛指不断向主体提供为生存和发展所需要的某种物质、能量、信息等。资源供主体消耗或使用,当丰富到足够多程度时主体会繁殖,产生新的主体。

4. 回声模型的基本形式

主体资源和位置的相互结合可形成了基本回声模型。在此,主体由三个基本部分构成:

(1) 资源库(reservoir)——用于存储所收集资源的仓库。

(2) 进攻标识(offense tag)——由代表资源的字母组成,表示主体主动与其他主体联系和接触而获得资源能力的"染色体"字符串。

(3) 防御标识(defense tag)——由代表资源的字母组成,表示其他主体与主体本身联系时决定应答与否的"染色体"字符串。

在这个基本模型中,每个主体有一个染色体,该染色体只保留真正染色体的遗传物质和决定主体能力的两个特性,用以刻画进攻标识和防御标识。

由此可见,这种回声模型基本形式仅对 CAS 复杂性建模提供了一个基本框架,而不能提供具有层次结构 CAS 的涌现方式等描述。因此,需要对该模型功能加以多种扩展。

5. CAS 回声模型

为了获得最终统一模型,在保持基本模型中主体简单形式下,对基本回声模型主要进行了如下方面功能扩展:①增加一些手段,使主体之间能够相互黏着;对边界的形成作出规定,使形成的聚集体能够构成功能不同的部分;②使主体能够转换资源,具有模仿细胞的能力;③扩展染色体字符串的定义,使其片段的开启与关闭能够在某种程度上影响相应的主体之间的交互运动,且使调节开启与关闭的过程对主体活动很敏感,能够模仿生物细胞中代谢物的效果。

除此,还给原始主体增加下述 5 种机制:①允许选择性交互作用的机制;②允许资源变换的机制;③确定主体相互黏着的机制;④允许选择性交配的机制;⑤条件复制的机制。

这样,扩展后的回声模型便较客观地反映了 CAS 从个体到全局的宏观动态过程,相似地描述了系统内部结构、机制对环境及其他主体的主动性与适应性等。因为在这样的回声模型中,除了主体间交互外,还包括从位置吸取资源、资

源交换、主体死亡和主体在位置间的迁移等。最终回声模型的计算机仿真流程
如图 2.18 所示。

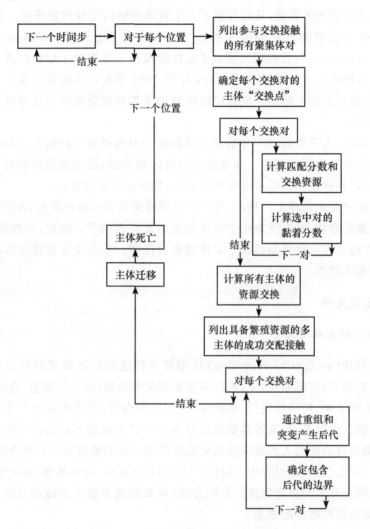

图 2.18　CAS 回声模型的仿真流程图

2.7　定性理论、模糊理论及云理论

2.7.1　定性理论的产生及其范畴

人们用定性手法表示事物和定性方式思维问题并不少见,如人类对周围物理
世界进行推理时就普遍采用了定性的方法。但定性问题的研究形成理论并应用于

许多领域还只是近 20 多年的事情。

　　进入 20 世纪 80 年代，人们试图构造出一个能够按照人类思维方式推理的计算机系统来研究现实系统，从而开始了人工智能领域的定性代数研究。1983 年美国 XEROX 实验室的学者 Brown 和 de Kleer 发表了论文"A qualitative physics based on confluence"，首先提出了关于定性建模理论并揭开了定性仿真研究的序幕。此后，《国际人工智能》杂志于 1984 年和 1991 年先后两次出版关于定性推理问题专辑，此后国际上每年一度的定性推理论坛都对该领域的迅速发展起了重要的推动作用。

　　值得指出，人工智能（AI）中的定性推理源于对物理系统的研究，因此，通常把它和定性物理视为同一概念。如果说它们有区别的话，那就是定性物理更广义一些，是关于定性建模和定性推理的理论，即一般所说的定性理论。

　　定性推理是定性理论的核心，对复杂系统建模有着本质的影响，在此基础上产生了定性建模方法，并广泛地用于定性仿真与定性控制等。因此，定性推理、定型建模、定性仿真和定性控制都属于定性理论的范畴。下面主要讲述定性推理与定性建模的相关理论。

2.7.2　定性推理

1. 基本概念及定义

　　定性推理（qualitative reasoning）是相对于传统的定量描述和形式建模而言的。在真实世界（实际系统）中，有许多复杂现象和问题（如生物繁殖、遗传基因、生理过程、生态平衡、传染病流行、地质变迁、人工生命等）是很难用数学形式精确描述或表达的。也就是说，通过传统的定量方法往往不能达到预期的研究效果。于是，人们提出可否模仿人的思维方式中定性思考过程的推理方法去解决这些难题？回答是肯定的。在推理过程中，通过引入诸如归纳推理、因果推理、模糊推理、空间图形推理等一套人类思考问题的常用方法，从而得到非数字手段对系统定性行为描述，这就是定性推理的概念。

　　为了深入理解定性推理概念，石纯一先生进一步指出了促成推理研究的主要原因，并给出了它的明确定义。诱法定性推理研究的主要原因在于：①现实世界的常识推理，也就是采用基于定性知识和经验知识的方法去研究现实世界；②特定领域的定性推理，即对于某些特定领域（如生态学领域）问题需要做出定性分析与预测；③从第一原则出发的基于模型的推理，所谓第一原则是指使用深层知识来建模和推理；④动态特性与时态推理，这就是如何解决时态推理机制和进行定性行为时态推理；⑤因果推理，它是人类推理的主要形式之一，已成为定性推理的重要分支。

　　定性推理可如下定义：定性推理是通过对物理（实际）系统的结构、行为、功能以及它们之间的关系和因果性进行研究,以探索人类常识(定性)推理机制为目的,从而有效地完成各项求解任务的一种跨领域的推理方法体系。

2. 定性推理系统及其要素

定性推理系统(简称定性系统)对实际系统的描述由三部分构成,即结构描述、行为描述和功能描述。其形式均为定性的形式。

定性推理的基本要素包括量空间、本体基元、建模原则和因果性。

量空间(quantity space),即定性推理研究的论域,且指论域中连续空间的离散化。最简单的量空间是 $S=\{+,0,-\}$,分别表示正数、零和负数。

本体基元(ontological primitives)是实际系统结构中具有独立功能的最小单元,既能表示有意义的知识,又能描述所有物理过程。

实际系统的定性模型建立必须遵循如下三个原则:①合成性,即实际系统的整体行为可通过一定方式从部件行为及它们间的相互作用推导出来;②局部传播性,即部件的行为和状态变化只与直接相邻或直接相关的部件有关,这种传播规则就是所谓因果性;③功能性,该功能应是系统行为与人类目标之间的关系的反映。

因果性反映在定性推理的各个方面,如干扰影响传播、进程定义、约束集合构成及因果顺序等。

3. 基本结论

区间代数和因果理论构成了定性推理的基本理论。

Allen 区间代数 A 由 2^{13} 个区间集之间的关系组成,其代数运算包括求反($^{-1}$)、求交($\cap$)和复合($\cdot$)等。

因果性结论是研究系统定性结构模型中的因果关系,其计算是复杂的。通常,包括变量间的因果性、时间因果性和概率因果性等。

4. 基本方法

定性推理的基本方法为 Envision 方法、定性进程理论、QSIM 方法及因果顺序法。

De Kleer 的 Envision 方法是一种定性物理的方法。它用行为的完全因果分析生成装置产生可能状态序列,再据此预测整个系统行为。可给出装置的物理结构描述、每个部件的行为规则集和装置的输入限制集等。

Forbus 的定性进程理论(QPT)利用物理进程和物体常识知识来推断进程的发生、对物理状况的影响及何时停止等。

Kuipers 的 QSIM 方法用定性方程描述系统和仿真系统的行为,即直接用部件的参量作为状态变量来描述物理结构,由物理定律得出约束关系,把参量随时间的变化视为定性状态序列。

Iwasaki 和 Simon 因果顺序法则是用因果顺序理论来审查物理研究中的因果性,其关键是用推理机构构造出因果性,并将其表现在系统状态的转移顺序中。

有关上述定性推理方法及其应用可详细参阅文献(石纯一等,2003)。

2.7.3　定性建模

定性建模是指模仿人类思维方式、推理系统定性行为的描述,即建立系统定性推理数学模型的过程。近年来,由于定性物理学、定性过程理论、定性仿真理论及定性推理数学的发展,给定性建模方法的完善与应用创造了良好条件,因此定性建模已成为复杂系统的主要建模方法之一。

在复杂系统建模中,采用定性建模方法主要有如下四方面的原因:①实际系统过于复杂或缺乏信息(包括先验知识不完备、贫数据等),无法构造精确的定量模型;②实际系统许多特性及行为具有模糊性、不确定性、严重非线性,而难以量化;③为建模目标仅需要得到系统定性结果,而无须做出精确而繁冗的定量计算或分析;④希望模仿人类思维方式,使用定性推理得到一类模型的一般解,而不是特定模型的特定解。

目前,定性建模方法已有多种。常用的方法有基于 p-范数的近似推理建模、基于 GSPS 理论的归纳推理定性建模、基于微分方程定性理论的定性建模,以及模糊辨识定性建模等。下面以基于 p-范数近似推理建模为例,说明定性建模的基本思想。

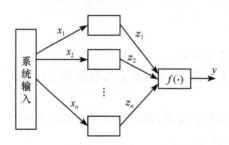

图 2.19　多输入-单输出系统的构成

考虑一多输入-单输出系统,可视为 m 个子系统的合成,其信息通过 m 条语义规则 $R_1,R_2,\cdots,R_m$ 描述(见图 2.19)。

R_i:if x_1 is A_1^i,x_2 is A_2^i,$\cdots$,x_n is A_n^i,then

$$z_i = \sum_{j=0}^{n} W_{ij}x_j, \quad x_0 = 1 \tag{2.50}$$

$$y = \frac{\sum_{i=1}^{m} \phi_i z_i}{\sum_{i=1}^{m} \phi_i} \tag{2.51}$$

式中,A_j^i——论域 D_j 上的模糊变量;

W_{ij}——第 i 条规则 R_i 的结论参量;

ψ_i——$\{A_j^i\}_{j=1}$。

关于 $\boldsymbol{X}=(x_1,\cdots,x_n)^{\mathrm{T}}$ 的贴近度,可利用 p-范数给出下列公式:

$$\psi_i = \Big\{ \sum_{j=1}^n \big[A_j^i(x_j)^p\big] \Big\}^{\frac{1}{p}} \tag{2.52}$$

式中,p——实数,当 $p\to\infty$ 时,$\psi_i = \min_{j=1}^n A_j^i(x_j)$。

图 2.20 给出了基于 p-范数近似推理下的神经网络实现。

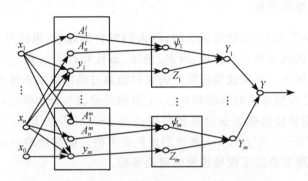

图 2.20　基于 p-范数近似推理下的神经网络实现

该网络由 5 层神经元组成:

第一层:有 $n+1$ 个单元,用于接受输入信号 $x_0,\cdots,x_n$。

第二层:有 $m(n+1)$ 个单元,对于图 2.19 的 m 个子系统,分为 m 组,每组又分为两类:一类为 n 个单元,用以获取相应规则中隶属度信息,即

$$A_j^i(x_j) = \exp\Big[-\Big(\frac{x_j - \alpha_{ij}}{\sigma_{ij}}\Big)^2\Big] \tag{2.53}$$

第 i 组内,神经元 x_j 仅与 A_j^i 存在联系,其权重为 α_{ij}(此处,取 1);另一类仅 1 个单元,且为线性单元,其输出对应子系统的输出,它与第一层的 $n+1$ 个单元全部联系,相应权重为 W_{ij},且

$$Y_j = \sum_{i=0}^n W_{ji} x_i \tag{2.54}$$

第三层:有 $2m$ 个单元,同样分 m 组,每组又分为两类;每类仅 1 个单元。其中,一类用于贴近度 ψ_j,神经之间的权重为 C_{ji}($j=1,2,\cdots,m;i=1,2,\cdots,n$)(这里,取 $C_{ji}=1$),则

$$\psi_j = \sum_{i=1}^n \big[C_{ij} A_i^j(x_i)^p\big]^{\frac{1}{p}} \tag{2.55}$$

另一类用作线性单元传递子系统的输出

$$Z_j = Y_j \tag{2.56}$$

第四层:有 m 个单元,用来计算每个子系统的加权输出

$$Y_j = \psi_j Z_j \tag{2.57}$$

第五层:仅一个单元,用于获得整个系统的输出

$$Y = \sum_{j=1}^{m} \frac{Y_j}{\varphi} \tag{2.58}$$

式中,$\varphi = \sum_{j=1}^{m} \psi_j$。

2.7.4　模糊理论的产生

客观世界是千变万化、错综复杂的,而人们对它的观察、思维及认识却是粗略有限的。因此,就其事物相互作用、因素、表征、属性和行为而言,广泛存在着模糊概念、现象或事件等。凡属这类问题的研究只能通过模糊数学来解决。

模糊数学是模糊理论的基础和核心,主要涵盖模糊集合和模糊算法两个方面。模糊集合和模糊算法的概念是由著名教授查德 Zadeh 于 20 世纪 60 年代在他的 *Fuzzy Sets* 和 *Fuzzy Algorithm* 著作中首先提出的。随后他的一系列研究,如模糊映射、模糊推理等奠定了模糊建模的理论基础。

2.7.5　模糊集合(论)

在数学上,模糊概念、现象或事件被描述为没有明确"边界"的子集,即模糊子集,记作 $\underset{\sim}{A}$。其严格定义为:

设论域 $E = \{e_1, e_2, \cdots, e_n\}$,$E$ 在闭区间$[0,1]$的任一映射 $\mu_{\underset{\sim}{A}}$,有

$$\mu_{\underset{\sim}{A}}: E \to [0,1], \quad e \to \mu_{\underset{\sim}{A}}(e)$$

它确定了 E 的一个模糊子集,简称为模糊集合(或 F 集),记作 $\underset{\sim}{A}$。

$\mu_{\underset{\sim}{A}}$ 称为模糊集合 $\underset{\sim}{A}$ 的隶属度函数,$\mu_{\underset{\sim}{A}}(e)$ 为元素 e 隶属于 $\underset{\sim}{A}$ 的程度,或简称 $\underset{\sim}{A}(e)$。所有隶属度函数均满足条件

$$0 \leqslant \mu_{\underset{\sim}{A}}(e_i) \leqslant 1 \tag{2.59}$$

$\mu_{\underset{\sim}{A}}(e_i)$ 值愈大,则 e_i 对于 $\underset{\sim}{A}$ 的隶属度愈高;对于 $\mu_{\underset{\sim}{A}}(e_i) = 1$ 时,表示 e_i 肯定属于 $\underset{\sim}{A}$;而当 $\mu_{\underset{\sim}{A}}(e_i) = 0$ 时,则表明 e_i 不属于 $\underset{\sim}{A}$。

对于论域 E 上的模糊集合 $\underset{\sim}{A}$,通常采用多种方法来描述,如有 Zadeh 表示法、序偶表示法、矢量表示法及函数描述法等。其中,Zadeh 表示法描述为

$$\underset{\sim}{A} = \sum_{i=1}^{m} \frac{\mu_{\underset{\sim}{A}}(e_i)}{e_i}, \quad e_i \in E \tag{2.60}$$

若 $m \to \infty$,则

$$\underset{\sim}{A} = \int_E \frac{\mu_{\underset{\sim}{A}}(e)}{e} \mathrm{d}e, \quad e \in E \tag{2.61}$$

为了在模糊集合中明确一个元素的归属关系,可选取一个"水平"(或称"阈值")α,$\alpha \in [0,1]$。对于模糊集合$\underset{\sim}{A} = \{e_i \mid \in E, 0 \leqslant \mu_{\underset{\sim}{A}}(e_i) \leqslant 1\}$选定 α 后,可得到一个对应的普通子集

$$A_\alpha = \{e \mid e \in E, \mu(e) \geqslant \alpha\} = [\underline{e_i}, \bar{e_i}] \tag{2.62}$$

A_α 被称为 $\underset{\sim}{A}$ 的 α 水平截集,通常又叫做清晰集合。

这时,A_α 的特征函数为

$$V_{A_\alpha}(e) = \begin{cases} 1, & \mu_{\underset{\sim}{A}}(e) \geqslant \alpha \\ 0, & \mu_{\underset{\sim}{A}}(e) < \alpha \end{cases} \tag{2.63}$$

2.7.6　模糊集合运算和基本定理

模糊集合运算包括基本运算和代数运算两类。

设论域 E 上的两个模糊子集 $\underset{\sim}{A}$ 和 $\underset{\sim}{B}$,可由隶属函数决定其模糊集合的"交"、"并"、"补集"与"差集",即由模糊"交"、"并"、"补"、"差"基本运算得到 F 交集、F 并集、F 补集及 F 差集:

(1) F 交集

$$\underset{\sim}{A} \bigcap \underset{\sim}{B} \Leftrightarrow \mu_{\underset{\sim}{A} \cap \underset{\sim}{B}}(e) = \mu_{\underset{\sim}{A}}(e) \wedge \mu_{\underset{\sim}{B}}(e) \tag{2.64}$$

(2) F 并集

$$\underset{\sim}{A} \bigcup \underset{\sim}{B} \Leftrightarrow \mu_{\underset{\sim}{A} \cup \underset{\sim}{B}}(e) = \mu_{\underset{\sim}{A}}(e) \vee \mu_{\underset{\sim}{B}}(e) \tag{2.65}$$

(3) F 补集

$$\underset{\sim}{A}^C = \mu_{\underset{\sim}{A}^C}(e) = 1 - \mu_{\underset{\sim}{A}}(e) \tag{2.66}$$

(4) F 差集

$$\underset{\sim}{A} - \underset{\sim}{B} \Leftrightarrow \underset{\sim}{A} \bigcap \underset{\sim}{B}^C = \mu_{\underset{\sim}{A}}(e) \wedge [1 - \mu_{\underset{\sim}{B}}(e)] \tag{2.67}$$

当论域 E 是连续有限域时,上述交、并、补、差集可写成

$$\underset{\sim}{A} \bigcap \underset{\sim}{B} = \int_E \mu_{\underset{\sim}{A}}(e) \wedge \mu_{\underset{\sim}{B}}(e)/e \tag{2.68}$$

$$\underset{\sim}{A} \bigcup \underset{\sim}{B} = \int_E \mu_{\underset{\sim}{A}}(e) \vee \mu_{\underset{\sim}{B}}(e)/e \tag{2.69}$$

$$\underset{\sim}{A}^C = \int_E [1 - \mu_{\underset{\sim}{A}}(e)]/e \tag{2.70}$$

$$\underset{\sim}{A} - \underset{\sim}{B} = \int_E \{\mu_{\underset{\sim}{A}}(e) \wedge [1 - \mu_{\underset{\sim}{B}}(e)]\}/e \tag{2.71}$$

所谓代数运算系指代数和、代数积、有界和、有界差、有界积等算法:

(1) 代数积

$$\underset{\sim}{A} \dot{\bigcup} \underset{\sim}{B} \Leftrightarrow \mu_{\underset{\sim}{A} \cup \underset{\sim}{B}}(e) = \mu_{\underset{\sim}{A}}(e) \mu_{\underset{\sim}{B}}(e) \tag{2.72}$$

(2) 代数和

$$A \underset{\sim}{\uplus} B \Leftrightarrow \mu_{\underset{\sim}{A \uplus B}}(e) = \mu_{\underset{\sim}{A}}(e) + \mu_{\underset{\sim}{B}}(e) - \mu_{\underset{\sim}{A}}(e)\mu_{\underset{\sim}{B}}(e) \qquad (2.73)$$

(3) 有界和

$$A \underset{\sim}{\oplus} B \Leftrightarrow \mu_{\underset{\sim}{A \oplus B}}(e) = [\mu_{\underset{\sim}{A}}(e) + \mu_{\underset{\sim}{B}}(e)] \wedge 1 \qquad (2.74)$$

(4) 有界差

$$A \underset{\sim}{\ominus} B \Leftrightarrow \mu_{\underset{\sim}{A \ominus B}}(e) = [\mu_{\underset{\sim}{A}}(e) - \mu_{\underset{\sim}{B}}(e)] \vee 0 \qquad (2.75)$$

(5) 有界积

$$A \underset{\sim}{\odot} B \Leftrightarrow \mu_{\underset{\sim}{A \odot B}}(e) = [\mu_{\underset{\sim}{A}}(e) + \mu_{\underset{\sim}{B}}(e)] \vee 0 \qquad (2.76)$$

(6) 数乘

$$\lambda A \underset{\sim}{} \Leftrightarrow \mu \lambda_{\underset{\sim}{A}}(e) = \lambda \mu_{\underset{\sim}{A}}(e), \quad \lambda \in [0,1] \qquad (2.77)$$

(7) 加权积

$$\omega_1 A \underset{\sim}{} + \omega_2 B \underset{\sim}{} \Leftrightarrow \omega_1 \mu_{\underset{\sim}{A}}(e) + \omega_2 \mu_{\underset{\sim}{B}}(e), \quad \omega_1 + \omega_2 \leqslant 1 \qquad (2.78)$$

(8) 绝对差

$$|A \underset{\sim}{} - B \underset{\sim}{}| \Leftrightarrow \mu_{\underset{\sim}{|A-B|}}(e) = |\mu_{\underset{\sim}{A}}(e) - \mu_{\underset{\sim}{B}}(e)| \qquad (2.79)$$

(9) λ-补集

$$A_\lambda^C \underset{\sim}{} \Leftrightarrow \mu_{\underset{\sim}{A_\lambda^c}} = \frac{1 - \mu_{\underset{\sim}{A}}(e)}{1 + \lambda \mu_{\underset{\sim}{A}}(e)}, \quad -1 < \lambda < \infty \qquad (2.80)$$

式中

$$A_{\underset{\sim}{\lambda}}^c = \begin{cases} A_{\underset{\sim}{}}^c, & \lambda = 0 \text{ 时(补集)} \\ F_{\underset{\sim}{}}, & \lambda = -1 \text{ 时(全集)} \\ \varnothing, & \lambda \to \infty \text{ 时(空集)} \end{cases} \qquad (2.81)$$

式中,λ——系数,表示补的程度。

对于模糊集合,有如下两个很重要的定理。

【定理 2.5】(分解定理) 设论域 E 中模糊子集 $A_{\underset{\sim}{}}$, A_α 是 A 的 α 截集, $\alpha \in [0,1]$,则分解式(2.82)成立:

$$A_{\underset{\sim}{}} = \bigcup_{\alpha \in [0,1]} \alpha A_\alpha \qquad (2.82)$$

显然,定理 2.5 很重要,它反映了模糊集合和清晰集合的关系。

【定理 2.6】(扩展定理) 设映射 $f : X \to Y$,由 f 引导一个新的映射,记作 $f_{\underset{\sim}{}}$,有

$$f_{\underset{\sim}{}} : \mathscr{F}(X) \to \mathscr{F}(Y), A_{\underset{\sim}{}} \to f_{\underset{\sim}{}}(A)$$

$$\mu_{\underset{\sim}{f(A)}}(y) = \begin{cases} \underset{f(x)=y}{\vee} \mu_{\underset{\sim}{A}}(x), & f_{\underset{\sim}{}}^{-1}(y) \neq \varnothing_{\underset{\sim}{}} \\ 0, & f_{\underset{\sim}{}}^{-1}(y) = \varnothing_{\underset{\sim}{}} \end{cases} \qquad (2.83)$$

由 f 引导出一个新的映射 $\underset{\sim}{f^{-1}}:\mathcal{F}(X) \rightarrow \mathcal{F}(Y), B \rightarrow \underset{\sim}{f^{-1}}(B)$，有

$$\mu_{\underset{\sim}{f^{-1}(B)}}(x) = \mu_B f(x) \tag{2.84}$$

这时，$f(\underset{\sim}{A})$ 叫做 $\underset{\sim}{A}$ 在 f 下的像，而 $\underset{\sim}{f^{-1}}(B)$ 叫做 B 在 f 下的原像，于是 f 被称为 $\underset{\sim}{f}$ 的扩展。注意，$\underset{\sim}{A}$ 通过 $\underset{\sim}{f}$ 映射为像 $\underset{\sim}{f}(\underset{\sim}{A})$ 时，它的隶属度函数值应保持不变。

2.7.7　模糊数和模糊集合特征描述

模糊数是模糊化数量的概念，可如下定义：

实数论域 R 上的模糊集合 $\underset{\sim}{A} \in U(R)$，元素 e 的隶属度函数 $\mu_{\underset{\sim}{A}}(e)$ 在 R 上连续且具有下列性质：①$\underset{\sim}{A}$ 是凸模糊集合，对于 $\alpha \in [0,1]$，$\underset{\sim}{A}$ 的 α 截集势闭区间；②$\underset{\sim}{A}$ 的隶属度函数 $\mu_{\underset{\sim}{A}}(e)$ 是正规的，即必定存在 $e_0 \in R$，使 $\mu_{\underset{\sim}{A}}(e_0) = 1$，则 $\underset{\sim}{A}$ 被称为模糊数。

通常，模糊集合特征通过如下数字特征量描述：

(1) 模糊度 $D(\underset{\sim}{A})$，其内在含义是：确定的清晰集合(含空集 $\varnothing$)无模糊性，故模糊度最小为 0；隶属度越靠近 0.5 的模糊度越大；模糊集合和它的补集具有相同模糊度。

(2) 确定度 $CL_p(\underset{\sim}{A})$，是模糊度的一种反向概念，其定义如下：

设论域 U 为实数域上的有界可测集，则模糊集合 $\underset{\sim}{A}$ 对于 $\forall e \in U, \mu_{\underset{\sim}{A}}(e)$ 的确定度定义为

$$CL_p(\underset{\sim}{A}) = \frac{2\left(\left|\int_U \mu_{\underset{\sim}{A}}(e) - 0.5\right|^p de\right)^{\frac{1}{p}}}{(f_U de)^{\frac{1}{p}}}, \quad p \geqslant 1 \tag{2.85}$$

(3) 模糊熵 $H(\underset{\sim}{A})$。其定义如下：

设论域 U 上的模糊集合 $\underset{\sim}{A}$，元素 $\{e_1, e_2, \cdots, e_n\} \in U$，则 $\mu_{\underset{\sim}{A}}(e)$ 的模糊熵定义为

$$H(\underset{\sim}{A}) = \sum S\left(\frac{\mu_{\underset{\sim}{A}}(e_i)}{n * \ln 2}\right) \tag{2.86}$$

式中，$S(\cdot)$——定义在 $[0,1]$ 上的香农函数，即

$$S(x) = -x\ln x - (1-x)\ln(1-x) \tag{2.87}$$

2.7.8　模糊关系

两个非空集合 U 与 V 之间的直积

$$U \times V = \{\langle u, v \rangle \mid u \in U, v \in V\} \tag{2.88}$$

中的一个模糊子集 $\underset{\sim}{R}$ 被称为 U 到 V 的模糊关系，其特性可由式(2.89)描述：

$$\mu_{\underset{\sim}{R}}: U \times V \rightarrow [0,1] \tag{2.89}$$

隶属度函数 $\mu_{\underset{\sim}{R}}(u,v)$ 表示序偶 $\langle u,v\rangle$ 的隶属程度,也描述了 (u,v) 间的具有模糊关系 $\underset{\sim}{R}$ 的量级。

通常,模糊关系可以用模糊矩阵、模糊图和模糊集合等方法来表示(诸静,2005)。

2.7.9　云理论

云理论是由我国著名学者李德毅院士创立的。一般讲,云理论是模糊数学中隶属度的扩展,是用语言值表示的某个定性概念与其定量表示之间的不确定性转换模型。它主要反映自然界事物或人类知识中概念的两种不确定性,即模糊性和随机性,并将两者完全集成在一起,构成定性和定量相互间的映射,从而为定性与定量相结合的信息处理和系统建模提供有力手段及有效工具。

1. 概念及其定义

【**定义 2.4**】(云和云滴)　设 $U=\{x\}$ 是一个用数值表示的定量域,$\underset{\sim}{A}$ 是 U 域上的定性概念,若定量值 $x\in[0,1]$ 是有稳定倾向的随机数 $\mu_{\underset{\sim}{A}}(x)$,叫做 x 对 $\underset{\sim}{A}$ 的隶属度,即 $\mu:U\to[0,1]$,$\forall x\in U,x\to\mu(x)$,则 x 在论域 U 上的分布称为云,记为云 $\underset{\sim}{A}(x)$。每一个 x 称为一个云滴。

定义 2.4 中的论域 U 可以是一维的,也可以是多维的;定义中的随机实现是概率意义下的实现,每一个实现的随机样本又具有一个随机的确定度;而这种确定度是模糊集合意义下的隶属度 $\mu_{\underset{\sim}{A}}(x)$,同时又具有概率意义下的分布。可见,云和云滴体现了模糊性和随机性的关联性。

云不是简单的随机或模糊,而是具有随机确定度的随机变量,是表示模糊性、随机性及其关联性的一种方法。它具有下列重要性质:

(1) 云是一个随机变量 x,但它并不是概率意义下的简单的随机变量,而是对于 x 的任意一次实现 $\forall x\in U,x$ 有一个确定度,并且该确定度也是一个随机变量。

(2) 云是由许多云滴组成的,云滴之间无次序性,一个云滴是定性概念在数量上的一次实现。某一个云滴也许无足轻重,但云滴整体形状却反映了定性概念的重要特性,云滴数目越多,越能反映这个定性概念的整体特性。其所以命名为云,是因为隶属度 $\mu_{\underset{\sim}{A}}(x)$ 在论域 U 上的分布很类似天空中的云彩,远看有明确的形状,近看没有确定的边界,我们正好借此来比喻定性和定量之间的不确定性映射。

(3) 云滴的确定度可以理解为云滴能够代表该定性概念的程度。云滴出现的概率越大,云滴的确定度应当越大,这恰与人们主观理解相一致。

云理论旨在研究自然语言中的最基本的语言值(又称语言原子)所蕴涵的不确定性普遍规律,使得可能从语言值表达的定性的信息中获得定量数据的范围和分布规律,也有可能从精确数值有效转换为恰当的定性语言值,因此可为定性建模或定性与定量组合建模提供理论依据。

正态云是表征语言原子最普通而重要的工具。给定云的数字特征期望值 E_x、熵 En 和超熵 He,就可以生成正态云。刘兴堂(2003)给出了具有代表性的一、二维正态云模型的如下定性表示。

【定义 2.5】(一维正态云模型的定性表示) 一维正态云模型可有三个数字特征构成的元组 $\underset{\sim}{A}=(E_x,\text{En},\text{He})$ 来定性描述。E_x(expected value)是云滴在论域空间分布的期望,即最能够代表定性概念的典型样本。通常,E_x 是云重心对应的 x 值,它应该 100% 地属于定性概念;En(entropy)表示熵,是定性概念的可度量粒度,熵越大通常概念越宏观。定性概念是由随机性和模糊性共同决定的。因此,熵也是定性概念中随机性的量度。进一步讲,一方面 En 是定性概念随机性的度量,反映了能够代表这个定性概念的云滴的离散程度,反映了可以被模糊子集 $\underset{\sim}{A}$ 接受的数值范围;另一方面体现了定性概念亦此亦彼此的裕度,反映了在论域空间可被概念接受的云滴的取值范围;He(hyperentropy)表示超熵,是熵的不确定性度量,即熵的熵,由熵的随机性和模糊性共同决定。

【定义 2.6】(二维正态云模型的定性表示) 二维正态模型是由六个数字特征构成的元组 $\underset{\sim}{A}=(E_{x1},E_{x2};\text{En}_1,\text{En}_2;\text{He}_1,\text{He}_2)$ 定性表示的。其中,E_{x1},E_{x2} 为期望,En_1,En_2 为熵,He_1,He_2 为超熵。

除此,还给出了云模型的如下表示。

【定义 2.7】(一维正态云模型的定性表示) 一维正态云的定量表示 Π 是 N 个二元序偶的集合:$\Pi=\{(x_i,y_i)\,|\,x_i$ 为 $\underset{\sim}{A}$ 的云滴,y_i 为云滴 x_i 的确定度,$1\leqslant i\leqslant N\}$。$N$ 为序偶的个数,$x_i,y_i(1\leqslant i\leqslant N)$ 均根据正向云算子 $\text{Ar}^{\text{Forward}}(\underset{\sim}{A},N)$ 得到。

【定义 2.8】 正向云算子 $\text{Ar}^{\text{Forward}}(\underset{\sim}{A}(E_x,\text{En},\text{He}))$ 是一个把云模型的定性表示变换为定量表示映射 $\pi:\underset{\sim}{A}\rightarrow\Pi$,满足:

① $\Theta=\{t_i:\text{Norm}(\text{En},\text{He})$ 的一次实现,$i=1,\cdots,N\}$;

② $X=\{x_i\,|\,x_i$ 为 $\text{Norm}(E_x,t_i)$ 的一次实现,$t_i\in\Theta,i=1,\cdots,N\}$;

③ $\Pi=\{(x_i,y_i)\,|\,x_i\in x,t_i\in\Theta,y_i=\mathrm{e}^{-(x_i-E_x)^2/(2t_i^2)}\}$。

2. 正态云运算规则

表 2.12 给出了正态云的运算规则。

表 2.12 正态云的运算规则

算 符	E_x	En	He
$+$	$E_{x1}+E_{x2}$	$\sqrt{\text{En}_1^2+\text{En}_2^2}$	$\sqrt{\text{He}_1^2+\text{He}_2^2}$

算　符	E_x	En	He
−	$E_{x1}-E_{x2}$	$\sqrt{\mathrm{En}_1^2+\mathrm{En}_2^2}$	$\sqrt{\mathrm{He}_1^2+\mathrm{He}_2^2}$
×	$E_{x1}\times E_{x2}$	$E_{x1}E_{x2}\sqrt{\left(\dfrac{\mathrm{En}_1}{E_{x1}}\right)^2+\left(\dfrac{\mathrm{En}_2}{E_{x2}}\right)^2}$	$E_{x1}E_{x2}\sqrt{\left(\dfrac{\mathrm{He}_1}{E_{x1}}\right)^2+\left(\dfrac{\mathrm{He}_2}{E_{x2}}\right)^2}$
÷	$E_{x1}\div E_{x2}$	$\dfrac{E_{x1}}{E_{x2}}\sqrt{\left(\dfrac{\mathrm{En}_1}{E_{x1}}\right)^2+\left(\dfrac{\mathrm{En}_2}{E_{x2}}\right)^2}$	$\dfrac{E_{x1}}{E_{x2}}\sqrt{\left(\dfrac{\mathrm{He}_1}{E_{x1}}\right)^2+\left(\dfrac{\mathrm{He}_2}{E_{x2}}\right)^2}$

注：设云 $A_1(E_{x1},\mathrm{En}_1,\mathrm{He}_1)$、$A_2(E_{x2},\mathrm{En}_2,\mathrm{He}_2)$，其运算结果为 $A(E_x,\mathrm{En},\mathrm{He})$。

3. 基于云模型的定性知识推理

基于云模型的定性知识推理，以概念为基本表示，根据定性知识构造规则算子。多条定性规则构成规则库，当输入一个特定的条件激活多条定性规则时，通过推理引擎，实现带有不确定性的推理和控制。其中，定性规则逻辑算子是由前件云和后件云组合而成的。

【定义 2.9】 前件云算子 $\mathrm{Ar}^x(A_A,\alpha)$ 为给定值 $\alpha\in U_A$ 到定性概念 $A_A(E_x,\mathrm{En},\mathrm{He})$ 的映射 $\pi:U_A\rightarrow[0,1]$，通过前件云算子可以得到 α 属于概念 A_A 的确定度的分布，满足：

① $\Theta=\{t_i:\mathrm{Norm}(\mathrm{En},\mathrm{He})$ 的一次实现，$i=1,\cdots,M\}$；

② $A=\{y_i\,|\,t_i\in\Theta,y_i=\mathrm{e}^{-(a-\mathrm{En})^2/(2t_i^2)}\}$。

式中，$\mathrm{Norm}(\mu,\delta)$ 是期望为 μ 方差为 δ 的正态随机变量。

【定义 2.10】 后件云算子 $\mathrm{Ar}^y(A_B,\mu)$ 为确定度 $\mu\in[0,1]$ 到定性概念 $A_B(E_x,\mathrm{En},\mathrm{He})$ 的论域 U_B 上的映射 $\pi:[0,1]\rightarrow U_B$，通过后件云算子可以得到论域 U_B 上满足确定度 μ 的云滴的分布，满足：

① $\Theta=\{t_i:\mathrm{Norm}(\mathrm{En},\mathrm{He})$ 的一次实现，$i=1,\cdots,M\}$；

② $\Gamma=\{x_i\,|\,x_i=E_x\pm t_i\sqrt{-\ln\mu},t_i\in\Theta,i=1,\cdots,M\}$。

式中，$\mathrm{Norm}(\mu,\delta)$ 为期望为 μ 方差的 δ 的正态随机变量，M 为云滴的个数。这些云滴服从期望 $E_X=E_x\pm\sqrt{-2\ln y}\,\mathrm{En}$，方差 $D_x=-2\mathrm{He}^2\ln(y)$ 及 $E_X=E_x-\sqrt{-2\ln y}\,\mathrm{En}$，$D_x=-2\mathrm{He}^2\ln(y)$ 的分布。

【定义 2.11】 单条件单规则逻辑算子 $\mathrm{Ar}^{\mathrm{scsr}}(\alpha,A_A,A_B)$ 表示规则前件为定性概念 $A_A(Ex_A,\mathrm{En}_A,\mathrm{He}_A)$，论域为 U_A，规则后件为定性概念 $A_B(Ex_B,\mathrm{En}_B,\mathrm{He}_B)$，论域为 U_B 定性知识推理，是一个定性概念 A_A 论域上的一点 $\alpha\in U_A$ 到定性概念 A_B 上的映射，$\pi_R:U_A\rightarrow A_B$，$\forall\alpha\in U_A,\pi(\alpha)\subset A_B$ 满足：

① $A=\mathrm{Ar}^x(A_A,\alpha)$，$A$ 为 α 属于概念 A_A 的确定度的分布；

② $\pi=\{(b,\mu)\,|\,b\in\Gamma=\mathrm{Ar}^y(A_B,\mu),\forall\mu\in A\}$，$\Pi$ 为定性概念 A_A 论域上的一点

$\alpha \in U_A$ 在定性概念 $\underset{\sim}{A}_B$ 上的映射,是一个云滴的集合。

2.8　自组织理论

2.8.1　引言

自组织理论是系统科学的重要组成部分,是复杂系统的基本理论之一。它包括耗散结构论、协同学、突变论、超循环论、混沌理论及前述分形理论等。应该说,这些理论都存在着一个方法论,同时还形成了联系各个理论的统一组织方法论,这就给复杂系统特别是非线性系统问题建模创造了强有力的方法论。

2.8.2　理论基础及研究范畴

自组织理论是 20 世纪 70 年代后形成的一种新理论,至今尚未构成完整规范的体系,目前主要以普利高津的"耗散结构论"和哈肯的"协同学"为基础和核心内容。

自组织理论旨在研究客观世界中的自组织系统(现象)的产生和演化。自组织系统是复杂系统的广泛、重要领域,属于复杂系统范畴。社会经济系统、教育系统、管理系统、交通系统等都是典型的自组织系统。

从复杂适应系统角度讲,这类系统具有下列主要特点:①在活动演化和进化中,主体根据局部信息同其他主体进行分散的交互作用;②没有一个总揽全局的高层控制者来协调控制主体间的交互作用;③系统中具有许多不同层次的组织(如个人、家庭、社团、用户、企业、军队和国家等)和交互(如联系、通联、交流等);④系统中主体的行为、策略和产出不断地适应环境;⑤系统中主体的学习能力、适应性的反应能力和外出的刺激会产生不断的创新;⑥系统不断出现生长、演化或进化是一个超越均衡的动态过程,而不是总会趋于均衡,且这种动态过程要依据耗散外界的物质和能量(资源)来维持。

2.8.3　系统自组织概念

自组织是客观世界普遍存在的状态现象。在系统实现空间的、时间的或功能的结构过程中,如果没有外界的特定干扰,仅是依靠系统内部的相互作用来达到,则称系统是自组织的。

人们的自组织思想由来已久。从系统学角度讲,所谓系统的自组织是指系统的各部分,无需外界输入特殊的组织指令,自行结合为一个有机的整体。这种自行组合是一个不可逆的动态过程。从数学和物理学角度看,自组织就是系统的状态空间中维数的下降或自由度归并,也就是自发的趋向一个或一些稳定的定态。

2.8.4 耗散结构论

耗散结构是开放的复杂系统所具有的一种动态有序结构,是由比利时科学家普利高津(Prigogine)于1969年首先提出来的。研究表明,一个远离平衡态的开放系统,通过不断与外界交换物质和能量,在外界环境对系统的影响程度达到一定阈值时,就会形成一种新的有序结构,且这种结构要依靠耗散外界的物质和能量来维持,故称之为耗散结构。耗散结构是一个动态的有序结构,可以从一种耗散结构向另一种耗散结构跃迁。

基于上述研究成果,耗散结构论指出,在开放条件下,非线性动力学系统与外界的物质、能量和信息交换,若系统远离平衡并在大量微观粒子自组织协同一致时,将会在整体上涌现出新的有序结构——耗散结构。因此,耗散结构论实质上就是远离平衡的非线性动力学系统自组织理论。

耗散结构论认为,系统要形成耗散结构必须具备如下基本条件:

(1) 系统属于开放系统。也就是说,耗散结构是在开放环境下生成的,若系统与外界环境隔绝,便不可能形成耗散结构,即使原系统存在耗散结构,也终会瓦解。

(2) 系统远离平衡态。由于耗散结构优势是在平衡条件下生成的,所以要求系统在外界环境影响下,能超过非平衡的线性区,处于远离平衡态的非线性区域。

(3) 系统组分间存在非线性反馈。它是指只有系统内部存在非线性反馈才能使系统稳定到耗散结构上。

(4) 系统中存在涨落。所谓涨落就是对系统的稳定的平均状态的偏离,即系统的不稳定状态。涨落对系统演化起着触发作用,通过涨落的有序和放大可使系统实现从无序到有序的转变,从低级有序向高级有序进化。哈肯的"协同学"进一步表明,没有随机的涨落,就没有系统的发展。

应指出,涨落并不是无条件地发展为序参量的,只有远离平衡且当控制参数达到分支点附近,才有可能。由此,普利高津和哈肯提出了研究复杂系统的"序参量"方法。

2.8.5 协同学

协同学是德国著名物理学家哈肯于1969年提出的。它在自组织理论的动力学方法论中占有相当重要的地位,旨在研究自组织活动里的竞争、协同、支配及序参量等。

协同学的理论要点是,一个系统从无序到有序转变的关键不在于系统是平衡还是非平衡,也不在于离平衡态有多远,而是系统内部各子系统间通过非线性相互作用和协调,在一定条件下,能自发地产生在时间、空间或功能上稳定有序结构,这就是系统的自组织能力。

　　协同学还指出,系统在临界点(分支点)附近的行为仅由少数慢变量决定,系统的慢变量支配快变量,即所谓的支配原理。这一普适原理对复杂系统建模及模型简化的意义是非常之大的,飞行器(飞机、导弹、火箭等)运动方程的纵、横侧向分离及微分方程定性理论在简化飞行器复杂空间运动状态分析中的应用就是最典型的案例。

　　协同学告诉人们:制定一定的规则,以一定的参数进行调节,然后放手让子系统自己相互作用,产生序参量运动模式,从而推动整个系统演化是非线性、自组织的最好管理方式。

2.8.6　日趋完善的自组织理论

　　上述耗散结构论和协同学只不过是自组织理论的主干内容。除此,它还在不断地增添新的思想,如突变论、混沌理论、超循环论、分形方法论及自组织临界理论等。它们共同促使自组织理论日趋完善,并终将形成完整、规范的理论及方法体系。其大致情况如下:

　　(1)突变论是由法国数学家托姆(Thom)创立的。他于 1972 年出版的《结构稳定性和形态发生学》专著,标志着突变论诞生。该理论阐明了临界概念、渐变和突变概念以及对复杂问题处理时所采用的结构化方法。他运用拓扑学、奇点理论和结构稳定性等数学工具,研究系统的状态随外界控制参数连续改变时所发生的不连续变化——突变现象,其主要贡献是对突变类型做出了科学分类,并揭示出突变类型不取决于状态变量的数目,而取决于控制参量的数目。当控制参量不多于 4 个时,只有 4 种不同类型的突变形式,这是自然界多种形态、结构和社会经济活动中的普适规律性。

　　(2)混沌概念是李天岩和约克(Yorke)于 1975 年首先提出的,1977 年的第一次国际混沌会议标志着混沌理论(或称混沌学)正式诞生。

　　混沌现象是非线性所产生的复杂非本质随机性不规则行为,它普遍存在于人类社会和自然界中(如天体运动、大气运动、股市走向、战争态势等)。

　　混沌理论主要研究具有混沌运动的确定性、非线性动力学系统的各种复杂性和从无序到有序的演化及反演化的规律与控制。研究中发现了通过倍周期分岔发展为混沌的两个普适常数,揭示了从倍周期分岔到混沌的自然法则,即虽然它们的奇异吸引子形状不同,但它们都有无穷嵌套的自相似结构,并且具有同一标度变换因子。这种普适性规律可用延迟-嵌入定理(即 Takens 定理)来描述。同样研究还表明,在判断混沌运动时,可采用李雅普诺夫(Lyapunov)指数法和关联维数(correlation dimension)法。上述研究成果对于非线性建模均有重要的意义,由此而产生了全域建模法、局域建模法和小波网络的非线性系统建模法等。

　　(3)超循环理论(hypercycle theory)是德国学者艾根(Eigen)于 1979 年提出

的。超循环理论是研究分子自组织进化现象的理论。该理论认为自然界演化的自组织原理是超循环。具体讲，在生命起源和发展的进化和生物学进化阶段之间，有一个分子自组织阶段，该阶段形成了具有统一遗传密码的细胞结构。

该理论的重大贡献在于，把生命起源解释为自组织现象，从而提供了一种如何充分利用过程中的物质、能量和信息流的方法，提出了一种如何有效展开事物之间相互作用以结合成为更紧密的事物方法。

（4）自组织临界理论是丹麦科学家巴克（Pak）、汤超和威逊费尔德（Wiesenfeld）于 1987 年在《物理学评论快报》上首先提出来的。他们认为自然界的复杂行为反映了有许多分支（子系统）的大型系统会朝着均衡的临界态发展的趋势，这种方式偏离了平衡，且微小的扰动可能导致大大小小的雪崩，这就是自组织临界性（SOS）思想。它揭示了自然界复杂行为（如太阳耀斑、火山爆发、生物演化、传染病传播、大气湍流等）中的一种新的物理规律，即临界态的建立和演化并没有受到任何外部环境的影响，而仅因为系统中的单个元素之间的动力学相互作用。因此，这种临界态是自组织的。

2.9　元胞自动机与支持向量机理念

2.9.1　引言

元胞自动机（CA）与支持向量机（SVM）对复杂系统建模都有着特殊的作用。其中，由于元胞自动机是由大量相同元胞（或网格点）组成的并行运算结构，且元胞（或称基元）具有时空离散化、状态离散化、相互作用的局域化和动力学演化的同步性等特点，克服了传统计算机串行结构造成数据检索调用的瓶颈现象，以惊人的计算速度和逼真的模拟能力解决了跨越三个世纪的流体动力学难题，从而为复杂系统建模与仿真提供了一个极好的平台工具。而支持向量机不仅是数据挖掘中的一项新技术，而且是借助最优化方法解决机器学习问题的新工具。它逐渐开始成为克服"维数灾难"和"过学习"难题的有力手段，并对复杂系统建模产生着深刻影响，这就是面对一些难以解决的复杂系统问题，可以首先将其转化为能用支持向量机求解的数学模型，然后通过降维处理和最优参数选择，得到决策函数，使问题得以最终解决。

2.9.2　元胞自动机理念

20 世纪 50 年代，著名数学家冯·诺伊曼（von Neumann）曾通过特定的程序在计算机上实现类似于生物发育中细胞的自我复制，提出了网格描述模式，即把一个长方形平面分成若干个网格，每一个格点表示一个细胞或系统的基元，它们的状态赋值为 0 或 1,分别表示空格和实格。在事先设定的规划下,便可用网格的空格与实格的变动来描述细胞或者基元的演化。这就是最早的元胞自动机。

对于元胞自动机的深入研究是从 20 世纪 80 年代初开始的。人们在总结最早元胞自动机的基础上,按照不同格子形状、不同状态集和不同操作规则构筑了各种元胞自动机,利用简单的模型十分方便地复制出复杂现象或动态演化过程。包括用离散的元胞自动机模型直接模拟粒子运动和碰撞,意外地得到了某些湍流的逼真图像,以及用 4×4 小阵列元胞自动机进行二维流体动力学计算时,获得了比超级计算机 CRAY-XMP 快 1000 倍的效果等。近十多年来,元胞自动机有了更大发展,尤其在高强度的复杂系统建模与仿真方面。

2.9.3　元胞自动机的功能特点

从本质上讲,元胞自动机是一种自动器网格模型,是一个生命自我复制程序。其主要特点可归纳如下:

(1) 各元素分散在离散的晶格点上。

(2) 各元素的状态随时间离散地变化。

(3) 每个元素都是完全相同的有限自动器(即元胞)。

(4) 每个元胞只与之周围的元胞局部连接。

(5) 元胞的状态变化都是由确定性规则表示。

总之,元胞自动机具有“模型简单”和“以多取胜”的突出特点。如一维元胞自动机,其一维模型格点 i 之上的元胞状态或为 0,或为 1,它的更新规则在最简单情况下可仅由左右相邻格点上的元胞状态决定,通常假定符合布尔(Boole)动力学原则,即 a_{i-1} 和 a_{i+1} 两个元胞状态的模 2 加法值来决定,有

$$a_i^{(t)} = a_{i-1}^{(t-1)} \oplus a_{i+1}^{(t-1)} \tag{2.90}$$

式中,$\oplus$——异或运算,$0 \oplus 0 = 0$,$1 \oplus 1 = 0$,$0 \oplus 1 = 1$。

如果将更新规则改为元胞状态,则由自身与左右相邻元胞前一时刻的状态共同决定。如若规定左右相邻元胞均为“0”状态,而自身为“1”状态时,则更新后的状态就为“1”;否则为“0”。这时有

$$\begin{cases} a_i^{(t)} \to 1, & a_{i-1}^{(t-1)}, a_i^{(t-1)}, a_{i+1}^{(t-1)} = 0, 1, 0 \\ a_i^{(t)} \to 0, & \text{其他情况时} \end{cases}$$

同时,即使 a_i 的状态更新规则相同,而初始条件不同,那么演化的终态性亦将是完全不同。可见,一维元胞自动机随着更新规则扩大和初始条件改变,将会产生更复杂的演化。

一般讲,若元胞的状态有 k 种,状态的更新由自身及其四周相邻的 n 个元胞状态共同决定,那么可能有的演化规则数为 K^{k^n} 种,通常这是一个很大的数目,这正是元胞自动机能够对复杂系统进行方便建模与仿真的根本原因。

2.9.4　支持向量机理念和内涵

支持向量机是由 Vapnik 于 20 世纪 90 年代提出的,近年来在理论和算法上取得了突破性进展,已经形成了理论基础与实现技术途径的基本框架。

数据库技术的发展引发了人们试图通过机器学习的方法分析数据和从大型数据库中提取事先未知的、有用的或潜在有用信息的想法,这就是所谓数据挖掘(data mining)。从而产生了利用支持向量机来挖掘海量数据背后的知识和进行数据分析。

支持向量机包括基本支持向量机和推广支持向量机两大类,并分为支持向量回归机与支持向量分类机。它以最优化理论、核的理论和统计学理论为基础,通过最优化算法实现其实际应用,并借助线性问题求解非线性问题。这就是支持向量机理念。

支持向量是指训练集中的某些训练点的输入 x_i,进一步讲,最优化问题的解 α^* 的每一个分量 α_i^* 都与一个训练点相对应(如对于分类问题)。最优算法构造的分划超平面,仅仅依赖于那些相应于 α_i^* 不为零的训练点 (x_i, y_i),而与相应于 α_i^* 为零的那些训练点无关,故我们尤其关心相应于 α_i^* 不为零的训练点 (x_i, y_i),并称这些训练点的输入 x_i 为支持向量。由于在机器学习领域内,常把一些算法视为一个机器,所以这里的"机器"实际上是一个算法。综上所述,我们利用机器学习最优化算法研究并解决分类问题或回归问题的这种方法叫做支持向量机。在此,机器学习方法和最优化算法共同反映了支持向量机的深刻内涵。

2.9.5　支持向量分类机

支持向量分类机可由求解分类问题直观地导出。

对于分类问题可作如下数学描述:

通常,考虑 n 维空间上的分类问题,可根据给定的训练集

$$T = \{(x_1, y_1), \cdots, (x_l, y_l)\} \in (x \times y)^l \tag{2.91}$$

式中,$x_i \in X = R^n, y_i \in Y = \{1, -1\}, i = 1, \cdots, l$。寻找 $X = R^n$ 上的一个实值函数 $g(x)$,以便用决策函数

$$f(x) = \mathrm{sgn}\{g(x)\} \tag{2.92}$$

推断任意模式 x 相应的值 y。

在机器学习领域内,我们把上述分类问题的方法称之为分类学习机,并根据训练集 T 是否线性可分(即 $g(x)$ 为线性或非线性函数)而称为线性分类学习机或非线性分类学习机。

在此基础上,通过从线性分划到二次分划及非线性分化,便构成了处理一般分

类问题的最常用方法。下列算法被称为支持向量分类机。

【算法 2.1】　（1）设已知训练集 $T = \{(x_1,y_1),\cdots,(x_l,y_l)\} \in (x \times y)^l$，其中，$x_i \in X = R^n, y_i \in Y = \{1,-1\}, i = 1,\cdots,l$。

（2）选择核函数 $K = (x,x')$ 和惩罚参数 C，构造并求解最优化问题

$$\min_{\alpha} \frac{1}{2} \sum_{i=1}^{l} \sum_{i=1}^{l} y_i y_j \alpha_i \alpha_j K(x_i,x_j) - \sum_{i=1}^{l} \alpha_j$$

$$\text{s. t.} \quad \sum_{i=1}^{l} y_i \alpha_i \tag{2.93}$$

$$0 \leqslant \alpha_i \leqslant C, \quad i = 1,\cdots,l$$

得最优解 $\alpha^* = (\alpha_1^*,\alpha_2^*,\cdots,\alpha_l^*)^T$。

（3）选择 α^* 的一个小于 C 的正分量 α_j^*，并据此计算 $b^* = y_j - \sum_{i=1}^{l} y_i \alpha_i^* K(x_i,x_j)$。

（4）求得决策函数 $f(x) = \text{sgn}\left\{\sum_{i=1}^{l} y_i \alpha_i^* K(x_i,x) + b^*\right\}$。

并有下列定理成立。

【定理 2.7】　考虑算法 2.1（支持向量分类机）对于输入 $x_i (i = 1,\cdots,l)$ 和 x 的依赖关系，则其决策函数值仅依赖于

$$K(x_i,y_j), \quad K(x_i,x), \quad i,j = 1,\cdots,l \tag{2.94}$$

2.9.6　支持向量回归机

支持向量回归机可由求解问题直观地导出。

根据给定的训练集

$$T = \{(x_1,y_1),\cdots,(x_l,y_l)\} \in (x \times y)^l \tag{2.95}$$

式中，$x_i \in X = R^n, y_i \in Y = \{1,-1\}, i = 1,\cdots l$，寻找 R^n 上的一个实值函数 $f(x)$，以便用 $y = f(x)$ 来推断任意模式 x 所对应的 y 值。

显然，回归问题和分类问题的结构相同，其区别仅在于 y_i 和 y 取的范围不同。在此，y_i 和 y 可取任意实数。

对于一般回归问题，有如下算法（ε 为支持向量回归机）：

（1）设已知训练集 $T = \{(x_1,y_1),\cdots,(x_l,y_l)\} \in (x \times y)^l$，其中，$x_i \in X = R^n$，$y_i \in Y = R, i = 1,\cdots,l$。

（2）选择适当的正数 ε 和 C，选择适当的核 $K = (x,x')$。

（3）构造并求解最优化问题

$$\min_{\alpha^* \in R^{2l}} \frac{1}{2} \sum_{i,j=1}^{l} (\alpha_i^* - \alpha_i)(\alpha_j^* - \alpha_j) K(x_i x_j) + \varepsilon \sum_{i=1}^{l} (\alpha_i^* + \alpha_i) - \sum_{i=1}^{l} y_i (\alpha_i^* - \alpha_i)$$

$$\text{s. t.} \quad \sum_{i=1}^{l} (\alpha_i - \alpha_i^*) = 0 \tag{2.96}$$

$$0 \leqslant \alpha_i, \quad \alpha_i^* \leqslant \frac{C}{l}, \quad i = 1, 2, \cdots, l$$

得最优解 $\bar{\alpha} = (\bar{\alpha}_1, \bar{\alpha}_1^*, \cdots, \bar{\alpha}_l, \bar{\alpha}_l^*)^T$。

(4) 构造决策函数

$$f(x) = \sum_{i=1}^{l} y_i (\bar{\alpha}_i^* - \bar{\alpha}_i) K(x_i, x) + \bar{b} \tag{2.97}$$

式中, $\bar{b}$ 按下面方式计算: 选择位于开区间 $\left(0, \dfrac{C}{l}\right)$ 中的 $\bar{\alpha}_j$ 或 $\bar{\alpha}_k^*$, 若选到的是 $\bar{\alpha}_j$, 则

$$\bar{b} = y_i - \sum_{i=1}^{l} (\bar{\alpha}_i^* - \bar{\alpha}_i)(x_i \cdot x_k) + \varepsilon \tag{2.98}$$

若选到的是 $\bar{\alpha}_k^*$, 则

$$\bar{b} = y_k - \sum_{i=1}^{l} (\bar{\alpha}_i^* - \bar{\alpha}_i)(x_i \cdot x_k) - \varepsilon \tag{2.99}$$

2.9.4~2.9.6 节给出了支持向量机的最基本理论,更详细了解可参阅文献(邓万扬,2006)。

2.10　灰色系统理论和马尔可夫理论

2.10.1　引言

在复杂系统建模中,灰色系统理论和马尔可夫理论都占有很重要的地位。它们对于处理普遍存在的不确定性(系统)问题和随机过程(现象)具有理论指导意义。灰色系统解决统计概率、模糊数学的"小样本、贫信息不确定性系统"的建模问题,并对定性建模方法的发展起到了推动作用;马尔可夫理论对于复杂随机动态系统建模有着特殊作用,不仅形成了动态系统马尔可夫建模理论,而且与模糊理论、蒙特卡罗法及最优化理论相结合产生多种动态系统建模、辨识和仿真方法,被广泛用于工业、农业、生态、生物、医学、军事、社会等众多科学研究领域。

2.10.2　灰色系统基本原理

灰色系统理论是由我国著名学者邓聚龙创立的。1982 年,他的论文"灰色控制系统"的发表,标志着灰色系统理论问世。

灰色系统理论重点研究"小子样"、"贫信息"不确定性系统或问题。邓聚龙教

授通过对部分已知信息的生成、开发寻求实际系统运行行为和演化规律。其突出特点是"少数据建模"。

灰色系统理论经过 20 多年的发展,不仅丰富了本身原理内涵,而且基本建立起了它的学科结构体系。

灰色系统基本原理可用如下诸公理来描述与概括:

【公理 2.1】　"差异"是信息,凡信息必有差异——差异信息原埋。

【公理 2.2】　信息不完全、不确定的解是非唯一的——解的非唯一原理。

【公理 2.3】　灰色系统理论的特点是充分开发利用已占有的"最少信息"——最少信息原理。

【公理 2.4】　信息认知的根据——认知的根据原理。

【公理 2.5】　新信息对认知的作用大于老信息——新信息优先原理。

【公理 2.6】　信息不完全(灰)是绝对的。

2.10.3　灰色系统理论体系结构

目前,灰色系统已形成如下较完善的学科体系结构:

(1) 理论体系。以灰色朦胧集、灰色代数系统、灰色矩阵、灰色方程等为理论基础。

(2) 分析体系。包括灰色关联分析、灰色聚类和灰色统计评估等。

(3) 方法体系。统一在序列算子概念下的灰色序列生成,包括缓冲算子、均值生成算子、级比生成算子、累加生成算子和累减生成算子等。

(4) 模型体系。以灰色模型(GM)为核心,模型按照五步建模思想来构建,即通过灰色生成或序列算子的作用弱化随机性,挖掘潜在的规律,经过灰色系统差分方程与灰色微分方程之间的互换实现利用离散的数据序列建立连续的动态微分方程。

(5) 技术体系。以系统分析、评估、建模、预测、决策、控制、优化为主体的技术体系。其中,灰色预测是基于模型作出的定量预测,并按照其功能分为数列预测、区间预测、突变预测、季节突变预测、波形预测及系统预测等类型。灰色决策包括灰靶决策、灰色关联决策、灰色统计决策、灰色局势决策和灰色层次决策等。灰色控制包括本征性灰色系统控制、灰色关联控制和预测控制等。灰色优化技术包括灰色线性规划、灰色非线性规划、灰色整数规划和灰色动态规划等。

2.10.4　灰色概念、运算及灰色联度分析

1. 灰数概念

所谓灰数是指信息不完全的数,是灰色系统的标志之一,记为 $\otimes$。其相应的白

化数为$\widetilde{\otimes}$。灰数被分为离散灰色和连续灰色。

如果$\otimes$是离散灰数,则有$\forall \widetilde{\otimes} \in \otimes \Rightarrow \widetilde{\otimes} \in A = \{x(k) | k \in K = (1, 2, \cdots, n)\}$。

如果灰数$\otimes$中的白化数$\widetilde{\otimes}$是按区间连续分布的,则有

$$\forall \widetilde{\otimes} \in \otimes \Rightarrow \widetilde{\otimes} \in It(a, b) \in \{[a, b], (a, b), [(a, b), (a, b)]\}$$

2. 灰数运算与白化

灰数运算分离散灰数运算和连续灰数运算。其具体运算法则读者可参阅文献(韩中庚,2005),而灰数白化可参阅文献(刘恩峰等,2000)。

关联度是事物(系统)之间的关联相似性的测度。所谓灰色关联度分析是指,根据序列曲线几何形状的相似程度来判断其联系是否紧密,曲线越接近,则相应序列之间的关联度就越大;反之亦然。或者说,关联度分析法是一种按照待分析系统的各种特征参量序列所构成的曲线几何形状,发展变化趋势接近程度来度量待分析系统之间关联程度的方法。

在灰色系统建模中,主因素与各子因素之间的关联相似程度不同,因此需要用关联度分析来寻找这种相似程度,即关联度。关联度是根据原始数据的几何相似性通过数据处理方法求得,而不要求数据具有某种分布,这是同统计分析法的根本区别。

关联度分绝对值关联度、速率关联度、斜率关联度等。通常采用绝对值关联度,其原理为如下:

设母序列(即主因素的量化值)为$x_0^{(0)}$,$x_i^{(0)}$为第i个子序列(即子因素的量化值),那么

$$x_0^{(0)} = \{x_0^{(0)}(1), \cdots, x_0^{(0)}(n)\}$$
$$x_i^{(0)} = \{x_i^{(0)}(1), \cdots, x_i^{(0)}(n)\}$$

式中,上标(0)——未经累加生成的原始数据;

n——采样点数。

则实数

$$\xi_i = \frac{\min\min|x_0^{(0)}(k) - x_i^{(0)}(k)| + \rho\max\max|x_0^{(0)}(k) - x_i^{(0)}(k)|}{|x_0^{(0)}(k) - x_i^{(0)}(k)| - \rho\max\max|x_0^{(0)}(k) - x_i^{(0)}(k)|} \tag{2.100}$$

式中,$x_i^{(0)}$为对于$x_0^{(0)}$在k点的关联系数,$\rho \in [0, 1]$是给定的辨识系数,一般取$\rho = 0.5$。要比较各子序列对母序列的关联度大小,通常取共同参考点,如坐标原点。故上式的分子第一项为零,即

$$\xi_i = \frac{\rho\max\max|x_0^{(0)}(k) - x_i^{(0)}(k)|}{|x_0^{(0)}(k) - x_i^{(0)}(k)| - \rho\max\max|x_0^{(0)}(k) - x_i^{(0)}(k)|} \tag{2.101}$$

这里,称数 r_i 为对于 $x_0^{(0)}$ 的关联度,$r_i = \dfrac{1}{n} \sum\limits_{k=1}^{n} \xi_i(k)$。所有的 r_i 将构成一个关联度集 R。

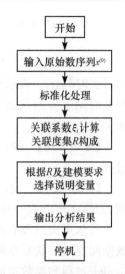

$$R = \{r_1, r_2, \cdots, r_n\} \tag{2.102}$$

这时,根据 R 的大小顺序即可选出重要或次要影响因素。在此基础上,再根据关联度选择模型的说明标量,这就是关联度分析的全过程(见图 2.21)。

图 2.21　关联度
分析程序框图

2.10.5　灰色系统建模

灰色系统建模是灰色系统理论的重要内容之一,也是灰色系统理论的主要应用领域。它以灰色关联度分析为基础,通过灰色生成序列算子作用,逐步建立连续动态微分方程。这里,包括五步建模思想、建模基本思路、灰色微分方程建立及各种典型灰色系统模型分析等。上述有关内容可参阅文献(刘恩峰等,2000)。

2.10.6　马尔可夫过程

马尔可夫过程(Markov process)是马尔可夫理论的精髓,是由俄罗斯科学家马尔可夫(Markov)研究得到的,是实际应用中最重要的随机过程,在复杂随机过程(系统)建模中具有特殊的意义和作用。

具有以下特性的随机过程谓之马尔可夫过程:当过程在 t_k 时刻所处的状态为已知的条件下,过程在 $t(t > t_k)$ 时刻处的状态只与过程在 t_k 时刻的状态有关,而于过程在 t_k 时刻以前所处的状态无关。这种特性称为无后效性,它将对复杂随机过程(系统)的建模及模型简化带来了极大的方便。

严格来讲,马尔可夫过程用下列定义和定理来描述的:

【定义 2.12】　设 $\{x(t), t \in [0, +\infty]\}$ 为一随机过程,如果对任意 $n, 0 \leqslant t_1 < t_2 < \cdots < t_{n-1} \in T$ 过程 $\{x(t), t \in [0, +\infty]\}$ 在 $t_1, t_2, \cdots, t_{n-1}$ 取值分别为 $x_1, x_2, \cdots, x_{n-1}$,并且

$$\boldsymbol{P}\{x(t_n) \leqslant x_n \mid x(t_1) = x_1, x(t_2) = x_2, \cdots, x(t_{n-1}) = x_{n-1}\}$$
$$= \{x(t_n) \leqslant x_n \mid x(t_{n-1}) = x_{n-1}\} \tag{2.103}$$

则称过程 $\{x(t), t \in [0, +\infty]\}$ 为马尔可夫过程,简称马氏过程。

式(2.106)有时也可用分布函数来表示

$$\boldsymbol{F}(x_n; t_n \mid x_{n-1}, x_{n-2}, \cdots, x_1; t_{n-1}, t_{n-2}, \cdots, t_1) = \boldsymbol{F}(x_n; t_n \mid x_{n-1}; t_{n-1})$$
$$\tag{2.104}$$

如果条件分布密度存在,还可以表示为

$$f(x_n;t_n \mid x_{n-1},x_{n-2},\cdots,x_1;t_{n-1},t_{n-2},\cdots,t_1) = f(x_n;t_n \mid x_{n-1};t_{n-1})$$

$$(2.105)$$

式(2.103)～(2.105)均体现了马尔可夫的无后效性,即若 $t_{n-2},t_{n-3},\cdots,t_1$ 表示过去时刻, t_{n-1} 表示现在时刻,则将来时刻 t_n 的状态 $x(t_n)$ 的统计特性仅取决于现在时刻 t_{n-1} 的状态 $x(t_{n-1})$,而与过去时刻状态 $x(t_{n-2}),x(t_{n-3}),\cdots,x(t_1)$ 均无关。

【定理 2.8】 设 $\{x(t),t\in T\}$ 为一独立随机过程,则 $\{x(t),t\in T\}$ 为马尔可夫过程。

【定理 2.9】 设 $\{x(t),t\in T\}$ 为一独立增量过程,且 $\{x(t),t\in T\}$(x 为常数),则 $\{x(t),t\in T\}$ 为一马尔可夫过程。

马尔可夫过程有四种类型:参数空间和状态空间都是离散的马尔可夫过程、参数空间连续而状态空间离散的马尔可夫过程、参数空间离散而状态空间连续的马尔可夫过程和参数空间和状态空间都连续的马尔可夫过程。其中,参数空间和状态空间都离散的马尔可夫过程称为马尔可夫链,简称马氏链。

2.10.7　马尔可夫链及其相关定义和定理

【定义 2.13】 设随机过程 $\{x_n,n\geqslant0\}$ 只能取可列个值 $i_0,i_1,\cdots,i_n$,并且满足条件:对任意 n 及 $i_0,i_1,\cdots,i_n$,如果 $P\{x(0)=i_0,x(1)=i_1,\cdots,x(n)=i_n\}>0$,必有

$$P\{x(n+1)=i_{n+1} \mid x(0)=i_0,x(1)=i_1,\cdots,x(n)=i_n\}$$
$$=P\{x(n+1)=i_{n+1} \mid x(n)=i_n\}$$

$$(2.106)$$

则称随机过程 $\{x_n,n\geqslant0\}$ 为离散时间和离散状态的马尔可夫链,简称马氏链。

离散时间状态的随机转移称为随机状态转移,马尔可夫链是这种转移过程的特例,亦可用于处理许多确定性状态的转移问题,故而在经济、生态、遗传、社会、军事等领域的建模研究中得到广泛应用。

马尔可夫链的有关概念、性质、状态、分类及状态空间分解等可以通过下列定义和定理来描述:

【定义 2.14】 $P\{x(n)=j \mid x(m)=i\}$ 或 $P\{x(m+k)=j \mid x(m)=I\}$ 称为马尔可夫链的转移概率,记为 $P_{jk}(m,n)$ 或 $P_{jk}(m,m+k)$。

马尔可夫链的转移概率(即条件概率)具有以下性质:

(1) $$P_{jk}(m,n)\geqslant0 \qquad\qquad (2.107)$$

(2) $$\sum_{j\in I}P_{jk}(m,n)=1 \qquad\qquad (2.108)$$

(3) 如果 $n>v>m\geqslant0$,则

$$P_{jk}(m,n)=\sum_{j\in I}P_{jk}(m,n)=1 \qquad\qquad (2.109)$$

【定义 2.15】 设 $P_j(0)=P\{x(0)=j\},j\in I$,如果对一切 $j\in I$ 都有 $P_j(0)\geqslant$

0,且 $\sum\limits_{j \in I} P_j(0) = 0$,则称它为马尔可夫链的初始分布(初始概率分布)。

【定义 2.16】　设 $P_j(k) = \boldsymbol{P}\{x(k) = j\}, j \in I$,如果对一切 $j \in I$ 和每一非负整数都有 $P_j(k) \geqslant 0$ 且 $\sum\limits_{j=I} P_j(k) = I$,则称它为马尔可夫链的绝对概率。

【定理 2.10】　马尔可夫链有限维分布由其转移概率和初始分布决定。

【定义 2.17】　若转移概率 $P_{jk}(m,n)$ 中的 $n = m+1$ 为零,则称它为基本转移概率,记为 $mP_{ij}, m \geqslant 0$,即

$$P_{ij}(m, m+1) = \boldsymbol{P}\{x(m+1) = j \mid x(m) = i\} = mP_{ij} \tag{2.110}$$

显然,基本转移概率具有如下性质:

(1) $$mP_{ij} \geqslant 0, \quad i,j \in I \tag{2.111}$$

(2) $$\sum_{j \in I} mP_{ij} = 1, \quad i \in I \tag{2.112}$$

【定义 2.18】　如果马尔可夫链 $\{x_n, n \geqslant 0\}$ 中有,$P_{ij}(m, m+1) = \boldsymbol{P}\{x(m+1) = j \mid x(m) = i\} = P_{ij}, i,j \in I$,即从状态 i 出发转移到状态 j 的转移概率与时间起点 m 无关,则称这类马尔可夫链为时齐马尔可夫链,或齐次马尔可夫链。有时也说它最具有平稳转移概率的马尔可夫链。P_{ij} 有时记为 $P_{ij}(1)$ 称它为一步转移概率。

对于齐次马尔可夫链,一步转移概率 $P_{ij}(1)$ 具有如下性质:

(1) $$P_{ij}(1) = P_{ij}(1) \geqslant 0, \quad i,j \in I \tag{2.113}$$

(2) $$\sum_{j \in I} P_{ij}(1) \sum_{j \in 1} P_{ij}(1) = 1, \quad i \in I \tag{2.114}$$

一步转移概率的矩阵形式为

$$\boldsymbol{P} = \boldsymbol{P}(1) = P_{ij}(1) = \begin{bmatrix} P_{11} & P_{12} & P_{13} & \cdots \\ P_{21} & P_{22} & P_{23} & \cdots \\ P_{31} & P_{32} & P_{33} & \cdots \\ \vdots & \vdots & \vdots & \end{bmatrix} \tag{2.115}$$

该矩阵称为一步转移概率矩阵,又叫做随机矩阵。

类似地可以定义 k 步转移概率为

$$P_{ij}(k) = P_{ij}(m, m+k) \tag{2.116}$$

其相应随机矩阵或 k 步转移概率矩阵为

$$\boldsymbol{P}(k) = (P_{ij}(k))_{|I| \times |I|} = \begin{bmatrix} P_{11}(k) & P_{12}(k) & P_{13}(k) & \cdots \\ P_{21}(k) & P_{22}(k) & P_{23}(k) & \cdots \\ P_{31}(k) & P_{32}(k) & P_{33}(k) & \cdots \\ \vdots & \vdots & \vdots & \end{bmatrix} \tag{2.117}$$

式中,$|I|$——集合 I 种元素的个数。

【定理 2.11】　对于任意整数 I,n 有 $P_{ij}(l+n) = \sum\limits_{j \in I} P_{jk}(l) P_{kj}(n)$。

【定理 2.12】 设 $\{x_n, n \geqslant 0\}$ 为时齐马尔可夫链,则它的有限维分布函数由其初始分布和一步转移概率唯一决定。

【定义 2.19】 设 $i, j \in I$,如果存在某一个正整数 n,使得 $P_{ij}(n) > 0$,则称状态 i 可达状态 j,记为 $i \rightarrow j$;反之,如果对一切正整数 n,都有 $P_{ij}(n) = 0$,则状态 i 不可达状态 j,记为 $i \nrightarrow j$。

【定义 2.20】 设 $i, j \in I$,如果 $i \rightarrow j$ 且 $j \rightarrow i$,则状态 i 和 j 是相通的,记为 $i \leftrightarrow j$。

【定义 2.21】 设 $P\{x(0) = I\} > 0, i \in I$,则

$$f_{ij}(n) \triangleq P\{T_{ij} = n \mid x(0) = i\}$$
$$= P\{x(n) = j, x(k) \neq j, k = 1, 2, \cdots, n-1 \mid x(0) = i\} \quad (2.118)$$

称为自状态出发。经 n 步首次转移到达状态 j 的概率,简称首达概率。首达概率可用一步转移概率表示。对于任意正整数 n,它们之间的关系为

$$f_{ij}(n) = \sum_{l=1}^{n} f_{ij}(l) P_{ji}(n-l) \quad (2.119)$$

【定义 2.22】 如果 $f_{ii} = 1$,则称状态 i 是常返状态;如果 $f_{ii} < 1$,则称状态 i 为非常返状态或滑过状态。

常返状态的判别准则为定理 2.13。

【定理 2.13】 状态 j 是常返的充要条件是 $\sum_{n=1}^{\infty} P_{ji}(n) = +\infty$。

由此定理可得到以下两个推论:

【推论 2.1】 状态 j 是非常返的充要条件是 $\sum_{n=1}^{\infty} P_{ji}(n) < +\infty$。

【推论 2.2】 如果状态 j 是非常返的,则对任意 $i \in I$,均有 $\lim_{n \to \infty} P_{ij}(n) = 0$。

【定义 2.23】 设状态 i 是常返状态,如果 $\mu_i < +\infty$,则称状态 i 是一个正常返状态;如果 $\mu_i < +\infty \left(\text{或} \dfrac{1}{\mu_i} = 0\right)$,则称状态 i 是零常返状态,$i \in I$。

【定理 2.14】 设状态 i 是常返状态,则它是零常返状态的充要条件为 $\lim_{n \to \infty} P_{ii} = 0$。

从定理 2.14 可以得到,若 j 是零常返状态,则对于任意 $i \in I$,均有 $\lim_{n \to \infty} P_{ij}(n) = 0$。应指出,该定理仅能判别单个状态,对于多状态特别是无穷多状态则由定理 2.15 来解决。

【定理 2.15】 如果 $i \leftrightarrow j$,则它们同为常返或同为非常返;而且如果它们为同常返的,则它们同为正常返或同为零常返的。

【定义 2.24】 设 C 是状态空间 I 的一个子集,即 $C \subset I$,如果对于任意的状态 $j \in C$,状态 $j \notin C$,均有 $P_{ij}(1) = 0$(即从状态 i 出发,一步转移不能达到状态 j),则称状态集合 C 为闭集。

由单个状态形成一个闭集,则称为吸收状态。吸收状态的充要条件为 $P_{ij}=1$。显然,整个状态空间构成一个最大闭集。而吸收状态是 I 中一个最小闭集。

【定理 2.16】　所有常返状态构成闭集。

【定理 2.17】　状态空间 I 必可以分解为

$$I = N + C_1 + C_2 + \cdots + C_k + \cdots$$

式中,N 是非常返状态的集合,$C_1 + C_2 + \cdots + C_k$ 是互不相交的由常返状态构成的闭集,而且①对给一个确定的 k,C_k 内任意两个状态相通;②C_k 和 $C_g(k \neq g)$ 中的状态不相通。

【定理 2.18】　在不可约的马尔可夫链中,所有的状态或者都是非常返状态,或者都是常返状态。又当它都是常返状态时,所有状态都是相通的,而且 $f_{ij}=1$。

所谓不可约马尔可夫链是指一个马尔可夫链如果除了整个状态空间构成一个闭集外,不可能再分解为较小的闭集。

【定理 2.19】　不可约马尔可夫链是常返链的充要条件是下列方程组:

$$Z_i = \sum_{j=1}^{\infty} P_{ij} Z_j, \quad i = 1, 2, \cdots \tag{2.120}$$

没有非零的有界解。

当一个马尔可夫链的状态空间是一个有限集合时,则称它为有限马尔可夫链。有限马尔可夫链具有下列性质:

① 所有非常返状态组成的集合不可能是闭集;

② 没有零常返状态;

③ 必有正常返状态;

④ 其状态空间可分解为 $I = N + C_1 + C_2 + \cdots + C_k$。

【定义 2.25】　如果 $P_{ii}(n)$ 除 $n = d, 2d, 3d, \cdots (d>1)$ 外均为零,且没有比 d 更大的 d' 使 $P_{ii}(n)$ 除 $n = d', 2d', 3d', \cdots$ 外均为零,则状态 i 是周期为 $d(d>1)$ 的;若不存在上述的 d 时,如 $d=1$,状态 i 称为非周期的。

【定理 2.20】　如果 $i \leftrightarrow j$,那么它们或者有相同的周期,或者都是非周期的。

【定理 2.21】　如果状态是非周期性的正常返状态,即 j 是遍历态,则

$$\lim_{n \to \infty} P_{ij}(n) = \frac{1}{\mu_j} f_{ij} \tag{2.121}$$

式中,μ_j —— 平均返回时间 $\left(\text{即 } \mu_j = \sum_{n=1}^{\infty} n f_{jj}(n) \right)$,$f_{ij} = \sum_{n=1}^{+\infty} f_{ij}(n)$。

如果所属的马尔可夫链还是不可约的,则 $i, j \in I$,均有

$$\lim_{n \to \infty} P_{ij}(n) = \frac{1}{\mu_j} \tag{2.122}$$

【定义 2.26】　设 $P_{ij}(n)$ 为时齐马尔可夫链 $\{x(n), n \geq 0\}$ 的 n 步转移概率,如

果对 $i,j \in I$ 存在不依赖于 i 的极限 $\lim\limits_{n\to\infty} P_{ij}(n) = P_j > 0$，则称时齐马尔可夫链 $\{x(n), n \geqslant 0\}$ 具有遍历性。

注意，遍历性就是各态历经的概念。

【定义 2.27】　设 $\{x(n), n \geqslant 0\}$ 为一时齐马尔可夫链，如果 $\{P_j, j \in I\}$ 满足下列条件：

①
$$P_j \geqslant 0, \quad j \in I \tag{2.123}$$

②
$$\sum_{j \in I} P_j = 1 \tag{2.124}$$

③
$$P_j = \sum_{j \in I} P_i P_{ij} \tag{2.125}$$

则称 $\{x(n), n \geqslant 0\}$ 是平稳的。称 $\{P_j, j \in I\}$ 是以 $\{P_{ij}, j \in I\}$ 为转移概率的马尔可夫链的平稳分布。其中，式(2.127)为平稳方程。

【定理 2.22】　一个不可约的非周期常返链是遍历链的充要条件是它存在平稳分布，而且这个平稳分布就是

$$\left\{ \frac{1}{\mu_j}, j \in I \right\} \tag{2.126}$$

通常，式(2.131)亦称为极限分布。

【定理 2.23】　设 $\{x(n), n \geqslant 0\}$ 是一有限个状态的时齐马尔可夫链，如果存在一个正整数 n，使对于一切 $i,j \in I = \{0,1,2,\cdots,N\}$ 有 $\{P_{ij}(S) > 0\}$，则马尔可夫链是遍历的，即存在与状态无关的极限

$$\lim_{n\to\infty} P_{ij}(n) = P_j, \quad j \in I \tag{2.127}$$

且这里的 $P_j(j \in I)$ 是方程组

$$P_j = \sum_{j \in I} P_i P_{ij}, \quad j \in I \tag{2.128}$$

满足条件 $P_j > 0$，$\sum\limits_{j \in I} P_j = 1$ 的唯一解。

再次强调指出，上述马尔可夫过程和马尔可夫链的诸定义、定理及推论构成了马尔可夫理论的核心内容，为复杂随机动态系统建模、辨识和仿真奠定了重要的理论基础。

2.11　图　　论

2.11.1　引言

欧拉(Euler)对七桥问题的抽象和论证思想，开创了数学中的一个新兴分支——图论(graph theory)的研究。因此，欧拉被公认为图论之父。图论 30 多年来发展十分迅速，已广泛用于化学、电工学、管理学、销售学、教育学、工业过程、交

通运输和生物与生态链等各领域,被作为它们的公共基础。目前,图论已形成了图论代数和图论最优化两个本质发展方向,因此无论对于传统系统建模或现代系统建模都有着极其重要的基础作用。不仅如此,匈牙利数学家 Erdös 和 Rényi 所创建的随机图理论还一直是研究复杂网络的基本理论,并促使复杂网络研究在 20 世纪末取得了突破性进展,为复杂系统建模与仿真提供了新思路和新方法。

2.11.2　图概念及重要术语

图是由一些点和连接一对点的若干条线(直线或曲线)构成的一个关系结构或称集合,记为 $G=\{V(G),E(G)\}$。其中,$V=V(G)$ 是以诸点为元素的顶点集,而 $E=E(G)$ 是以连线为元素的边集。如果各连线是方向性的,则称有向图;否则称无向图。如果有的边有方向,有的边无方向,则称为混合图。在数学上,图有完全图与非完全图、二分图及连同图之分,存在着相邻、次数、奇点、偶点、道路、行迹、轨道、圈、距离、回路等概念和术语。其中,连通图、回路、行迹和链及初级链、圈及初级圈会经常遇到。

若图中任两顶点分别为某条道路的起点和终点,称此图为连通图。起点与终点重合的道路称为回路;各边相异的道路称为行迹。设 $G=(V,E)$ 为一图,Q 为 G 中的一个顶点和边交错组成的非空有限序列,$Q=v_{i0}e_{j1}v_{i1},\cdots,v_{i(s-1)}e_{js}v_{is},\cdots,v_{i(k-1)}e_{jk}v_{ik}$ 且 $e_{js}=[v_{i(s-1)},v_{is}](s=1,2,\cdots,k)$,则称 Q 为 G 中的一条连接 v_{i0} 与 v_{ik} 的链;若链 Q 中诸顶点各不相同,则称 Q 为一条初级链;若 Q 链中 $k>0$,且 $v_{i0}=v_{ik}$,则称 Q 为圈;若圈中 Q 除 $v_{i0}=v_{ik}$ 外在无其他相关顶点,则称 Q 为初级圈。如图 2.22 中,$v_1v_2v_4v_5$ 是其中一个连通图;$v_1v_2v_4v_5v_1$ 是其中一个回路;$v_1v_2v_4$,$v_2v_4v_5$ 等都称为行迹;$v_1e_1v_2e_5v_4e_6v_5e_8v_2e_2v_3e_4v_4$ 可构成 v_1 与 v_4 的链,而 $v_1e_1v_2e_5v_4e_6v_5$ 显然是一条初级链。$v_1e_1v_2e_5v_4e_6v_5e_8v_2e_2v_3e_4v_4e_6v_5e_9v_1$ 可构成圈,而 $v_1e_1v_2e_5v_4e_6v_5e_8v_2$ 为一个初级圈。

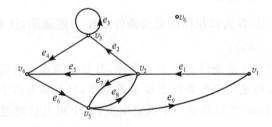

图 2.22　典型图

若 $G=\{V(G),E(G)\}$,$G_1=\{V_1(G_1),E_1(G_1)\}$ 都是图,且 $V_1(G_1)\subseteq V(G)$,$E_1(G_1)\subseteq E(G)$,则 G_1 是 G 的一个子图,记 $G_1\subseteq G$。

若 $G_1=\{V_1(G_1),E_1(G_1)\}$ 是 $G=\{V(G),E(G)\}$ 的子图,且 $V_1=V$,则称 G_1 是

G 的生成子图。

　　若图 $G = \{V(G), E(G)\}$ 中的每一个边 $\{v_i, v_j\}$ 相应地有一个数 w_{ij}，称为边 $\{v_i, v_j\}$ 上的权，则图 G 连同它边上的权称之为赋权图。在此，权系指与实际问题（如距离、费用、时间等）有关的数量指标。

　　图 G 的权为各条边权的总和，记作 $W(G)$，有

$$W(G) = \sum_{\{v_i, v_j\} \in G} w_{ij} \tag{2.129}$$

2.11.3　树及其生成树

　　无圈的连通图称为树，记为 T；若图 G 满足 $V(G) = V(T)$，且 $E(T) \subseteq E(G)$，则称 T 是图 G 的生成树。

　　树具有下列性质：

　　（1）树的边数等于树的顶点数减 1。

　　（2）树的任意两个顶点之间有一条初级链相连接。

　　（3）在树中任意去掉一条边后，便得到一个不连通的图。

　　（4）在树中任意两个顶点 u, v 之间，添加一条新边后，相应的无向图便有一个初级圈。

2.11.4　遍历、欧拉图及哈密顿图

　　所谓遍历是从连通图的一个顶点出发，每边恰通过一次，或每个顶点恰通过一次。

　　图中含每条边的行迹称为欧拉行迹；闭欧拉行迹为欧拉回路；含欧拉回路的图称为欧拉图。简而言之，从一个顶点出发，每边恰通过一次能回到出发点的图谓之欧拉图。

　　对于欧拉图有如下定理：

　　【定理 2.24】　① G 为欧拉图的充要条件是 G 为连通图，且 $G = \bigcup_{i=1}^{k} c_i$，$c_i$ 是圈，$E(c_i) \cap E(c_j) = \varnothing \, (i \neq j)$；

　　② G 为欧拉图的充要条件是 G 为连通图，且每个顶点皆为偶次；

　　③ G 中有欧拉行迹的充要条件是 G 为连通图，且至多有两个奇次顶点。

　　哈密顿（Hamilton）图就是从一个顶点出发，每个顶点恰通过一次能回到出发点的图。

2.11.5　图矩阵

　　图矩阵包括邻接矩阵、关联矩阵和基本关联矩阵。

　　设有图 G，顶点集为 $V(G)$，边集为 $E(G)$，令

$$a_{ij} = \begin{cases} 1, & v_i, v_j \in E(G) \\ 0, & v_i, v_j \notin E(G) \end{cases}$$

式中，$v_i, v_j \in V(G)$，则称矩阵 $A(G) = (a_{ij})_{|V(G)| \times |V(G)|}$ 为图 G 的邻接矩阵。

设

$$b_{ij} = \begin{cases} 1, & v_i \text{ 与 } e_i \text{ 相关联} \\ 0, & v_i \text{ 与 } e_i \text{ 不相关联} \end{cases}$$

式中，$v_i \in V(G)$，$e_j = E(G)$，则称矩阵 $B(G) = (b_{ij})_{|V(G)| \times |V(G)|}$ 为 G 的关联矩阵。这时，G 为无向图。

从关联矩阵 $B(G)$ 中任删除一行得到的矩阵称为基本关联矩阵。对于关联矩阵和基本关联矩阵有如下定理：

【定理 2.25】　① 若 G 为连通图，则关联矩阵的秩为 $r(B(G)) = |V(G)| - 1$；

② 若 $B_f(G)$ 是基本关联矩阵，则 G 为连通图的充要条件是 $r(B_f(G)) = |V(G)| - 1$；

③ $e_{j1}, e_{j2}, \cdots, e_{jr}(r = |V(G)| - 1)$ 是图 G 的生成树的边，当且仅当这些边在 $B_f(G)$ 中对应的列构成的行列式不为 0；

④ $A_{v_{ij}}^k(G)$ 中 i 行 j 列元素表示 G 中从 v_i 到 v_j 的长为 k 的道路的条数。

2.12　网　络　理　论

2.12.1　引言

网络概念来自前述赋权有向图和实际流动及传输（如电流、液压流、水流、信息流等）系统。网络理论旨在研究这些赋权有向图和诸类传输、流动的规律性及其应用，是运筹学的一个重要分支。当今网络理论和技术的高度发展，特别是计算机网络被广泛用于物理学、控制论、信息论、计算机技术、管理科学和军事运筹学等多个学科领域，同时对系统建模与仿真起着基础、工具和现代网络化的重要作用。

2.12.2　基本概念及其物理意义

一个具体网络可抽象为一个由点集 V 和边集 E 组成的图 $G = (V, E)$。

一般，若图 G 中各边都赋有一个实数 $W(e)$（成为权），则称这种图为赋权图。设 V 是顶点集，S, t 是 V 中两个不同的顶点，E 是有向边集，E 的每条有向边都对应一个正数 $C(e)$，称为 e 的容量，则赋权有向图 $N = (V, E, C, S, t)$ 称为一个网络。其中，S 称为 N 的源，t 称为 N 的汇（见图 2.23）。

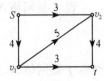

图 2.23

网络虽然是一种数学抽象，但是其物理意义十分清晰。

如若网络 N 代表一个输油管网,那么源和汇便分别表示网中的油井和油库,其有向边则是输油管。

网络基本概念除上述图论和物理概念外,还包括平均路径长度、聚类系数、度与度分布,以及实际网络的统计性质等。

网络的平均路径长度亦称特征路径长度,可定义为任意两个节点之间的距离平均值,即

$$L = \frac{1}{\frac{1}{2}N(N+1)} \sum_{i \geqslant j} d_{ij} \qquad (2.130)$$

式中, N——网络节点数;

d_{ij}——任意两节点 (i,j) 之间的距离,被定义为连接这两个节点的最短路径上的边数。其最大值称为网络直径,记为 D,即

$$D = \max_{i,j} d_{ij} \qquad (2.131)$$

在朋友关系网络中,你的两个朋友很可能彼此也是朋友,这种属性称为网络的聚类特性,类似于"物以类聚,人以群分"的特性,通常以聚类系数 C_i 来表征,即

$$C_i = \frac{2E_i}{k_i(k_i-1)} \qquad (2.132)$$

式中, E_i——k_i 个节点之间实际存在的边数;

k_i——节点 i 的邻居,即节点 i 有 k_i 边将它和其他节点相连。

应该指出,整个网络聚类系数 C 就是所有节点 i 的聚类系数 C_i 的平均值。

度是单独节点的属性中简单而又重要的概念。节点 i 的度 k_i 被定义为该节点连接的其他节点的数目。一个节点的度越大则表示该节点越"重要"。网络的(节点)平均度 $\langle k \rangle$ 就是网络中所有节点 i 的度 k_i 的平均值。

网络中节点的度的分布可用分布函数 $P(k)$ 来描述。它表示的是一个随机选定的节点的度恰好为 k 的概率。研究表明,实际网络的度分布可以更好地用幂律形式 $P(k) \propto k^{-r}$ 来描述。幂律分布亦称无标度分布。

文献(汪小帆等,2006)中表 1.3 还给出了各种网络的基本统计数据(包括有向或无向、节点总数 N、边的总数 M、平均度数 $\langle k \rangle$、平均路径长度 L、聚类系数 C、幂指数 r 等)。

2.12.3　网络最大流及最小流

设 f 是网络 N 的边集 E 上一个非负整数函数,它满足下面两个条件:

$$0 \leqslant f(e) \leqslant c(e), \quad e \in E \qquad (2.133)$$

$$f^+(v) = f^-(v), \quad v \in V - \{s,t\} \qquad (2.134)$$

则称 f 是网络 N 上的一个流,其中条件(2.133)称为容量约束,条件(2.134)称为守恒条件。其中, $f^+(s) - f^-(s)$ 称为流 f 的流值,记为 $|f|$。

网络 N 中流值最大的流 f^* 称为 N 的最大流。

设 $N=(V,E,C,S,t)$ 为一个网络, $A\subseteq V$, $B\subseteq V$ 且 $A\bigcap B=\varnothing$, 则边集 (A,B) 为 N 中起点 $u\in A$ 和终点 $v\in B$ 的全体有向边 e 组成的集合, 即

$$(A,B) = \{u,v \mid (u,v) \in E, u \in A, v \in B\} \tag{2.135}$$

如果 A 是 V 的一个子集, $\overline{A}=V-A$, $S\in A$, $t\in\overline{A}$, 则称边集 $(A,\overline{A})$ 为网络 N 的一个割, 而

$$C(A,\overline{A}) = \sum_{e \in (A,\overline{A})} C(e) \tag{2.136}$$

称为割 $(A,\overline{A})$ 的容量。网络 N 中容量最小的割 $(A^*,\overline{A}^*)$ 称为 N 的最小割。

对于一般网络 N 和网络流 f 及割 $(A,\overline{A})$ 有下式成立:

$$|f| = f^+(A) - f^-(A) \tag{2.137}$$

通常, 设 f 为网络 $N=(V,E,C,S,t)$ 上的一个流。网络 $N^\mu(f)=(V^\mu,E^\mu,C^\mu, S^\mu,t^\mu)$ 称为 N 关于流 f 的增量网络。其构造如下:

① $V^\mu=V$, $S^\mu=S$, $t^\mu=t$;

② $E^\mu=E^\mu_+\bigcup E^\mu_-$;

③ 如果 $f(u,v)<C(u,v)$, 则 $(u,v)\in E^\mu_+$, 且 $C^\mu(u,v)=C(u,v)-f(u,v)$;

④ 如果 $f(u,v)>0$, 则 $(u,v)\in E^\mu_-$, 且 $C^\mu(u,v)=f(u,v)$。

E^μ_+ 有向边称为 $N^\mu(f)$ 的正规弧, E^μ_- 中的有向边称为 $N^\mu(f)$ 的反向弧。

网络 N 中流和割间的关系可有下列定理来描述。

【定理 2.26】 设 f 和 $(A,\overline{A})$ 分别为网络的流和割, 那么:

① $|f|\leqslant C(A,\overline{A})$;

② 若 $|f|=C(A,\overline{A})$, 则 f 和 $(A,\overline{A})$ 分别为 N 的最大流和最小割;

③ $|f|=C(A,\overline{A})$ 成立的充要条件为: 在 $N^\mu(f)$ 中, $A^\mu,\overline{A}^\mu=\varnothing$。

下面给出网络 N 的最大流和最小流定理。

【定理 2.27】 设 f 为网络 N 的流, 那么:

① f 为 N 最大流的充要条件为: $N^\mu(f)$ 中不存在一条 S 到 t 的路 P;

② N 的最大流 f^* 和最小割 $(A^*,\overline{A}^*)$ 均存在, 且 $|f^*|=C(A^*,\overline{A}^*)$。

2.12.4 最短路和最小代价流

通俗地说, 讨论单位货物在网络中的运输费用就是最短路问题, 而寻求一个运输费用最小的方案就是最小代价流问题。显然前者是后者的基础。

设 u,v 为赋权向量图 $D=(V,E)$ 中的任意两个顶点, D 中从 u 到 v 的权最小的路 P^* 称为 D 中 u 到 v 的最短路。这时, D 中最短路具有下列性质:

① 若 D 中存在 u 到 v 的最短路, P' 为路中从 u 到 t 部分, P'' 为路 P 中从 t 到 v 部分, 那么 P' 和 P'' 一定分别是 D 中从 u 到 t 和 t 到 v 的最短路。

②若 $P=u\text{-}t\text{-}v$ 为 D 中 u 到 v 的最短路，P' 为路 P 中从 u 到 t 部分，P'' 为路 P 中从 t 到 v 部分，那么 P' 和 P'' 一定分别是 D 中从 u 到 t 和 t 到 v 的最短路。

通常，寻求最小路可采用 Floyd 算法和 Dijkstra 算法。

设 N 为一个网络，且 N 中每条有向边 (u,v) 除对应一个容量 C 外，还对应一个实数 $W(u,v)$，称为它的代价（可代表相应费用、时间、距离等）。这种网络称为具有代价的网络，以 $N=(V,E,C,W,S,t)$ 表示。

设 f 为 N 的一个流，其流值为 λ，则

$$W(f) = \sum_{(u,v) \in E} f(u,v)W(u,v) \tag{2.138}$$

称为流 f 的代价。

假设 N 为一个具有代价的网络，f^* 为 N 的一个流，$|f^*|=\lambda$，且 $W(f^*)=\min\{W(f)\,|\,f$ 为 N 的流，$|f|=\lambda\}$，则称 f^* 为 N 中流值为 λ 的最小代价流。若 λ 为 N 中最大流的流值，则称 f^* 为 N 中最小代价的最大流。

对于最小代价流，有下面重要定理。

【定理 2.28】 设 f 为网络 N 的流，那么：

① f 为 N 中流值为 λ 的最小代价流的充要条件为：$N^\mu(f)$ 中不存在 $W^\mu(Q)<0$ 的回路 Q；

② 如果 f 为 N 中流值为 λ 的最小代价流，P 为 $N^\mu(f)$ 中一条从 S 到 t 的最短路（关于权 $W^\mu(e)$），δ 为任意超过 $C^\mu(P)$ 的正整数，则 f 关于 P,δ 的修改流 $\hat{f}_\delta$ 为 N 中流值为 $\lambda+\delta$ 的最小代价流。

实质上该定理给我们指出了如何在 N 中寻求流值的最小代价流的两种方法：其一是先在 N 中取一个流值为 λ 的流 f，再利用 Floyd 算法寻找 $N^\mu(f)$ 中一个 $W^\mu(Q)<0$ 的回路 Q。若 Q 不存在，则 f 即为所求得最小代价流；否则，作 f 关于 Q 的修改流 $\tilde{f}$，以 $\tilde{f}$ 取代 f 后，再利用 Floyd 算流寻找 $N^\mu(f)$ 中一条 $W^\mu(Q)<0$ 的回路 Q。这样反复迭代，直至寻求最小代价流为止。其二是任取一个流值小于 λ 的最小代价流，利用 Floyd 算法求出一条 $N^\mu(f)$ 中从 S 到 t 的路 P，修改流 $\hat{f}_\delta$ 便是 N 的一个流值为 $|f|+\delta$ 的最小代价流。再以 $\hat{f}_\delta$ 取代 f，反复迭代直至找到所求得最小代价流。

可见，由定理 2.28 中①和②可构造出两种相应的最小代价流算法，其算法步骤及应用可参阅文献（熊光楞等，2004）。

2.12.5 工程网络图

用来表达生产和工程进度、计算各项活动的有关时间参数，并通过网络分析制定日程安排，以求得完工期、资源和成本的优化方案所采用的网络称之为工程网络图。PERT 网络是应用最广泛的工程网络图。有关工程网络图的拟制和应用可同

样参阅文献(熊光楞等,2004)。

2.12.6　计算机网络

计算机网络是网络理论的新发展和最主要、最广泛的实用化。它由网络服务、传输媒介和网络协议等三要素构成。计算机网络系统为人们提供了最大的各类资源共享平台。

计算机网络可以多种角度(如按照网络的拓扑结构、网络应用、使用领域、网络规模等)进行分类。其最流行的分类是从技术角度上按照网络分布范围大小,将计算机网络分为局域网(LAN)、城域网(MAN)、广域网(WAN)。全球网,即 Internet 网是更大范围的广域网,谓之跨全球的计算机网络。

计算机网络发展历经了多种模式,其模式称之为计算模型。它的不断改进和完善反映了计算机网络理论体系和技术的进步,同时推动了网络理论与技术的发展。截至目前,现代计算机网络有 5 个主要计算模型可供选择:集中式计算、分布式计算、协同式计算、客户机/服务器及客户机/网络。

现代计算机网络体系结构具有高度结构化和层次结构的两大特征。表现为在功能层次结构上资源子网和通信网与协议层次结构上的各种各样通信和对话。

为达到信息交互和共享资源的目的,必须实行计算机网络标准化,于是提出了OSI 模型。OSI 模型被称为 ISO/OSI 标准,是一个有关计算机网络结构与通信的理论框架,是要在此框架下构建计算机网络系统,能够实现任何异构机和异构网的国际互联、互通。

OSI 采用分层体系结构,将计算机网络的功能分为 7 个层次,由低到高依次为物理层、数据链路层、网络层、传输层、会话层、表示层和应用层。在 OSI 模型中,数据流是在同一机器上相邻的两层流动,如第 N 层向第 $N+1$ 层流动或第 $N-1$ 层向第 N 层流动。用于数据流动的相邻层之间的界面成为接口。值得指出,数据流在 OSI 层流动时并不是简单的数据传输,而是一个复杂过程(见图 2.24)。为了实现这个过程,就网络而言,其中的网络层就设计得很复杂,它包括网络必须知道通信子网的拓扑结构(即所有路由器的位置),并选择通过子网的合适路径,设计拥塞防御策略并实现拥塞控制,处理互联网差异及解决由此带来的问题(如采用隧道技术、分段方法等),以及保证网络安全而采用防火墙等。就此而言,因特网十分典型。在网络层,因特网可以被视为一组互相的子网或自治系统。这里没有真正的结构,但有几个主干,这些主干有高带宽线路和高速路由器构成,除采用用于数据传输的 IP 协议(如 RIP、OSPF、BGP、IPV4、IPV6 等)外,还有多个用于网络层的控制协议(如 ICMP、ARP、RARP、BOOTP 等)。图 2.25 给出了因特网的网络层互连状况,它代表了世界新一代网络先进技术。

网络服务是计算机网络为用户提供对各种资源的访问能力,服务的实质是用

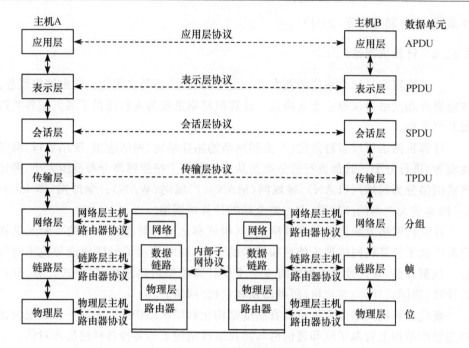

图 2.24　OSI 模型的数据流

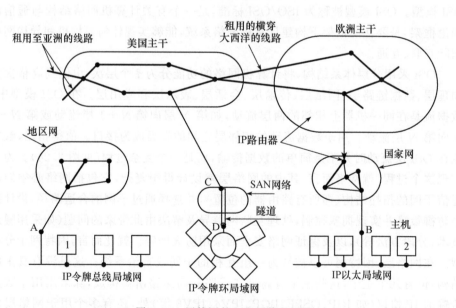

图 2.25　因特网的一组网络的互联

户计算机通过网络所能完成的工作和提供的功能。服务的基本方式有两种,即集中式网络服务和分布式网络服务。两者各有利弊,可视具体服务对象而定。对于任意一个现代计算机网络都应该能够提供如下五种基本的网络服务：①文件服务；②打印服务；③信息服务；④应用服务；⑤数据库服务等。

有关更详细的计算机网络理论可参阅文献（莫卫东，2006；黄道颖，2006；张宏科等，2003）。

2.12.7　Petri 网

Petri 网（Petri net，PN）是一种主要描述和分析离散事件动态系统的图形工具和信息流模型网络，也是一种图形化的数学建模与分析工具。它具有强有力的模拟能力和描述与分析并发现象的独特优势，故尤其适于具有同步、异步、资源共享特征的复杂大系统的建模与仿真。目前，Petri 网已广泛用于国民经济和国防建设的许多领域系统（如工业生产流水线系统、通信系统、分层递阶复杂控制系统、军队指挥自动化系统、飞行器和水下航行器制导系统、复杂系统故障诊断与维修保障、海量存储器动态系统等）建模与分析，并取得了举世瞩目的成果。

从数学角度讲，Petri 网可以抽象为六元组

$$PN = (P,T,F,W,M,M_0) \qquad (2.139)$$

式中，P——有限位置集，被称为库所，$P=\{p_1,p_2,\cdots,p_m\}$；

　　T——有限变迁集，被称为变迁，$T=\{t_1,t_2,\cdots,t_n\}$；

　　F——节点流关系集，亦被称为有向弧集，$F\subseteq(p\times T)\bigcup(T\times p)$；

　　W——有向弧的权函数，$W:F\rightarrow\{1,2,\cdots\}$；

　　M——状态标识含有托肯（或令牌）的数量，$M:p\rightarrow\{1,2,\cdots\}$；

　　M_0——初始标识含有托肯的数量，$M_0:p\rightarrow\{1,2,\cdots\}$。

其中，网(P,T,F,W)，即库所、变迁、有向弧（简称弧）和权函数构成 Petri 网的结构；而网(N,M)，即状态标识令牌数和初始标识令牌数作为标识 Petri 网。

在系统建模中，Petri 网借助库所、变迁及弧的连接表示系统的静态结构和功能，通过变迁点火和令牌移动描述系统的动态行为。

图形化的 Petri 网被称为 Petri 网图，库所（或位置）节点以圆圈"○"表示；变迁节点以粗线"━"或小方块"□"表示；弧的权 W 被标注在有向弧旁，而托肯数以黑点"·"数被标注在相应的位置节点内。

应该指出，在 Petri 网中，Petri 网本身只描述系统静态结构，而动态过程则由状态表示变迁来表征。状态标识能否变迁和变迁结果决定于变迁发射规则。

Petri 网的建模与分析过程如图 2.26 所示，其主要步骤如下：

（1）每一个任务由一个变迁 t_i 表示。

（2）若变迁有一后继变迁 t_j，则加入一库所 P_k，并连

图 2.26　Petri 网建模与分析过程

接由 t_i 到 P_k 和 P_k 到 t_j 的弧。

（3）若变迁无前序变迁，则加入一库所 P_j，连接 P_j 到 t_i 的弧，并在 P_j 中放入一个托肯。

（4）若变迁无后继变迁，则加入一库所 P_k，连接 t_i 到 P_k 的弧。

（5）加入一变迁 t_{switch}，它不代表任何子任务，连接所有从 t_{switch} 到第（3）步的库所 P_j 的弧，连接所有第（4）步中库所 P_k 到 t_{switch} 的弧。

采用 Petri 网表示数学模型时，库所用来描述模型的输入和输出变量或者模型的状态；变迁用来描述模型的算子或约束条件；标识用来说明变量值是否存在，当标识为 1 时，表示存在算子运算，否则不运算；弧线表示模型库中算子与变量间的关系，用双向弧线"↔"表示算子与输入量间的关系，而以单向弧线"→"表示算子与输出量间的关系，亦可表示状态与算子间的关系。图 2.27 给出了某简单工业生产流水线模型的 Petri 网表示。

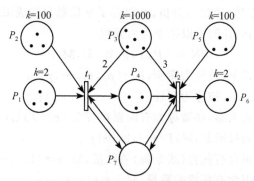

图 2.27　某工业流水线的 Petri 网图

图 2.27 表明，这段工业生产流水线有两个加工操作，用变迁 t_1 和 t_2 表示，它们都使用工具 P_7；第一个变迁 t_1 将前面传来的半成品 P_1 和部件 P_2 用两个螺丝钉 P_3 固定在一起，变成半成品 P_4；第二个变迁 t_2 再将此半成品 P_4 和部件 P_5 用三个螺丝钉固定在一起，得到半成品 P_6。

Petri 网按照一定的规则运行，包括网的执行、可达标识集（或称可达树）、网执行中的冲突、并发和同步等。

为了提高 Petri 网的建模能力，可针对复杂系统扩充 Petri 网的性能。例如，提出禁止弧、使能弧、自反弧、伴随位置、Petri 网模型分解（子网）等概念。特别是在 Petri 网分解之后，将每个子网作为一个联邦成员，应用 HLA 技术和 Petri 网的矩阵模型方法，从而产生了基于 HLA 的 Petri 网复杂系统建模与仿真新方法。这是减少冗余的数据传输、控制网络数据流量、提高模型运行速度的有效途径。

2.12.8　人工神经网络

神经网络在生理学范畴内，指的是生物神经网络（BNN）；在信息计算机等领域内,则指的是向生命学习而构造的人工神经网络(ANN),简称神经网络(NN)。神经元是神经网络中接收或产生、传递和处理信息的基本单元。

早在 1943 年心理学家麦克洛奇(Mcculloch)和数学家皮兹(Pitts)就提出了形式神经元数学模型,称为 MP 模型。如图 2.28(a)所示。

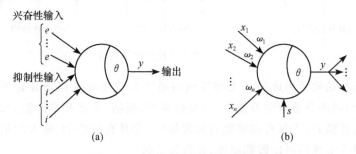

图 2.28　神经元的结构及功能模型

图 2.28(a)中,圆表示神经元的细胞体;e,i 表示外部输入,对应于生物神经元的树突,其中,e 为兴奋性突触连接;i 为抑制性突触连接;θ 表示神经元兴奋的阈值;y 表示输出,对应于生物神经元的轴突。可见该模型确实在结构及功能上反映了生物神经元的特征。在 MP 模型的基础上,后来根据需要又发展了其他一些神经元模型。较为典型的常用模型如图 2.28(b)所示,$x_i(i=1,2,\cdots,n)$ 为该神经元的输入;ω_i 为该神经元分别与各输入间的连接强度,称为连接权值;θ 为该神经元的阈值;S 为外部输入的控制信号,用以调整神经元的连接权值,使神经元保持在某一状态;y 为神经元的输出。可见,该神经元是一个具有多个输入和一个输出的非线性器件。

神经元的工作过程如下:

(1) 从各输入端接收输入信号 Z。

(2) 根据连接权值 ω_i,求出所有输入的加权和

$$\sigma = \sum_{i=1}^{n} \omega_i x_i + S - \theta \tag{2.140}$$

(3) 用某一特性函数(或称作用函数)f 进行转换,得到输出

$$y = f(\sigma) = f\left(\sum_{i=1}^{n} \omega_i x_i + S - \theta\right) \tag{2.141}$$

虽然上述神经元的结构及功能十分简单,但是它们的广泛互相连接却能够形成丰富多彩、功能强大的人工神经网络系统。建立人工神经网络的一个重要环节是构造它的拓扑结构,即确定人工神经元之间的互联结构。通常,按照神经元之间连接的拓扑结构,可将神经网络的互联结构分为分层网络和相互连接网络两大类,而分层网络又可以分为单层、双层及多层结构。图 2.29 给出了常见的双层(图(a))、多层(图(b))和互连(图(c))神经网络结构。

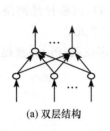
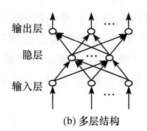
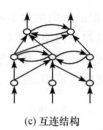

输出层

隐层

输入层

(a) 双层结构　　　　　　(b) 多层结构　　　　　　(c) 互连结构

图 2.29　常见人工神经网络结构

通过拓扑结构所形成的人工神经网络系统在功能和运算上具有下列显著特点：①具有很强的自适应学习能力；②具有联想、概括、类比和推广能力；③具有大规模并行计算能力；④具有容错能力和鲁棒性；⑤具有独特的、强大的信息处理能力且通过硬件实现后可以做到高速、并行和实时。

神经网络的信息处理能力主要用于解决以下问题：数学逼近映射、概率密度函数估计、从二进制数据库中提取相关知识，形成拓扑连续或统计意义上的同构映射、最邻近模式分类、数据聚集、最优化问题计算等，因此，对于复杂系统建模具有特殊的作用和意义。

有关神经网络的计算机理、常用神经网络模型、神经网络模型辨识、灰色神经网络建模、人工神经网络算法、自组织神经网络和量子神经网络模型等的基本理论，可参阅文献（刘兴堂，2003，2006；王宏生，2006；田景文等，2006）。

2.12.9　贝叶斯网

贝叶斯网（Bayes network，BN）是由贝叶斯网络结构图和条件概率表（CPT）共同构成的有向非循环网络。它作为分布式环境下不确定性与不完全信息情况下知识表示的重要工具，不仅是人工智能中不确定性知识表示的主导技术之一，而且对于表现为开放性、不确定性与动态性等特征的复杂系统的建模十分重要。通常，这种面向复杂问题的贝叶斯网建模难度很大，是一项系统工程，需要清楚地已知系统所有变量、变量的状态、变量间的互相影响关系及所有条件概率分布。

1. 贝叶斯网定义

【定义 2.28】　设 $U=\{\alpha,\beta,\cdots\}$ 是一个离散变量的有限集合，P 为 U 中变量的联合概率分布，称有向无环图 $S=(U,E)$ 是一个关于概率分布 P 的贝叶斯网，当且仅当 S 是一个最小 I-map。

【定义 2.29】　称有向无环图 S 是关于概率分布 P 的一个 I-map，如果 S 中所有的 d-分离关系均对应 P 中一个条件独立关系，即 $\langle X|Z|Y\rangle \Rightarrow I(X,Z,Y)$。

【定义 2.30】　设 $X,Z,Y \subseteq$ 代表有向无环图 S 中三个不相交的节点集，称 Z-d

分离 X 与 Y,记为 $\langle X|Z|Y\rangle$。如果从 X 中一个节点到 Y 中的一个节点的任意一路径都不同时满足以下两个条件:

(1) 所有具有汇聚箭头的节点都在 Z 中,或者有子孙节点在 Z 中。

(2) 所有其他的节点都在 Z 中。

2. 贝叶斯网结构

关于一组变量 $U=\{\alpha,\beta,\cdots\}$ 的贝叶斯网有两部分组成:

(1) 一个表示 U 中变量条件独立断言的网络结构 S,S 为一个有向无环图,图中节点与 U 中的变量一一对应,有向边表达了变量之间的条件依赖关系。

(2) 与每一个变量相联系的条件概率分布 P。S 和 P 定义了 U 的联合概率分布

$$P(U) = P(X_1, X_2, \cdots, X_n) = \prod_{i=1}^{n} P(X_i \mid P_{ai})$$

式中,P_{ai}——X_i 的父节点集。

在父节点给定下,X_i 与其他节点都是条件独立的,即

$$\prod_{i=1}^{n} P(X_i \mid P_{ai}) = \prod_{i=1}^{n} P(X_i \mid X_1, \cdots, X_{i-1})$$

3. 动态贝叶斯网

所谓动态贝叶斯网(TBN)是指将贝叶斯网扩展到对时间演化的过程进行表示。这里,"动态"是指建模对象是动态的,而并非贝叶斯网结构是动态变化的。

【定义 2.31】 一个动态贝叶斯网模型为一个二元组 $(B_0, B\rightarrow)$,其中 B_0 是以 $X^{(0)}$ 为节点的初始贝叶斯网,$B\rightarrow$ 是 2-时间片的贝叶斯网口对任意时刻 t,$X^{(0)},\cdots,$ $X^{(t)}$ 的联合概率分布为

$$P(X^{(0)}, \cdots, X^{(t)}) = P(X^{(0)}) \prod_{i=1}^{t} (X^{(t)} \mid X^{(t-1)})$$

【定义 2.32】 一个 2-时间片贝叶斯网(2TBN)是一个贝叶斯片段,节点包括 XUX',其中 X 中的节点没有父节点,X' 中的节点具有条件概率分布 $P(X' \mid Par(X'))$,由链规则知,2TBN 表现了条件概率分布

$$P(X' \mid X) = \prod_{i=1}^{n} P(X_i' \mid Par(X_i'))$$

图 2.30 为动态贝叶斯网的典型结构。

综上所述,贝叶斯网和动态贝叶斯网是一系列变量的联合概率分布(表)的图形表示,是基于概率统计和统计理论的强有力不

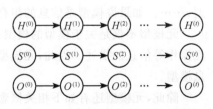

图 2.30　一个动态贝叶斯网结构

确定性知识表达与推理工具,也是重要的决策分析工具。在贝叶斯网中,每个节点代表领域对象,即相应的变量;节点之间的连接为有向弧线,表达对象(变量)间的关联关系,代表了贝叶斯网络的条件独立语义;节点与节点之间的条件概率分布表达连续系统对象(变量)之间的影响程度,对于离散系统则用条件概率来描述,它是一系列概率值。起初,这类网络被用来对专家的不确定性知识编码,后来利用它具有形式概率语义的特点,并可作为存在于人类、头脑知识的自然映像,而使网络推理和最优决策成为可能。贝叶斯网络和动态贝叶斯网络很适于描述应用领域(如故障诊断、医疗诊断、数据挖掘、路况监控、股市反应、语音识别、生物进化等)内的非线性和随机引起的不确定性。因此,对于复杂系统具有相当重要的作用。

应强调指出,有学者已经证明,在标准语音确认系统中,动态贝叶斯网络的性能优于广为使用的隐马尔可夫模型。就此而言,作为流行的隐马尔可夫模型可看作是 DBN 的一种特殊形式,在复杂系统建模方法研究中将自然能够统一到 DBN 范畴。

有关贝叶斯网络的基础、推理模式以及在复杂系统建模中的应用,读者可详细参阅文献(张连文,2006;衡星辰等,2006;胡兆勇,2004)。

2.13　元模型及综合集成研讨厅理念

2.13.1　引言

有关元模型及综合集成研讨厅的理念可为复杂系统建模理论和方法研究提供一种新的思路,从而有效地解决建模中复杂系统的各个子系统的无缝集成和协同工作问题。

2.13.2　元模型理念及其相关概念

元模型和模型在本质上是一样的,都是对真实世界(实际系统或过程)的抽象描述,所不同的仅是在描述层次上的区别。前者比后者具有更高的层次,被作为模型的模型。相对而言,模型更接近现实世界,是在较窄范围内对现实世界的抽象,对模型的更高一级抽象就是元模型,而对元模型的更高一级抽象变形成元模型,⋯⋯。如果说模型是信息的集合,那么元模型就使更高层次的信息的集合。

元模型不仅是关于模型的模型,而且是对如何建模、模型语义、模型间集成和互操作等信息的描述。因此,元模型还可以看作是能够表达建模中上述信息的信息模型。

除此,元模型还有如下相关概念:元类、元实体、元关系、元属性、元赋值等。

元类类似于一般系统建模中的模型类,但它用于元模型;元实体是用于元模型的具体对象(包括模型在内);元关系亦类似一般关系建模中的关系,但它是对于元模型而言的;元属性系指模型在与其他模型的关系中所充当的角色,而不是模型的属性。如在基于 Web Sewice 的某工作流元模型中,元属性就充当了三种角色,即服务提供者、服务经纪人和服务请求者,而在这些角色之间有三种操作:发布、查找和绑定。所有这些可由图 2.31 所示的 Web Sewice 的体系结构显而易见。

图 2.31　Web Sewice 的体系结构

该工作流元模型描述了过程定义所需要的上层实体,即表示一种由工作流管理系统设定的自动操作为形式的商业过程。它涉及相互关联的如下三个子元模型:

(1) 过程定义元模型,用于定义业务过程中控制工作流的执行。

(2) 组织机构元模型,用以描述单位、部门、人员的组织关系以及所担当的角色。

(3) 相关数据元模型,用以描述工作流"生产"和"消费"的数据以及它们的流动关系。

元模型的建立通常可概括为三个过程,即仿真实验、模拟拟合和模型评估与验证。仿真实验将通过实验设计与仿真获得两组实验数据,一组为元模型拟合的训练数据集,另一组是元模型评估的测试数据集;模型拟合系统系指选择合适的元模型类型与形式;应用数学方法(如多项式回归分析法、自适应样条函数法、径向基函数法、Kriging 法、神经网络法、小波分析法及支持向量机等)对训练数据进行元模型的拟合;元模型评估与验证将以测试数据集为基础,采用合适的定量准则来实现。

元模型研究及其应用已成为近年来系统仿真与建模领域新兴的一个热点,这是由元模型的自身特点和具有多种应用目的所决定的。利用元模型,高层决策者既能快速地获得数据支持,又能容易地理解系统行为;在跨层次多分辨率建模中,将元模型作为低层高分辨率仿真模型的代理模型嵌入到高层低分辨率模型中,既可为高层模型提供有效数据支持,又能大大降低模型的复杂度和提高实验的效率,并在数据层面上实现低层高分辨率模型的重用。除此,元模型还将用于:①预测仿真模型的响应变量的值;②进行系统或体系的优化;③辅助仿真模型的校验与确认。

元模型理念的发展及应用还表现在主动元模型的出现。在综合运用因果推理与统计元建模技术的基础上,Davis 和 Bigelow 提出了主动元建模技术。从建模原理上讲,主动元模型能较好地满足 Davis 提出的仿真元模型评价标准,并能依据图 2.32 所示的建模框架,通过模型结构设计、仿真模型数据获取及数据拟合等过程,最终确定出主动元模型的数学形式。

综上所述,元模型理念及其应用还在不断发展,基于元模型的复杂系统建模新方法,对于成功解决复杂系统仿真平台各种模型的集成问题,满足探索性分析,支持高层决策是十分有效的。有关这方面的理论、方法、技术及其应用可详细参阅文献(陈森发,2005;毛媛等,2002;汤新民等,2007;李小波等,2007)。

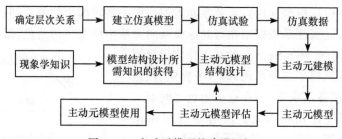

图 2.32　主动元模型的建模框架

2.13.3　综合集成研讨厅理念

大家知道,对于复杂系统特别是开放的复杂巨系统研究及建模至今没有一个有效的方法和技术,必须充分发挥专家群体的经验、智慧和力量。为此,我国三位科学家钱学森、戴汝为、于景元于 1990 年首次提出了综合集成方法,并在 1992 年正式确立了将用综合集成方法解决开放的复杂巨系统问题的工程技术称为"综合集成研讨厅体系(HWSME)"。对此做出重要贡献的还有崔霞、李耀东等。

综合集成研讨厅体系包括专家群体(研究人员体系)、计算机 Internet 和 Intranet。其中,计算机是硬件支撑设备;Internet 为广义专家群体(包括基于问题的特殊专家和专家群体);Intranet 是专家与专家交互的平台。

综合集成研讨厅体系采用高度智能化人机结合以人为主的思维和研究方法,对不同层次、不同领域的信息和知识(几乎是全人类从古至今各方面的经验和智慧)通过万维网进行高度综合集成,达到对整体的从定性到定量认识。钱学森把这种方法称为"大成智慧工程"(meta-synthetie engineering)。基于综合集成研讨厅体系的复杂系统建模思想和方法,本质上是对人类经验知识、科学知识和哲学知识体系三个层次知识的综合集成和应用。图 2.33 给出了该综合集成研讨厅的简化框图。

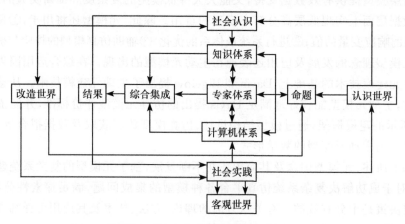

图 2.33　综合集成研讨厅的简化框图

有关综合集成研讨厅的专家群体互动、衔接结构分析、实现技术及综合集成建模方法等可参考文献(李士勇等,2006;陈森发,2005;崔霞等,2003)。

2.14 虚拟现实及其相关理论

2.14.1 引言

虚拟现实(virtual reality,VR)是一种模拟人类视觉、听觉、嗅觉、触觉、力觉等感知行为的高度逼真的人机交互技术,是 20 世纪末兴起的一门崭新的综合性信息技术。它集数字图像处理、计算机图形学、多媒体技术、人-机接口技术、传感器技术、人工智能、网络技术及并行技术等为一体,以三维空间表现能力给人们带来了身临其境的感觉和超越现实的虚拟性追求,极大地推动了计算机技术的发展,并使系统 M&S 环境发生了质的飞跃。

虚拟现实理论和技术已在军事、航空、航天、航海、教育、医疗、商业设计、制造、艺术、娱乐、考古等诸多领域获得了广泛应用,并带来了巨大的社会、经济、军事效益。许多权威专家认为:20 世纪 80 年代是个人计算机的时代,90 年代是网络、多媒体的时代,而 21 世纪初是 VR 技术年代,VR 是潜力巨大、前景诱人和放大智慧的新工具。

2.14.2 基本概念及定义

VR 一词由美国 Jaron Lanier 于 20 世纪 80 年代初提出来的,其含义是:把客观世界的某一局部用电子的方式模拟出来,并且能够让你进入这个局部世界犹如身临其境。VR 同时包含:"虚拟"(virtual)和"现实"(reality)两个相反的部分。前者说明利用 VR 技术所产生的局部世界是非真实的,人造的、虚构的;后者是说人们进入该局部世界后在感觉上如同进入真实的世界一样,这种感觉包括视觉、听觉、嗅觉、触觉和力觉等。VR 有两大特征,即沉浸感和交互性。沉浸感又叫临界感,是计算机所建立的三维虚拟环境能使操作者得到关于该环境的全身心的体验;交互性是指操作者能通过其自身的自然技能并通过专用的传感设备(如显示头盔、数据手套、数据服装、三维鼠标、耳机等)实现对虚拟环境中实体的考察并实施相应的操作。

可见,VR 基本概念可归纳为如下主要三点:①用计算机生成虚拟的逼真实体,逼真通过三维视觉、听觉、嗅觉及触觉等来实现;②人们进入虚拟世界后可通过自身技能(头动、眼动、手势等身体动作)与虚拟环境交互;③通常借助一些三维传感设备(显示立体头盔、数据手套、数据服装、三维鼠标、耳机等)来完成上述交互动作。

综上所述,可给出 VR 的一般定义:VR 就是采用计算机生成的一个逼真的视觉、听觉、触觉及嗅觉等感觉世界,是进入该世界的人们可以用自身技能与生成的虚拟实体进行交互,以获得身临其境的考察。

2.14.3　VR系统及分类

利用 VR 技术实现具有特定应用(如虚拟战场、虚拟试飞、虚拟制造等)的计算机系统称为 VR 系统。

VR 系统通常由许多系统模块构成,主要模块为:虚拟环境、计算机环境、虚拟现实技术和交互作用方式。虚拟环境包括建模、动态特征引入、物理约束、光照及碰撞检测等;计算机环境包括图像处理器、I/O 通道、虚拟环境数据库及实时操作系统等;虚拟技术包括头部跟踪、图像显示、声音、触觉和手部跟踪等;交互作用方式包括手势、三维界面和多方式参与系统等。图 2.34 给出了一般虚拟系统构成。

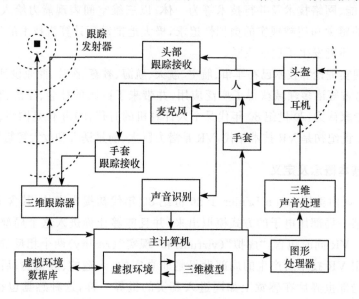

图 2.34　一般虚拟现实系统的构成

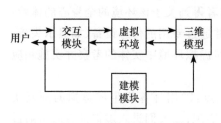

图 2.35　封闭式 VR 系统

VR 系统通常可分为两类,即封闭式 VR 系统和开放式 VR 系统。封闭式 VR 系统(见图 2.35)的任何操作都不与现实世界产生直接交互作用。而开放式则可以通过传感器与现实世界构成反馈闭环,从而达到利用虚拟环境对现实世界进行直接操作或遥控操作的目的。

2.14.4　VR硬、软件工具

虚拟现实工具的研究与应用是 VR 技术发展的重要方面之一。它包括硬件设备和软件系统。

1. 硬件设备

VR 硬件设备主要有传感器、视觉设备和三维声音设备。

(1) 传感器。应用于 VR 系统的主要传感器有跟踪传感器、力反馈传感器和接口系统。系统跟踪传感器用丁对用户头部位置和方向的精确跟踪,以及手的跟踪;力反馈传感器用以实时感知手势和虚拟环境中的反馈信息;接口系统则是施加于操作人员受上作用力的再现装置。

(2) 视觉设备。视觉设备又称为显示设备。用于 VR 系统的典型视觉设备是军用头盔显示器(如 Sim Eye HMD)、通用头盔显示器(如 Datavisor HMD)和吊杆设备(如 BOOM3C)。

(3) 三维声音设备。三维声音设备实质是能够产生实时三维声音的数字音频信号处理系统。目前代表产品是 Crystal River 公司开发的 Convolvotron Beachtron Aconstertron 和 Alphatron。

除此,集成的虚拟现实系统(如 PROVISION100、V-PC 等)反映了 VR 系统硬件设备的发展趋势。

2. 软件设备

软件是 VR 系统硬件集成的关键和处理/过程中协调任务的总体框架,被用于虚拟世界建模、物理行为仿真和支持实时环境交互。主要包括虚拟世界建模中的输入模型(如 AutoCAD、3Dstudio、Wavefront、ComputerVision 等),虚拟环境物理仿真中的 dVISE、Jack、Superscape、VRT 等,虚拟现实工具箱 dVISE、World、Toolkit、VRT 等,虚拟现实开发环境 OpenGL、Vega、MultiGen、Creator 等。

2.14.5　VR 技术及其应用

实物虚化、虚物实化和高效的计算机信息处理是 VR 技术的三个主要方面。实物虚化是将现实世界的多维信息映射到计算机的数字空间生成相应的虚拟世界。主要包括基本模型构建、空间跟踪、声音定位、视觉跟踪和视点感应等关键技术。

虚物实化是使计算机生成的虚拟世界中的事物所产生的对人的感官的多种刺激尽可能的逼真地反馈给用户,从而使人产生沉浸感。虚物实化的关键技术是上述 VR 硬件设备和软件系统在虚拟环境中获得视觉、听觉、嗅觉、触觉和力觉等感官认知。

高效计算机信息处理是实现虚拟现实的核心技术,包括信息获取、传输、识别、转换涉及理论、方法、交互工具和开发环境。具体讲有:服务于实物虚化和虚物实化的数据转换技术、实时、逼真图形/图像生成技术、声音合成与空间化技术、数据管理技术、模式识别、人工智能技术、分布式和并行计算技术和高速、大规模远程网络技术等。

有关 VR 技术的图形/图像学、数据转换与管理、视觉生理感知与主体显示、声音合成与定位、虚拟环境算法、物体碰撞检测以及分布式虚拟现实等，读者可详细参阅文献（庞国峰，2007；洪炳镕等，2005；马登武等，2005）。

虚拟现实技术的应用范围极其广泛，难怪人们曾说它是一种"面向应用的技术"。这里将主要强调 VR 对于系统建模与仿真的变革性作用。就此而言，VR 技术的典型应用为：

（1）飞行模拟器。

飞行模拟器包括地面飞行模拟器和空中飞行模拟器，是实现试飞研究和训练飞行员的可行、有效技术途径和工具。它由仿真计算机、视景系统、运动系统、音响系统、飞行控制电传系统及模拟座舱等组成。VR 是它最重要的支撑技术之一，如视景系统利用 VR 技术生成模拟座舱外的飞行景象，包括机场与跑道、灯光、建筑物、田野、河流、道路、地形、地貌、天空、云、雾、雨、雪、白天、黄昏、夜间；运动系统通过 VR 技术提供加速、过载等动感；音响系统借助 VR 技术产生发动机噪声、气流噪声、收放起落架、飞机着陆与起飞等音响效果；飞行控制电传系统通过匹配模态获得被模拟对象（飞机）的虚拟感觉；人感系统则利用 VR 技术来模拟随飞行状态和运动状态变化的杆力（盘力）或脚蹬力。总之，飞行模拟器可提供飞行研究所需要的飞行状态和系统状态，会使飞行员有身临其境的逼真飞行感觉，以实现飞行模拟研究和模拟训练效果。

（2）虚拟战场。

虚拟战场（virtual battlespaces），即利用 VR 技术生成虚拟作战自然环境、人工干扰环境和战争态势，并在保持其一致性的基础上，通过计算机网络，将分布在不同地域的虚拟武器仿真平台连入这些环境中，进行战略、战役、战术演练的仿真应用环境。典型的虚拟战场系统主要由核心子系统、辅助支撑环境、管理与维护环境构成，如图 2.36 所示。

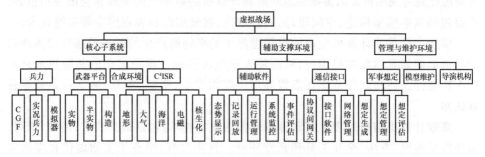

图 2.36　虚拟战场系统的组成

　　虚拟战场作为一种新的建模与仿真技术手段,目前已广泛应用于武器装备发展、军事作战研究和模拟训练的各个层面(见图 2.37)。典型的虚拟战场有:(美)JMASS、JSIMS、JWARS、SIMNET、NPSNET、STOW、DVENET 等。其中,JMASS、JSIMS、JWARS 是美国国防部正在实施的 3 个基于国防信息基本设施(DII)。

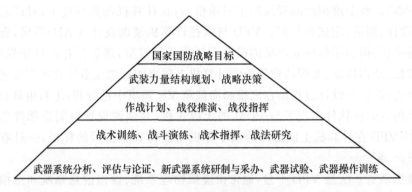

图 2.37　虚拟战场的应用研究层面

　　(3) 虚拟样机。

　　虚拟样机(virtual prototyping,VP)是一种基于仿真设计,包括几何外形、传动和连接关系、物理特性和动力学特性的建模与仿真,是由分布的、不同工具开发的、甚至异构的子模型组成的模型联合体,也是不同领域 CAX/DFX 模型、仿真模型与 VR/可视化模型的有效集成。

　　虚拟样机的关键技术包括系统总体技术、支撑环境技术、虚拟现实技术、多领域协同仿真技术、一体化建模和信息/过程管理技术等。实现虚拟样机的核心技术是如何对上述模型进行一致、有效地描述、组织、管理和协同运行。

　　目前,支持虚拟样机的软件有 ADAMS、Plug&Sim、Statemate、OVF 和DAKOTA。

　　美国波音 777 飞机采用虚拟样机技术获得了无图纸设计和生产的成功,是建模与仿真应用的重大突破,它在一定程度上改变了传统习惯,使设计与制造技术发生了质的飞跃,被看作是未来产品设计的发展趋势。

　　目前,虚拟样机技术已获得越来越广泛的应用,特别是在航空、航天、航海、兵器、汽车、机械制造等领域中。军事领域中的武器装备样机系统是典型的大型虚拟样机系统,其模型由作战模型、实体模型、环境模型和评估模型等 4 类模型组成。

　　(4) 虚拟制造。

　　虚拟制造(virtual manufacturing)是在计算机集成制造系统(CIMS)基础上发展起来的,其本质是利用计算机产生出"虚拟产品"。或者说,在计算机上实现一切与产品制造相关活动和过程的本质内容称为虚拟制造。按照工程活动内容,虚拟制造可分成以设计、生产与控制为核心的三种不同类型。例如,以设计为核心的虚拟制造亦称虚拟产品开发(VPD),其思想是把制造信息引入到设计过程,利用建模与仿真来优化产品设计,从而在设计阶段可以对所有零部件乃至整机进行制造性分析(包括工艺分析、热力学分析、运动学与动力学分析、加工精度分析、制造费用分析等)。整个虚拟产品开发基于三维模型,在计算机仿真环境下,对产品进行构思、设计、制造、测试和分析。VPD 与以往计算机辅助设计(CAD)不同,有下列主要特征:①描述零部件或产品的模型不仅是几何模型,还包括各种特征模型(如加工特征、结构特征、装配特性等);②计算机上建立的三维全数字化模型可进行制造性分析;③整个设计过程是在三维画面甚至 VR 环境中进行的;④利用具有动画能力的仿真分析软件实现了与 PDM 的无缝连接,并强调设计与制造部件的协同工作;⑤VPD 在计算机上制造出的数字样机是经仿真验证后的样机,一旦有需求即可投产。

　　虚拟制造系统是 VPD 平台,通常由虚拟物理系统、虚拟信息系统和虚拟控制系统组成。

　　总之,基于系统建模与仿真的虚拟制造是 VR 技术发展和应用的重大成果。它可以高效、准确、直观地对开发产品进行结构工艺性、性能、功能等全方面分析,是产品创新的强有力的支撑技术和产品开发技术的一次革命。

思　考　题

　　1. 有哪些基本理论构成了系统建模的理论体系?

　　2. 为什么说模型论及其相关理论是系统建模最重要的理论基础之一? 模型论的核心内容何在? 什么是模型集总、简化与修改?

　　3. 试述模型有效性和灵敏度分析的重要性。

　　4. 从系统建模仿真的角度认识相似理论的极端重要性。试述相似第一、二、三定理,以及相似理论与演绎推理的关系。

　　5. 什么是系统辨识? 指出它与现代系统建模的关系;给出系统辨识的结构框架;并对其关键环节做出进一步解释。

　　6. 何为层次分析法,其主要理论根据是什么? 概述层次分析流程,并对关键环节进行详细解释。

　　7. 指出分形理论的要点,说明该理论对复杂系统建模的重要作用。

　　8. 试述 CAS 理论要点,指出该理论与复杂系统建模的关系。

　　9. 定性理论包括哪几个方面? 何为定性推理和定性建模? 在定性推理和定性建模中,哪些基本方法?

　　10. 解释模糊集合隶属度函数、模糊数、模糊集特征及模糊关系。

　　11. 云理论和模糊理论的主要区别在何处? 它们主要用以解决复杂系统建模中的哪方面

问题？

　　12. 自组织理论由哪些基本理论构成？简要说明它们与复杂系统建模的关系。

　　13. 分别论述元胞自动机与支持向量机理念及内涵，指出对于复杂系统建模的重要作用。

　　14. 关联度分析与灰色系统建模有何关系？试述关联度分析过程和灰色系统建模思想。

　　15. 解释马尔可夫过程和马尔可夫链，指出它们对于复杂随机建模的重要性。

　　16. 在复杂系统建模中如何利用网络理论与技术？哪些网络对于复杂系统建模比较重要？

　　17. 试述元模型和综合集成研讨厅的理念，指出它们对于复杂系统建模的指导性作用。

　　18. 说明虚拟现实(VR)对于系统建模与仿真的革命性作用。

第 3 章　常用数学建模方法、原理及案例

3.1　概　述

3.1.1　引言

系统数学模型的建立及应用是人们对现实世界认识质的飞跃。数学建模的根本任务在于用数学语言定量地或定性地描述系统变量间的内在联系和变化规律，实现数学模型与实际系统在实体、属性、行为和环境等方面的等效关系。在此，建模方法的研究、选取和应用对于数学建模的质量和效率起着关键性的作用。另外，在没有讨论面向复杂系统的建模方法之前，本章将讲述 17 种常用数学建模方法。虽然这些方法主要是针对一般系统的，但是它们对于复杂系统建模有着十分重要的基础作用，甚至在复杂系统组合建模中是离不开的。

3.1.2　数学建模方法的选取

如前所述，经过长期理论研究和工程应用，针对一般系统已形成了一个有效的数学建模方法体系(见 1.5.4 节)。截至目前，至少有几十种具体建模方法可供人们选取。但是，如何合理地选择这些建模方法，迄今没有固定程式可循，这是因为建模方法的选取决定于多个因素，如系统状况、建模目标，对建模精度、周期及费用的要求等，且在很大程度上与建模者的经验、智慧有关。因此，这里推荐几条实用的建模选取原则，可供读者参考。

(1) 对于那些内部结构和特性明晰的系统，即所谓的"白盒"问题，或建模目标明确而又较简单的情况，宜采用机理分析法、直接相似法、量纲分析法及比例法等。

(2) 对于那些内部结构和特性不很清楚或不清楚的系统，即所谓"灰盒"或"黑盒"问题，若允许进行系统实验观测，则可采用实验统计法、蒙特卡罗法、回归统计法和系统辨识法等。若不能直接进行系统实验观测，则只能采用想定法、网络分析法、图解法、因果分析法或定性推理法等。

(3) 对于那些具有模糊性和不确定性的系统和问题，一般宜采用模糊集论法、定性推理法或基于云理论方法。而对于随机系统或过程则采用概率统计法、蒙特卡罗法或基于马尔可夫链方法。

(4) 对于信息缺乏的灰色系统，则需要采用"灰色"系统法，或机理分析与系统

辨识相结合的方法。

(5) 对于生物、医学系统,可采用"隔舱"系统法并结合其他建模方法(如概率统计法、因果分析法及网络分析法等)。

(6) 对于市场经济、企业管理、军事作战等非工程领域的社会问题,通常采用层次分析法、网络分析法、定性推理法、因果分析法并结合博弈矩阵描述方法等。

(7) 对于复杂系统特别是开放的复杂巨系统必须采用综合集成方法,以及适于复杂系统的各种建模方法(见第 4 章)。

为了帮助读者按照上述一般原则合理地选取数学建模方法,第 1 章图 1.4 给出了当前不同领域的数学模型型谱"白"、"灰"、"黑"盒状况和建模发展趋势,可作为数学建模方法选取和研究的主要参考。

应当强调指出,计算机辅助法、系统辨识法、层次分析法及定性推理法是重要的现代数学建模方法,而综合集成建模方法是解决复杂系统建模的最根本方法。随着科学技术的发展,它们必将获得越来越广泛的应用。

本节小结　在系统建模中,建模方法的研究和选用是至关重要的。针对一般系统,目前已经形成支撑系统数学建模的方法体系;常用的方法约几十种,可按照本节推荐的原则合理选择;广泛采用的建模方法为机理分析法、直接相似法、实验统计法、层次分析法和系统辨识法;计算机辅助法和定性推理法是很有发展前景的,当前已有不少软件供读者使用;复杂系统建模方法学还在迅速发展,是今后建模方法研究的主要方向。

下面将分别讲述一般系统的各种数学建模方法、原理及其应用。

3.2　机理分析法

3.2.1　方法原理

机理分析法又叫直接分析法或解析分析法,是一种最基础、应用最广泛的数学建模方法。

机理分析法以各学科专业知识为基础,在若干简化假定条件下,通过分析系统(实际的或设想的)变量间的关系和运动规律,而获得解析型数学模型。

这种建模方法的实质是应用自然科学和社会科学中已被证明是正确的理论、定理和定律或推论,对被建模系统的有关要素(变量)进行理论分析、演绎归纳,以从中寻找出各变量间的函数关系和运动规律,最终构造出该系统的数学模型。

3.2.2　建模过程

通常,机理分析法建模按如下过程进行:

（1）分析系统性能和功能原理，并做出与建模目标相关的系统描述。

（2）找出系统的输入变量和输出变量。

（3）按照系统（部件、元件）所遵循的社会或物化规律，列写出各部分代数方程。微分方程（或积分）方程、传递函数或逻辑表达式。

（4）消除中间变量，获得初步数学模型。

（5）进行模型标准化，如对于微分方程形式的数学模型应该使：

① 输入量与输出量多项式分别处于方程左、右两端；

② 将变量项按降阶排列；

③ 进行归一化处理，使最高阶项的系数等于 1。

（6）进行模型验证。

（7）必要时还要修改模型。

3.2.3 应用案例

例 3.1 试建立图 3.1 所示天线位置随动系统的数学模型。

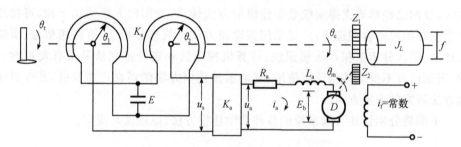

图 3.1 天线位置随动系统原理示意图

可按照如下方法和步骤建立该系统的数学模型：

（1）进行天线位置随动系统机理分析法与系统描述。由图 3.1 可知，该系统是一个由综合检测元件（自整角机）、放大器、执行伺服电机、局部测速反馈装置、减速机构和机械负载等部分构成的负反馈闭环位置随动系统。

（2）确定系统输入变量为手柄转角 θ_r，输出变量为减速机构输出轴转角 θ_c。

（3）根据系统各部分工作原理分别列写机电元件的运动方程。

① 自整角机

$$u_s(t) = K_s[\theta_1(t) - \theta_2(t)] = K_s[\theta_r(t) - \theta_c(t)] \tag{3.1}$$

② 放大器

$$\frac{u_a(t)}{u_s(t)} = K_a \tag{3.2}$$

式中，K_a——放大器增益。

③ 伺服电机

$$
\begin{cases}
u_{\mathrm{a}} = i_{\mathrm{a}} R_{\mathrm{a}} + L_{\mathrm{a}} \dfrac{\mathrm{d} i_{\mathrm{a}}}{\mathrm{d} t} + E_{\mathrm{b}} \\[2mm]
E_{\mathrm{b}} = K_{\mathrm{b}} \dfrac{\mathrm{d} \theta_{\mathrm{m}}}{\mathrm{d} t} \\[2mm]
M_{\mathrm{m}} = J_{\mathrm{m}} + \dfrac{\mathrm{d}^2 \theta_{\mathrm{m}}}{\mathrm{d} t^2} + f_{\mathrm{m}} \dfrac{\mathrm{d} \theta_{\mathrm{m}}}{\mathrm{d} t} \\[2mm]
M_{\mathrm{m}} = C_{\mathrm{m}} i_{\mathrm{a}}
\end{cases}
\tag{3.3}
$$

式中，L_{a}、R_{a}——分别为伺服电机电枢绕组的电感和电阻；

　　C_{m}——转矩系数；

　　K_{b}——反电势系数。

④ 负载。设折算至电机轴上的总转动惯量为 J，总黏性摩擦系数为 f，且忽略负载力矩，有

$$
\begin{cases}
J = J_{\mathrm{m}} + \dfrac{J_L}{i^2} \\[2mm]
f = f_{\mathrm{m}} + \dfrac{f_L}{i^2} \\[2mm]
i = \dfrac{Z_1}{Z_2}
\end{cases}
\tag{3.4}
$$

式中，Z_1、Z_2——减速机构主动和从动齿轮的齿数。

（4）对上述各式进行拉普拉斯变换，并消去中间变量，可得到该系统的开环传递函数为

$$
G(s) = \frac{K_{\mathrm{s}} K_{\mathrm{a}} C_{\mathrm{m}} / i}{s[(L_{\mathrm{a}} s + R_{\mathrm{a}})(Js + f) + C_{\mathrm{m}} K_{\mathrm{b}}]}
\tag{3.5}
$$

若略去电枢电感 L_{a}，又令

$$
K_1 = \frac{R_{\mathrm{s}} K_{\mathrm{a}} C_{\mathrm{m}}}{i R_{\mathrm{a}}}, \quad F = \frac{f + C_{\mathrm{m}} K_{\mathrm{b}}}{R_{\mathrm{a}}}
$$

上述开环传递函数可简化为

$$
G(s) = \frac{K}{s(T_M s + 1)}
\tag{3.6}
$$

式中，$K = K_1 / F$，$T_M = J / F$。

这时，相应的闭环传递函数为

$$
\Phi(s) = \frac{\Theta_c(s)}{\Theta_r(s)} = \frac{K}{T_M s^2 + s + k}
\tag{3.7}
$$

其对应的微分方程为

$$
T_M \frac{\mathrm{d}^2 \theta_c(t)}{\mathrm{d} t^2} + \frac{\mathrm{d} \theta_c(t)}{\mathrm{d} t} + K \theta_c(t) = K \theta_r(t)
\tag{3.8}
$$

本节小结 机理分析法建立在建模对象专业理论和知识的基础上,是解决白盒问题建模最重要的方法,因此应用十分广泛。建模关键在于合理选取系统变量,正确分析诸变量间的关系,通过演绎归纳找出系统运动规律,最终获得解析型数学模型。

3.3 直接相似法

3.3.1 方法原理

直接相似法是基于相似理论的一种传统数学建模方法。根据前述三个基本相似定理和模型的普遍性(即一种模型可能与多个系统(或现象)具有相似性),完全有理由从最容易建模的某类系统(如电子系统)入手,通过建立它的数学模型而得到与之相似的一群系统的通用数学模型。而在使用这种通用数学模型作为具体系统模型时,仅需要赋予模型系数的相应物理量。例如,二阶微分方程 $a_1\ddot{y}+a_2\dot{y}+a_3y=x(t)$ 就是某些相似的电子系统、机械系统和动力学系统的通用数学模型。显然,在电路系统中,若 y 表示电流,则系数 a_1、a_2、a_3 表示电路元件参数电阻、电感和电容;在机械系统中,若 y 表示角位移,则系数 a_1、a_2、a_3 表示转动惯性机械之质量、惯性矩和刚度;在动力学系统中,若 y 表示位移,则系数 a_1、a_2、a_3 表示平动运动物体的阻尼、质量及刚度。这时,它们相应的数学模型将是:

$$L\,\frac{\mathrm{d}i}{\mathrm{d}t}+Ri+\frac{1}{C}\int_{t_0}^{t}i\mathrm{d}t=u$$

$$J\,\frac{\mathrm{d}\omega}{\mathrm{d}t}+\beta\omega+K\int_{t_0}^{t}\omega\mathrm{d}t=T$$

$$M\,\frac{\mathrm{d}v}{\mathrm{d}t}+Nv+K\int_{t_0}^{t}v\mathrm{d}t=F$$

可见,直接相似法的实质是通过系统参数类比(或比拟)分析方法,从一种系统数学模型而直接得到相似系统的模型。因此,直接相似法又叫做类比分析法或比拟思考法。

3.3.2 建模过程

通常,直接相似法建模按如下步骤进行:

(1)分析并描述被建模对象。

(2)选取同建模对象相似的而又容易建模的系统或模型结构形式已知的相似系统。一般选取与之相似的电子系统为宜。

(3)写出上述相似系统的通用数学模型,并确定建模对象与被选取相似系统间的对应参数。

（4）将建模对象的参数代入通用形式的数学模型，从而得到所需要建立的数学模型。

3.3.3　应用案例

例 3.2　人体肌肉受力数学模型的建立。

为了进行人工智能、机器人和人控制等问题的研究，通常需要建立人体肌肉的受力模型。

（1）分析人体肌肉受力的伸缩运动，不难发现肌肉将呈现弹性机械特征和摩擦元件发热效应。因此，被建模型对象很类似无源机械元件受力情况（见图 3.2(a)）。

（2）为研究方便起见，可通过力学与电路系统相似关系，可得到相应的电路模型（见图 3.2(b)）为

$$i(t) = \frac{1}{R}u(t) + \frac{1}{L}\int_{t_0}^{t} u(t)\mathrm{d}t \tag{3.9}$$

以便利用该模型进行模型求解。

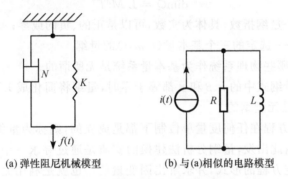

(a) 弹性阻尼机械模型　　　　　　(b) 与(a)相似的电路模型

图 3.2　人体肌肉受力的相似模型

（3）显然，这些相似系统的通用数学模型为

$$F = Nv + K\int_{t_0}^{t} v\mathrm{d}t \tag{3.10}$$

（4）用建模对象的参数，置换上式对应参数，得到人体肌肉受力的数学模型

$$f(t) = N\frac{\mathrm{d}y}{\mathrm{d}t} + Ky \tag{3.11}$$

（5）验模（从略）。

本节小结　直接相似法又叫类比分析法或比拟思考法。它以相似理论和模型普遍性特性为基础，通过建模对象与易建模相似系统的参量类比分析，从相似系统通用模型直接确定建模对象的数学模型。由于自然界广泛存在相似系统，从而使该建模方法得到广泛应用，特别是在模拟仿真中占有相当重要的地位，是模拟仿真

的重要基础和技术手段。

3.4 量纲分析法

3.4.1 方法原理

基于物理量都有量纲且物理定律（物理公式）不会因量度量纲的基本单位变化而变化的事实，被建模系统或现象可以用变量之间的量纲正确的方程来描述，这就是量纲分析法建模的基本原理。

量纲分析是一种常用的定性分析工程方法，在数学建模中有如下重要作用：①提供补充信息，有助于确定变量之间的关系；②在通常确定一个或多个子模型时，可帮助人们在各种子模型之间进行合理选择；③大幅度地降低建模必备实验数据的总量，减少预测性能所需要的实验次数。

应该指出，进行量纲分析必须具备两个条件：①给出参与物理过程的物理量；②已知各物理量的量纲。物理量 Q 的量纲式的一般形式为

$$\dim Q = L^{\alpha} M^{\beta} T^{\gamma} \tag{3.12}$$

式中，α、β、γ——量纲指数，具体为实数，可以是正的、负的或零；

L、M、T——选定的三个基本量（l, m, t）的量纲。

当然，采用哪些物理系统作为基本量系统是无所谓的。

如果上述量纲式中的 α、β 和 γ 都等于零时，量纲将简化成 $L^0 M^0 T^0$，这时称物理量 Q 或乘积是无量纲的。

一般，如果方程在任何度量单位制下都是成立的，则称为量纲齐性，该方程叫做齐性方程。由此出发，量纲分析法建模的实质是通过寻求一个适当的量纲齐性方程来确定待定方程的形式，并求解出因变量的。也就是利用完备无量纲乘积组来寻找出所有的量纲齐性方程，最终确定出被建模对象（物理系统）的因变量。而从完备无量纲乘积组构造所有量纲齐性方程是建立在著名 Buckingham π 定理基础上的。

Buckingham π 定理：一个方程是量纲齐性的，当且仅当它可以表示为下面的形式：

$$f(\Pi_1, \Pi_2, \cdots, \Pi_n) = 0 \tag{3.13}$$

式中，f 是 n 的自变量函数，而 $\{\Pi_1, \Pi_2, \cdots, \Pi_n\}$ 是一个完备（包含变量和函数）无量纲乘积组。

3.4.2 建模过程

量纲分析法建模的方法与步骤如下：

（1）决定的建模对象（系指物理系统）包含的各个物理变量。

（2）在保证因变量仅出现在一个无量纲乘积中的前提下，确定变量中的一个完备无量纲乘积组 $\{\Pi_1, \Pi_2, \cdots, \Pi_n\}$。

（3）进一步核实上述各乘积是无量纲的和无关联的。

（4）借助 Buckingham 定理在变量中生成所有可能的量纲齐性方程，其形式为式（3.13）。

（5）对因变量求解量纲齐性方程。

（6）进行必要实验和结果分析，获取系统的数学模型。

（7）验模。

3.4.3　应用案例

例 3.3　理想单摆（不考虑空气阻力）如图 3.3 所示。已知，小球质量为 m，摆线长为 l。若单摆在有界扰动下稍偏离平衡位置后，在重力 mg 作用下做出简谐运动，试采用量纲分析法建立该单摆的运动模型。

分析已知，该理想单摆运动过程中所参与的物理量包括摆长 l，质量 m，重力加速度 g 及摆动周期 t，其中，T 为因变量与其他变量（物理量）之间的函数关系为

$$t = \varphi(l, m, g) \tag{3.14}$$

假定式（3.14）可表示为如下物理量之间的关系式：

$$t = \lambda l^{\alpha_1} m^{\alpha_2} g^{\alpha_3} \tag{3.15}$$

式中，λ——无量纲比例系数；

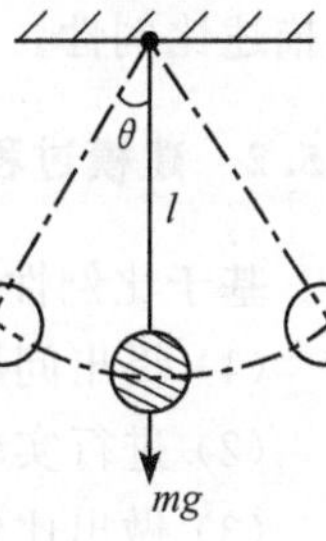

图 3.3　理想单摆
运动过程示意图

α_1、α_2、α_3——待定常数。

于是，式（3.15）的相应量纲表达式为

$$T = L^{\alpha_1} M^{\alpha_2} (LT^{-2})^{\alpha_3} = L^{(\alpha_1 + \alpha_3)} M^{\alpha_2} T^{-2\alpha_3} \tag{3.16}$$

根据等式两端量一致的原则有

$$\begin{cases} \alpha_1 + \alpha_3 = 0 \\ \alpha_2 = 0 \\ -2\alpha_3 = 1 \end{cases} \tag{3.17}$$

求解式（3.17）得

$$\begin{cases} \alpha_1 = \dfrac{1}{2} \\ \alpha_2 = 0 \\ \alpha_3 = -\dfrac{1}{2} \end{cases} \tag{3.18}$$

将式（3.18）代入式（3.15），有

$$t = \lambda \sqrt{\frac{l}{g}} \tag{3.19}$$

利用力学定律验证模型(3.19),可认为利用量纲分析法建立的模型(3.19)运行与实际结果是一致的。可见,所建模型是正确有效的。

3.5 比 例 法

3.5.1 方法原理

自然界和社会中的事物间除广泛存在相似性外,还大量存在着比例性关系或称线性关系。比例性的一般数学描述为

$y \propto x$,当且仅当某个常数 $k > 0$,有 $y = kx$

与直线方程 $y = mx + b$ 相比较,可以看出比例性关系是一条通过原点的直线。也就是说,并非所有直线都表示比例性关系,而只有 y 截距为零的直线才能正确地描述比例性。

3.5.2 建模过程

基于比例性的建模通常按如下方法、步骤进行:

(1) 提出问题,系统描述。
(2) 进行实验,获取观测数据。
(3) 做出比例性简化假设。
(4) 得到比例性数学模型。
(5) 验模。

3.5.3 应用案例

例 3.4 实验观测得到某铜导线的一组电阻 R 与温度 t 的数据如表 3.1 所示,试建立该铜导线电阻-温度关系的数学模型。

表 3.1 例 3.4 的实验观测数据

$t/℃$	19.10	25.00	30.10	36.00	40.00	45.10	50.0
$R/\mu\Omega$	76.30	77.80	79.75	80.80	82.35	83.90	85.10
ΔR	—	1.50	1.95	1.05	1.55	1.55	1.20
Δt	—	5.90	5.10	5.90	4.00	5.10	4.90
$\Delta R/\Delta t$	—	0.254	0.382	0.172	0.387	0.304	0.245
$\tilde{R}$	76.40	78.09	79.55	81.27	82.13	83.84	85.20
$v = \tilde{R} - R$	+0.10	+0.29	−0.20	+0.47	+0.03	−0.06	+0.14

（1）理论与实践表明，通常金属导线（如铜、铝等）的电阻 R 总是随着温度 t 的升高而增大，其规律大致呈比例关系。因此，建立该铜导线电阻-温度的数学模型可采用比例性方法。

（2）根据表 3.1 实验观测数据，计算出差商 $\Delta R/\Delta t$ 大部分波动值小于 0.137，故可给出一阶差商为常数的假定，由此确定电阻-温度关系的数学模型为线性函数形式。

（3）由作图计算知，最接近所有观测值的直线斜率为 $k=\tan\theta=0.286$，且截距 $a=0.77$。于是，可得直线方程为

$$R = k(t-t_0) + R_0 = 0.286(t-19.1) + 77 = 0.86t + 70.994$$

这就是初步建立的铜导线电阻-温度关系数学模型。

（4）将 t_i 数值代入上式，计算得到电阻的理论值 $\tilde{R}_i$ 并与温量值 R 相比较（见表 3.1），可得到误差 $v=\tilde{R}-R_0$。由于误差 v 较小，因此可确认数学模型 $R=0.86t+70.994$ 就是较理想的。

本节小结　量纲分析法不仅是物理学的工具，而且是系统数学建模的重要手段。相似理论中的 π 定理是量纲分析法的基础，其主要思想可用著名的 Buckingham 的两个定理来描述。

3.6　概率统计法

3.6.1　方法原理

实际系统中，许多系统或过程包含着随机因素和随机事件，其特征可用随机变量来描述，而概率分布是用数值表示的随机事件或因素的函数，它反映了这些随机变量的变化规律。利用概率统计学中的概率分布及其数字特征建立随机系统或过程的数学模型谓之概率统计法。这种方法的实质就是通过理论分析和实验研究寻求适合于系统随机特征的概率分布。在概率统计法建模中，贝叶斯（Bayes）定理占有相当重要的地位。

3.6.2　建模过程

（1）首先根据先验知识判断建模对象大致属于哪一类理论概率分布情况，从而决定应当选择哪种概率分布或必须拒绝哪些概率分布。

（2）采集实验观测数据，并检验所选概率分布的正确性。

（3）必要时，可采用实验观测数据获得符合建模目标的经验概率分布或半经验概率分布。

（4）验模。

3.6.3 应用案例

例 3.5 常见人口随机模型的建立。

为了对人口进行科学预测、控制和管理,必须建立人口模型。这种模型的建立基于每个人的出生和死亡,均带有随机性的事实。为此,可将 t 时刻的人口视为随机变量 $N(t)$,其建模对象应为 t 时刻的人口概率 $P_n(t)$,以及此时刻的人口数学期望 $E(t)$ 和方差 $D(t)$。根据假定条件的不同,人口模型形式各异。而常见人口模型有以下三种。

【模型 I】 若出生率远大于死亡率,可只考虑出生,忽略死亡;并假定从 t 至 $t+\Delta t$ 时间内出生一个人的概率与 t 时刻的人口成正比,记作 $rn\Delta t(r>0)$,且出生两个人以上的概率为零。

根据上述假定和全概率公式,有

$$P_n(t+\Delta t) = P_{n-1}(t)r(n-1)\Delta t + P_n(t)(1-n\Delta t) \tag{3.20}$$

于是,可得微分方程

$$\frac{\mathrm{d}P_n(t)}{\mathrm{d}t} = r(n-1)P_{n-1} - rnP_n(t) \tag{3.21}$$

记初始条件为 $n|_{t=0}=n_0$,有

$$P_n(t)\Big|_{t=0} = \begin{cases} 1, & n=n_0 \\ 0, & n \neq n_0 \end{cases} \tag{3.22}$$

显然,式(3.21)对于 $n \geqslant n_0+1$ 成立。而当 $n=n_0$ 时为

$$\frac{\mathrm{d}P_{n_0}}{\mathrm{d}t} = -rn_0 P_{n_0} \tag{3.23}$$

利用递推法可求得对于任意 $n \geqslant n_0$ 时式(3.21)的解

$$P_n(t) = C_{n-1}^{n-n_0} (\mathrm{e}^{-rt})^{n_0} (1-\mathrm{e}^{-rt})^{n-n_0}, \quad n=n_0, n_0+1, \cdots \tag{3.24}$$

可见,模型 I 就是概率论中的负二项分布。

进一步可以利用母函数法求得它的数学期望 $E(t)$ 和方差 $D(t)$,即

$$E(t) = \sum_{n=n_0}^{\infty} nP_n(t) = n_0 \mathrm{e}^{rt} \tag{3.25}$$

$$D(t) = \sum_{n=n_0}^{\infty} n^2 P_n(t) - E^2(t) = n_0 \mathrm{e}^{rt}(\mathrm{e}^{rt}-1) \tag{3.26}$$

【模型 II】 若考虑死亡率,可用 λ 代替模型 I 中的 r,并假定从 t 至 $t+\Delta t$ 时间内死亡人数的概率与当时的人口成正比,记作 $\mu n\Delta t(\mu>o)$,同样可忽略在 Δt 内死亡两人及两人以上的概率。由于 λ、μ 均很小,还可以忽略在 Δt 内出生一人且死亡一人的概率。

基于上述假定和全概率公式,有

$$P_n(t+\Delta t) = P_{n-1}(t)\lambda(n-1)\Delta t + P_{n+1}(t)\mu(n+1)\Delta t + P_n(t)[1-(\lambda+\mu)n\Delta t]$$
$$(3.27)$$

相应微分方程为

$$\frac{\mathrm{d}P_n(t)}{\mathrm{d}t} = \lambda(n-1)P_{n-1}(t) + \mu(n+1)P_{n+1}(t) - (\lambda+\mu)nP_n(t) \quad (3.28)$$

其初始条件仍为式(3.22)。由于式(3.28)求解相当麻烦,故这里仅给出该模型下的人口数学期望 $E(t)$ 和方差 $D(t)$,即

$$E(t) = \sum_{n=1}^{\infty} nP_n(t) = n_0 e^{(\lambda-\mu)t} \quad (3.29)$$

$$D(t) = n_0 \frac{\lambda+\mu}{\lambda-\mu} e^{(\lambda-\mu)t} [e^{(\lambda-\mu)t}-1] \quad (3.30)$$

【模型Ⅲ】　假定人口出生率为常数,可得微分方程为

$$\frac{\mathrm{d}P_n(t)}{\mathrm{d}t} = aP_n(t) \quad 且 \quad P_n(t_0) = P_0 \quad (3.31)$$

其解为

$$P_n(t) = P_0 e^{a(t-t_0)} \quad (3.32)$$

式中,$P_n(t)$——t 时刻的人口;

　　　a——人口出生率。

应指出,模型Ⅲ是美国经济学家马尔萨斯(Malthus)在 1798 年发表的《人口原理》中给出的,距今已有 200 多年。该模型虽然"正确了 200 多年",但未考虑近代人口增长形成的社会阻力。事实上,社会成员之间竞争生活空间、生活资料、就业、升学、择偶等问题都会对人口继续增长产生严重制约。因此,该模型用于长期人口预报时,应该修正成

$$\begin{cases} \dfrac{\mathrm{d}P_n(t)}{\mathrm{d}t} = \alpha P_n(t) - \beta P_n^2(t) \\ P_n(t_0) = P_0 \end{cases} \quad (3.33)$$

式中,α——生态系数,$\alpha=0.029$;

　　　β——社会摩擦系数($\beta>0$),可由人口控制获得。

本节小结　实际系统中普遍存在着随机因素,更不用说许多事件或过程本身就是随机的,这些随机现象和随机系统最合理的建模方法应该就是概率统计法。概率统计法以概率统计学为基础,关键在于通过理论分析和科学试验寻求适于被建模系统随机特性的概率分布。常用概率分布为正态分布、泊松分布、指数分布和埃尔朗分布,必要时还必须利用观测数据获取经验分布或半经验分布。

3.7　回归分析法

3.7.1　方法原理

回归分析法是从一组实验观测数据出发,来确定随机变量之间的定量函数关系,即回归模型。严格讲,回归分析法的原理与前述概率统计法相同,同时需要进行显著性和拟合性检验,这里不再赘述。

3.7.2　建模过程

回归分析法建模步骤大致如下:

(1) 描述系统,提出问题并做出模型假设;

(2) 确定随机变量,建立自变量与因变量之间的函数关系,得到回归模型;

(3) 判断随机变量的显著性,即进行回归模型的显著性检验;

(4) 进行回归模型的拟合性检验,得出模型使用结论。

3.7.3　应用案例

例 3.6　建立农林利用沼气池生成沼气的回归模型。

(1) 在沼气池内一定数量植物秸秆残体的基础上,加入不同数量的水(W)和有机肥(F),经过一段时间(T),便可形成所需沼气。为了获得最佳配料方案,可通过试验分析沼气形成的时间与水和有机肥的添加量之间的关系。

假设每次试验,①沼气池的大小和形状、秸秆和有机肥(及自身含水量)均相同;②在一定适宜的温度下进行,环境温度对形成沼气的时间影响不大;③每次试验的独立进行,且 W、F 和 T 的试验值是准确的。

(2) 为了获得生成沼气的回归模型,可采用正交化设计方法。为此,根据实验数据分布(见表 3.2),引入两个新的变量

$$u_1 = \frac{W - 400}{100}, \quad u_2 = \frac{F - 250}{50}$$

由实验数据得到相应新数据,如表 3.3 所示。

表 3.2　W、F 和 T 的实验数据

试验次数	1	2	3	4	5	6	7	8	9
W/kg	300	400	500	300	400	500	300	400	500
F/kg	200	200	200	250	250	250	300	300	300
T/h	77	68	59	66	62	52	59	55	50

表 3.3　W、F 的试验数据转换为 u_1、u_2 数据

试验次数	1	2	3	4	5	6	7	8	9	$\bar{u}_i$
u_1	−1	0	1	−1	0	1	−1	0	1	0
u_2	−1	−1	−1	0	0	0	1	1	1	0

由表 3.3 构造出正交多项式

$$\varphi_1(\boldsymbol{u}) = 1, \quad \varphi_2(\boldsymbol{u}) = u_1, \quad \varphi_3(\boldsymbol{u}) = u_1^2 - \frac{2}{3}$$

$$\varphi_4(\boldsymbol{u}) = u_2, \quad \varphi_5(\boldsymbol{u}) = u_2^2 - \frac{2}{3}, \quad \varphi_6(\boldsymbol{u}) = u_1 u_2$$

式中，向量 $\boldsymbol{u} = (u_1, u_2)^{\mathrm{T}}$，于是有回归模型的一般形式

$$T(\boldsymbol{u}) = \beta_1 \varphi_1(\boldsymbol{u}) + \beta_2 \varphi_2(\boldsymbol{u}) + \beta_3 \varphi_3(\boldsymbol{u}) + \beta_4 \varphi_4(\boldsymbol{u}) + \beta_5 \varphi_5(\boldsymbol{u}) + \beta_6 \varphi_6(\boldsymbol{u})$$

$$= \beta_1 + \beta_2 u_2 + \beta_3 \left(u_1^2 - \frac{2}{3} \right) + \beta_4 u_2 + \beta_5 \left(u_2^2 - \frac{2}{3} \right) + \beta_6 u_1 u_2$$

利用最小二乘估计值

$$\hat{\beta}_k = \frac{\sum\limits_{i=1}^{n} y_i \varphi_k(u_i)}{\sum\limits_{i=1}^{n} \varphi_k^2(u_i)}, \quad k = 1, 2, \cdots, m$$

求出所有回归系数：

$$\beta_i, \quad i = 1, 2, \cdots, 6$$

$$\hat{\beta}_1 = \frac{549}{9} = 61, \quad \hat{\beta}_2 = -\frac{41}{6} \approx -6.83, \quad \hat{\beta}_3 = -\frac{7}{6} \approx -1.71$$

$$\hat{\beta}_4 = -\frac{20}{3} \approx -6.77, \quad \hat{\beta}_5 = \frac{4}{3} \approx 1.33, \quad \hat{\beta}_6 = \frac{9}{4} \approx 2.25$$

(3) 进行回归模型的显著性检验。

由第 k 个解释变量的偏回归平方和公式

$$ss_{\mathrm{E}}^{(k)} = \hat{\beta}^2 \left[\sum_{i=1}^{n} \varphi_k^2(u_i) \right] = \frac{\left[\sum\limits_{i=1}^{n} y_i \varphi_k(u_i) \right]^2}{\sum\limits_{i=1}^{n} \varphi_k^2(u_i)}, \quad k = 1, 2, \cdots, m$$

可得各变量的偏回归平方和为

$$ss_{\mathrm{E}}^{(1)} = 33367, \quad ss_{\mathrm{E}}^{(2)} = 280.17, \quad ss_{\mathrm{E}}^{(3)} = 2.72$$

$$ss_{\mathrm{E}}^{(4)} = 266.67, \quad ss_{\mathrm{E}}^{(5)} = 3.56, \quad ss_{\mathrm{E}}^{(6)} = 20.25$$

又由总参差平方和公式得

$$ss_{\mathrm{E}} = \sum_{i=1}^{9} y_i^2 - \sum_{k=1}^{6} ss_{\mathrm{E}}^{(k)} \approx 33944 - 33940.47 = 3.53, \quad \text{且自由度 } f_{\mathrm{E}} = 9 - 6 = 3$$

可见,在所有偏回归平方和中,$ss_E^{(3)} = 2.72$ 为最小,其对应解释变量为 $\varphi_3(\boldsymbol{u}) = u_1^2 - \dfrac{2}{3}$ 是否应从模型中去掉,尚需做进一步显著性检验。

由于 $Ms_E^{(3)} = ss_E^{(3)} = 2.72, Ms_E = \dfrac{ss_E}{f_E} = \dfrac{3.53}{3} = 1.177$,故 F 统计量为 $F(1,3) = \dfrac{Ms_E^{(3)}}{Ms_E} = \dfrac{2.72}{1.177} = 2.31$。

若取显著水平 $\alpha = 0.05$,查表后得 $F_\alpha(1,3) = 10.1$,即 $F(1,3) < F_\alpha(1,3)$。

显然,$\varphi_3(\boldsymbol{u}) = u_1^2 - \dfrac{2}{3}$ 在回归模型中的作用是不显著的,因此可将此项从模型中剔除。不过,应将相应的偏回归平方和加入到总残差平方和中去。这时,
$$ss_E = 3.53 + 2.72 = 6.25, \quad f_E = 4, \quad 均值\ Ms_E = 1.5625$$
下面还需要考虑偏回归平方和次小的解释变量的显著性。

由于次小 $ss_E^5 = 3.56, \varphi_5(\boldsymbol{u}) = u_2^2 - \dfrac{2}{3}$,于是可类似计算得
$$F(1,4) = \frac{Ms_E(5)}{Ms_E} = \frac{3.56}{1.5625} = 2.784$$

对于 $\alpha = 0.05$,查表得 $F_\alpha(1,4) = 7.71$,即 $F(1,4) < F_\alpha(1,4)$。

可见,$\varphi_5(\boldsymbol{u})$ 在回归模型中的作用亦不显著,可以将此项从模型中剔除。剔除后的 $ss_E = 6.25 + 3.56 = 9.81, f_E = 5$,均值 $Ms_E = 1.962$。类似地考虑第三小解释变量 $\varphi_6(\boldsymbol{u}) = u_1 u_2$ 的显著性。同样计算可以得到 $F(1,5) > F_\alpha(1,5)$,说明 $\varphi_6(\boldsymbol{u})$ 在模型中的作用是显著的。事实上,这正好反映了水(W)和有机肥(F)对生成沼气的交互作用。

至此,可确定回归模型为
$$T(\boldsymbol{u}) = 61 - \frac{41}{6}u_1 - \frac{20}{3}u_2 + \frac{9}{4}u_1 u_2$$

将 $u_1 = \dfrac{W - 400}{100}, u_2 = \dfrac{F - 250}{50}$ 代入上式可得到最终的回归模型,即沼气生成时间(T)与水(W)和有机肥(F)的函数关系式。

(4) 进行回归模型的拟合性检验。

一般可用拟合检验的统计量 $F = \dfrac{Ms_{Me}}{Ms_e} = \dfrac{ss_{Me}/(k-m)}{ss_e/(n-k)} \sim F(f_{Me}, f_e) = F(k-m, n-k)$ 来检验。这里,$ss_e = \displaystyle\sum_{i=1}^{k}\sum_{j=1}^{m_i} y_{ij}^2 - \sum_{i=1}^{k} \dfrac{T_i^2}{m_i}$;$ss_{Me} = \displaystyle\sum_{i=1}^{k} \dfrac{T_i}{m_i} - Y'X\hat{\beta}$。

取一个显著性水平 α(1.01 或 0.05),对应可查表得到 $F_\alpha(k-m, n-k)$,将数值计算得到的 $F(k-m, n-k)$ 与 $F_\alpha(k-m, n-k)$ 比较,得到 $F(k-m, n-k) < F_\alpha(k-m, n-k)$ 的结果,说明模型的拟合是好的,可作为生成沼气的最佳配料

模型。

本节小结 回归分析旨在研究随机变量之间的关系，是统计分析的重要组成部分。回归分析法是随机系统（过程）建模的常用有效方法，其原理与概率统计法基本相同，建模中统计实验是必不可少的，关键在于从实验观测数据出发确定随机变量间的定量函数关系，即回归模型，同时需要进行显著性和拟合性检验。

3.8 集合分析法

3.8.1 方法原理

利用集合论的相关理论和子集合（如并集、交集、差集、和集、上限集、下限集及极限集）的运算关系（如交换律、结合律、分配律、等幂性等）运行数学建模谓之集合分析法。所谓集合是指具有特定性质的事物全体，通常以 $A,B,C,\cdots,X,Y,Z$ 等表示；构成集合的每个事物则称其为集合的元素，一般用 $a,b,c,\cdots,x,y,z$ 表示。

集合完全由它的特征函数来确定。如对于集合 A 有特征函数

$$X_A(x) = \begin{cases} 1, & x \in A \\ 0, & x \notin A \end{cases}$$

且集合与其特征函数的关系如下：

① $A=X$ 等价于 $X_A(x)\equiv1$；$A=\varnothing$ 等价于 $X_A(x)\equiv0$；

② $A\subset B$ 等价于 $X_A(x)\leqslant X_B(x)$；

③ $A=B$ 等价于 $X_A(x)=X_B(x)$；

④ 设 $A=\overset{\infty}{\underset{n=1}{\cup}}A_n$，$B=\overset{\infty}{\underset{n=1}{\cup}}A_n$，则 $X_A(x)=\max\limits_n X_{A_n}(x)$，$X_B(x)=\min\limits_n X_{A_n}(x)$。

这种建模方法通常适用于系统相关因素间关系较复杂的场合。

3.8.2 建模过程

利用集合分析法建模的方法步骤如下：

（1）系统描述，问题提出。

（2）做出模型假设，引入符号并进行符号说明。

（3）模型方案分析。

（4）利用集合概念、术语和子集合的运算关系建立模型。

（5）模型求解。

（6）验模。

3.8.3 应用案例

例 3.7 利用集合分析法合理分配董事会议成员。

1) 系统描述及问题提出

某集团公司制定长远规划,兹决定召开一次重要董事会议。参加者有 29 位董事会成员(其中 9 位是雇员董事,其余为外部董事)。会议为 7 段分组会,即每小组上午三段,下午四段。而上午每段会议有 6 个小组讨论会,下午每段会议有 4 个小组讨论会。

要求为董事长提供一份与会成员分配名单,其条件是:

① 上午 6 个小组讨论会,每组都有一位资深高级职员主持,且每位都要主持三个不同小组讨论会,而它均不参加下午讨论会。这些资深高级职员为非董事。

② 有效降低会议可能被一人控制或操纵的风险,以保证讨论的充分性。

2) 模型假设及使用符号说明

① 各场会议间及各个小组之间是相互独立的;

② 董事会成员和主持会议的资深高级职员均严格执行分配方案;

③ 尽可能使每位董事出席会议的次数相等;

④ 资深高级职员间、雇员董事间及外部董事间无差异。

建模中,引入符号如下:

$0 = \{0_i \mid i = 1, 2, \cdots, 6\}$——6 位资深高级职员集合;

$M = \{m_i \mid i = 1, 2, \cdots, 29\}$——29 位董事会成员集合;

$I(9) = \{m_i \mid i = 1, 2, \cdots, 9\}$——9 位雇员董事集合;

$E(20) = \{m_i \mid i = 10, 11, \cdots, 29\}$——20 位外部董事集合,以 MI(9) 表示;

G_n——在一次分组会议中的第 $n(1 \leqslant n \leqslant 6)$ 的与会成员集合;

$G_n^{(k)}$——第 n 组经第 k 次分配的与会成员集合;

a_{ij}——董事会第 i 位与第 j 位成员分在同一组的次数 $(1 \leqslant i, j \leqslant 29, i \neq j)$;

$w(k)$——两位董事成员分在同一组时所赋予的权值;

b_{ij}——资深高级职员与董事会成员在此之前是否同组的指标,即当属同组时取为 1,否则取为 0;

$R_i^{(k)}$——在 $G^{(k)}$ 中的雇员董事数量,$R_i^{(k)} = |G_i^{(k)} \bigcap I(9)|$;

$h_i/2$——董事会两位雇员董事在同组中达到 i 次的对次;

t_i——第 i 组雇员董事与外部董事数之比。

3) 模型方案分析

为贯彻董事长意图,将采用两种分配原则(方案),即均衡分配原则(方案Ⅰ)或比例分配原则(方案Ⅱ)。

【方案Ⅰ】 确保各讨论组成员人数大致相等。其理想状态是:

每场上午分组会议为 6 组。一个组中由 6 位董事会成员组成,而其他 5 个组每个有 5 位董事会成员。其中,3 个小组每组有 2 位雇员董事,而另外 3 组每组只有 1 位。

【方案Ⅱ】　最接近比例分配的状态是：

上午会议：$t_1 = 1:2, t_2 = 1:2, t_3 = 1:2, t_4 = 2:4, t_5 = 2:5, t_6 = 2:5$ 或 $t_1 = 1:2, t_2 = 1:2, t_3 = 1:3, t_4 = 2:4, t_5 = 2:4, t_6 = 2:5$；

下午讨论：$t_1 = 2:4, t_2 = 2:4, t_3 = 2:5, t_4 = 3:7$。

4) 系统建模

以方案 Ⅰ 为例给出建模步骤：

(1) 上午第一场会议成员分配。先随机地将 29 位董事大致均匀分配 6 组，其中一个组为 4 位成员，而其他 5 个组每组有 5 个成员。再随机地把 6 位资深高级职员分别分配到 6 组中，记为 $G_i (i = 1, 2, \cdots, 6)$。

(2) 上午第二场会议成员分配。先随机地任取一个资深高级职员 $o_i \in o$，将其分配到 G_i 中做主持，即 $o_i \in G_i (i = 1, 2, \cdots, 6)$。再按下述方法分配董事：① 先给每一组 G_i 分配一位董事，对于任意一个 $m_{j_1} \in M (1 \leqslant j_1 \leqslant 29)$，若 $b_{ij} = 0$，则令 $G_i^{(1)} = \{m_{j_1}\}$；否则，随机另选一个 $m_{j_2} \in M (j_1 \neq j_2)$，直到 $b_{ij} = 0$，并令 $G_i^{(1)} = \{m_{j_2}\} (i = 1, 2, \cdots, 6)$。② 假设已给每组分配了 $k-1$ 位董事，即 $G_i^{(k-1)} = \{\overline{m}_{j_1}, \overline{m}_{j_2}, \cdots, m_{j_{k-1}}\}$ $(2 \leqslant k \leqslant 5)$ 已确定，要分配第 k 位董事给 G_i，即确定 $G_i^{(k)} = G_i^{(k-1)} \bigcup \{m_{j_k}\} (2 \leqslant k \leqslant 5)$。

任意随机选择一个 $M - \bigcup\limits_{i=1}^{6} G_i^{(k-1)}$，$m_{ik} \in$ 计算 b_{ijk} 的值，根据 $b_{ijk} = 0$ 或 $b_{ijk} = 1$ 分别考虑。

① 如果 $b_{ijk} = 0$，则考虑如下两种情况：

【情况 1】　若 $b_{ijk} \in I(9)$，即为雇员董事，并确定 $R_i^{(k-1)} (R_i^{(k-1)} \leqslant 2)$。

(a) 若 $R_i^{(k-1)} < 2$，则令集合 $G_i^{(k)} = \{\overline{m}_{j_1}, \overline{m}_{j_2}, \cdots, m_{j_{k-1}}, m_{j_k}\}$；

(b) 若 $R_i^{(k-1)} = 2$，则选择另外一位董事 $m_{j_k'} \in \left(M - \bigcup\limits_{i=1}^{6} G_i^{(k-1)} \bigcap I(9) \right)$，直至 $b_{ij'k} = 0$，且 $R_i^{(k-1)} < 2$，则令集合 $G_i^{(k)} = \{\overline{m}_{j_1'}, \overline{m}_{j_2'}, \cdots, n\overline{m}_{j_{k-1}'}, m_{j_k'}\}$。

【情况 2】　如果 $m_{j_k} \notin I(9)$，即为外部董事，记所有后选外部董事集合为

$$C = \left\{ m_j \mid b_{ij} = 0, m_j \in M - \bigcup\limits_{i=1}^{6} G_i^{(6k-1)}, m_j \notin I(9) \right\}$$

对于每个 $m_j \in C$，计算 $q(m) = \sum\limits_{m_i \in C} W(a_{ij})$，求出使 $q(m_{j_k}) = \min\limits_{m_j \in C} q(m_j)$ 的 $m_{j_k}, m_j \in C$ 并令集合 $G_i^{(k)} = \{\overline{m}_{j_1}, \overline{m}_{j_2}, \cdots, \overline{m}_{j_{k-1}}, \overline{m}_{j_k}\}$。

② 若 $b_{ijk} = 1$，则可选择另一位董事 $m_{j_k'} \in M - \bigcup\limits_{i=1}^{6} G_i^{(k-1)}$，直至 $b_{ij'k} = 0$。同理，可确定集合 $G_i^{(k)}$。最后可确定出 $G_i = G_i^{(5)} (i = 1, 2, \cdots, 6)$。

(3) 类似可得到上午第三场会议分组结果。

(4) 下午分组会议成员分配。

① 随机选择 $m_{j_1}, m_{j_2}, m_{j_3}, m_{j_4} \in M$ 作为下午每一组的第一位成员。

② 重复上述(2)和(3)步骤，并注意在这四个组的雇员董事分配比例为 2:2：

2:3。

5) 模型求解

以方案 I 为例。

$W(0)=0, W(1)=1, W(2)=3, W(3)=6, W(4)=40, W(5)=100$

其分配结果如表 3.4 所示。

表 3.4　方案 I 的分组结果

(a) 第一场会议分组

G_1	o_1	m_9	m_{14}	m_{19}	m_{26}	m_{29}
G_2	o_2	m_1	m_{20}	m_{21}	m_{27}	
G_3	o_3	m_3	m_{10}	m_{22}	m_{24}	m_{28}
G_4	o_4	m_4	m_7	m_{11}	m_{15}	m_{16}
G_5	o_5	m_5	m_6	m_{12}	m_{17}	m_{23}
G_5	o_6	m_2	m_8	m_{13}	m_{18}	m_{25}

(b) 第三场会议分组

G_1	o_1	m_7	m_8	m_{17}	m_{21}	m_{24}
G_2	o_2	m_2	m_{16}	m_{19}	m_{22}	m_{23}
G_3	o_3	m_5	m_9	m_{15}	m_{18}	
G_4	o_4	m_3	m_{12}	m_{14}	m_{25}	m_{27}
G_5	o_5	m_1	m_{11}	m_{13}	m_{26}	m_{28}
G_5	o_6	m_4	m_6	m_{10}	m_{20}	m_{29}

(c) 第二场会议分组

G_1	o_1	m_6	m_{13}	m_{15}	m_{22}	m_{27}
G_2	o_2	m_4	m_{12}	m_{18}	m_{24}	m_{26}
G_3	o_3	m_1	m_7	m_{23}	m_{25}	m_{29}
G_4	o_4	m_2	m_9	m_{17}	m_{20}	m_{28}
G_5	o_5	m_8	m_{10}	m_{14}	m_{16}	
G_5	o_6	m_3	m_5	m_{11}	m_{19}	m_{21}

(d) 第四场会议分组

G_1	m_2	m_4	m_{14}	m_{15}	m_{21}	m_{23}	m_{28}	
G_2	m_5	m_7	m_{10}	m_{12}	m_{13}	m_{19}	m_{20}	m_{26}
G_3	m_6	m_8	m_9	m_{11}	m_{22}	m_{24}	m_{25}	
G_4	m_1	m_3	m_{16}	m_{17}	m_{18}	m_{27}	m_{29}	

(e) 第五场会议分组

G_1	m_3	m_8	m_{15}	m_{17}	m_{20}	m_{23}	m_{26}	
G_2	m_1	m_4	m_9	m_{12}	m_{13}	m_{21}	m_{22}	
G_3	m_2	m_5	m_{10}	m_{11}	m_{24}	m_{27}	m_{29}	
G_4	m_6	m_7	m_{14}	m_{16}	m_{18}	m_{19}	m_{25}	m_{28}

(f) 第六场会议分组

G_1	m_1	m_8	m_{10}	m_{12}	m_{15}	m_{19}	m_{28}	
G_2	m_3	m_7	m_{11}	m_{14}	m_{18}	m_{20}	m_{22}	m_{23}
G_3	m_4	m_5	m_{13}	m_{17}	m_{24}	m_{25}	m_{27}	
G_4	m_2	m_6	m_9	m_{16}	m_{21}	m_{26}	m_{29}	

(g) 第七场会议分组

G_1	m_2	m_{10}	m_{13}	m_{14}	m_{17}	m_{22}	m_{26}	
G_2	m_3	m_7	m_{12}	m_{21}	m_{24}	m_{28}	m_{29}	
G_3	m_4	m_6	m_8	m_{11}	m_{18}	m_{19}	m_{23}	m_{27}
G_4	m_1	m_5	m_9	m_{15}	m_{16}	m_{20}	m_{25}	

6）模型检验

仍以方案 I 为例。

① 由计算机仿真结果可知，$W(k)(k=0,1,\cdots,5)$ 的变化对 $h_i/2$ 有一定影响，

而对期望 $E = \dfrac{\sum\limits_{i=0}^{7} ih_i}{29 \times 28}$ 和方差 $D = \dfrac{\sum\limits_{i=0}^{7}(i-E)^2 h_i}{28 \times 29}$ 几乎无影响。

② 计算机仿真还发现，h_3、h_4、h_5、h_6、h_7 都比较接近 0，h_0 亦比较小，而 h_1、h_2 稍大。

综上所述，检验表明方案 I 稳定性好且结果令人满意。

本节小结　集合分析法是一种适于相关因素间关系较复杂系统的纯数学建模方法，其理论基础是集合论和子集合运算关系，关键在于引入适当的集合，并确定这些集合的特征函数，以及对于模型方案的分析。

3.9　层次分析法

层次分析法（analytic hierarchy process，AHP）是一种符合人们对复杂问题思维过程层次化的定性与定量相结合的分析方法，属于系统分析的范畴和重要分支。

层次分析法是（美）匹兹堡大学教授 Saaty 等于 20 世纪 70 年代初提出来的，目前已广泛应用于工程技术、经济管理、社会生活、军事作战、冲突求解及决策预报等领域，是系统建模的重要现代方法之一。

3.9.1　方法原理

层次分析法是一种有效处理那些难以完全用定量方法来解决复杂问题的手段，其基本思想在于，将复杂问题分解成若干层次，通过比较若干因素对于同一目标的影响，把决策者的主观判断用数量形式表达和处理，从而确定它在目标中的比重，最终选择比重最大的系统方案。

3.9.2　建模过程

经过理论研究和实际工程应用，利用层次分析法建模已成为鲜明的确定流程，即明确问题→建立层次结构模型→利用成对比较法构造判断矩阵 A→进行层次单排序→获得权向量 w→进行一致性检验→完成层次总排序及一致性检验（必要时，重新调整判断矩阵的元素取值，再重复上述两种排序及一致性检验）→获得最优系统方案。

层次分析法具体建模方法步骤如下：

1）明确问题

在分析系统中因素间关系的基础上，建立系统的递阶层次结构模型（见

图 3.4）。由图 3.4 可见，一般层次结构分三层，即最高层、中间层和最低层。

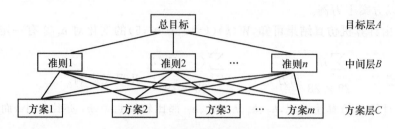

图 3.4　层次结构模型示意图

最高层是要达到的总目标，又称目标层；中间层是指实现预定目标采取的某种原则、策略、方式等中间环节，通常又被称为策略层、约束层或准则层；最低层是所选用的解决问题的各种措施、方法及方案等，故亦称方案层。

2）利用成对比较法构造判断矩阵 A

成对比较就是针对上一层的某个因素对于本层次所有元素的影响，进行相对重要性的两两比较。比较中，一般采用能使决策判断定量化的 $1 \sim 9$ 及其倒数的标度方法，即判断矩阵 A 元素 a_{ij} 的取值范围可以是 $1, 2, \cdots, 9$ 及其互倒数 1，$1/2, \cdots, 1/9$（见表 3.5）。所得到的判断矩阵 $A = [a_{ij}]_{n \times n}$（见表 3.6）其元素值 a_{ij} 反映了人们对各因素（这里指方案）相对重要性的认识。

表 3.5　$1 \sim 9$ 及其倒数标度法

标　　度	含　　义
1	表示两个因素相比，具有相同重要性（或相当）
3	表示两个因素相比，一个比另一个因素稍强（或稍微优于）
5	表示两个因素相比，一个比另一个强（或优于）
7	表示两个因素相比，一个比另一个因素很强（或很优于）
9	表示两个因素相比，一个比另一个因素绝对强（或极其优于）
2, 4, 6, 8	上述两相邻判断的中值
倒数	若因素 i 与 j 比较得到判断元素 a_{ij}，则 j 与 i 比较得 $a_{ij} = 1/a_{ji}$

表 3.6　判断矩阵 A

	C_1	C_2	$\cdots$	C_n
C_1	a_{11}	a_{12}	$\cdots$	a_{1n}
C_2	a_{21}	a_{22}	$\cdots$	a_{2n}
$\vdots$	$\vdots$	$\vdots$		$\vdots$
C_n	a_{n1}	a_{n2}	$\cdots$	a_{nn}

3）层次单排序及一致性检验

层次单排序就是依据判断矩阵 A，计算对于上一层某个因素而言的本层次联系因素的重要权值,得到权向量 $W=[w_1,w_2,\cdots,w_n]^T$。排序方法很多,主要有求和法、正规法和方根法等。

如按求和法有

① 首先求出 A 阵的各行元素之和 V_i,即

$$V_1 = \sum_{j=1}^{n} a_{1j}, \quad V_2 = \sum_{j=1}^{n} a_{2j}, \quad \cdots, \quad V_n = \sum_{j=1}^{n} a_{nj}$$

② 对 V_i 正规化,即将 $V_1,V_2,\cdots,V_n$ 相加之和再除 V_i 得

$$w_i = \frac{V_i}{\sum_{i=1}^{n} V_i}, \quad i = 1,2,\cdots,n$$

③ 构造列向量 $W=[w_1,w_2,\cdots,w_n]^T$。

这就是层次单排序的权向量,其元素 w_i 表示了某一层次中各个元素对于上一层次某因素的相对重要性权值。

所谓一致性检验,就是衡量判断矩阵 A 中判断质量的标准。一般讲,若 A 阵满足 $a_{ij}=a_{kj}(i,j,k=1,2,\cdots,n)$,则 A 阵具有完全一致性,且满足 $AW=\lambda_{\max}W=nW$。这里,$\lambda_{\max}$ 为 A 阵的最大特征根。它与其余特征根 λ_i 的关系为 $\sum_{i=2}^{n}\lambda_i = n - \lambda_{\max}$。于是,可将 $\lambda_{\max}$ 以外的其余特征根 $\lambda_i(i=2,3,\cdots,n)$ 的负平均值作为衡量 A 阵偏离一致性的指标,即采用 $\mathrm{CI}=\dfrac{\lambda_{\max}-n}{n-1}$ 来检验一致性。当 CI 接近于零时,则认为 A 阵具有满意的一致性。为了度量不同阶数 A 阵是否具有满意的一致性,还需要引入 A 阵的平均随机一致性指标 RI(见表 3.7)。

表 3.7　平均随机一致性指标 RI 值(对于 1~11 阶 A 阵)

阶数 n	1	2	3	4	5	6	7	8	9	10	11
RI	0	0	0.58	0.90	1.12	1.24	1.32	1.41	1.45	1.49	1.51

通常,当 $\mathrm{CR}=\dfrac{\mathrm{CI}}{\mathrm{RI}}<0.01$ 时,则认为 A 阵具有满意的一致性;否则,需要重新调整 A 阵的元素取值,直到符合一致性要求为止。

4) 层次总排序及其一致性检验

层次总排序是计算同层次所有因素对最高层的相对重要权值。

表 2.10 给出了 F 层次的总排序权值。

同上,若相应平均一致性指标为 RI_j,则 F 层次总排序的随机一致性比率为

$$\mathrm{CR} = \frac{\sum_{j=1}^{n} a_j \mathrm{CI}_j}{\sum_{j=1}^{n} a_j \mathrm{RI}_j}$$

通常,当 CR<0.1 时,认为层次总排序结果具有满意的一致性;否则还需要重新调整 **A** 阵的元素取值。

3.9.3　应用案例

例 3.8　防空导弹指挥控制中的目标威胁评估模型。

对目标威胁的正确评估,是防空导弹作战中指挥控制的关键技术之一,是实现优化火力分配的主要依据,其实质在于借助层次分析法建立如下目标威胁评估模型。

(1) 分析系统,提出问题。

在针对多目标作战时,随时了解来袭目标对要地(或区域)防空的威胁态势是十分重要的。它决定着如何进行火力分配,高效杀伤空中目标的关键问题。为此,必须对影响目标威胁程度的下列主要因素进行深入分析,以确定在它们在目标威胁评估中的相对重要性。

① 航程捷径。它是指目标对于相控阵雷达或被保卫要地(或区域)的航程捷径。目标航程捷径越小,其攻击意图越明显,攻击后对我方要地或区域的毁伤概率越大,因此威胁程度也就越大。

② 目标类型。通常,按其威胁程度由大到小的目标类型排序应是,战术弹道导弹(TBM)、空地导弹、反辐射导弹、巡航导弹、隐身飞机、轰炸机、歼击轰炸机、强击机、武装直升机等;除此,上级指定的目标,应按所指定的先后次序保证优先拦截;干扰载机和发现的战术弹道导弹或航空制导炸弹应保证优先拦截。

③ 机动特征。对于低空突防的飞机进入离被攻击目标约 20km 时,一般为跃升观察,然后投弹。若发现目标爬升,即相控阵雷达输出的航迹参数 $\dot{Y}>0$ 时,则表明攻击意图明显,威胁程度很大。

④ 到达发射区近界时间。到达发射区近界时间越短,则威胁程度越大。

(2) 建立目标威胁评估的层次结构模型。

据上分析,可建立目标威胁评估的层次结构模型如图 3.5 所示。

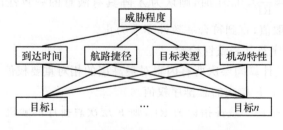

图 3.5　目标威胁评估的层次结构模型

(3) 构造判断矩阵。

对于中间层(到达时间、航程捷径、目标类型及机动特征),有判断矩阵

$$A = \begin{bmatrix} 1 & \dfrac{9}{8} & \dfrac{9}{8} & 4 \\[2mm] \dfrac{8}{9} & 1 & 1 & 3 \\[2mm] \dfrac{8}{9} & 1 & 1 & 3 \\[2mm] \dfrac{1}{4} & \dfrac{1}{3} & \dfrac{1}{3} & 1 \end{bmatrix}$$

(4) 求取特征权向量及最大特征根。

$$w^{(0)} = [w_1^{(0)} \quad w_2^{(0)} \quad w_3^{(0)} \quad w_4^{(0)}]^{\mathrm{T}} = [0.336 \quad 0.286 \quad 0.286 \quad 0.092]^{\mathrm{T}}$$

$$\lambda_{\max} = 4.0035$$

(5) 进行判断矩阵 A 的一致性检验。

$$\mathrm{CI} = \frac{\lambda_{\max} - 4}{4 - 1} = 0.001153$$

$$\mathrm{CR} = \frac{\mathrm{CI}}{\mathrm{RI}} = \frac{0.001153}{0.9} = 0.0028 < 0.1$$

可见，A 阵具有满意的一致性，即特征权向量 $w^{(0)} = [0.336\ 0.286\ 0.286\ 0.092]^{\mathrm{T}}$ 可较客观地反映到达时间、航程捷径、目标类型和机动特征等因素对目标威胁(排序)评估的"贡献"。

(6) 进行层次总排序，并计算一致性指标。

实际上是进行最低层特征权向量的确定和一致性检验。对于不同的导弹武器装备，同时跟踪目标的数目(n)是不同的，如若 $n \le 8$，则到达时间和航程捷径均可取 8 个挡次，于是可得到各目标对于到达时间的判断矩阵为

$$\begin{bmatrix} 1 & 2 & 4 & 8 & 16 & 32 & 64 & 128 \\[2mm] \dfrac{1}{2} & 1 & 2 & 4 & 8 & 16 & 32 & 64 \\[2mm] \dfrac{1}{4} & \dfrac{1}{2} & 1 & 2 & 4 & 8 & 16 & 32 \\[2mm] \dfrac{1}{8} & \dfrac{1}{4} & \dfrac{1}{2} & 1 & 2 & 4 & 8 & 16 \\[2mm] \dfrac{1}{16} & \dfrac{1}{8} & \dfrac{1}{4} & \dfrac{1}{2} & 1 & 2 & 4 & 8 \\[2mm] \dfrac{1}{32} & \dfrac{1}{16} & \dfrac{1}{8} & \dfrac{1}{4} & \dfrac{1}{2} & 1 & 2 & 4 \\[2mm] \dfrac{1}{64} & \dfrac{1}{32} & \dfrac{1}{16} & \dfrac{1}{8} & \dfrac{1}{4} & \dfrac{1}{2} & 1 & 2 \\[2mm] \dfrac{1}{128} & \dfrac{1}{64} & \dfrac{1}{32} & \dfrac{1}{16} & \dfrac{1}{8} & \dfrac{1}{4} & \dfrac{1}{2} & 1 \end{bmatrix}$$

其特征权向量为

$$[0.5002 \quad 0.251 \quad 0.1255 \quad 0.627 \quad 0.0314 \quad 0.01517 \quad 0.0078 \quad 0.0039]^{\mathrm{T}}$$

最大特征根是 $\lambda_{\max} = 8.0111$。

故有 $CI = 0.00159, CR = \dfrac{CI}{RI} = 0.001 \ll 0.1$。

同样,对于航程捷径,其特征权向量为

$$[0.5002 \quad 0.251 \quad 0.1255 \quad 0.627 \quad 0.0314 \quad 0.01517 \quad 0.0078 \quad 0.0039]^{\mathrm{T}}$$

而对于目标类型可粗分三挡,即小型目标、大型目标和武装直升机。小型目标包括空地导弹、反辐射导弹、巡航导弹、战术弹道导弹、隐身飞机和歼击机等;大型目标有轰炸机、歼击轰炸机、强击机等。其特征权向量为

$$[0.5455 \quad 0.3637 \quad 0.0908]^{\mathrm{T}}$$

对于机动特征,其特征权向量为

$$[0.75 \quad 0.25]^{\mathrm{T}}$$

显然,在上述层次分析法所得数据下,将容易做出对于具体目标的威胁程度评估,并完成防空作战中指挥控制所需要的目标威胁排序。

本节小结　层次分析法是一种较新的系统建模方法。它以系统分析理论为基础,按照人的思维判断能力利用层次分析数学方法把半定性、半定量的问题转化为定量计算进行建模,并完成模型求解。建模关键在于,建立层次结构模型、构造判断矩阵和完成层次单排序、总排序以及它们的一致性检验。因此,在资源分配、优先排序、政策分析、冲突解决及决策预报等领域内得到了广泛应用。

3.10　图　解　法

3.10.1　方法原理

概括讲,图解法是一种理论分析和几何作图相结合的建模方法。它具有简便、直观的突出特点。

3.10.2　建模过程

图解法的详细原理和建模过程可通过冷战时期美苏核武器竞赛问题建模及模型求解来说明。

1. 问题

在美苏导弹核武器竞赛中,双方都希望拥有某一最少量洲际核导弹,以保障在遭受对方突然袭击后幸存下足够导弹,以便给进攻者"致命回击"。于是,产生了两种设防的观点:一是依靠加固导弹库或者建造导弹潜艇来保护自己的核导弹;二是

引入反弹道导弹和多弹头导弹,进一步扩大实力。两种观点正确与否? 效果如何? 成为人们很关切的核武器竞赛问题。

2. 图解过程

为了得出上述问题结论,可利用图解法。其图解过程如图 3.6 所示。

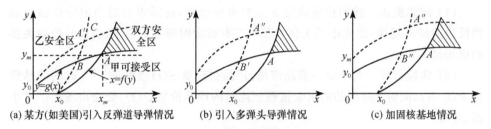

(a) 某方(如美国)引入反弹道导弹情况　　(b) 引入多弹头导弹情况　　(c) 加固核基地情况

图 3.6　美苏导弹核武器竞赛问题图解过程

x,y 为双方拥有的核导弹数量;A 为初始平衡点

3. 模型分析

假设双方核导弹数量相同,且具有同样防护能力。由图 3.6(a)可知,竞赛中必然存在连续函数 $y=g(x)$ 和 $x=f(y)$。这样,只当 $x>g(y)$ 时,甲方才会感到安全;同样,只当 $y>g(x)$ 时,乙方才会感到安全。因此,图中阴影区应该是双方均感到安全的暂时军备稳定区。但是,甲方若用某种设施,如引入反弹道导弹来防护城市,此时,乙方要对甲方进行致命打击便需要比原来 y 更多的核导弹。于是曲线 $g(x)$ 发生上移如图 3.6(a)所示。可见,若要保持上述稳定,两国都势必需要更多的核导弹(如图 3.6(a)中 A' 所示)。假若甲方装备多弹头导弹,情况将变得更严重。如若甲方将每枚单弹头导弹都改装为 N 个核弹头,则它需要的能逃脱偷袭的导弹数量可更多一些(大约是 X/N)。于是,$x=f(y)$ 曲线将左移(如图 3.6(b)所示)。此时,乙方在一次被偷袭中将面临 N 倍之多的弹头。这相当于 X 轴的比例尺变化一个因子 N,因此乙方将需要更多的导弹(如图 3.6(b)中 A'' 所示)。

综上所述,仅当甲方分别采用上述两种设防方案之一时,就会使甲乙双方导弹数量增加。对于图 3.6(c)所示的甲方采用加固核基地方案。亦会得到同样的结果。这样,更不必说乙方为了防御和进攻也需要采取上述同样的方案,并得到同样的结果。

4. 结论

根据上述图解模型及分析,可得到如下重要结论:

在导弹核武器军备竞赛中,美苏两国试图以最少量的核导弹保护自己,应付对方将是徒劳的。到头来只能是双方需要的核导弹数量越来越多,对本国和世界带来灾难性的后果。

3.10.3 应用案例

例 3.9 在市场无存货和生产有稳定时滞下，建立需求 Q、供应与价格 P 之间的市场经济模型。

（1）问题提出。按照供应决定于先前市场价格，而需求会对当前价格做出强烈反应的经济规律，建立市场无存货和生产有稳定时滞下的需求、供应与价格关系的市场经济模型。

（2）建模过程。对于单一商品市场，产品供应量 $S(t)$ 依赖于 $t-1$ 时的产品价格 $P(t-1)$，同时 t 时刻的需求量依赖于此时的产品价格 $P(t)$，要使市场上供应平衡，应有

$$S(t) = S(P(t-1)) \tag{3.34}$$

和

$$Q(t) = Q(P(t)) \tag{3.35}$$

式中，$S(t)$——单调增函数；

$\quad Q(t)$——单调减函数。

$S(t)$ 和 $Q(t)$ 交点 $P=\overline{P}$ 被称为均衡价格。

（3）模型求解。

通常，根据式（3.34）和式（3.35）可得到一个一阶线性差分方程，再利用递推关系得出产品价格 $P(t)$。为清晰起见，可采用图解法，其具体做法如下：

① 绘制 Q、S 和 P 间的近似线性关系曲线（见图3.7）；

② 在 Q 和 S 曲线基础上，从 $P=1$ 开始作一条水平线，同 S 交与 O，确定出供应 $S=1.8$；

③ 再过 O 作一条垂直线与需求 Q 交与1，这反映了在无市场存货时，需求等于供应的经济规律；

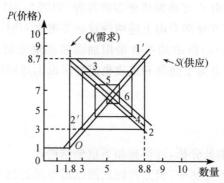

图 3.7　利用图解法获得市场经济蛛网模型

④ 在此小供应下，价格自然上涨为 $P=8.7$，若以此价格为基础生产，则一周期内供应就会跳至 $S=8.8$（见图 3.7 中点 1）。由于此价格供应太多，为不使市场有存货，必然要调整价格下跌为 $P=3.0$（见图 3.7 中点 2），如此循环下去，便形成了图 3.7 所示的蛛网曲线，且最终达到均衡价格 $P=5.43$，从而使市场保持稳定。图 3.7 的曲线就是采用图解法所得到的著名市场经济蛛网模型。

本节小结　图解法虽然是一种初等建模方法，但却有解决复杂问题建模的能力。它以数学图形分析为基础，具有直观、清晰及简便的突出特点，故经常得到采用或作为主要建模手段以及辅助其他建模方法。

3.11　蒙特卡罗法

3.11.1　方法原理

蒙特卡罗法亦称随机抽样法或统计实验法。该方法起始于二战期间，是继机理分析法和直接相似法之后又一种重要的建模方法。其基本原理是：当实验次数（N）充分多时，某一事物出现的频率近似的等于该事件发生的概率，即

$$\frac{n}{N} \approx P, \quad 当 N 充分大时$$

式中，P——某事件发生的概率；

　　N——实验次数；

　　n——在 N 次实验中，该时间出现的次数。

可见，蒙特卡罗法是基于实验思考方法论的一种实验建模方法。这种方法普遍适用于很难建立数学模型的复杂随机系统，具有简便和建模周期短的特点。

3.11.2　建模过程

（1）分析系统，提出问题。当所求解的问题是某种事件发生的概率或某一随机变量的数学期望，或其他数字特征时，可确定采用蒙特卡罗法建模。

（2）针对问题进行实验设计。通过试验方法可以得到要求建模事件的样本频率或样本均值等。

（3）实验获得模型近似解。当实验次数（N）足够多时，通过统计判断，可以获得样本参数代表总体参数的置信度或置信区间等，并最终获得模型近似解。

3.11.3　应用案例

例 3.10　设函数 $f(x)$ 在区间 (a,b) 内连续，并存在最大峰值 c，试确定该函数曲线在区间 (a,b)，$(0,c)$ 所形成的图形面积 I。

根据理论分析知,利用蒙特卡罗法可方便地作出面积 I 的估计 $\hat{I}$,其做法如下:

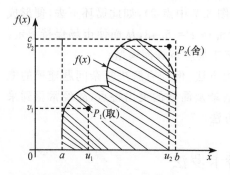

图 3.8　利用蒙特卡罗法求面积 I 的估值

由于 $x \in (a,b)$,且 $c = \max f(x)$,故由 $f(x)$ 定义的函数曲线在 $(b-a)$ 和 c 所包围的矩形之内(见图 3.8)。于是,通过计算机随机试验,可以在该矩形范围内分别产生 $u \sim U(a,b)$ 和 $v \sim V(0,c)$ 的均匀分布随机数。若以 $P(u,v)$ 所代表的点在 $f(x)$ 曲线上方或曲线下方包围的面积之内,则该点为"采纳",并记 P 点被取次数为 1,即 $k=k+1$;若 $P(u,v)$ 点落在 $f(x)$ 曲线所包围的范围之外,则该点为"拒绝",即令 $k=k$。当实验次数 N 充分大时,则 k/N 表示 $f(x)$ 曲线所包围面积 I 占矩形面积的百分比,即 $I = \frac{k}{N}(b-a)c, N \to \infty$。

上述实验的计算机流程为:

(1) 置 $i=0, k=0, N=1000$(设样本量为 1000)。

(2) 置 $i=i+1$,并在区间 (a,b) 和 $(0,c)$ 中分别产生均匀分布的伪随机数 u_i, v_i。

(3) 计算 $f(u_i)$,若 $v_i \leqslant f(u_i)$,则该点为"采纳",于是置 $k=k+1$,转向(4)。

(4) 若 $i<N$,则返回(2);若 $i=N$,则转向(5)。

(5) 计算 $\hat{I} = \frac{k}{N}(b-a)c$,停止。

本节小结　蒙特卡罗法是一种随机数学建模方法,因此也叫随机试验法。它在建立概率模型之后,利用随机抽样得出统计估计值作为原始问题的近似解,这种独特风格尤其适用于利用计算机辅助手段。因此,它的应用范围不断迅速扩大,甚至对于传统物理、数学方法棘手的复杂工程系统建模,如果采用蒙特卡罗法都能得到满意的效果。

3.12　模糊集论法

3.12.1　引言

客观世界中广泛存在着模糊概念、现象或事件,凡属这类问题的建模只能通过模糊数学来解决,建模所涉及的方法虽然很多,但都是基于模糊集合理论,故统称为模糊集论法。

通常,模糊集论法建模包括四大类,即隶属函数确定法、模糊聚类分析法、模糊模式识别法和模糊综合评判法。下面分别讨论这些方法的原理、过程。为简便起见,仅给出前两者的应用案例。

3.12.2　隶属函数确定法

1. 方法原理

通常,确定隶属函数的方法有模糊统计法、指派法和面向对象法等。

模糊统计法是基于模糊统计试验的方法。通过 n 次模糊统计试验可计算出

$$u \text{ 对 } A \text{ 的隶属频率} = \frac{u \in A^* \text{ 的次数}}{n}$$

当 n 不断增加时,隶属频率趋于稳定,该频率的稳定值便是 u 对 A 的稳定度,即

$$\mu_{\underset{\sim}{A}}(u) = \lim_{n \to \infty} \frac{u \in A^* \text{ 的次数}}{n}$$

指派法是一种经验确定方法。可首先按经验选取某一模糊分布,再根据实际测量数据拟合出分布的参数。

面向对象法主要依据对象的实际意义来确定隶属函数。如在经济管理和社会管理中,可直接利用已有“客观尺度”作为模糊集的隶属度。又如对于机电产品,可采用“产品完好率”或“可靠性”及“维修性”作为隶属度。

2. 建模过程

(1) 针对建模对象,定义模糊系统。

(2) 给出模糊函数 $\underset{\sim}{A}$。

(3) 确定隶属度函数 $\mu_{\underset{\sim}{A}}$。

(4) 必要时,求出选定“水平”α 下,α 水平截集 A_α 的特征函数 $V_{A_\alpha}(u)$。

3. 应用案例

例 3.11　试建立某长度测量结果在均值 α 附近的概率模型。

解　① 分析知,可定义该长度测量结果是在均值 α 附近的模糊事件 $\underset{\sim}{A}$。

② 经验和实验分布表明,该模糊事件的隶属函数为

$$\mu_{\underset{\sim}{A}}(x) = \exp\left[-\frac{(x-a)^2}{b}\right]$$

且概率密度函数

$$p(x) = \frac{1}{\sqrt{2\pi}\sigma} \exp\left[-\frac{(x-a)^2}{2\sigma^2}\right]$$

式中,$a>0$;b 为适当选择的参数;x 为测量结果的随机变量。

③ 模糊事件 $\underset{\sim}{A}$ 的概率描述定义为

$$P(\underset{\sim}{A}) = \int_{\Omega} \mu_{\underset{\sim}{A}}(\omega) p(\omega) d\omega$$

式中,ω 为实数。

将 $\mu_{\underset{\sim}{A}}$ 和 $p(x)$ 代入上式有

$$P(\underset{\sim}{A}) = \int_{-\infty}^{\infty} \mu_{\underset{\sim}{A}}(x) p(x) dx = \sqrt{\frac{b}{2\sigma^2 + b}}$$

这就是要建立的测量系统的概率模型。

3.12.3　模糊聚类分析法

为方便研究和管理起见,常常需要对系统进行分类。如前所述,系统可以从不同角度进行多种分类。其中,把系统按照某些模糊性质实施分类的数学方法称为模糊聚类分析法。

1. 方法原理

模糊聚类分析法的原理是,依据模糊相似矩阵 $\boldsymbol{R}=(r_{ij})_{n\times m}$ 对于不同的置信水平 $\lambda \in [0,1]$ 得到不同分类结果,从而形成动态聚类图。其关键在于确定相似系数 r_{ij}。

实际中,确定相似系数的方法很多,主要有:数量积法、相关系数法、相似系数法、最大最小值法、海明距离法、主观评分法等十多种。各种算法公式可参阅文献(韩中庚,2005)。

2. 建模过程

模糊聚类分析法的建模过程大致如下:

(1) 获取数据,得到原始数据矩阵 $\boldsymbol{A}=(x_{ij})_{n\times m}(i=1,2,\cdots,n;j=1,2,\cdots,m)$。

(2) 进行数据的标准化处理,即通过数据变换和压缩,把原始数据矩阵 $\boldsymbol{A}$ 转化为模糊相似矩阵 $\boldsymbol{R}=(x_{ij}'')_{n\times m}$。

(3) 建立模糊相似矩阵 $\boldsymbol{R}=(r_{ij})_{n\times m}$,其中 r_{ij} 称为相似系数,它反映了数据矩阵中 x_i 与 x_j 的相似程度,可用如上多种方法来确定。

(4) 对于不同置信水平 $\lambda \in [0,1]$,进行聚类并形成动态聚类图。通常,聚类方法有两类,即直接聚类方法和基于模糊等价矩阵的聚类方法。其具体方法仍可参阅文献(韩中庚,2005)。

3. 应用案例

例 3.12　将测量点 x_1,x_2,x_3,x_4 和 x_5 的测量统计数据经处理后得到如下模糊关系：

$$\mathbf{R} = \begin{bmatrix} 1 & 0.48 & 0.62 & 0.41 & 0.47 \\ 0.48 & 1 & 0.48 & 0.41 & 0.47 \\ 0.62 & 0.48 & 1 & 0.41 & 0.47 \\ 0.41 & 0.41 & 0.41 & 1 & 0.41 \\ 0.47 & 0.47 & 0.47 & 0.41 & 1 \end{bmatrix}$$

试建立该测量系统的动态聚类模型。

解　因为模糊关系 $\mathbf{R} = (r_{ij})_{5 \times 5}$ 满足：$r_{ij} = 1$（自反性），$r_{ij} = r_{ji}$（对称性），以及 $\mathbf{R} \cdot \mathbf{R} \subseteq \mathbf{R}$（传递性），所以该 $\mathbf{R} = (r_{ij})_{5 \times 5}$ 是一个模糊等价关系。据此，可对于不同水平 λ 进行如下分类：

① 当 $0.62 < \lambda < 1$ 时，有

$$\mathbf{R}_\lambda = \begin{bmatrix} 1 & 0 & 0 & 0 & 0 \\ 0 & 1 & 0 & 0 & 0 \\ 0 & 0 & 1 & 0 & 0 \\ 0 & 0 & 0 & 1 & 0 \\ 0 & 0 & 0 & 0 & 1 \end{bmatrix}$$

显然，这是一个普通等价关系，故系统可分类为 $\{x_1\}, \{x_2\}, \{x_3\}, \{x_4\}, \{x_5\}$。

② 当 $0.48 < \lambda \leqslant 0.62$ 时，有

$$\mathbf{R}_\lambda = \begin{bmatrix} 1 & 0 & 1 & 0 & 0 \\ 0 & 1 & 0 & 0 & 0 \\ 1 & 0 & 1 & 0 & 0 \\ 0 & 0 & 0 & 1 & 0 \\ 0 & 0 & 0 & 0 & 1 \end{bmatrix}$$

可见，x_1, x_2 归并，其余保持，即系统可分为四类：$\{x_1, x_3\}, \{x_2\}, \{x_4\}, \{x_5\}$。

③ 当 $0.47 < \lambda \leqslant 0$ 时，有

$$\mathbf{R}_\lambda = \begin{bmatrix} 1 & 1 & 1 & 0 & 0 \\ 1 & 1 & 1 & 0 & 0 \\ 1 & 1 & 1 & 0 & 0 \\ 0 & 0 & 0 & 1 & 0 \\ 0 & 0 & 0 & 0 & 1 \end{bmatrix}$$

此时，系统可分为三类：$\{x_1, x_2, x_3\}, \{x_4\}, \{x_5\}$。

④ 当 $0.41 < \lambda \leqslant 0.47$ 时，有

$$\boldsymbol{R}_\lambda = \begin{bmatrix} 1 & 1 & 1 & 0 & 1 \\ 1 & 1 & 1 & 0 & 1 \\ 1 & 1 & 1 & 0 & 1 \\ 0 & 0 & 0 & 1 & 0 \\ 1 & 1 & 1 & 0 & 1 \end{bmatrix}$$

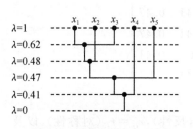

图 3.9　系统 $\boldsymbol{U}=\{x_1,x_2,$ $x_3,x_4,x_5\}$ 的动态聚类模型

此时,系统可分为两类:$\{x_1,x_2,x_3,x_5\}$,$\{x_4\}$。

当 $0\leqslant\lambda<0.41$ 时,$\boldsymbol{R}_\lambda$ 的元素将全部为 1,故该系统只能分为一类:$\{x_1,x_2,x_3,x_4,x_5\}$。

综上所述,可得到系统 $\boldsymbol{U}=\{x_1,x_2,x_3,x_4,$ $x_5\}$ 的动态聚类模型如图 3.9 所示。

3.12.4　模糊模式识别法

1. 方法原理

用模糊集表示模式识别问题叫做模糊模式识别。实际中存在着大量这类问题,如收款机对商品条码的识别、对产品等级的分类及指纹识别技术等。

模糊模式识别的基本原理是按照最大隶属原则和择近原则进行识别的。

通常,最大隶属原则按照相对隶属和优先隶属构成原则Ⅰ和原则Ⅱ。

(1) 最大隶属原则Ⅰ。

设在论域 $U=\{x_1,x_2,\cdots,x_n\}$ 上有 m 个模糊子集 $A_1,A_2,\cdots,A_m$(即 m 个模式)构成一个标准模式库,若对任一个 $\boldsymbol{X}^{(0)}\in U$ 存在 $k_0(1\leqslant k_0\leqslant m)$ 使 $\mu_{k_0}(\boldsymbol{X}^{(0)})=\bigcup\limits_{k=1}^{m}\{\mu_{A_k}(\boldsymbol{X}^{(0)})\}$,则可视 $\boldsymbol{X}^{(0)}$ 相对隶属于 A_{k_0}。

(2) 最大隶属原则Ⅱ。

设在论域 $U=\{x_1,x_2,\cdots,x_n\}$ 上确定一个标准模式 A_0,对于 n 个待识别对象 $x_1,x_2,\cdots,x_n\in U$,如果有某个 X_k 满足 $\mu_{A_0}(\boldsymbol{X}_k)=\bigcup\limits_{i=1}^{m}\{\mu_{A_0}(x_i)\}(1\leqslant k\leqslant n)$,则 $\boldsymbol{X}_k$ 优先隶属于 A。

择近原则按其研究问题的性质亦可包括两种:

(1) 单个特性的择近原则。

设论域 U 上的 m 个模糊子集 $A_1,A_2,\cdots,A_m$(即 m 个模式)构成一个标准模式库 $\{A_1,A_2,\cdots,A_m\}$,模糊子集 A_0 为待识别模式。若存在 $k_0(1\leqslant k_0\leqslant m)$,使得 $\boldsymbol{N}(A_{k_0},A_0)=\bigcup\limits_{k=1}^{m}\boldsymbol{N}(A_k,A_0)$,则 A_0 与 A_{k_0} 最贴近,或者说把 A_0 可归并到 A_0 类。

(2) 多个特性的择近原则。

对于论域 U 上的两个模糊向量集合族 $\boldsymbol{A}=(A_1,A_2,\cdots,A_m)$,$\boldsymbol{B}=(B_1,B_2,\cdots,B_m)$,则 $\boldsymbol{A}$ 与 $\boldsymbol{B}$ 的贴近度可有如下多种定义:

① $N(A,B) = \bigwedge\limits_{k=1}^{m} N(A_k, B_k)$;

② $N(A,B) = \bigcup\limits_{k=1}^{m} N(A_k, B_k)$;

③ $N(A,B) = \sum\limits_{k=1}^{m} a_k N(A_k, B_k)$, 式中, $a_k \in [0,1]$, 且 $\sum\limits_{k=1}^{m} a_k = 1$;

④ $N(A,B) = \bigcup\limits_{k=1}^{m} [a_k \cdot N(A_k, B_k)]$, 式中, $a_k \in [0,1]$, 且 $\sum\limits_{k=1}^{m} a_k = 1$;

⑤ $N(A,B) = \bigcup\limits_{k=1}^{m} [a_k \wedge N(A_k, B_k)]$, 式中, $a_k \in [0,1]$, 且 $\sum\limits_{k=1}^{m} a_k = 1$。

至于选择哪种形式, 可视具体情况而定。由此可给出如下多特征的择近原则:

设论域上的 n 个模糊子集 $A_1, A_2, \cdots, A_n$ 构成一个标准模式库 $\{A_1, A_2, \cdots, A_n\}$, 每个模式 A_k 都可用 m 个特性描述, 即待识别的模式为 $A_0 = (A_{01}, A_{02}, \cdots, A_{0m})$。若两个模糊向量集合族的贴近度最小值为 $n_k = \bigwedge\limits_{i=1}^{m} N(A_{ki}, A_{0i})(k=1,2,\cdots,n)$, 并有自然数 $k_0(1 \leqslant k_0 \leqslant n)$ 使得 $n_{k_0} = \bigwedge\limits_{k=1}^{n} n_k$, 则模式 A_0 隶属于 A_k。

2. 建模过程

(1) 获取数据, 构成模糊子集, 即待识别模式。

(2) 建立 m 个模式构成的模糊标准模式库。

(3) 根据识别对象选择最大隶属原则或择近原则。

(4) 进行模糊模式辨识, 即通过系统辨识技术建立模糊模式识别模型。

3.12.5　模糊综合评判法

1. 方法原理

影响系统(或事物)行为、性能或功能的因素 $U = \{u_1, u_2, \cdots, u_n\}$ 评判, 往往是模糊的, 它将由 m 种评判构成一种模糊评判集 $V = \{v_1, v_2, \cdots, v_m\}$, 其综合评判亦应是 V 上的一个模糊子集 $B = (b_1, b_2, \cdots, b_n) \in F(V)$。其中, b_k 为 v_k 对 B 的隶属度, 即 $\mu_B(v_k) = b_k(k=1,2,\cdots,m)$, 反映了第 k 种评判 v_k 对综合评判的作用。而综合评判 B 依赖于 U 上各因素 $u_i(i=1,2,\cdots,n)$ 的权重 a_i。若当给定权重 $A = (a_1, a_2, \cdots, a_n) \in F(U)$, 且 $\sum\limits_{i=1}^{n} a_i = 1$, 则可确定一个综合评判 B。

2. 建模过程

(1) 确定因素集 $U = (u_1, u_2, \cdots, u_n)$。

(2) 确定评判集 $V = (v_1, v_2, \cdots, v_m)$。

(3) 确定模糊评判矩阵 $R = (r_{ij})_{n \times m}$。

(4) 综合评判 $\boldsymbol{B}=\boldsymbol{A}\cdot\boldsymbol{R}$ 或 $b_j=\overset{n}{\underset{i=1}{\vee}}(a_i\wedge r_{ij}),j=1,2,\cdots,m$。

本节小结 对于一个具有不确定性的复杂系统,要建立精确数学模型是极其困难的,甚至是不可能的。在此,利用模糊数学,通过模糊集合、模糊规则和隶属度函数,建立这种类系统模糊模型是一条很重要而有效的途径。模糊规则的产生一般基于专家知识、工程经验和系统辨识。按照模糊建模的原理及功能对象,模糊集论法建模通常包括四大类:①隶属函数确定法;②模糊聚类分析法;③模糊模式识别法;④模糊综合评判法。其中,隶属函数确定法是最常用的。

3.13 "隔舱"系统法

3.13.1 方法原理

该方法借鉴大型船只内被分为若干隔舱的概念,把研究对象设想分为若干个具有不同单元而又相互联系的"隔舱",其中每个隔舱表示所建模系统的一个状态或某一分量,然后根据守恒(包括质量、能量和动量守恒等)原理,利用机理分析法建立系统特性的数学模型。其模型形式通常为线性微分方程组

$$\frac{\mathrm{d}X_i(t)}{\mathrm{d}t}=\sum_{i=1}^{n}a_{ik}X_k(t)+\sum_{j=1}^{m}b_{ij}u_{ij}(t) \tag{3.36}$$

式中, $X_i(t)$——储存于隔舱之内与通量有关的状态变量;

  $X_k(t)$—— $i\neq k=1,2,\cdots,n$ 时系统其余隔舱的状态变量;

  u_{ij}—— $i=1,2,\cdots,m$ 时周围环境向隔舱的 j 输入;

  a_{ik},b_{ij}——与某些变量(或时间)有关的系数。

上述方程组还可改写成状态空间表达式

$$\dot{\boldsymbol{X}}(t)=\boldsymbol{A}(t)\boldsymbol{X}(t)+\boldsymbol{B}(t)\boldsymbol{u}(t) \tag{3.37}$$

$$\boldsymbol{Y}(t)=\boldsymbol{C}\boldsymbol{X}(t) \tag{3.38}$$

3.13.2 建模过程

(1) 进行系统分析,做出若干个假想"隔舱",并在隔舱模型化前做出建模假定。

(2) 选择状态变量。

(3) 利用机理分析法建立各隔舱局部模型和舱间关系模型。

(4) 综合局部模型和关系模型,构成系统总体模型。

(5) 模型验证。

3.13.3 应用案例

例 3.13 人体中铁元素传输模型的建立。

解 (1) 系统分析。

大量研究表明,①铁(Fe)元素对人体的作用十分重要,是新陈代谢不可缺少的元素。缺乏它将导致贫血和其他血液疾病。②通常成人体内含铁 3~4g。其中,约 70% 的铁包含在血红细胞蛋白中,约有 1g 铁储存在肝和脾脏内,人体其他组织含有少量铁。人体经消化道每日从食物中平均吸收 1mg 铁,而新陈代谢损失 1mg 铁,故基本保持平衡。③对于妇女,因月经排血平均每日需要 2mg 铁。④血红细胞的正常寿命为 110~120d。产生新血红细胞需要每天从血浆到骨髓通过 20~30mg 铁。综上述,可认为短期内人体系统的铁(Fe)元素保持不变,铁的摄入量和损失量对人体扰动是极小的,可忽略不计。

(2) 构筑"隔舱"模型。

基于上述分析,可将人体中铁元素分布和传输构筑三个隔舱(见图 3.10)。

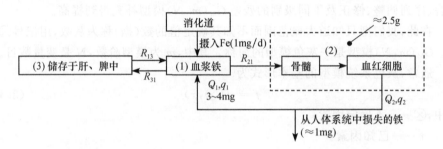

图 3.10　铁(Fe)元素在人体内的分布和传输的隔舱模型

(3) 模型假定(条件)。

① 隔舱有一假想边界,设每个隔舱内的铁量为常数;

② 隔舱内的物质是均匀而连续的;

③ 在新陈代谢中,同位素铁与普通铁无区别。

(4) 建立铁元素在人体传输微分方程。

若设 $Q_i(t)$ 为第 i 个隔舱内的铁数量;$q_i(t)$ 为注入的同位素铁的数量;$R_{ij}(t)$ 为铁从隔舱 i 流到隔舱 j 的速率。则有对于每个隔舱的微分方程组

$$\frac{\mathrm{d}Q_i(t)}{\mathrm{d}t} = \sum_{j=1}^{3}(R_{ij} - R_{ji}) \tag{3.39}$$

$$\frac{\mathrm{d}q_i(t)}{\mathrm{d}t} = \sum_{j=1}^{3}\left(\frac{R_{ij}}{Q_j}q_j - \frac{R_{ji}}{Q_i}q_i\right) + A_i(t) \tag{3.40}$$

式中,$A_i(t)$——加于隔舱内的任一函数(如同位素铁注射或灌入)。

本节小结　"隔舱"系统法实质上是一种模块式建模方法,主要用于生物、生态、生理和医学系统的数学模型建立。该方法在于把系统假设为若干有机联系的"隔舱"。每个隔舱的数学模型表达式可利用机理分析法根据物理系统的守恒原理写出。应指出,这种建模方法建立在许多假定基础上,因此所建模型比较粗糙,但

对于上述这样的复杂系统并不失一般规律。为了提高该方法的建模效率和质量，"隔舱"系统法通常与类比分析法相结合使用。

3.14　灰色系统法

3.14.1　方法原理

该方法以灰色系统理论为基础，通过对原始小样本、贫数据做适当技术处理（如光滑处理、序列数据生成、数据序列关联度分析等），改善其数据的建模条件，并在模型中引入能够反映不确定性因素的变量，使得建立的模型更接近实际。在通常采用序列生成数据建立灰色模型后，模型精度可借助灰数的不同生成方式、数据取舍、序列调整、修正及不同级别的残差 $G_M(m,N)$ 模型补充得到提高。

在此，我们把只知道大概范围而不知其确定值的数（据）称为灰数，用记号 $\otimes$ 表示。$G_M(m,N)$ 模型是一灰色模型的简称。其中，m 为模型阶数，N 是变量数目。

通常，灰色系统模型的基本形式为

$$f = f(\otimes, x) \tag{3.41}$$

式中，$\otimes$——不确定因素；

　　　x——已知因素。

3.14.2　建模过程

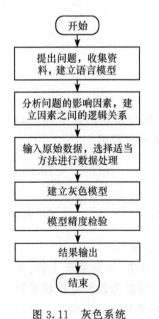

图 3.11　灰色系统
建模程序框图

灰色系统建模为五步建模过程，即思想开发、因素分析、量化、动态化和优化等五个过程。其一般程序框图如图 3.11 所示。

3.14.3　应用案例

例 3.14　战术导弹寿命周期费用（TMLCC）中的研制费用模型建立。

解　战术导弹寿命周期费用模型建立的目标在于寻求 TMLCC 规律，据此对导弹研制、生产实施有效控制，为军方采购或发展新型导弹提供经济上的依据和决策参考。对于战术导弹，有

$$TMLCC = SC + DC + OC - EC \tag{3.42}$$

式中，SC——研制费用；

　　　DC——生产费用；

　　　OC——使用维护费用；

　　　EC——退役处理费用。

通常,EC 很小可以忽略不计,且在一定条件下,采购费用和使用维护费用是相对稳定的。

故式(3.42)还可改写成

$$TMLCC = AC + OC - EC \tag{3.43}$$

显然,AC=SC+DC,被称为采购费用。

由于 TMLCC 受多种因素的影响,且这些因素中相当一部分是不确定的,同时在这些影响因素里除导弹战术技术性能参数已知外,其他因素都不清楚。可见,该建模对象属于"不确定性的贫信息"灰色系统,可采用灰色系统建模方法。

为方便又不失一般性起见,下面以美国第三代地空导弹为例来建立 TMLCC 中的研制费用模型。

表 3.8 给出了美国一组第三代地空导弹 TMLCC 建模原始数据。

由于三代导弹具有各自明显特征:第一代是中高空、第二代是中低空、第三代是全空域,因为三代之间存在着性能上的很大差异,因此,根据定性变量的选择原则,可将导弹"代系"作为定性说明变量用 $\otimes_{1i}(i=1,2,3)$ 表示。由于 Nike Ⅱ 和 Imp. hawk 是 Nike Ⅰ 及 Hawk 的改进,所以可补充另一定性说明变量"改",用 $\otimes_{21}$ 表示。各导弹系统对定性说明变量的反映如表 3.9 所示。

表 3.8　美国第三代部分地空导弹截至 1990 年的积累研制费用

样本序号 (t)(时间因子)	系统名称(导弹型号)	单枚研制费用 SC/万美元	弹长 ML/m	弹径 MD/m	弹翼 MLL/m	有效重量 MAW/kg	弹重 MW/kg	速度 MV/(m/s)	射程 MR/km	射高 MH/km	杀伤概率 P/%
1	Bomarl	633.4	13.7	0.88	5.5	135	7264	2.5	400	21.0	65
2	Nike Ⅰ	165.9	10.4	0.31	1.2	136	1115	2.5	48	18	80
3	Nike Ⅱ	148.7	12.6	0.8	1.9	545	4899	3.6	120	20	80
4	Hawk	146.7	5.0	0.36	1.2	74	593	2.5	41	12	80
5	Imp·Hawk	340.8	5.0	0.37	1.2	81	624	2.8	46	18	85
6	Patriot	2336.0	5.3	0.41	0.9	91	1000	6.0	69	24	85

表 3.9　样本对 $\otimes_{ij}$ 的反映表

样本序号(t)		1	2	3	4	5	6
$\otimes_{11}$	δ_{11}	1	1	1	0	0	0
$\otimes_{12}$	δ_{12}	0	0	0	1	1	0
$\otimes_{13}$	δ_{13}	0	0	0	0	0	1
$\otimes_{21}$	δ_{21}	0	0	0	0	1	0
MRH$_g$		45.82	14.69	24.49	7.75	14.38	20.45	—

　　在研究各种类型导弹系统的研制费用时发现,随导弹系统产生时间的往后推移,其费用成增加趋势,它们同战术技术指标密切相关。故通常用重量、有效重量、速度及射程作为模型说明变量的定性变量。而定量变量通过光滑变换及关联度分析后的关联度值如表 3.10 所示。

表 3.10　AC_g 与可造自变量之间的关联度值

说明变量	$MLDW_g$	MLL_g	MAW_g	MV_g	MRH_g
关联系数 r_i	0.5106	0.5563	0.5534	0.6141	0.6469

　　由表 3.10 可见,MRH_g 关联性最大,即导弹射程和射高与研制经费的关联性最大。

　　根据系数矩阵

$$\boldsymbol{AB} = \begin{bmatrix} a_{11} & b_{11} & a_{12} & b_{13} & b_{21} \end{bmatrix}^{T} \tag{3.44}$$

　　由于样本较少,故可令定性变量 $\otimes_{11}$ 的待定白化系数 $b_{11}=0$,应用灰色静态指数模型 $GSEM_{(1,2)}$ 模型建模。将表 3.9 的值代入式(3.45)

$$x_1^{(0)}(t) = \exp\Big[\sum_{i=2}^{h_1} \sum_{j=1}^{m_i} a_{ij} \big[x_1^{(0)}(t) \big]^{j \cdot r_i} + \sum_{k=1}^{h_2} \sum_{l=1}^{s_k} b_{kl} \delta_{kl}(t) + e(t) \Big] \tag{3.45}$$

可得研制费用 SC 的光滑模型

$$SC_g = \exp\big[a_{11} MRH_g^{\gamma} + b_{12} \delta_{12} + b_{13} \delta_{13} + b_{21} \delta_{21} \big] \tag{3.46}$$

　　应用逐步逼近法及最小二乘法得

$$r = 0.215 \tag{3.47}$$

$$\hat{\boldsymbol{AB}} = \begin{bmatrix} 1.508 & 0.698 & 1.120 & -0.357 \end{bmatrix}^{T} \tag{3.48}$$

将式(3.47)与式(3.48)代入式(3.46),于是有

$$\hat{SC}_g = \exp\big[1.058 MRH_g^{0.215} + 0.689 \delta_{12} + 1.20 \delta_{13} - 0.357 \delta_{21} \big] \tag{3.49}$$

其光滑逆变换形式为

$$\hat{SC} = \exp\big[3.016(MR \cdot MH)^{0.1075} + 1.396 \delta_{13} + 2.4 \delta_{13} - 0.714 \delta_{21} \big] \tag{3.50}$$

　　式(3.50)就是要建立的地空导弹研制费用模型,其仿真结果如表 3.11 所示。由表可见,该模型具有很高的精度,其相对误差绝对值的平均值为 $\bar{E}=0.084$,后验差的检验值分别为

$$c = \frac{s_1}{s_2} = 0.597 \tag{3.51}$$

$$p = p(|e^t - \bar{e}| > 0.6745 s_2) = 1 > 0.95 \tag{3.52}$$

表 3.11　地空导弹研制费用模型仿真结果

样本序号(t)	1	2	3	4	5	6
$\hat{SC}$	654.94	175.11	194.10	131.97	366.7	2236.4
$e(t)$	—21.5	—9.2	—45.4	14.03	—19.2	99.6
相对误差 E	—0.34	—0.55	—305	—	—	—

由后验差检验指标知,模型精度等级为"好",因此模型是可信的。又从 $b_{21} = -357$ 可知,改进型导弹的研制费用相对而言低于基本型的研制费用。

本节小结　灰色系统法是基于灰色系统理论的一种新的建模方法,主要用于概率统计、模糊数学无法解决的"小样本、贫信息、不确定性"系统建模。其突出特点是"少量数据建模",关键在于通过对原始"小样本、贫数据"做适当的数据处理,以改善其数据的建模条件,并在模型中引入反映不确定性因素的变量,使模型更加接近实际系统的运行行为和演化规律。

3.15　想　定　法

3.15.1　方法原理

想定法又叫做人工假定法,是基于对系统过去行为的了解和对未来希望达到的目标,并考虑系统中有因素的可能变化,将系统中的不确定因素假定成若干确定的取值,构造出一些初步模型,并在此基础上通过这些模型运行,分析其结果,进行不断反复修改,最终建立起一个较合理的模型。

3.15.2　建模过程

(1) 采集相关资料数据。

(2) 系统分析,提出问题,确定建模目标。

(3) 设定一些不确定情况,即做出认为假定。

(4) 构造出一些符合上述假定情况的相应初步模型。

(5) 在计算机上运行初步模型,进行结果分析和比较。

(6) 一次一次修改模型,不断反复运行,得到最终较合理模型。

可见,想定法建模是一个多次迭代的过程。

3.15.3　应用案例

例 3.15　世界动力学系统的 GLOBE6 模型和我国可持续发展动力学模型的建立。

为了预测工农业发展、环境污染和自然资源利用对于人口数量和质量的影响,需要建立世界性的动力学系统模型。

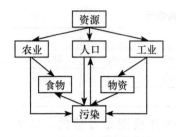

图 3.12　GLOBE6 模型的
主要环节及反馈路径

该模型建模采用了想定法,建模的部分数据采自各种统计年鉴和有关工农业发展、环境污染和自然资源利用以及人口增长的资料。在详细分析这些数据资料的基础上,做出若干条建模假定,并形成了好几种模型。GLOBE6 模型就是其中的一种,它大约采用了 110 个代数方程和微分方程来描述世界动力学系统主要环节的相互联系,图 3.12 给出了 GLOBE6 模型的基本框架。在此框架下用想定法建立起来的 GLOBE6 模型分析结果,曾引起世界各国的极大关注,并促进人们对于控制人口增长和保护地球上绿色资源有了一致认识。同时,该模式对于我国可持续发展系统动力学模型的建立有重要参考价值。我国可持续发展系统动力学模型框架与 GLOBE6 模型类似,包括社会、经济的可持续发展、资源的合理利用和环境保护三大部分。社会经济的可持续发展包括人口、教育、保健、营养、经济和科技投入等。其中人口问题是我国可持续发展面临的最大问题,故人口控制被确认为基本国策;环境保护部分包括固体废物、水污染、大气污染及总污染等,是保证可持续发展的核心问题;资源合理利用部分包括矿物燃料生产、矿物燃料投资、能源需求、电能需求及生产、核能生产和可再生能源等,是国民经济和社会发展的重要物质基础,一个可持续发展的社会将有赖于资源可持续供给的能力。

　　本节小结　想定法建模的关键在于,尽可能采集有关数据资料,依靠先前知识,做出建模科学想定,详细分析各种因素的相互关系和影响,并在较简化的框架反复地进行模型运行,结果分析和修改模型结构及参数,通过多次迭代最终形成较好的模型。

　　对于那些内部结构不十分清楚,原始信息数据较少,又不可能在实际系统上进行实验的复杂大系统,尤其是社会系统、经济系统、能源系统、作战系统等,常采用想定法来建立其数学模型。

3.16　计算机辅助法

3.16.1　方法原理

　　时至今天,可以说前述常用系统建模方法都离不开计算机的辅助作用,尤其是实验统计建模、层次分析建模、定性推理建模及系统辨识建模。这里,计算机辅助法是指除对其他独立建模方法有辅助作用外,计算机还为建模者赋予的建模新能力。从这点讲,它应该是一个为数学建模服务的人工智能方法,而基于这种方法所构成的计算机辅助建模系统将包含被建模对象的专业知识(或先验知识)、建模方法及过程知识、组织管理知识、数据采用与预处理及新数据统计分析知识,并由此产生数学建模中的数据库、算法库、知识库、推理方法等。

目前,在上述建模思想指导下,已研制出许多计算机辅助建模工具,如 MATLAB 的 Simulink 工具箱就具有指导系统数学建模、模型转换和模型简化的强大功能。

3.16.2　建模过程

计算机辅助建模过程的简化框架可以用图 3.13 来表示。

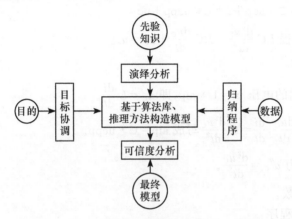

图 3.13　计算机辅助建模过程的简化框架

实际上,计算机辅助法是一个反复不断迭代的人工智能建模过程。如今,该过程已经实现了计算机建模运行自动化。建模中,只需要根据建模对象选择合适的建模软件或工具,通过简单的设置或修改对象属性值函数,即可得到所需要的数学模型。

3.16.3　应用案例

例 3.16　RLC 网络如图 3.14 所示,试利用计算机辅助法建立以 u_C 作为输出,以 u_R 作为输入的该网络微分方程与传递函数模型。

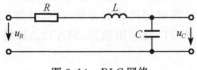

图 3.14　RLC 网络

解　因为 RLC 网络是一种控制系统电子网络,因此可选择 MATLAB 7.0 的 Simulink 工具箱作为计算机辅助建模工具。

(1) 微分方程。

输入并运行程序:

```
clear
syms ai aip ur ul ucpp ucp uc R L C;
aip＝C＊ucpp;
ul＝L＊aip;
ur＝R＊ai＋ul＋uc;
ur＝subs(ur,ai,C＊ucp)
```

程序运行结果：

ur＝R＊C＊ucp＋L＊C＊ucpp＋uc

即显示出微分方程 $LC\dfrac{\mathrm{d}^2 u_C}{\mathrm{d}t^2}+RC\dfrac{\mathrm{d}u_C}{\mathrm{d}t}+u_C=u_r$。

说明：

① 电感两端的电压 ul＝L＊aip,即 $u_L=L\dfrac{\mathrm{d}i}{\mathrm{d}t}$。

② 有 $i=C\dfrac{\mathrm{d}u_C}{\mathrm{d}t}$,$\dfrac{\mathrm{d}i}{\mathrm{d}t}=C\dfrac{\mathrm{d}^2 u_C}{\mathrm{d}t^2}$ 写成 aip＝C＊ucpp。

③ ucpp 即为 $u''_C=\dfrac{\mathrm{d}^2 u_C}{\mathrm{d}t^2}$。

(2) 传递函数。

输入并运行程序：

```
clear
syms R C L S Ur Uc;
UC＝simple(UR＊1/(S＊C))/(R＋S＊L＋1/(S＊C));
G＝factor(UC/UR)
```

程序运行结果：

G＝1/(R＊S＊C＋S2＊L＊C＋1)

即显示出传递函数 $G(s)=\dfrac{U_C(s)}{U_R(s)}=\dfrac{1}{LCs^2+RCs+1}$。

本节小结 计算机对于数学建模的辅助作用是显而易见的。除此,随着计算机科学、计算机技术、人工智能技术、数据库技术和管理学的发展,还产生了计算机实现系统模型的方法,即计算机辅助建模方法(简称计算机辅助法),是系统数学建模方法发展的重要方向,具有广阔应用前景,MATLAB 的控制系统建模就是最典型的例证。

3.17　系统辨识法

3.17.1　方法原理

系统辨识法是一种借助系统实验输入-输出观测数据对和系统辨识理论与技

术建立系统数学模型的现代方法,因此又叫做实验辨识法或系统模型辨识法。

从根本上讲,系统数学模型辨识的实质是在已知系统实验输入-输出观测数据和系统部分机理先验知识的前提下,通过选定的辨识方法与设计的辨识算法不断进行计算机迭代运算过程(见图 2.12)。其关键是辨识方法选择和辨识算法设计(见 2.4.3 节)。

3.17.2　建模过程

系统模型辨识一般按照图 2.12 所示的结构框架程序如下进行:①根据被辨识对象、先验知识和建模目标完成试验设计,并产生试验系统;②利用试验系统进行大量实验,从实验中获取相应输入-输出观测数据;③选择辨识方法和研制(或推导)辨识算法;④假设模型类及其试用模型结构;⑤通过辨识方法及算法估计试用模型的子阶、参数和时滞量;⑥根据被辨识模型性能指标验证试用模型是否满足要求;⑦必要时,对④做出修改,并进行重新估计;⑧不断进行计算机迭代运算,直至模型满足要求;⑨后验模型装订使用。

3.17.3　应用案例

例 3.17　飞机气动特性模型辨识。

为了设计与评估飞机及其系统的性能,揭示飞行物理现象或查找事故原因、深入研究人-机系统特性,开展飞行仿真试验或训练等,需要确定飞机的气动特性模型。这类模型常以气动系数(如 C_y^α,$m_y^{\bar\omega_y}$ 等)来表征,模型的建立一般是在地面试验和飞行试验的基础上,通过系统辨识方法完成的。整个辨识过程是一个复杂的系统工程,涉及试飞和地面试验设计、实验数据获取和处理、模型结构确定、模型参数和阶估计、误差分析、结果显示及文件编制等。图 3.15 给出了其中按飞行试验结果辨识飞机特性数学模型的过程框图。

以某飞机气动系数 $m_y^{\bar\omega_y}(M,H)$ 的数学模型为例,其辨识过程大体如下:

(1) 进行飞行试验设计,构成试飞系统,完成飞行器操纵性与稳定性研究试飞,并记录 $m_y^{\bar\omega_y}(M,H)$ 测试曲线。

(2) 整理测试曲线,得到 $m_y^{\bar\omega_y}(M,H)$ 的试验矩阵,即

$$\boldsymbol{F} = \begin{bmatrix} 2.5754 \times 10^{-1} & -2.3430 & 2.2813 & -7.4803 \times 10^{-1} \\ -2.6298 \times 10^{-1} & 8.279 \times 10^{-1} & -8.1561 \times 10^{-1} & 2.5777 \times 10^{-1} \\ 2.3925 \times 10^{-1} & -7.2538 \times 10^{-2} & 6.8464 \times 10^{-2} & -2.0717 \times 10^{-2} \\ -5.941 \times 10^{-4} & 1.7862 \times 10^{-3} & -1.6687 \times 10^{-2} & 4.9437 \times 10^{-4} \end{bmatrix}$$

(3) 选择最小二乘法,并研制得到双变量(H,M)函数的数据曲线拟合算法,即

$$f(x,y) = \boldsymbol{XCY}^{\mathrm{T}}$$

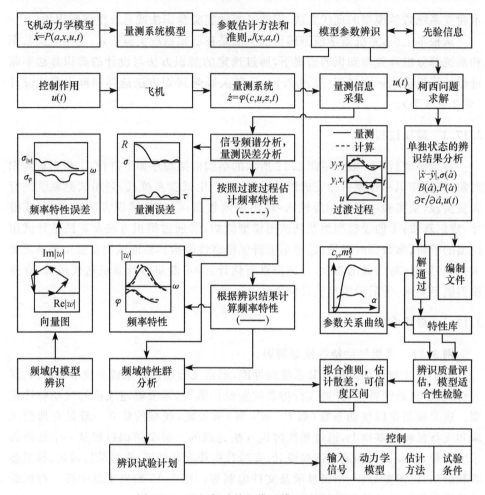

图 3.15　飞机气动特征模型辨识过程框图

式中,$\boldsymbol{X}=\begin{bmatrix} 1 & x & x^2 & \cdots & x^k \end{bmatrix}=\begin{bmatrix} 1 & M & M^2 & M^3 \end{bmatrix}$

$\boldsymbol{Y}=\begin{bmatrix} 1 & y & y^2 & \cdots & y^l \end{bmatrix}=\begin{bmatrix} 1 & H & H^2 & H^3 \end{bmatrix}$

$\boldsymbol{C}=\begin{bmatrix} \boldsymbol{H}_2^{\mathrm{T}}\boldsymbol{H}_2 \end{bmatrix}^{-1}\boldsymbol{H}_2^{\mathrm{T}}\boldsymbol{F}\boldsymbol{H}_1\begin{bmatrix} \boldsymbol{H}_1^{\mathrm{T}}\boldsymbol{H}_1 \end{bmatrix}^{-1}=\boldsymbol{F}$

（4）利用上述辨识算法可得到 $m_y^{\bar{\omega}_y}$ 的数学模型,即

$$m_y^{\bar{\omega}_y}=\begin{bmatrix} 1 & M & M^2 & M^3 \end{bmatrix}\times F\times\begin{bmatrix} 1 & H & H^2 & H^3 \end{bmatrix}^{\mathrm{T}}$$

（5）模型验证。利用图 3.16 双变量函数拟合算法的计算机流程进行 $m_y^{\bar{\omega}_y}$ 仿真,并同实际试飞曲线 $m_y^{\bar{\omega}_y}(M,H)$ 比较。仿真结果表明,二者数据拟合较好,可满足模型使用要求。

　　本节小结　系统辨识建模方法是对传统实验统计建模方法的重大发展,已经成为了包括复杂系统在内的系统最主要现代建模方法之一,其关键在于试验系统设计、辨识方法选择和辨识算法研制。目前辨识方法很多,但最常用的是最小二乘法、极大似然法、预报误差法和随机逼近法。递推最小二乘法和递推极大似然法对于包括自适应控制系统在内的系统在线模型辨识尤其重要。

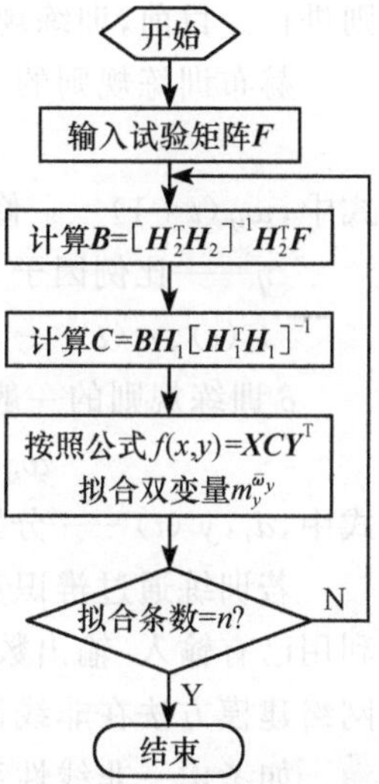

3.18　神经网络法

3.18.1　方法原理

神经网络是由大量神经元广泛互相连接形成的高度复杂非线性动力学系统。神经元被作为接受或产生、传递和处理信息的基本单元,其数学描述为

$$u_i = \sum_{j=1}^{n} w_{ij}x_i - \theta_i = \sum_{j=0}^{n} w_{ij}x_j \qquad (3.53)$$

$$y_i = f(u_i) \qquad (3.54)$$

图 3.16　双变量函数拟合算法流程

式中,w_{ij}——神经元 j 到神经元 i 的连接权重,$w_{i0} = -1$,$x_0 = \theta_i$;

　　　$f(u_i)$——神经元的特征函数,即输入与输出的关系;

　　　x_j——神经元 j 的输出,也是神经元 i 的输入。

上述描述如图 3.17 所示,称之为简单神经元的 M-P 模型。

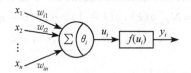

图 3.17　简单神经元的 M-P 模型

多个神经元时,可表示成矢量

$$Y = f(XW^T) \qquad (3.55)$$

式中,X——输入,为 n 维行矢量;

　　　Y——输出,为 m 维行矢量;

　　　W——权矩阵,为 $m \times n$ 维。

多个神经元相互连接便构成了为建模所需要的神经网络,其连接模式视建模目标而定。对于描述复杂非线性动力学系统,通常采用循环型连接模式。

在构成神经网络模型时,训练是至关重要的。训练的目的是使得能用一组输入矢量 X 产生一组所期望的、能够等价描述建模对象的输出量 Y。训练通常通过预先确定的算法(如辨识算法等)调整网络的权值来实现,而训练算法按照训练规则进行。目前,训练规则主要有赫布(Hebb)和 δ(Selta)训练规则。

赫布训练规则的一般形式为

$$w_{ij}(t+1) = w_{ij}(t) + \eta[x_i(t) \cdot x_j(t)] \tag{3.56}$$

式中, $w_{ij}(t+1)$——修正后的权值;

η——比例因子,表示训练速率;

$x_i(t)$、$x_j(t)$——分别是 t 时刻神经元 i 和神经元 j 的状态。

δ 训练规则的一般形式是

$$w_{ij}(t+1) = w_{ij}(t) + \eta[d_i - y_i(t)] \cdot x_j(t) \tag{3.57}$$

式中, d_i、$y_i(t)$——分别表示第 i 个神经元的期望输出与实际输出。

若训练通过辨识算法来完成,则这种神经网络建模谓之神经网络模型辨识,即利用已有输入-输出数据来训练一个由神经网络构成的模型。由于目前这种神经网络建模方法在非线性复杂系统建模中得到广泛应用,因此,值得一提。

如考虑一非线性系统

$$y(k+1) = f[y(k), y(k-1), \cdots, y(k-n+1)] + g[u(k), u(k-m+1)] \tag{3.58}$$

式中, $u(k)$、$y(k)$——分别为系统在 t 时刻的输入和输出;

m, n——分别表示输入、输出时间序列的阶次, $m \leqslant n$。

建模中,可用两个神经元网络(如 BP 网络)分别代替式(3.58)中的线性函数 $f[\cdot]$ 和 $g[\cdot]$,然后根据系统输出和辨识模型的输出之差来调整神经网络的连接权值,使网络的映射和对应的非线性函数相同。于是,可得到欲辨识的模型为

$$\hat{y}(k+1) = N_f[\hat{y}(k), \hat{y}(k-1), \cdots, \hat{y}(k-n+1)]$$
$$+ N_g[u(k), u(k-1), \cdots, u(k-m+1)] \tag{3.59}$$

3.18.2　建模过程

(1) 根据系统建模目标,给出系统一般描述,如实验观测时间序列模型等。

(2) 选取适合的神经网络结构(常用 BP 网络),构成系统神经网络模型。

(3) 进行神经网络模型训练,一般采用辨识方法。对于不失一般的式(3.58)的非线性系统,网络辨识中建议选用图 3.18 所示的辨识结构。

3.18.3　应用案例

例 3.18　基于 BP 网络的潜艇运动建模。

理论分析与实践表明,潜艇在风浪中航行是一个具有严重非线性和随意性的复杂系统,其运动模型的建立以采用神经网络法为宜,即利用神经网络,通过自学习逐步逼近系统模型。进一步讲,可将潜艇及其航行环境作为一个整体,利用 BP 神经网络的自学习、自适应功能,通过系统的输入-输出数据,直接辨识其输入-输

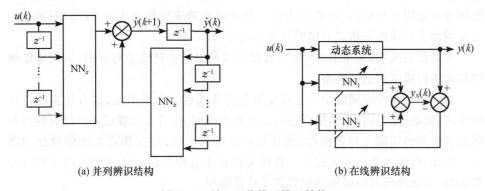

(a) 并列辨识结构　　　　　　　　　　　　(b) 在线辨识结构

图 3.18　神经网络模型辨识结构

出关系,从而达到对潜艇与环境这一复杂系统的整体特性辨识。

这里,可选取三层 BP 神经网络(即输入层、隐含层和输出层)。由于输入量为潜艇的航速、航深、海浪波高和浪向角;输出量是潜艇的横摇角和纵摇角,故网络输入层有四个节点,而输出层有两个节点;隐含层用以逼近任何有理函数,其节点数 m 可按经验公式确定,即 $m = 2n + a = q$(这里,n 为输入层节点数;a 为常数,取 $a = 1$)。这时,潜艇在风浪中运动的 BP 网络结构如图 3.19(a)所示。它的隐含层节点通过非线性函数(Sigmoid 函数)传递到输出层,输出层为线性组合器。网络

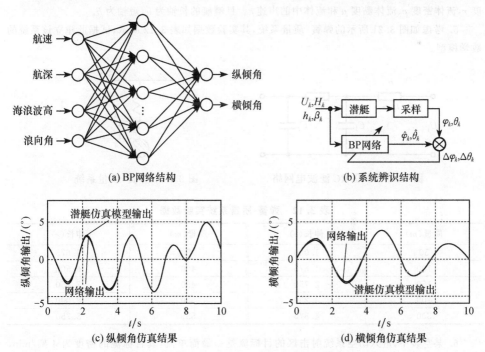

(a) BP网络结构　　　　　　　　　　　　(b) 系统辨识结构

(c) 纵倾角仿真结果　　　　　　　　　　(d) 横倾角仿真结果

图 3.19　基于 BP 网络的潜艇运动辨识建模与仿真

训练方式采用有导师的 BP 学习方法。整个系统辨识结构如图 3.19(b)所示。利用该网络进行建模与仿真的试验结果如图 3.19(c)所示。

仿真结果表明,采用 BP 网络对潜艇在风浪中运动建模是有效的,该网络能够很好地逼近潜艇的运动模型。

本节小结　神经网络是一个高度复杂的非线性动力学系统,具有很强的自适应学习(训练)能力;具有联想、概括、类比和推理能力;具有大规模并行计算能力和具有较强的容错能力和鲁棒性;尤其具有独特的实时、并行和强大的信息处理能力。因此,可成功用于系统建模。建模关键在于合理选取神经网络结构和进行有效训练,为此神经网络模型辨识得到了广泛应用。

思 考 题

1. 试对系统数学建模方法进行分类,并指出有哪些常用的数学建模方法,试举一二例说明它们建模原理及过程。

2. 在系统数学建模中,如何合理选取建模方法?

3. 分别利用机理分析法和计算机辅助法建立图 3.20 所示电网络的微分方程与传递函数模型。

4. 试建立三维椭球形潜艇在深海运动中所受到阻力的数学模型。为了预测阻力,如何调节该模型实际的比例? 假设,影响阻力 D 的主要因素为五个流体力学变量:流体速度 v、潜艇长度 r,流体密度 ρ、流体黏度 μ 和流体中的声速 c。且潜艇的长轴为 a,短轴为 b。

5. 考虑如图 3.21 所示的弹簧-质量系统,其实验数据如表 3.12 所示,试据此建立该系统的数学模型。

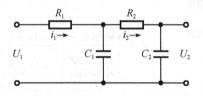

图 3.20　串联 RC 滤波电网络　　　　图 3.21　弹簧-质量系统

表 3.12　弹簧-质量系统实验数据

质量(m)	伸长(e)	质量(m)	伸长(e)
50	1.000	350	5.675
100	1.875	400	6.500
150	2.750	450	7.250
200	3.250	500	8.000
300	4.875	550	8.750

6. 某空袭中,进入防空系统射击区的目标流是一最简单流,其目标流的密度为 4 架/min,试问:①1min 内没有一架飞机进入的概率多大? ②1min 内至少有一架飞机进入的概率有多大?

7. 由气象预报得知,某周每天有 50％下雨的可能性,据此确定在该周内连续三天下雨的可能性有多大(提示:可采用蒙特卡罗法建模并求解)?

8. 在进行地空导弹团战斗部署决策中,事先拟定了三种不同战斗部署方案 F_1、F_2 和 F_3。试问团首长应重点考虑哪一种方案? 已知:战斗部署层次结构模型如图 3.22 所示,且构造各判断矩阵 A,C_1,C_2,C_3 的原始数据为

Λ	C_1	C_2	C_3
C_1	1	1/5	1/3
C_2	5	1	3
C_3	3	1/3	1

C_1	F_1	F_2	F_3
F_1	1	1/7	1/3
F_2	7	1	2
F_3	3	1/2	1

C_2	F_1	F_2	F_3
F_1	1	4	1/3
F_2	1/4	1	1/8
F_3	3	8	1

C_3	F_1	F_2	F_3
F_1	1	1	1/3
F_2	1	1	1/5
F_3	3	5	1

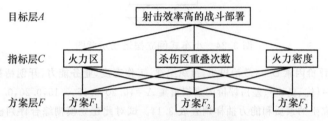

图 3.22　战斗部署层次结构模型

9. 图 3.23 中,v_1 为消防队驻地,v_{10} 表示着火地点,其他 $v_2 \sim v_9$ 表示岔路口,每条边上数字为所需行车时间。试问:消防队怎样行进才能尽快赶往火场?

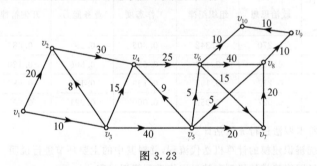

图 3.23

10. 某产品生产过程中的废品率 η(％)与某种物质含量(‰)x 有关,其试验测量结果如表 3.13 所示。试建立该产品废品率 η 随某物质含量 x 变化规律的数学模型(提示:可采用多项式回归模型)。

表 3.13　某产品试验记录数据

序　号	1	2	3	4	5	6	7	8
η/％	1.30	1.00	0.73	0.90	0.81	0.70	0.6	0.50
x/‰	34	36	37	38	39	39	39	40
序　号	9	10	11	12	13	14	15	16
η/％	0.44	0.56	0.30	0.42	0.35	0.40	0.41	0.60
x/‰	40	41	42	43	43	45	47	48

11. 图 3.24 为一小车支撑倒立摆。轮子用一个 DC 伺服电动机驱动,并采用齿轮连接沿轨道无滑动的移动。有两个电位计,其中一个用以测量小车位置,另一个用以测量由垂直摆产生的角度。试建立该倒立摆状态空间形式的数学模型(可忽略非线性,并假设 $\theta \leqslant 10°$)。

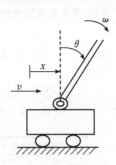

图 3.24　小车式倒立摆运动示意图

12. 已知:评价因素 $U=\{$政治思想,组织纪律,工作态度,业务能力,开创精神,健康状况$\}$;评价等级集 $V=\{$优、良、中、差$\}$;评价因素权重集 $A=\{0.20,0.15,0.15,0.20,0.10,0.20\}$;以及高校某专业研究生的素质和能力抽样调查表 3.14。试对此建立模糊综合评判模型,并给出综合评判结果。

表 3.14　高校某专业研究生的素质和能力的抽样调查表

评价因素 U / 评价等级 V	政治思想	组织纪律	工作态度	业务能力	开创精神	健康状况
优	1.270	0.342	0.306	0.297	0.089	0.298
良	0.491	0.409	0.555	0.506	0.120	0.540
中	0.212	0.197	0.139	0.176	0.586	0.162
差	0.027	0.052	0.000	0.021	0.205	0.000

13. 利用蒙特卡罗法进行 π 值估计。

14. 画出系统辨识建模的计算机迭代流程,并对其中的主要环节进行说明。

15. 试述神经网络建模的机理和神经网络模型辨识过程。

第4章 面向复杂系统建模的新方法与技术

4.1 概 述

随着人类社会进步和科学技术发展,科学研究和工程技术领域的复杂系统问题越来越突出,对系统建模提出了严峻的挑战,仅仅依靠前述常用建模方法根本无法满足要求。因此,必须寻求和研究面向复杂系统建模的新方法与技术。正在发展中的这些新建模方法包括混合建模法、组合建模法、定性建模法、基于复杂系统理论建模法、基于智能技术建模法、综合集成建模法、元模型建模法、多分辨率建模法、基于元胞自动机建模法、基于支持向量机建模法、基于自组织理论建模法、基于超级计算智能逼近建模法等。下面我们将逐一讨论。

4.2 混合建模方法与技术

4.2.1 引言

对于复杂系统,由于采用前述任何一种单一的建模方法往往难以奏效,故而产生了针对同一复杂系统建模任务同时采用两种或多种建模方法的思想。我们把利用两种或两种以上单一建模方法、相互补充、相互支持和相互协调达到同一个系统建模目标的系统建模方法叫做混合建模方法。这种建模方法产生的不是叠加效果,而是更好、更高的系统建模质量和效率。

在混合建模思想下,复杂系统各领域曾出现了许多行之有效的混合建模方法与技术。如飞行器控制系统所采用的机理分析法与系统辨识法相结合的分析-统计法与技术,具有不确定性复杂系统所采用的模糊集论法与系统辨识法相结合的模糊辨识法与技术;复杂随机(事件/过程)系统所采用的模糊集论、神经网络与系统辨识法三者相结合的基于模糊神经网络的辨识法与技术等。

4.2.2 分析-统计法

1. 方法原理

这是一种采用机理分析、专家经验同系统辨识相结合的混合建模方法。建模中,先通过机理分析或专家经验确定出模型类和模型结构,然后再利用系统辨识方法辨识出模型的维数、阶次、参数及时滞量。

2. 技术特点

(1) 方法灵活,适用面广。可根据各种具体复杂系统,灵活地采用相适应的混合方式(包括单一建模方法的种类和混合数目)。

(2) 系统辨识法是分析-统计法的重要基础。从本质上讲,分析-统计法是一种基于系统辨识法的机理分析建模方法。

(3) 可以证明,这种建模方法与单一的机理分析法或系统辨识法相比,会产生如下明显效果:①提高了建模精度。②可使数学建模所需信息量减少$(1-\hat{p})\times$ 100%。这里,$\hat{p}=\sum\limits_{i=0}^{n}\hat{p}_i$;$\hat{p}_i$ 为按照相应辨识试验获得的用来代替参数 a_i 未知真值 p_i 的估计,$p_i=p\{a=a_i\}$;p 是采用机理分析法所考虑系统部分的特性矢量 $\boldsymbol{a}$ 的分布。③显著提高了建模效率 K_a。其中

$$K_a=\frac{m_c}{m}=\frac{\left[\sum\limits_{i=0}^{n}\hat{p}_i\sqrt{a_i'(1-a_i')}\right]^2}{\left(A/\sum\limits_{i=0}^{n}\hat{p}_i\right)\left(1-A/\sum\limits_{i=0}^{n}\hat{p}_i\right)} \tag{4.1}$$

式中,m_c——采用单一系统辨识法时,实现模型辨识的迭代总次数;

　　m——采用分析-统计法时,实现模型的迭代总次数;

　　A——系统有效性指数;

　　a_i'——系统矢量 $\boldsymbol{a}$ 在确定值下的条件有效性指标。

显然,K_a 值越大,分析-统计法的建模效率就越高。

3. 典型应用

例 4.1　基于混合建模法的战术导弹制导精度综合确定。

制导精确是战术导弹最主要的战技性能之一。通常采用基于系统辨识的试验统计方法,即模型打靶、实物试验与系统辨识相结合的混合建模综合确定方法(见图 4.1)。

图 4.1 中,制导精度分析模型由机理分析法得到,研制性靶试和火控系统精度试验均为实物试验,其目的是为了利用统计法确定制导精度或误差时,获得实际弹着点样本值$(y_i,z_i)(i=1,2,\cdots,n)$;按照数理统计方法可求得制导误差的数字特征估计值$(\hat{y},\hat{z})$,有

$$\hat{y}=\bar{y}=\frac{1}{n}\sum_{i=1}^{n}y_i,\quad \hat{z}=\bar{z}=\frac{1}{n}\sum_{i=1}^{n}z_i \tag{4.2}$$

式中,$\bar{y}$、$\bar{z}$——样本值(y_i,z_i)的算术平均值。

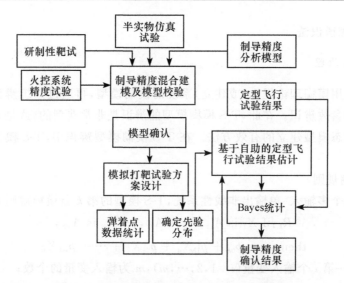

图 4.1　战术导弹制导精度的综合确定流程图

同时,还可以得到随机误差估计值 $(\hat{\sigma}_y, \hat{\sigma}_z)$,有

$$\hat{\sigma}_y = \sqrt{\frac{1}{n-1} \sum_{i=1}^{n} (y_i - \bar{y}_i)^2}, \quad \hat{\sigma}_z = \sqrt{\frac{1}{n-1} \sum_{i=1}^{n} (z_i - \bar{z}_i)^2} \quad (4.3)$$

及协方差和相关系数的估计值

$$\text{cov}(\hat{y}, \hat{z}) = \frac{1}{n-1} \sum_{i=1}^{n} (y_i - \bar{y}_i)(z_i - \bar{z}_i) \quad (4.4)$$

$$\hat{\rho}_{y,z} = \frac{\text{cov}(\hat{y}, \hat{z})}{\hat{\sigma}_y \hat{\sigma}_z} \quad (4.5)$$

为了估计上述估计值 $(\hat{y}, \hat{z})$ 和 $(\hat{\sigma}_y, \hat{\sigma}_z)$ 的精度,通常可用如下近似公式:

$$\hat{\Delta}_y \approx \frac{\hat{\sigma}_y}{\sqrt{n}}, \quad \hat{\Delta}_z \approx \frac{\hat{\sigma}_z}{\sqrt{n}} \quad (4.6)$$

或

$$\hat{\Delta}_y \approx \frac{\hat{\sigma}_y}{\sqrt{2n-1.4}}, \quad \hat{\Delta}_z \approx \frac{\hat{\sigma}_z}{\sqrt{2n-1.4}} \quad (4.7)$$

由式(4.6)和式(4.7)可见,样本容量 n 越大,则估计值越精确。显然,为了保证预期估计精度,必须进行大量实弹打靶,这样做将是十分昂贵而费时的。为此,以模拟打靶试验作为辅助手段,通过模拟弹着点数据统计和确定先验分布,再运用基于 Bayes 统计的辨识方法便可获得较合理的制导精度确定结果。

4.2.3 模糊辨识法

1. 方法原理

首先采用模糊理论提出（或建立）系统的模糊模型，再通过系统辨识方法进行结构辨识和参数辨识。在此，T-S 模糊模型的辨识是非常典型的，这是非线性复杂系统模糊动态模型建立的有效方法。在 T-S 模糊模型辨识中，T-S 模型由如下三部分组成：

1）模糊规则

对于一个多输入-单输出非线性系统，T-S 模型的第 k 条模糊规则为

$$R_k : \text{if } X_1 \text{ is } \underset{\sim}{A_{1k}}, X_2 \text{ is } \underset{\sim}{A_{2k}}, \cdots, X_m \text{ is } \underset{\sim}{A_{mk}},$$

$$\text{then } y_k = p_{0k} + p_{1k}X_1 + p_{2k}X_2 + \cdots + p_{mk}X_m \tag{4.8}$$

式中，X_i——第 i 个输入变量（$i=1,2,\cdots,m$），m 为输入变量的个数；

$\underset{\sim}{A_{ik}}$——模糊集合，其隶属度函数中的参数就是规则前提部的辨识参数；

y_k——第 k 条模糊规则的输出；

p_{ik}——第 k 条模糊规则结论部的线性多项式函数中的变量 X_i 项的系数；

p_{0k}——常数项。

2）推理算法

$$|y = y_k| = |(X_1 \text{ is } \underset{\sim}{A_{1k}}, X_2 \text{ is } \underset{\sim}{A_{2k}}, \cdots, X_m \text{ is } \underset{\sim}{A_{mk}})| \wedge \underset{\sim}{R_k}$$

$$= \underset{\sim}{A_{1k}}(X_1^*) \wedge \cdots \wedge \underset{\sim}{A_{mk}}(X_m^*) R_k \tag{4.9}$$

式中，$|*|$——模糊命题 $*$ 的真值；

$\wedge$——取小运算；

$X_1^* \text{ is } \underset{\sim}{A_{1k}} = \underset{\sim}{A_{ik}}(X_i^*)(i=1,2,\cdots,m)$——$X_i^*$ 的隶属度函数等级；

$\underset{\sim}{R_k}$——相应的模糊蕴涵关系。

3）模型输出

由所有 k 条规则（$k=1,2,\cdots,N$）输出 y_k 的加权和平均值得到。若取权重为 $|y=y_k|$，则模型输出是

$$y = \frac{\sum\limits_{k=1}^{N} |y = y_k| \cdot y_k}{\sum\limits_{k=1}^{N} |y = y_k|} \tag{4.10}$$

T-S 模型的结构辨识和参数辨识通常分别包括前提部和结论部。参数辨识中，模型性能指标选择为系统输出值 $y(p)$ 与辨识估计值 $y^*(p)$ 误差平方的均方根值是最小，即

$$J = \min\left\{\frac{1}{h}\sum_{j=1}^{n}\left[y(p)-y^*(p)\right]^2\right\}^{\frac{1}{2}} \tag{4.11}$$

结构辨识的辨识与线性系统模型的结构辨识相类似,这里不再赘述。

有关 T-S 模型辨识的方法原理可详细参阅文献(诸静,2005)。

2. 技术特点

(1) 模糊辨识法是模糊建模与辨识建模相结合的混合建模方法。

(2) 模糊辨识法是解决具有不确定性复杂系统建模的重要技术途径。

(3) T-S 模型辨识是利用模糊辨识法建立模糊动态模型的新技术,对于非线性复杂系统建模、仿真与控制具有十分重要的意义。

3. 典型应用

例 4.2　T-S 模糊预测模型的辨识。

T-S 模糊模型作为预测模型,并结合滚动优化与反馈校正等算法,是一种实现模糊预测控制的先进控制策略,其关键在于采用模糊辨识方法对于 T-S 模糊预测模型进行辨识。

设被控对象的非线性模型为

$$y(k+1) = \frac{y(k)}{1+y(k)^2} + u(k) \tag{4.12}$$

其 T-S 模糊预测模型是

$$y(k+1) = \sum_{i=1}^{N}\lambda_i p_i y(k) + \sum_{i=1}^{N}\lambda_i q_i(k)u(k-1) \tag{4.13}$$

式中

$$\lambda_i = \frac{\mu_{\underset{\sim}{A}_i}\left[y(k)\right]\mu_{\underset{\sim}{B}_i}\left[u(k-1)\right]}{\sum_{i=1}^{N}\mu_{\underset{\sim}{A}_i}\left[y(k)\right]\mu_{\underset{\sim}{B}_i}\left[u(k-1)\right]} \tag{4.14}$$

令模糊规则结论部辨识参数矢量 $\boldsymbol{p} = [p_1, p_2, \cdots, p_n; q_1, q_2, \cdots, q_m]$,$n$ 个输出观测数据组成的矢量为

$$\boldsymbol{Y}(k+1) = [y(k+1), y(k+2), \cdots, y(k+n)]^{\mathrm{T}} \tag{4.15}$$

系数矩阵

$$\boldsymbol{\Lambda} = \begin{bmatrix} \dfrac{\lambda_1(k+1)}{y(k)} & \cdots & \dfrac{\lambda_N(k+1)}{y(k)} & \dfrac{\lambda_1(k+1)}{u(k)} & \cdots & \dfrac{\lambda_N(k+1)}{u(k)} \\[3mm] \dfrac{\lambda_1(k+2)}{y(k+1)} & \cdots & \dfrac{\lambda_N(k+2)}{y(k+1)} & \dfrac{\lambda_1(k+2)}{u(k+1)} & \cdots & \dfrac{\lambda_N(k+2)}{u(k+1)} \\[3mm] \vdots & & \vdots & \vdots & & \vdots \\[3mm] \dfrac{\lambda_1(k+n)}{y(k+n-1)} & \cdots & \dfrac{\lambda_N(k+n)}{y(k+n-1)} & \dfrac{\lambda_1(k+n)}{u(k+n-1)} & \cdots & \dfrac{\lambda_N(k+n)}{u(k+n-1)} \end{bmatrix}$$

$$\tag{4.16}$$

设 $\boldsymbol{\Lambda}_i$ 是 $\boldsymbol{\Lambda}$ 的第 i 行矢量, y_i 为 Y 的第 i 个元素, 采用递推最小二乘算法进行模糊规则结论部参数辨识

$$L_i = \frac{Q_{i+1}\boldsymbol{\Lambda}_i}{1 + \boldsymbol{\Lambda}_i^{\mathrm{T}}Q_{i-1}\boldsymbol{\Lambda}_i}, \quad Q_i = Q_{i-1} - L_i\boldsymbol{\Lambda}_i^{\mathrm{T}}Q_{i-1} \tag{4.17}$$

$$\boldsymbol{P}_i^* = \boldsymbol{P}_{i-1}^* + \boldsymbol{L}_i[y_i - \boldsymbol{\Lambda}_i^{\mathrm{T}}\boldsymbol{P}_{i-1}^*] \tag{4.18}$$

同时, 已知一组样本数据 $\boldsymbol{X} = \{x_1, x_2, \cdots, x_n\}$ 及 T-S 模糊预测模型的输入量 $u(k-1)$ 和 $y(k)$ 的量化等级分别为 $\{\underset{\sim}{B_1}, \underset{\sim}{B_2}, \underset{\sim}{B_3}, \underset{\sim}{B_4}, \underset{\sim}{B_5}, \underset{\sim}{B_6}\}$ 和 $\{\underset{\sim}{A_1}, \underset{\sim}{A_2}, \underset{\sim}{A_3}, \underset{\sim}{A_4}, \underset{\sim}{A_5}, \underset{\sim}{A_6}\}$, 其隶属度函数如图 4.2 所示。

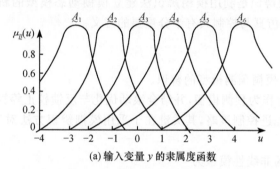

(a) 输入变量 y 的隶属度函数

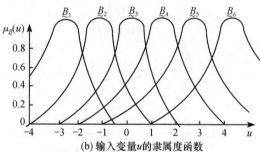

(b) 输入变量 u 的隶属度函数

图 4.2　输入变量 y 与 u 的隶属度函数

辨识中, 模糊规则的前提部参数和结论部参数交替进行, 其具体流程如下:

(1) 给定聚类数 C 的初值。

(2) 采用模糊 C 划分算法对已有样本数据进行聚类计算, 得到 T-S 模糊预测模型前提变量的隶属度函数。

(3) 利用式(4.17)和式(4.18)辨识模糊规则结论部参数矢量 $\boldsymbol{P}_i^*$。

(4) 计算性能指标 $J = \sum_{i=1}^{n} \frac{|y_i - y_i^*|^2}{n}$。若 J 满足辨识精度要求, 则辨识定成, 否则增加聚类数 C, 返回至(2)。

辨识结果可得到描述被控制对象式(4.12)的 T-S 模糊预测模型

R_i:if $Y(k-1)$ is $\underset{\sim}{A_i}$ and $u(k)$ is $\underset{\sim}{B_i}$, then

即

R_1:if $y(k-1)$ is $\underset{\sim}{A}_1$ and $u(k)$ is $\underset{\sim}{B}_1$,then $y(k)=-0.0177y(k-1)+1.1271u(k)$

R_2:if $y(k-1)$ is $\underset{\sim}{A}_2$ and $u(k)$ is $\underset{\sim}{B}_2$,then $y(k)=-0.0786y(k-1)+1.2516u(k)$

R_3:if $y(k-1)$ is $\underset{\sim}{A}_3$ and $u(k)$ is $\underset{\sim}{B}_3$,then $y(k)=-0.8273y(k-1)+1.0231u(k)$

R_4:if $y(k-1)$ is $\underset{\sim}{A}_4$ and $u(k)$ is $\underset{\sim}{B}_4$,then $y(k)=\quad 0.5293y(k-1)+0.9002u(k)$

R_5:if $y(k-1)$ is $\underset{\sim}{A}_5$ and $u(k)$ is $\underset{\sim}{B}_5$,then $y(k)=-0.0640y(k-1)+1.1852u(k)$

R_6:if $y(k-1)$ is $\underset{\sim}{A}_6$ and $u(k)$ is $\underset{\sim}{B}_6$,then $y(k)=-0.0305y(k-1)+1.1335u(k)$

$$(4.19)$$

最后,利用 $u(k)=\sin(2\pi R/50)$ 作为被控对象式(4.12)和 T-S 模糊预测模型式(4.19)的输入激励经仿真试验后,结果表明:两者输出响应拟合良好,借助模糊辨识法建立例 4.2 非线性系统的 T-S 模糊预测模型是成功的。

4.2.4　基于模糊神经网络的模型辨识

1. 方法原理

利用模糊逻辑与神经网络相结合产生的模糊神经网络(如图 4.3 所示的 DIFNN)具有自适应、自学习、自组织和多种模糊推理功能以及可逼近任意非线性

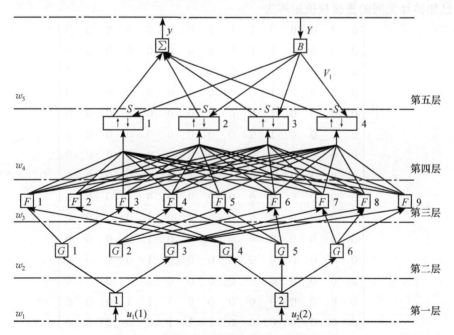

图 4.3　双端输入模糊神经网络(DIFNN)结构

函数的映射能力,为复杂系统建模提供强有力的建模技术途径,并在这种技术构成模糊神经网络模型的基础上,进行类似于 T-S 模糊模型的辨识,最终得到基于模糊神经网络的辨识模型。有关这方面的详细论述,如模糊神经网络结构、特点及结构与参数辨识算法等可参阅文献(诸静,2005)。

2. 技术特点

(1) 属于多种建模方法的结合,由于神经网络具有强有力的学习功能和逼近任意非线性函数的映射能力,所以尤其适合于复杂系统的精确建模。

(2) 不仅为复杂系统建模提供了一种新的技术途径,而且使复杂系统智能控制成为可能。

(3) 模糊神经网络模型辨识与 T-S 模糊模型辨识方法类似,仍包括前提(件)部和结论部的结构辨识与参数辨识。其结构辨识用以检验网络学习的有效性,参数辨识则针对检验学习算法的性能。

3. 典型应用

例 4.3　基于 DIFNN 的模型辨识。

设非线性对象的模型为

$$y = 0.6\sin(\pi u) + 0.3\sin(3\pi u) + 0.1\sin(5\pi u) \tag{4.20}$$

且已知神经元间的连接权值矩阵为

$$
w_4 = \begin{bmatrix}
0 & 0 & 0 & 0 & 0 & 1 & 1 & 1 & 0 & 0 & 0 & 0 & 0 & 0 & 0 \\
0 & 0 & 0 & 1 & 1 & 1 & 0 & 0 & 0 & 0 & 0 & 0 & 0 & 0 & 0 \\
0 & 0 & 0 & 1 & 1 & 0 & 0 & 0 & 0 & 0 & 0 & 0 & 0 & 0 & 0 \\
0 & 0 & 0 & 0 & 1 & 0 & 0 & 0 & 0 & 0 & 0 & 0 & 0 & 0 & 0 \\
0 & 0 & 0 & 0 & 1 & 0 & 0 & 0 & 0 & 0 & 0 & 0 & 0 & 0 & 0 \\
0 & 0 & 0 & 0 & 0 & 0 & 0 & 0 & 0 & 0 & 0 & 0 & 0 & 0 & 0 \\
0 & 0 & 0 & 0 & 0 & 0 & 1 & 0 & 1 & 0 & 0 & 0 & 0 & 0 & 0 \\
0 & 0 & 0 & 0 & 0 & 0 & 0 & 0 & 0 & 1 & 0 & 0 & 0 & 0 & 0 \\
0 & 0 & 0 & 0 & 0 & 0 & 0 & 0 & 0 & 1 & 0 & 0 & 0 & 0 & 0 \\
0 & 0 & 0 & 0 & 0 & 0 & 0 & 0 & 0 & 1 & 0 & 0 & 0 & 0 & 0 \\
0 & 0 & 0 & 0 & 0 & 0 & 0 & 0 & 0 & 1 & 0 & 0 & 0 & 0 & 0 \\
0 & 0 & 0 & 0 & 0 & 0 & 0 & 0 & 0 & 1 & 0 & 0 & 0 & 0 & 0 \\
0 & 0 & 0 & 0 & 0 & 0 & 0 & 0 & 0 & 1 & 0 & 0 & 0 & 0 & 0 \\
0 & 0 & 0 & 0 & 0 & 0 & 0 & 0 & 1 & 1 & 1 & 0 & 0 & 0 & 0 \\
0 & 0 & 0 & 0 & 0 & 0 & 1 & 1 & 1 & 0 & 0 & 0 & 0 & 0 & 0 \\
\end{bmatrix} \tag{4.21}
$$

采用 DIFNN 五层网络结构的节点数为(1,15,15,15,1),系统输入变量 u 相

应的模糊集合 $A_i(i=1,2)$,其隶属度函数的初值是:$[-1,-0.9,-0.75,-0.6,$
$-0.45,-0.3,-0.15,0,0.15,0.3,0.45,0.6,0.75,0.9,1]$,$b_1(i)=0.15,b_2(i)=$
$0.2,i=1,2,\cdots,15$。

　　具体辨识包括两部分,即 DIFNN 的模型参数辨识和结构辨识。对于参数辨识通常有两种算法:平均值法和统计分析法。若选用统计分析法有:

　　① 将 N 个样本数据读入。

　　② 任选 T_1 个初始聚类中心:$r_1',r_2',\cdots,r_{T_1}'$。通常取样本集以前 T_1 个样本作为初始聚类中心。

　　③ 假设聚类过程已进入第 k 次迭代,若对某一样本 u 有 $|u-r_j^k|<|u-r_i^k|$(上角码表示寻找聚类中心时的迭代运算次数),则 $u\in s_j^k$,其中 s_j^k 是以 r_j^k 为聚类中心的样本集。以此将所有样本分配到 T_1 个聚类中。

　　④ 计算多聚类中心的新一代矢量值

$$r_j^{k+1}=\sum_{u\in s_j^k}\frac{u}{n_j} \tag{4.22}$$

式中,$j=1,2,\cdots,T_1$,n_j 为 s_j 中所包含的样本数。

　　⑤ 若 $r_j^{k+1}\neq r_j^k,j=1,2,\cdots,T_1$,则返回③,将全部样本重新分类,重复迭代计算;若 $r_j^{k+1}=r_j^k,j=1,2,\cdots,T_1$,则继续⑥。

　　⑥ 将 r_j^k 从小到大排列,得到前件部参数均值

$$a_1(i)=\sum_{u\in s_j^k}\frac{u}{n_j} \tag{4.23}$$

式中,$i=1,2,\cdots,T_1$。计算各类之间的中心值

$$d_i(i)=\frac{a_1(i+1)+a_1(i)}{2} \tag{4.24}$$

式中,$i=1,2,\cdots,T_1-1$。

　　根据方程

$$\exp\left\{-\frac{d(i)-a_1(i)}{[b_1(i)]^2}\right\}=0.5 \tag{4.25}$$

得到前件部参数的方差

$$b_1(i)=\frac{|a_1(i)-d_1(i)|}{\sqrt{\ln 2}} \tag{4.26}$$

$$b_1(T_1)=\frac{|a_1(T_1)-d_1(T_1-1)|}{\sqrt{\ln 2}} \tag{4.27}$$

式中,$i=1,2,\cdots,T_1-1$。

　　⑦ 结束。

　　应指出,在上述算法中 N 为训练数据对的个数;$\tau\geqslant 1$ 为置信度阈值;$n(3)$,

$n(4)$为分别为 DIFNN 网络第三、四层的节点数。

同理，可求得结论部的参数 $a_2(i)$ 和 $b_2(i)$。

对于结构辨识有：

① 设中间存储单元 $P(i,j)=0$，其中 $i=1,2,\cdots,n(3)$；$j=1,2,\cdots,n(4)$，且 $k=0$；

② $k=k+1$，对于 DIFNN 网络由第 k 个训练数据对，分别计算 $z_3(i)$，$u_4^*(j)$，$i=1,2,\cdots,n(3)$，$j=1,2,\cdots,n(4)$，$k=0$；

③ 计算
$$C_{ml}(n) = \max[z_3(i)], \quad \mu_h(m) = \max[u_4^*(j)] \tag{4.28}$$

④ 置 $P(m,n)=P(n,m)+1$；

⑤ 如果 $k \neq N$，则转至②；否则转下步⑥；

⑥ 对于 $i=1,2,\cdots,n$③，$j=1,2,\cdots,n$④，如果 $P(i,j) \geqslant \tau$，则 $w_4(i,j)=1$；否则 $w_4(i,j)=0$；

⑦ 结束。

经过上述辨识可得到网络参数

$A_1 = [-1.0034 \quad -0.8849 \quad -0.7747 \quad -0.6386 \quad -0.5057$
$-0.3258 \quad -0.1483 \quad 0.0012 \quad 0.1488 \quad 0.3266 \quad 0.5074$
$0.6392 \quad 0.7773 \quad 0.8844 \quad 1.0032]$

$B_1 = [0.0872 \quad 0.0874 \quad 0.0678 \quad 0.1793 \quad 0.2668 \quad 0.1112$
$0.1234 \quad 0.0993 \quad 0.1233 \quad 0.1170 \quad 0.2661 \quad 0.1827$
$0.0691 \quad 0.0863 \quad 0.8760]$

$A_2 = [-1 \quad -0.9 \quad -0.75 \quad -0.7067 \quad -0.3949 \quad -0.3070$
$-0.0841 \quad 0.0025 \quad 0.0859 \quad 0.3034 \quad 0.3948 \quad 0.5136 \quad 0.7211$
$0.75 \quad 0.91]$

$B_2 = [0.2 \quad 0.2 \quad 0.2 \quad 0.2659 \quad 0.2082 \quad 0.1322 \quad 0.0888 \quad 0.2988$
$0.9450 \quad 0.13 \quad 0.2140 \quad 0.2703 \quad 0.2 \quad 0.2 \quad 0.2]$

同样，仿真结果表明（见图 4.4），该方法具有的高建模精度，是一般模糊辨

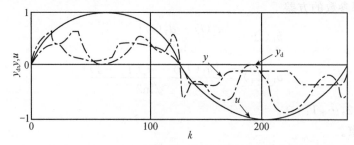

图 4.4　基于 DIFNN 网络辨识模型输出与实际系统输出的仿真比较

识或常规神经网络难以比拟的。

4.3　组合建模方法与技术

4.3.1　方法原理

组合建模的思想和方法来自于系统论的"层次性"观点和复杂系统通常具有模块化结构的客观事实,并由此而产生了分层-聚合建模法与分块-集成建模法。

1. 分层-聚合建模法

系统论认为,系统"内部是有层次的,一个层次一种运动形式,高一层次就有高一级的运动形式……"。因此,复杂系统可能且应当从不同层次加以描述,建立起不同层次的模型。系统"每一层次的活动或事件有着重要的不同属性",进一步提供了按照实体大小(模拟单位)、空间属性、时间属性和效能属性进行合理结构分层建模的理论根据。

模型的层次决定于建模的抽象程度,通常低层次模型分辨率高,结构较为复杂,而高层次模型分辨率低,结构相对简单。这种多层次不同分辨率模型依靠聚合原则来实现。

聚合是分层建模的基本方法。所谓聚合是指把若干个体集总成为能够表示这些个体总和的综合体。广义上讲,聚合是对事物由个别到一般的抽象。简而言之,聚合是"多到一"的变换,并具有不可逆性。

这样,对于关系或层次明显的复杂大系统或简单巨系统,便可按属性结构分层并在确定聚合特性的基础上,利用系统机理或规则模型要求建立层次模型,并最终归一为系统全局模型。这就是组合建模方法中的层次-聚合建模法,简称为层次化建模法。

2. 分块-集成建模法

现代大系统尤其是简单巨系统的结构和环境越来越复杂,致使它们的元件(组分)数量和机理范围达到了惊人的程度。例如,许多系统的子系统就有成百上千甚至几十万个,其工作机理可能同时涉及光、电、磁、机械、化学、液压、气动、力学、生态、医学等多个学科领域。(美)"阿波罗"宇宙飞船就是典型实例。对于这类系统宜采用分块-集成建模方法(简称模块化建模法或组件化建模法),其主要思想是先将系统按功能划分为若干子系统(或分子系统),在不计各子系统间关联下分别建立各子系统(或分子系统)模型(或称局部模型),然后建立它们之间的关联模型,最后通过关联模型将各子系统(或分子系统)模型集成起来,构成系统的总体模型(或称全局模型)。上述子系统(或分子系统)模型和关联模型的建立一般采用机理分析法、系统辨识法或它们的混合方法。

综上所述,在组合建模中,无论是分层-聚合建模法或是分块-集成建模法,按照 Zeigler 教授的观点,从仿真角度都可以描述为

$$N = [T, X_N, Y_N, D\{M_d \mid d \in D\}\{I_d \mid d \in D \bigcup (N)\}\{Z_d \mid d \in D \bigcup (N)\}]$$
$$\text{(4.29)}$$

式中,T——有限变迁集,$T = \{t_1, t_2, \cdots, t_n\}$;

　　X_N——外部输入量;

　　Y_N——外部输出量;

　　D——内部所有组件 $d \in D$ 的实物集合集;

　　M_d——对所有组件 $d \in D \bigcup (N)$ 的输入、输出系统,$M_d = [T, X_d, Y_d, \Omega, Q,$
　　　　　$\Delta, \Lambda]$;

　　I_d——对 d 有影响的组件模块的集合;

　　Z_d——d 的接口映射;

　　Q——状态集;

　　Λ——系数输出函数;

　　Ω——允许的输入分割的集合;

　　Δ——系统全局状态转移函数。

4.3.2　技术特点

组合建模方法具有如下突出的技术特点:

(1) 建模指导思想为系统论的系统分层与聚合观点和大系统通常为模块化结构。

(2) 模型为层次化或模块化形式,其结构层次分明、容易检测、便于调整和修改。

(3) 大大降低了复杂系统特别是复杂工程系统的建模技术难度。

(4) 在组合建模方法中,层次化建模关键在于低聚合度模型与较高聚合度模型间的"接口"设计;模块化建模关键在于采用其他方法建立子系统(或分子系统)模型和关联模型。

4.3.3　典型应用

例 4.4　联合作战模拟中的兵力计划和武器装备体系层次化建模。

图 4.5(a)给出了一种兵力计划分层建模的聚合方法,即由小规模的高分辨率模型聚合成确定性的兰彻斯特微分战斗模型,进而再聚合为火力指挥战斗模型,即兵力计划模型。

图 4.5(b)给出了各武器装备体系分层建模结构,亦由小规模的高分辨率武器系统功能组件模型逐步聚合成武器装备体系,并体现联合作战效能的低分辨率全

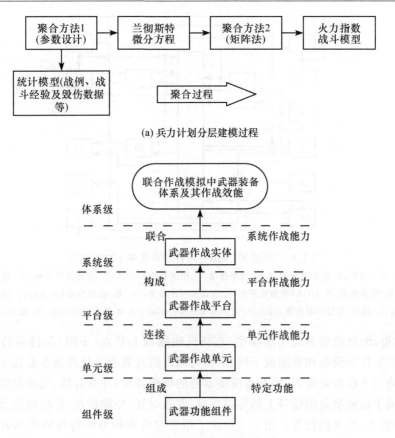

(a) 兵力计划分层建模过程

(b) 武器装备体系分层建模过程

图 4.5　联合作战模拟中的兵力计划和武器装备体系分层建模结构

局模型。

例 4.5　（美）"阿波罗"宇宙飞船登月控制系统分块-集成建模。

在设计和制造"阿波罗"宇宙飞船登月控制系统中,进行了各子系统仿真试验和整个系统仿真试验。所用模型采用了分块-集成建模方法。图 4.6 给出了用于该系统分块-集成建模的"阿波罗"飞船登月控制系统基本结构框图。同时,在建立该控制系统各子系统和子系统间关联模型时,采用了前述分析-统计法,获得十分良好的效果。

例 4.6　现代战场通信网络建模。

现代战场通信网络时,C⁴ISR 信息化作战系统的重要组成部分,在通信服务上具有全时空、全业务和综合性很强的特点,由于仿真的需要,要求建立网络模型。建模中,采用了分层建模思想:首先确立子网、节点和链路三类基础对象,然后利用这三类对象建立网络模型,进而产生节点的链路派生模型,构成仿真网络的拓扑结

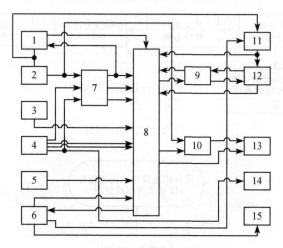

图 4.6 "阿波罗"飞船登月控制系统基本结构框图

1. 应急导引子系统；2. 陀螺稳定器；3. 监视望远镜；4. 相遇和着陆雷达；5. 仪器操纵手柄；6. 控制台和指示台；7. 模/数转换器(A/D)；8. 机载数字机；9. 发动机程序装置；10. 数/模转换器(D/A)；11. 遥测机和时间业务；12. 爬升、着陆和稳定发动机；13. 方向和角速度指示器；14. 水平速度指示器；15. 应急呼号设备

构。这里，网络模型是高层次模型，直接反映战场上节点（子网）与链路的连接关系；节点被作为设备和资源或子网，所有与网内信息流相关处理基本都在节点内完成；链路与节点相对应，其模型将反映本身的物理特性，并有有线、无线和微波链路之分，用于确定节点间信号上的传输容量、发送时延、传输损耗、传播时延、识码率、纠检错能力、冲突检测等。图 4.7 给出了采用组合建模方法得到的战场通信网络模型多模块间信息交互示意图。

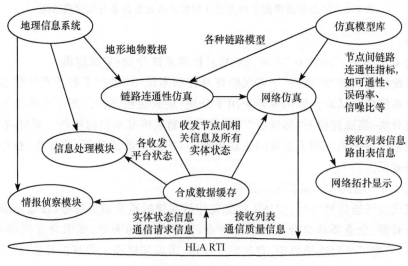

图 4.7 基于组合建模的战场通信网络信息交互示意图

4.4　基于智能技术的 Agent/MAS 建模方法与技术

4.4.1　引言

针对复杂系统问题研究的需求,(美)SFI(Santa Fe Institute)学者提出了一种新思想,这就是系统复杂性特别是涌现性的出现是自上而下的,并取决于构成系统的构件(building block)及其他互相间的非线性作用,这种构件被称之为主体(agent)。20 世纪 90 年代以来,Agent 已成为计算机和人工智能领域研究的重要前沿。与此同时,许多领域(如社会科学、经济系统、生物科学、生态科学、工程技术、仿真科学等)都依次展开了建模与仿真研究工作,并取得了重大成果。因为Agent 和 MAS(muti-agent systems)最初来源于分布式人工智能的研究,故本节起名为"基于智能技术的 Agent/MAS 建模方法与技术"。

4.4.2　方法原理

1. Agent 建模

在各个不同领域与学科中,Agent 具有不同的含义。起初 Agent 仅作为构成系统的构件,后来被扩展为一种智能体,它可以是智能软件、智能设备、智能机器人或智能计算机,甚至可以是人。由此概念和定义出发,Agent 不仅具有自治性、社会能力、响应性、能动性等行为特征,而且还有知识、信念、责任、承诺等精神状态特征。图 4.8 给出了 Agent 的基本结构。

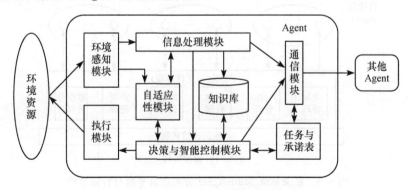

图 4.8　Agent 的基本结构

可见,Agent 是一个能够与外界自主交互并拥有一定知识和推理能力,能够独立完成一定任务的具有社会性的智能实体。这样,在复杂系统(如复杂工程系统、军事作战系统、社会系统、交通管制系统、电子交易系统等)建模与仿真中,便可能由许多 Agent 按一定规则结合成局部细节模型,并利用 Agent 间的局部连接准则构造出复杂系统的整体模型,最后借助计算机系统实现模型运行,进行仿真试验研究。在基于 Agent 的建模与仿真(ABMS)中,一般是在基于 Agent 的模型形式化框架下,采用形式化规范方法利用 Z 语言来构造 Agent 模型。

2. MAS 建模

目前 MAS 的设计与开发广泛采用自然语言、框图等非形式化描述方法。而形式化建模方法是以逻辑、自动机、代数和图论等数学理论为基础。图 4.9 给出了基于 MAS 的分布式仿真平台及其智能结构。

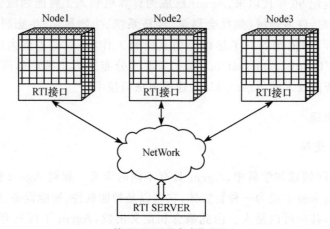

(a) 基于MAS的分布式仿真平台

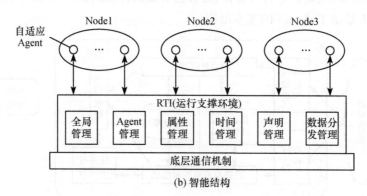

(b) 智能结构

图 4.9　复杂系统 Muti-Agent 分布仿真平台与智能结构

4.4.3　技术特点

(1) Agent 建模是一种基于智能技术的新方法,对复杂系统建模有着普遍的重要作用。

(2) MAS 是多个 Agent 构成的自适应柔性动态系统与典型分布式计算机系

统,通常由三种组织结构模式:完全集中式、完全分布式和混合式,可满足多种建模目标需求;有效地解决大规模复杂系统建模问题。

(3) Agent 技术是一种先进计算机技术,特别适合用来解决具有模块化、分散化、可变性、不良结构、复杂性等特征的应用问题。

(4) Agent 技术具有下列显然优势:

① 与传统系统(如可用数学方程描述的系统,可求解的规范系统等)方法相比较,Agent 技术不仅可提供建模方法,而且可给出问题的解,还可用演示系统演化全部动力学特征,这是传统分析方法或数值方法所无法达到的。

② 对于无法求解,或当没有合适方法求解,或许多参数无法计算的系统和问题,采用 Agent 技术可详尽地研究系统多种特征,并对问题进行求解。

③ 对于无法采用形式描述和数学计算的问题,仍然可通过 Agent 交互来解决,而这类问题恰恰广泛存在于经济系统、社会系统和生物系统等复杂系统。

④ 已有基于 Agent 的建模和开发工具(软件)(如由 SFI 研制的 Swarm 等)被成功应用于复杂系统问题研究。

⑤ MAS 已成为计算机及自动化领域一项关键性主流技术和研究分布式智能控制的主要工具。MAS 形式化建模方法对于 MAS 进行描述和研究,以及对系统模型分析与验证是至关重要的,也是 MAS 理论的一个重要研究方向。

4.4.4 典型应用

例 4.7 Multi-Agent 城市交通管制建模与仿真。

进行区域协调,解决城市交通拥挤现象是城市交通管制系统的主要任务,本质上是一个排队系统的优化问题,可通过系统建模与仿真解决这个问题。建模中,采用了基于 Multi-Agent 的建模方法。这里,Multi-Agent 包括两类 Agent,即区域 Agent 和路口 Agent,而每个 Agent 均由通信层、协作层和控制层组成。

分析 Agent 间的合作与冲突机理,应用博弈论和排队论并通过大量随机交通流计算数据,进行拟合辨识后,可建立起该系统的区域协调模型

$$G = \{A, I, S, U\} \tag{4.30}$$

式中,$A = \{\text{Agent}_1, \text{Agent}_2, \cdots, \text{Agent}_n\}$;

I——每个 Agent 所拥有的信息;

S——每个 Agent 所有可能的取量或行动的集合,$S = \{\text{东西直行,南北直行,东西双左拐,南北双左拐}\}$;

U——每个 Agent 获得的利益,为 $Q_i(t)$ 的收益函数;

$Q_i(t)$——t 时刻等候在第 i 路的车辆数量矢量,$Q_i(t) = \{Q_{i,E}(t), Q_{i,S}(t), Q_{i,S}(t), Q_{i,N}(t)\}$,分别为 t 时刻等候在第 i 路口的东、南、西、北四个方向的车辆数。

及

$$U_i(t \mid S_i^*, S_{-i}^*) \geqslant U_i(t \mid S_i, S_{-i}^*), \quad \forall S_i \in S \tag{4.31}$$

式(4.31)表示每个 Agent 依据它所拥有的信息 I,在 S 中选择合适的策略,通过不断协调,使其盈利达到纳什均衡。整个协调过程分三个层次:即下层为路口 Agent 与其相临路口 Agent 间的协调;中间层是区域 Agent 与路口 Agent 之间的协调;上层是区域 Agent 与相临区域 Agent 之间的协调。纳什均衡则借助搜索图 4.10 所示的博弈树并根据式(4.31)来达到。有关协调算法及其算例读者可详细参阅文献(陈森发,2005)。

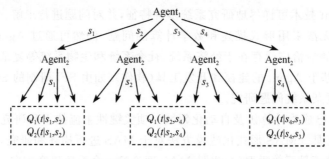

图 4.10　Agent 博弈树

例 4.8　基于 Multi-Agent 建模的协同作战计划 MAS 系统。

现代战争是陆、海、空、天、电为一体的立体信息化战争,是多兵种联合协同对抗作战。合理地制定和实现作战计划是赢得战争胜利的关键之一。对此,Multi-Agent 建模起着至关重要地作用。为简便起见,仅以海军多兵种海上协同对抗作战为例,讨论利用 Multi-Agent 理论方法及软件技术制定作战计划问题。

此作战计划制定,由基于 Multi-Agent 建模的协同计划智能决策 MAS 系统来实现。该系统利用多个 Agent 作为战场角色(包括武器装备、支援装备、保障装备、作战人员、指挥机构、作战原则、态势评估、战场环境等实体),通过 Agent 通信语言(KQML)与 HAL/RTI 相应服务达到 Agent 间交互,从而按计划实现多兵种协同作战,直到取得胜利。

图 4.11 为上述协调作战智能决策 MAS 的体系结构框架。由图可见,该系统由系统管理、战场环境和数据管理三大部分组成,其核心是各种类型 Agent:作战单元 Agent、交互与协调 Agent、用户 Agent、情报判断 Agent、集成 Agent、通信 Agent 和任务管理 Agent 等。所有 Agent 决策都应服从系统整体最优化的作战目标。数据库将作为决策的重要支持,它主要包括平台数据库、武器数据库、战术数据库、情报数据库、环境数据库、方案数据库、军标数据库,图形/图标数据及模型库(知识库、规则库、方案库等)。

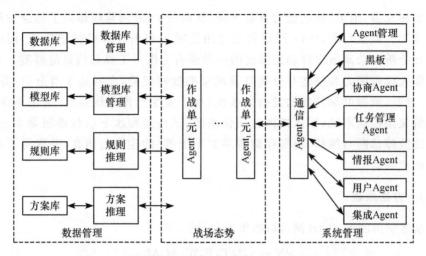

图 4.11　协同计划智能决策系统 MAS 体系结构框架

　　系统运行关键在于系统管理下的作战单元 Agent 状态及相应转换（见图 4.12）。

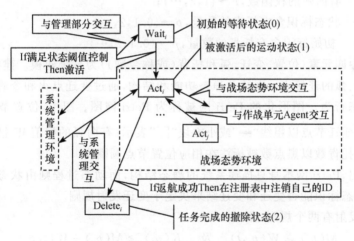

图 4.12　作战单元 Agent 状态转换图

4.5　基于 Petri 网建模方法与技术

4.5.1　引言

　　自德国 Petri 博士首次提出 Petri 网概念,40 多年来 Petri 网理论与技术不断地充实和完善,抽象、描述能力日益增强,从而使 Petri 网建模得到了迅速发展和广泛应用。截至目前,Petri 网研究及应用已远远超出计算机科学领域,而成为描述和分析复杂离散事件动态系统的一种强有力图形工具和信息流模型。它以具有强大模拟能力和描述与分析并发现象的独特优势,尤其适于有分布、并发、同步、异步,资源共享特征的复杂大系统(如工业生产流水线系统、通信系统、分层递阶复杂控制系统、军队指挥自动化系统、飞行器和水下航行器制导系统、复杂系统故障诊断与维修、海量存储器动态系统等)的建模与仿真,并取得了举世瞩目的成果。

4.5.2　方法原理

从数学角度讲,Petri 网可以抽象为六元组,即

$$PN = (P, T, F, W, M, M_0)$$

式中,P——有限位置集,称为库所,$P = \{p_1, p_2, \cdots, p_m\}$;

　　　T——有限变迁集,称为变迁,$T = \{t_1, t_2, \cdots, t_n\}$;

　　　F——节点流关系集,即有向弧集,$F \subseteq (p \times T) \bigcup (T \times p)$;

　　　W——有向弧的权函数,$F \rightarrow \{1, 2, \cdots\}$;

　　　M——状态标识含有托肯的数量,$p \rightarrow \{0, 1, 2, \cdots\}$;

　　　M_0——初始标识含有托肯的数量,$p \rightarrow \{0, 1, 2, \cdots\}$。

用其中四元素(位置、变迁、弧和托背(或称令牌))为系统建模。建模中,利用位置、变迁、弧的连接表示系统的静态功能和结构,通过变迁点火和令牌移动描述系统的动态行为。图形化的 Petri 网被称为 Petri 网图。图中,位置节点以圆圈"○"表示,变迁节点以粗线"▬"或小方块"□"表示;有向弧的权值 W 被标注在该有向弧旁;托肯数以黑点数被标注在相应位置节点圆圈内。

应指出,Petri 网本身只描述系统的静态结构,而动态过程则由状态标识变迁来表征,状态标识能否变迁和变迁结果决定于变迁发射规则。

变迁发射有两个规则,即

(1)　　　$M(p_i) \geqslant W(p_i, t)$　　及　　$K(p_j) \geqslant M(p_j) + W(t, p_j)$　　　　(4.32)

式中,$M(p_i)$——对于变迁 t 的每一个输入位置 p_i 中包含的托肯数;

　　　$W(p_i, t), W(t, p_j)$——有向弧的权重;

　　　$M(p_j)$——对于变迁 t 的每一个输出位置 p_j 中包含的托肯数;

　　　$K(p_j)$——对于变迁 t 的每一个输出位置 p_j 的容量。

(2) 从变迁节点 t 的各个输入位置中减去"托肯"数,等于各输入位置之变迁节点 t 的输入有向弧的权;在变迁节点 t 的各个输出位置中加上"托肯"数,等于变迁节点 t 的各个输出位置的输出有向弧的权。

基于 Petri 网建模方法的本质应是数学建模的 Petri 网表示。在此,①库所一般用以描述模型输入和输出量,或者模型状态。在产生式规则下,库所标志为 1 表示库所表示的谓项为真,其他则为零。于是 Petri 网可运行,并产生正向推理过程。②变迁一般用来描述模型的算子,而算子仅是一个约定的符号。在有条件输出时,变迁还用来描述约束条件。在 Petri 网中,只要确定起始变迁和终止变迁,就可以运行和分析。③弧线表示模型库中的各个算子与变量之间相互关系,以双弧线"↔"来描述,而单弧线"→"表示算子与算子输出之间关系,还可表示状态与算子之间关系。④标识是用来证明变量的值是否存在符号,如库所上标识为 1,则表示的变量存在。当变迁的所有库所的标识均存在时,该变迁表示的算子即可运算;否则不能运算。

4.5.3　技术特点

(1) Petri 网基本构造十分简单,但能够对复杂大系统进行精确地描述。

(2) Petri 网是复杂系统建模和分析的主要现代图形工具和信息流模型,尤其适于具有分布、并发、同步、异步、资源共享的复杂大系统建模与仿真。

(3) 利用传统 Petri 网建模虽然简便,但模型规模大,对建模人员的数学和专业知识要求高,从而促使出现了一些新的 Petri 网建模方法,如 Petri 网的分层递归建模方法、随机 Petri 网模型方法、基于消息序列表(MSC)的 Petri 网建模方法、基于着色 Petri 网建模方法等。

(4) Petri 作为复杂系统的分析与建工具,已有不少工程软件或辅助软件包供人们使用。

4.5.4　典型应用

例 4.9　简单流水线工段的 Petri 网图与较复杂信息系统的随机 Petri 网图。

本例表明,无论是简单流水线工段加工操作或是较复杂信息系统的工作流程都可以通过 Petri 网方便地描述。

对于某简单生产流水线,有两个加工操作,可用两个变迁 t_1 和 t_2 来表示,它们使用工具 P_7,第一个变迁 t_1 将前面传送来的半成品 P_1 和部件 P_2 用 2 个螺钉 P_3 固定在一起,变成半成品 P_4。第二个变迁 t_2 再将半成品 P_4 和部件 P_5 用 3 个螺钉固定在一起,得到半成品 P_6。显然,依照前述 Petri 网建模方法可得到该简单流水线这段加工操作的 Petri 网模型如图 4.13(a)所示。

对于具有验证正确性的信息系统工作流程一般较为复杂,如图 4.13(b)所示。通过随机 Petri 网建模,所得到的相应随机 Petri 网模型如图 4.13(c)所示。

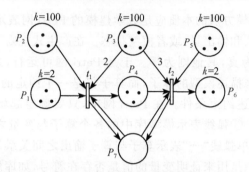

(a) 某生产流水线工段的Petri网模型

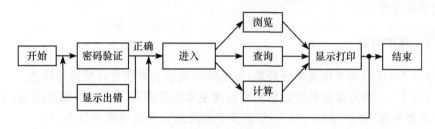

(b) 某信息系统操作简化流程

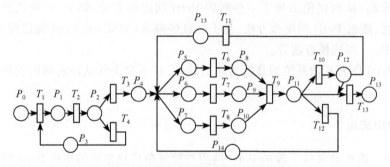

(c) 信息系统(b)的随机Petri网模型

图 4.13　Petri 网与随机 Petri 网模型

例 4.10　瓦斯涌出量的 Petri 模型。

已知瓦斯涌出量的数学模型由下列各式构成：

$$q = \mu K_e W_含 \tag{4.33}$$

$$W_含 = \frac{65.5 \times (100 - A^5 - w^5)}{\left(\dfrac{a}{p} + b\right)(V^5)^{0.146} e^n (1 + 0.31 V^5) \times 100} + \frac{K_孔}{100 K_压 V_容} \tag{4.34}$$

$$a = 2.4 + 0.2 V^5 \tag{4.35}$$

$$b = 1 - 0.004 V^5 \tag{4.36}$$

$$n = \frac{0.026}{0.993 + 0.007p} \tag{4.37}$$

$$K_{压} = 1 - 0.0023p + 0.004t \tag{4.38}$$

若以库所 S_1、S_2、S_3、S_4、S_5 表示各子模型式(4.34)~(4.38)的状态,其变迁分别采用 t_1、t_2、t_3、t_4 表示,则模型式(4.33)的相应 Petri 网如图 4.14 所示。

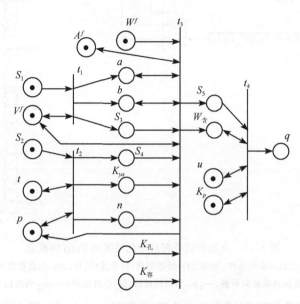

图 4.14　单一煤层瓦斯涌出量模型的 Petri 网图

由图可知,S_1、S_2 的标志为 1,变迁 t_1 和 t_2 就有发生权,当它们发生后,S_3、S_4 的标志为 1,从而使变迁 t_3 有发生权,最后变迁 t_4 才有发生权。

例 4.11　高炮营级指挥自动化系统的 Petri 网模型。

已知:该系统由二部中程目标指示雷达、一部低空快速搜索雷达、营指挥所及下层三个炮兵连组成。每个雷达站都配备微机和无线通信机一部(台)。微机系统由指控机、空情处理机和航迹显示机及外设组成。系统运行流程如下:雷达将捕获的目标信息馈入微机进行目标识别→相关和编批处理→形成目标的一次航迹信息→经无线通信机传送至营指挥所→空情机对雷达传来的多个一次航迹进行归一化处理→形成高精度的目标二次航迹信息并利用这些信息完成目标威胁评判→最后进行目标火力分配。在此,指控机对全系统进行指控与协调,航迹显示机用以显示目标的轨迹及参数。

据此,可按照前述 Petri 网建模方法建起该系统的 Petri 网模型,如图 4.15 所示。

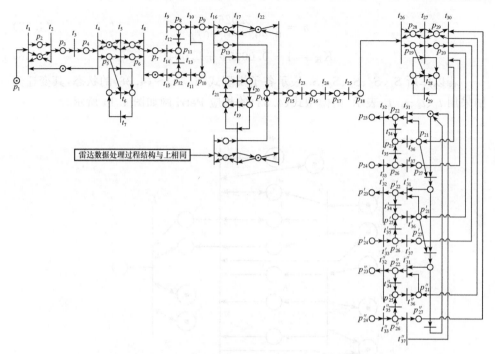

图 4.15　高炮营级指挥自动化系统的 Petri 网模型

图中用位置(p)表示系统条件，用变迁(t)描述事件，以令牌(托肯)表征信息数据或控制条件。

如 p_1 为雷达录取的数据，$\cdots$，p_{17} 为目标威胁(度)估计完毕，$\cdots$，p_{C_2} 为微机空闲；

t_1 为往微机写入雷达数据，$\cdots$，t_{23} 为归一化处理，$\cdots$，t_{37}、t'_{37}、t''_{37} 为 OK 发送成功

4.6　马尔可夫建模方法与技术

4.6.1　引言

客观世界中广泛存在着极其复杂的随机现象，往往需要用一族(甚至无穷多个)按照某种特定的关系联系起来的随机变量才能描述它的完整统计规律性。随机过程就是这一族随机变量，也是一族样本函数。马尔可夫过程是实际工程中最有研究意义及应用价值的一类随机过程，马尔可夫建模方法与技术是建立在马尔可夫过程理论基础上的。国外早对马尔可夫建模研究及应用非常重视，已在理论与技术上形成了较完整的体系，并取得了许多重大成果，特别是在航空、航天、生物、生态领域内。

本节重点讨论复杂动态系统的传统马尔可夫建模方法及模糊马尔可夫建模方法。

4.6.2　动态系统传统马尔可夫建模方法与技术

1. 方法原理

考虑一动态系统(过程)被描述成随机微分状态空间方程

$$\frac{\mathrm{d}\boldsymbol{x}}{\mathrm{d}t} = \boldsymbol{A}\boldsymbol{x}(t) + \boldsymbol{F}\boldsymbol{\xi}(t) \tag{4.39}$$

式中, $\boldsymbol{x}$——n 维状态矢量;

　　$\boldsymbol{A}$、$\boldsymbol{F}$——具有相应维的矩阵;

　　$\boldsymbol{\xi}(t)$——独立的高斯矢量。

显然,式(4.39)就是 Doob 第一定理得出的马尔可夫过程。若在式(4.39)中 $\boldsymbol{\xi}(t)$ 不是白噪声,而是一个相关时间比系统调节时间小得多的平稳高斯过程,则式 (4.39)可近似地被看成马尔可夫过程,于是有微分方程

$$\frac{\mathrm{d}\boldsymbol{x}}{\mathrm{d}t} = \boldsymbol{A}\boldsymbol{x}(t) + \boldsymbol{B}\boldsymbol{U}(t) + \boldsymbol{F}\boldsymbol{\xi}(t) \tag{4.40}$$

式中, $\boldsymbol{x}(t)$——状态坐标;

　　$\boldsymbol{U}(t)$——控制坐标;

　　$\boldsymbol{A}$、$\boldsymbol{B}$、$\boldsymbol{F}$——不变系数;

　　$\boldsymbol{\xi}(t)$——白噪声。

其相应差分方程为

$$\boldsymbol{x}(t_n) = \boldsymbol{A}\boldsymbol{x}(t_{n-1}) + \boldsymbol{B}\boldsymbol{U}(t_{n-1}) + \boldsymbol{F}\boldsymbol{\xi}(t_{n-1}) \tag{4.41}$$

$$\boldsymbol{U}(t_n) = \boldsymbol{R}\boldsymbol{x}(t_{n-1}) \tag{4.42}$$

式中, $\boldsymbol{x}(t_n)$——状态矢量;

　　$\boldsymbol{U}(t_n)$——控制矢量;

　　$\boldsymbol{\xi}(t_n)$——随机扰动矢量;

　　$\boldsymbol{A}$、$\boldsymbol{B}$、$\boldsymbol{F}$、$\boldsymbol{R}$——相应维数的矩阵。

于是,该动态系统可以被描述为一个自回归过程

$$\boldsymbol{x}(t_n) = \boldsymbol{A}\boldsymbol{x}(t_{n-1}) + \boldsymbol{B}\boldsymbol{R}\boldsymbol{x}(t_{n-2}) + \boldsymbol{F}\boldsymbol{\xi}(t_{n-1}) \tag{4.43}$$

通过式(4.43)量化处理,马尔可夫过程便转化为马尔可夫链。若给定的随机 过程 $\boldsymbol{\xi}(t)$ 是平稳的,则式(4.43)马尔可夫链是均匀的。均匀马尔可夫链可用 $m \times n$ 维随机转移矩阵来描述。随机矩阵的每一个元素表示经过采样间隔 $T_s = t_n - t_{n-1}$ 从状态 $\boldsymbol{X}_j$ 转移到状态 $\boldsymbol{X}_i$ 的概率,有

$$\begin{cases} \boldsymbol{P}_{ij} = \mathrm{Prob}\{\boldsymbol{x}(t_n) = \boldsymbol{x}_j \mid \boldsymbol{x}(t_{n-1}) = \boldsymbol{x}_i\} \\ \sum_{i=1}^{m} \boldsymbol{P}_{ij} = 1 \end{cases} \tag{4.44}$$

式中, m——链的状态数;

P——随机矩阵。

在状态 x_i 中的坐标 x 的概率 λ_i 可用下式确定：

$$\lambda_i = \mathrm{Prob}\left\{x \in \left[x_i - \frac{\Delta x}{2}, x_i + \frac{\Delta x}{2}\right]\right\} = \int_{x_i - \Delta x/2}^{x_i + \Delta x/2} P(x)\,\mathrm{d}x \tag{4.45}$$

这样，可控马尔可夫链，即随机动态系统可由随机转移概率矩阵序列 $P(U_k)$ 来描述，这里 U_k 是第 i 个间隔的中心。

应指出，式(4.41)中的自回归系数 A、B 和 F 同理可由转移概率矩阵 P 得到。有关这方面的推导可参阅文献(钱峰，2001)。

2. 技术特点

(1) 复杂动态随机系统可在平稳和遍历假定下，近似地被看成马尔可夫过程，用可控微分方程来描述，并进而描述为一个自回归过程，得到一阶或二阶简化的可控马尔可夫过程，对此过程进行量化处理后，则转化为可控马尔可夫链。

(2) 可控马尔可夫链可用随机转移概率矩阵序列 $P(U_k)$ 来描述。

(3) 建模中，模型结构(即马尔可夫模型结构)和参数的选取和算法研制是至关重要的，它主要决定于先验知识、实验数据和对模型精度的要求。

(4) 马尔可夫模型是非参数模型，该模型由试验数据直接辨识得到。因此，其最大特点就是从系统试验数据中建立随机近似模型。

3. 典型应用

例 4.12　陀螺漂移的马尔可夫建模。

陀螺是惯性导航系统和惯性制导系统中的主要部件之一，陀螺漂移是这些系统的主要误差源。通常，陀螺总是存在着因干扰引起的漂移，干扰因素是来自多方面的，如支承摩擦、输电装置弹性约束、质量不平衡、结构变形、工艺误差、元件发热、杂散磁场，等等。为此，必须对这些随机因素引起的陀螺漂移进行建模，以便通过仿真对其补偿或消除。

这里，将通过对陀螺漂移现象的时间序列分析，利用陀螺实际测量数据，建立陀螺漂移的马尔可夫模型。其建模过程如下：

(1) 采集陀螺漂移数据。在对陀螺漂移的连续信号进行采样得到离散的时间序列时，一般试验为 4h，采样周期为 1s，获得陀螺漂移的原始信号。

(2) 进行平稳性分析和预处理。所采集的陀螺漂移原始信号中包含常值分量和随机分量，可通过求均值来提高常值分量。去掉常值分量后的陀螺漂移为随机漂移，可通过统计检验方法(如逆序检验法)对随机漂移信号的平稳性作出判断。经过预处理将陀螺漂移分为常值分量和随机分量。常值分量由均值确定；随机分量又可分解为趋势项和平稳随机过程。通常，陀螺漂移的趋势项变化缓慢可归到常值分量中去。

（3）确定模型结构。陀螺漂移模型的结构一般为阶段常值加平稳随机过程。模型阶的选取与模型精度要求有关，理论上讲模型的阶越高，则越能精确地描述复杂系统。对于航空器陀螺而言，选择一阶马尔可夫模型就能很近似地描述陀螺漂移特性。而对于导弹控制系统的陀螺，则需要选择较高阶的马尔可夫模型。

（4）马尔可夫模型辨识。根据陀螺漂移的实际测量数据，经预处理后，若认为是平稳和遍历的，则可采用马尔可夫模型。对于陀螺漂移一阶马尔可夫模型，可以用 2-D 转移概率矩阵来描述，即

$$\boldsymbol{P}_{ij} = \frac{\boldsymbol{N}_{ij}}{\sum \boldsymbol{N}_{ij}} \tag{4.46}$$

$$\boldsymbol{P}_{ij} = \boldsymbol{P}\{\boldsymbol{x}(t+1) = \boldsymbol{x}_j \mid \boldsymbol{x}(t) = \boldsymbol{x}_i\} \tag{4.47}$$

对于陀螺漂移二阶马尔可夫模型，可以用 3-D 转移概率矩阵来描述，即

$$\boldsymbol{P}_{ijk} = \frac{\boldsymbol{N}_{ijk}}{\sum \boldsymbol{N}_{ijk}} \tag{4.48}$$

$$\boldsymbol{P}_{ijk} = \boldsymbol{P}\{\boldsymbol{x}_1(t+1) = \boldsymbol{x}_{1j} \mid \boldsymbol{x}_1(t) = \boldsymbol{x}_{1i}, \boldsymbol{x}_2(t) = \boldsymbol{x}_{2k}\} \tag{4.49}$$

模型辨识是在 MATLAB 环境下，通过编制转移概率矩阵 P 的辨识程序和运行来实现的。

例 4.13　近亲繁殖后代演化分析。

生物外部表征由其体内相应基因决定。研究表明，基因从一代到下一代遗传（或转移）具有马尔可夫性。因此，马尔可夫链模型可有效地用于近似繁殖后代演化的遗传学研究。

近亲繁殖大体过程是，最初的父母可以是优种（D）、混种（H）或劣种（R），他们有大量的后代，从中随机选取一男一女交配，如此继续下去。

由生物学知，由于父亲和母亲都有可能是 D、H 和 R 中的一种，故组合应有 DD、RR、DH、DR、HH 和 HR 等六种状态。若每一次取一种任意状态（如 DH 状态）交配，可得到如下转移概率矩阵：

$$\boldsymbol{P} = \begin{array}{c} \\ DD \\ RR \\ DH \\ DR \\ HH \\ HR \end{array} \begin{array}{c} \begin{matrix} DD & RR & DH & DR & HH & HR \end{matrix} \\ \left[\begin{matrix} 1 & 0 & 0 & 0 & 0 & 0 \\ 0 & 1 & 0 & 0 & 0 & 0 \\ \frac{1}{4} & 0 & \frac{1}{2} & 0 & \frac{1}{4} & 0 \\ 0 & 0 & 0 & 0 & 1 & 0 \\ \frac{1}{16} & \frac{1}{16} & \frac{1}{4} & \frac{1}{8} & \frac{1}{4} & \frac{1}{4} \\ 0 & \frac{1}{4} & 0 & 0 & \frac{1}{4} & \frac{1}{2} \end{matrix} \right] \end{array}$$

按照前述马尔可夫理论可知,DD 和 RR 是两个吸收状态,因此这是一个吸收马尔可夫链。这表明,在近亲繁殖下,无论最初选取哪一对(状态),终将被 DD 和 RR 吸收,即变成全是优种或全是劣种。

假若从状态 DH 出发,利用转移概率矩阵 P,由吸收马尔可夫链计算公式有

$$
\begin{array}{c}
\begin{array}{cccc} DH & DR & HH & HR \end{array} \quad \text{行和} \qquad\qquad \begin{array}{cc} DD & DR \end{array} \\[4pt]
\boldsymbol{N}=\begin{array}{c} DH \\ DR \\ HH \\ HR \end{array}
\begin{bmatrix}
\dfrac{8}{3} & \dfrac{1}{6} & \dfrac{4}{3} & \dfrac{2}{3} \\[6pt]
\dfrac{4}{3} & \dfrac{4}{3} & \dfrac{8}{3} & \dfrac{4}{3} \\[6pt]
\dfrac{4}{3} & \dfrac{1}{3} & \dfrac{8}{3} & \dfrac{4}{3} \\[6pt]
\dfrac{2}{3} & \dfrac{1}{6} & \dfrac{4}{3} & \dfrac{8}{3}
\end{bmatrix}
\begin{bmatrix}
4\dfrac{5}{6} \\[6pt]
6\dfrac{2}{3} \\[6pt]
5\dfrac{2}{3} \\[6pt]
4\dfrac{5}{6}
\end{bmatrix}, \quad
\boldsymbol{B}=\begin{array}{c} DH \\ DR \\ HH \\ HR \end{array}
\begin{bmatrix}
\dfrac{3}{4} & \dfrac{1}{4} \\[6pt]
\dfrac{1}{2} & \dfrac{1}{2} \\[6pt]
\dfrac{1}{2} & \dfrac{1}{2} \\[6pt]
\dfrac{1}{4} & \dfrac{3}{4}
\end{bmatrix}
\end{array}
$$

根据吸收马尔可夫链性质可知,$\boldsymbol{N}$ 和 $\boldsymbol{B}$ 分别表示:

(1) 从状态 DH 出发,平均经过 $4\dfrac{5}{6}$ 代后就会变成全优种或全劣种。

(2) 从状态 DH 出发,后代终将变成全优种的概率是 $\dfrac{3}{4}$。

由上述分析可得出一个重要结论:为了避免后代全演变为优种或劣种,必须在大约 4 代时就重新选种。

4.6.3 动态系统模糊马尔可夫建模方法与技术

1. 方法原理

模糊马尔可夫建模方法是一种传统马尔可夫模型与模糊逻辑相结合的混合建模方法,或者说是基于模糊逻辑的马尔可夫建模。在前述模糊理论和一定条件下,模糊逻辑不仅可以描述状态方程为 $\{\boldsymbol{x}(t+1),\boldsymbol{x}(t),\boldsymbol{u}(t)\}$ 的一般线性模型,而且能够近似描述任意多变量的非线性系统,被称为"普适逼近法"(universal approximator)。因此,利用模糊逻辑辨识马尔可夫模型便可得到所需要的模糊马尔可夫模型。这种辨识过程一般是在 Simulink 环境下实现的,图 4.16(a)、(b) 分别给出了一阶线性系统 $w(s)=\dfrac{1}{0.512s+1}$ 和二阶系统 $x_{k+1}=\begin{bmatrix} -6.22 & 2.119 \\ -1.085 & -2.882 \end{bmatrix}x_k$ 在 MATLAB 的 Simulink 环境下的模糊马尔可夫模型建立。

2. 技术特点

(1) 使得传统的马尔可夫模型与模糊逻辑相结合,从而克服了传统马尔可夫模型计算量大的缺陷,又提高了建模精度。

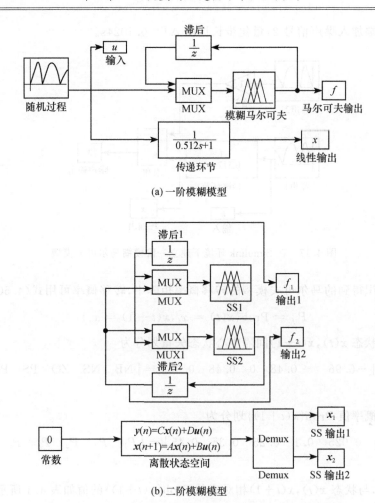

(a) 一阶模糊模型

(b) 二阶模糊模型

图 4.16　在 Simulink 环境下建立一、二阶模糊马尔可夫模型

(2) 模糊马尔可夫模型是基于模糊逻辑的马尔可夫模型,可方便地借助 MATLAB 的 Simulink 实现。

(3) 模糊马尔可夫建模是对模糊系统应用领域的拓展。因为它很容易描述任何形式的概率分布,故可广泛应用于复杂随机系统仿真、平稳性与稳定性分析、系统辨识和最优化技术等领域。

3. 典型应用

例 4.14　一阶线性系统 $w(s) = \dfrac{1}{0.512s+1}$ 在有输入和输出噪声下的模糊马尔可夫模型,这种模型可在图 4.17 所示的 Simulink 环境下建立,共输入为噪声信号

1,在输出端加入噪声信号 2,量化步长选取 $\Delta T = 0.1024$s。

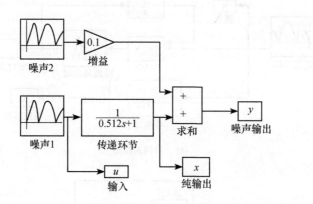

图 4.17　在 Simulink 环境下建立一阶模糊马尔可夫模型

在辨识得到的马尔可夫模型的转移概率矩阵中,转移概率可用式(4.50)表示。

$$P_{ij} = \mathrm{Prob}\{x(t) = x_i, x(t+1) = x_j\} \qquad (4.50)$$

对于状态 $x(t)$,$x(t+1)$ 间隔中心状态矢量划分为

$$x = [-0.96 \quad -0.48 \quad 0 \quad 0.48 \quad 0.96] = [\mathrm{NB} \quad \mathrm{NS} \quad \mathrm{ZO} \quad \mathrm{PS} \quad \mathrm{PB}] \qquad (4.51)$$

矢量概率值 $\mathrm{Prob}\{x(t+1)\}$ 划分为

$$\boldsymbol{P} = [0 \quad 0.025 \quad 0.1 \quad 0.25 \quad 0.35 \quad 0.45] = [P_1 \quad P_2 \quad P_3 \quad P_4 \quad P_5 \quad P_6] \qquad (4.52)$$

于是,与状态 $x(t)$,$x(t+1)$ 相对应的 $\mathrm{Prob}\{x(t+1)\}$ 的值如表 4.1 所示。

表 4.1　转移概率矩阵

| $x(t)$ | $x(t+1)$ | -0.96 | -0.48 | 0 | 0.48 | 0.96 |
		NB	NS	ZO	PS	PB
0.96	NB	0.2341 P_3	0.4682 P_6	0.2772 P_3	0.0205 P_2	0 P_1
-0.48	NS	0.0785 P_3	0.3737 P_5	0.4198 P_6	0.1246 P_3	0.0034 P_1
0	ZO	0.0274 P_2	0.2522 P_3	0.4484 P_6	0.2477 P_3	0.0243 P_2
0.48	PS	0.0018 P_1	0.1289 P_3	0.4293 P_6	0.3704 P_5	0.0697 P_3
0.96	PB	0 P_1	0.0238 P_2	0.2850 P_3	0.4703 P_6	0.2209 P_3

4.7　Bootstrap、Bayes 及 Bayes Bootstrap 建模方法与技术

4.7.1　引言

在随机系统(过程)建模中,Bootstrap、Bayes 及 Bayes Bootstrap 建模方法占有相当主要的地位,同大样本或较大样本下的经典试验统计建模法相比,它们都属于小子样试验的统计分析建模。因此,对于复杂大系统尤其是系统本身和试验费用昂贵的武器系统及大型航天、航空、航海工程系统建模有着特殊的意义。

4.7.2　Bootstrap 建模方法与技术

1. 方法原理

Bootstrap 方法是一种新的统计方法,其实质是一个再抽样过程,是用现有资料信息去模仿随机系统(过程)的未知概率分布。问题的数学描述为:

考虑一个随机系统(过程),观测子样 $X=(x_1,\cdots,x_n)$ 来自未知的总体分布 F, $R(X,F)$ 为某个预先选定的随机变量,现要求通过 X 来估计 R 的分布特征。为此:

(1) 可首先根据观测子样 $X^*=(x_1,\cdots,x_n)$ 构造一个经验分布

$$F_n(x)=\begin{cases}0, & x<x_k^n \\ \dfrac{k}{n}, & x_k^n\leqslant x<x_{k+1}^n \\ 1, & x\geqslant x_{k+1}^n\end{cases} \qquad (4.53)$$

式中,$x_1^n\leqslant x_2^n\leqslant\cdots\leqslant x_n^n$ 为 $x_1,\cdots,x_n$ 按从小到大排序后得到的统计量。

(2) 再从 F_n 中抽取 Bootstrap 子样 $X^*=(x_1^*,\cdots,x_n^*)$。

(3) 用 Bootstrap 分布 $R^*=R^*(X^*,F_n)$ 去逼近 $R(X,F)$ 的分布。

这就是 Bootstrap 建模方法的主要思想。

应指出,获取 Bootstrap 分布的方法很多。实际中通常采用蒙特卡罗(Monte-Carlo)方法,并借助计算机来完成,即从 F_n 中重复抽取 N 个 Bootstrap 子样 $x^*(1),\cdots,x^*(N)$,计算相应统计量 $R^*(1)=R^*\{X^*(1),F_n\},\cdots,R^*(N)=R^*\{X^*(N),F_n\}$,从而用 $R^*(i)(i=1,2,\cdots,N)$ 的频率曲线作为 Bootstrap 分布的逼近。

2. 技术特点

(1) 它是一种较新的小子样统计方法。

(2) 方法的实质在于,从实验观测子样中进行再抽样构造出 Bootstrap 分布,

并依次去逼近预先选定的随机变量。

（3）在技术上简单、方便，有重要的实用价值，是目前武器系统试验统计分析建模的主要手段。

3. 典型应用

例 4.15　最大标准飞行距离的 Bootstrap 方法估计。

飞行距离是武器系统的重要战技指标之一，也是武器系统定型评定的重要部分。在规定标准条件下，计算的武器系统发射至目标点的大地距离称为标准飞行距离。由于试飞中武器系统受到多种内外干扰影响，所以试验最大标准飞行距离是一个随机变量。所谓最大标准飞行距离 $L_{\max}$ 是指被试验标准飞行距离的下界，它与概率水平 q 的取值有关，q 越大，$L_{\max}$ 越小；反之亦然。根据国家军队标准，q 取 99％ 或 98％。

利用 Bootstrap 方法估计最大标准飞行距离的基本思想是利用飞行试验数据模拟 $L_{\max}$ 的分布，从而做出对 $L_{\max}$ 的区间估计和检验。

若经过 m 次试飞后，所得到的试验最大标准飞行距离样本（包括验前样本与验后样本）为 $L_1, L_2, \cdots, L_m$ 且已通过相容性检验，验前样本与验后样本服从同一分布。

令

$$\bar{L} = \frac{1}{m}\sum_{i=1}^{m}L_i, \quad S = \sqrt{\frac{1}{m-1}\sum_{i=1}^{m}(L_i - \bar{L})^2} \tag{4.54}$$

利用式（4.54）估计 $L_{\max}$，有估计误差

$$T = \hat{L}_{\max} - L_{\max} \tag{4.55}$$

构造 Bootstrap 统计量

$$R_m = \hat{L}_{\max}^* - \hat{L}_{\max} \tag{4.56}$$

其中，$\hat{L}_{\max}^*$ 算法如下：

（1）由样本值 $L_1, L_2, \cdots, L_m$ 计算经验分布 $N(\bar{L}, S^2)$。

（2）从经验分布 $N(\bar{L}, S^2)$ 中取 m 个子样 $L_1^*, L_2^*, \cdots, L_m^*$。

（3）应用式（4.54）计算均值 $\bar{L}^*$ 和方差 S^*。

（4）由概率水平 $q = p(L \geqslant L_{\max})$ 得

$$\hat{L}_{\max}^* = \hat{L}^* - S^* \Phi^{-1}(q) \tag{4.57}$$

以 R_m 模拟 T，从而获得 $L_{\max}$ 的分布，再由 $L_{\max}$ 分布可得到 $L_{\max}$ 的置信区间和下限估计。

4.7.3　Bayes Bootstrap 建模方法与技术

1. 方法原理

Bayes Bootstrap 方法亦称随机加权法，同样是一种关于估计误差的统计处理

方法。

设 $\theta=\theta(F)$ 是总体分布 F 得某个参数(如均值、方差等)，F_n 是子样 $X=(x_1,$ $x_2,\cdots,x_n)$ 的经验分布，$\hat{\theta}=\hat{\theta}(F_n)$ 是 θ 的估计，有估计误差为

$$R(X,F) = \hat{\theta}(F_n) - \theta(F) \triangleq T_n \tag{4.58}$$

由此可定义下列统计量：

$$D_n = \hat{\theta}_v - \hat{\theta}(F_n) \tag{4.59}$$

式中，D_n——T_n 的随机加权统计量；

$$\hat{\theta}_v = \theta\Big[\sum_{i=1}^{n} v_i f_i(X)\Big], \quad i=1,2,\cdots,n \tag{4.60}$$

式中，$(v_1,v_2,\cdots,v_n)$——取自 Dirichlet 分布的随机变量；

$f_i(X)$——关于子样 X 的某个 Borel 函数，$i=1,2,\cdots,n$。

定义 $\hat{\theta}_v$ 满足对称性(x_i 可互换性)条件。用 $\hat{\theta}_v$ 作为 $\theta(F)$ 的一个估计，这估计通常有：

(1) 对 $\theta(F) = E_F(x) = \int X dF$，则

$$\hat{\theta}_v = \sum_{i=1}^{n} v_i x_i \tag{4.61}$$

式中，$(v_1,v_2,\cdots,v_n)\sim$ Dirichlet $D_n(1,1,\cdots,1)$。

(2) 对 $\theta(F) = E_F(X) = \int [X - E_F(X)]^2 dF$，则

$$\hat{\theta}_v = \sum_{i=1}^{n} v_i \Big(x_i - \sum_{j=1}^{n} v_j x_j\Big)^2 \tag{4.62}$$

式中，$(v_1,v_2,\cdots,v_n)\sim$ Dirichlet $D_n(4,4,\cdots,4)$。

可见，Bayes Bootstrap 方法的基本思想与 Boopstrap 方法是类似的，所不同的仅是用随机加权统计量 D_n 分布去模拟估计误差 T_n 的分布。

2. 技术特点

除具有 Bootstrap 方法技术特点外，还有如下特点：

(1) 计算方便，主要是获取 Dirichlet 分布的随机量，可由计算机产生。

(2) 小子样下，比 Bootstrap 方法效果好。

3. 典型应用

例 4.16　武器系统试验检测数据的建模。

武器系统试验检验是交付验收的重要内容，也是考核评估武器系统性能的关键环节和必需手段。在试验状态和条件相同的条件下，其试验受多种随机因素的影响，故检测数据是一个随机分布。检测数据的建模就是要确定这种随机变量的

分布。

考虑对某武器系统进行试验检测,获得了该系统某一指标的 n 个检测数据 $x_1, x_2, \cdots, x_n$,是随机变量 x 的表现值,为了确定该随机变量 X 的分布 $F(x)$,可以应用 Bayes Bootstrap 方法。

① 根据检测数据 $x_1, x_2, \cdots, x_n$,计算其样本均值 $\bar{x} = \dfrac{1}{n} \sum_{i=1}^{n} x_i$,用以估计该系统某指标参数 x,有估计误差 $T_n = \bar{x} - x$;

② 对数据 $x_1, x_2, \cdots, x_n$ 进行排序 $x_1 \leqslant x_2 \leqslant \cdots \leqslant x_n$,由此构造出经验分布函数

$$
F_n = \begin{cases} 0, & x < x_1 \\ \dfrac{k}{n}, & k \leqslant x < k+1 \\ 1, & x \geqslant n \end{cases}
$$

③ 从经验分布 $F_n(x)$ 中随机抽取 n 个子样 $x_1^*, x_2^*, \cdots, x_n^*$,计算其均值 $\bar{x}^* = \dfrac{1}{n} \sum_{i=1}^{n} x_i^*$;

④ 构造统计量 $D_n = \sum_{i=1}^{n} v_i x_i - \bar{x}$,式中,$(v_1, v_2, \cdots, v_n) \sim$ Dirichlet $D(1, 1, \cdots, 1)$;

⑤ 用 D_n 的分布去模拟 T_n 的分布,于是便可得到该指标参数 x 的分布 $F(x)$,即某武器系统的某一指标检测数据的模型。

应指出,在建模前必须先分析检测数据 $x_1, x_2, \cdots, x_n$,以确定该系统的某指标性能是否稳定或有异常数据(即野值)。其具体分析步骤为:

① 计算检测数据的样本均值和方差,分别为 $\bar{x} = \dfrac{1}{n} \sum_{i=1}^{n} x_i$,$s^2 = \dfrac{1}{n-1} \sum_{i=1}^{n} (x_i - \bar{x})^2$,若均方差 s 较小,则证明该系统此项性能较稳定,否则不稳定;

② 计算检测数据与样本均值的距离 $l_i = |x_i - \bar{x}|$,$i = 1, 2, \cdots, n$。若 $l_i > ks$,则认为检测数 x_i 异常,是野值,应予以剔除。

4.7.4 Bayes 建模方法与技术

1. 方法原理

所谓 Bayes 建模方法,就是应用 Bayes 条件概率公式解决随机系统(过程)试验统计中的模型问题。为此,得首先回顾一下 Bayes 条件概率公式

$$
P(H_i \mid A) = \frac{P(H_i) P(A \mid H_i)}{\sum_{i=1}^{n} P(H_i) P(A \mid H_i)} \tag{4.63}
$$

式中,A——某观测事件;

H_i——互不相容随机事件,$i = 1, 2, \cdots, n$;

$P(H_i)$——事件 H_i 的验前概率；

$(H_i|A)$——事件 H_i 的验后条件概率。

设 X 是离散随机变量，θ 为未知分布参数，$\theta \in \Theta$，x 是对 X 的观测值。若知其 θ 的验前概率密度函数 $\pi(\theta)$，则在出现 x 之后，就可按照贝叶斯公式(4.63)重新估计 θ 的概率密度，而得到验后概率密度函数

$$\pi(\theta \mid x) = \frac{\pi(\theta) P\{X = x \mid \theta\}}{\int \pi(\theta) P\{X = x \mid \theta\} d\theta} \tag{4.64}$$

如果 X 是连续型随机变量，则式(4.65)可改写成

$$\pi(\theta \mid x) = \frac{\pi(\theta) P\{x \mid \theta\}}{\int_{\Theta} \pi(\theta) P\{x \mid \theta\} d\theta} \tag{4.65}$$

式中，$P\{x|\theta\}$——给定 θ 下，X 的条件概率密度函数。

如果进行 n 次试验，得到了子样 $X = (x_1, x_2, \cdots, x_n)$，就可以获得给定 X 下的 θ 条件分布，即验后分布。

对于连续随机变量，有

$$\pi(\theta \mid x) = \frac{\pi(\theta) P\{x \mid \theta\}}{\int_{\Theta} \pi(\theta) P\{x \mid \theta\} d\theta} \tag{4.66}$$

式中，$\pi(\theta)$——θ 的验前概率密度函数；

$P\{x|\theta\}$——子样向量在给定 θ 之下的联合概率密度函数；

Θ——参数集。

显然，经试验之后关于 θ 的信息(验前和验后信息)全部包含在 $\pi(\theta|x)$，于是从 $\pi(\theta|x)$ 出发，很容易做出 θ 的统计推断，从而获得基于贝叶斯理论的 θ 估计

$$\hat{\theta} = E[\theta \mid x] = \int \theta \pi(\theta \mid x) d\theta \tag{4.67}$$

这就是贝叶斯建模方法的基本原理。

应指出，如果要对 θ 作出置信估计，可采用公式

$$P\{\theta_1(x) \leqslant \theta \leqslant \theta_2(x) \mid x\} = 1 - \alpha \tag{4.68}$$

式中，$1-\alpha$——置信度，$1-\alpha = \int_{\theta_1}^{\theta_2} \pi(\theta \mid x) d\theta$；

$\theta_1(x)$、$\theta_2(x)$——随机变量 θ 的置信区间。

2. 技术特点

(1) 一个显著特点是在保证决策风险尽可能小的情况，能够尽量应用所有可能信息，包括先前信息、仿真信息和试验信息等。

(2) 在先前信息存在下，Bayes 建模方法是一种很好的数据融合方法。

（3）Bayes 建模的关键在于如何获取验前信息，并将其分布形式表示出来。通常，验前信息的获取有四条主要技术途径：①史料统计；②理论分析；③系统仿真；④专家经验。应该说，无信息可利用下的验前分布确定是 Bayes 建模的难题。

（4）同前述 Bootstrap 方法相比，Bayes 建模方法的应用更为广泛，并具有较高的精确度。

3. 典型应用

例 4.17　最大标准飞行距离的 Bayes 估计。

这里采用 Bayes 方法来估计最大标准飞行距离。估计中，需要一组验前信息 $(L_1^{(0)}, L_2^{(0)}, \cdots, L_{n_0}^{(0)})$ 和 n 组验后数据 $(L_1, L_2, \cdots, L_n)$，经过相容性检验后，若发现某个验前信息 $L_i^{(0)}$ 与试验样本 $(L_1, L_2, \cdots, L_n)$ 不相容，则去掉该验前信息或改变干扰量使其最终与试验样本相容。

由传统统计学可得到最大标准飞行距离

$$L_{\max} = \mu - \sigma \Phi^{-1}(q) \tag{4.69}$$

式中，$\Phi(q)$——正态分布函数，$\Phi^{-1}(q)$ 的反函数；

　　　q——概率水平；

　　　μ——均值；

　　　σ——方差。

可见 $L_{\max}$ 是 σ 和 μ 的线性函数，当 σ 已知时，只要估计出 μ 即可求得 $L_{\max}$ 估计。取 μ 的验前分布为 $N(\bar{L}^{(0)}, \sigma^2/n)$，这里 $\bar{L}^{(0)} = \dfrac{1}{n_0} \sum_{i=1}^{n_0} L_i^{(0)}$，在获得 n 个试验样本 $(L_1, L_2, \cdots, L_n)$ 下，有 μ 的验后概率密度为 $N(\mu_1, v_1^2)$。其中，

$$\mu_1 = \frac{\sigma^2 \bar{L}^{(0)} + n v^2 \bar{L}}{\sigma^2 + n v^2} \tag{4.70}$$

$$v_1 = \frac{\sigma^2 v^2}{\sigma^2 + n v^2} \tag{4.71}$$

式中，$v^2 = \dfrac{\sigma^2}{n_0}$，$\bar{L} = \dfrac{1}{n} \sum_{i=1}^{n} L_i$。

于是，μ 的 Bayes 点估计为

$$\hat{\mu} = E[\mu \mid L_1, L_2, \cdots, L_n] = \mu_1 \tag{4.72}$$

$L_{\max}$ 的 Bayes 点估计为

$$\hat{L}_{\max} = \mu_1 - \sigma \Phi^{-1}(q) \tag{4.73}$$

可以证明，在运用式（4.74）Bayes 估计时，可得到无偏估计，即 $E[\hat{L}_{\max} - L_{\max}] = 0$。

还可以进行有无验前信息时的比较，当不应用验前信息时有

$$\hat{L}_{\max} = \hat{L} - \sigma\Phi^{-1}(q), \quad D[\hat{L}_{\max}] = \frac{\sigma^2}{n} \tag{4.74}$$

而应用验前信息利用 Bayes 估计时有

$$\hat{L}_{\max Bay} = \mu_1 - \sigma\Phi^{-1}(q), \quad D[\hat{L}_{\max Bay}] = D[\mu_1] = \frac{\sigma^2}{n + n_0} \tag{4.75}$$

显然，$D[\hat{L}_{\max Bay}] < D[\hat{L}_{\max}]$。这表明，在利用 Bayes 方法进行最大标准飞行距离时，具有较高的精确度。

4.8　基于贝叶斯网的建模方法与技术

4.8.1　引言

贝叶斯网(BN)被认为是人工智能研究中的不确定性知识表示和推理的主要技术与优秀工具，越来越广泛地用于复杂系统建模领域。常见的贝叶斯网建模方法有基于专家主导的建模方法、基于机器学习的建模方法、基于知识的建模方法、基于联结树 JT 的建模方法等。同时，面对复杂系统问题还提出了动态贝叶斯网(DBN)建模方法及改进的 DBN 建模方法。为简便起见，本节仅讨论基于专家主导和基于 JT 的贝叶斯网建模方法与技术。

4.8.2　基于专家主导的贝叶斯网建模方法与技术

1. 方法原理

基于专家主导的贝叶斯网建模实质是利用专家知识和数据融合方法来确定贝叶斯网的结构。因此，这种建模思想将以专家意见综合数据融合和贝叶斯网理论为基础。通常，采用证据理论来综合建模中的多位专家意见，并确定网络结构。

如前所述，贝叶斯网是一个二元组有向无环图，即 BN $= (G,P)$，$G = (V,E)$。其中，V 为节点，与建模对象的随机变量的随机变量一一对应；E 为有向边，反映节点变量之间的因果关系；P 为节点的概率分布，表示节点之间因果影响强度，每个节点都有一个条件表，定量其所有父节点对该节点的作用效果；在给定 BN 下，图中的每个节点代表一个变量 x_i，存在一个离散变量集合 $X = \{x_1, x_2, \cdots, x_n\}$ 上联合概率分布

$$P(r) = P(x_1, x_2, \cdots, x_n) = \prod_{i=1}^{n} P\left[\frac{x_i}{\mathrm{Pa}(x_i)}\right] \tag{4.76}$$

式中，$\mathrm{Pa}(x_i)$ 是变量 x_i 在 BN 中的父节点集。

这就是贝叶斯网的基本结构。

贝叶斯网建模的关键是如何正确地确定节点及其取值，确定 BN 结构和确定节点的条件概率分布，即所谓 BN 模型设计。在此，依靠专家的主导作用是至关重

要的。通常,选择建模对象领域的 3~5 名专家来帮助分析问题、模型设计和模型测试等。

按照证据理论,mass 函数是专家给出的一种主观评价,以 $m(A)$ 表示在当前证据下对假设成立的一种信任度,其基本概率分布满足:① $m(\varnothing)=0$;② $\sum\limits_{A\subseteq} m(A)=1$;③ $m(A)\geqslant 0, A\in 2^U, U$ 为有限集;$\text{Bel}: 2^U\to[0,1]$ 为信任函数,满足条件:① $\text{Bel}(\varnothing)=0, \text{Bel}(U)=1$;② $\text{Bel}(\bigcup\limits_{i=1}^{n} A_i)\geqslant \sum\limits_{I\subset\{1,2,\cdots,n\}, I\neq\varnothing}(-1)^{|I|+1}\text{Bel}(\bigcap\limits_{i\in I} A_i), A_i$ 为 U 中任意子集。

设 $\text{Bel}_1,\cdots,\text{Bel}_n$ 是同一识别框架 Θ 上的信度函数,$m_1, m_2,\cdots,m_n$ 是对应的基本信度分配,如果 $\text{Bel}_1\oplus,\cdots,\oplus\text{Bel}_n$ 存在,且基本信度分配为 m,则

$$\forall A\subset\Theta, \quad A\neq\varnothing, A_1,\cdots,A_n\subset\Theta, \quad m(A)=K\sum\limits_{A_1,\cdots,A_n\subset\Theta} m_1(A_1),\cdots,m_n(A_n)$$

式中,$K=[\sum\limits_{A_1,\cdots,A_n\subset\Theta} m_1(A_1),\cdots,m_n(A_n)]; A_1\bigcap,\cdots,A_n\bigcap=A; A_1\bigcap,\cdots, A_n\bigcap=\varnothing$。

这就是 Dempster 合成法则,用它可计算几个证据联合作用下产生的信度函数,得到总的信度分配。表 4.2 给出了这种专家信度分配表。

表 4.2 专家信度分配表

因果关系＼每组变量	$\{x_i\to x_j\}$	$\{x_j\to x_i\}$	$\{x_i\nleftrightarrow x_j\}$	不确定
E_1	$m_1(A_1)$	$m_1(A_2)$	$m_1(A_3)$	$m_1(A_4)$
E_2	$m_2(A_1)$	$m_2(A_2)$	$m_2(A_3)$	$m_2(A_4)$
...	...	...	...	...
E_n	$m_k(A_1)$	$m_k(A_2)$	$m_k(A_3)$	$m_k(A_4)$
合成	$m(A_1)$	$m(A_2)$	$m(A_3)$	$m(A_4)$

注:(x_i, x_j) 为每组变量;$\{x_i\to x_j, x_i\leftarrow x_j, x_i\nleftrightarrow x_j\}$ 为识别框架;$x_i\to x_j$ 为存在由 x_i 指向 x_j 的有向边;$x_j\to x_i$ 为存在由 x_j 指向 x_i 的有向边;$x_i\nleftrightarrow x_j$ 为 x_i 和 x_j 无直接因果或相关关系。

在得到总的信度分配后,就可以选择合理的网络结构。这时,选择依据应是:

(1) 被选中结构具有最高的信度函数值。

(2) 被选中结构的信度函数值与次高的信度函数值之间差距大于某个阈值,如 0.35。

应指出,采用上述方法虽然可以得到每对节点之间的因果关系,但并不能作为最终的贝叶斯网结构,因为这仅仅是专家的意见。还需要采用知识结合样本数据的方法,以获得最佳网络结构。在此,可采用 Cooper 的评分函数和 K_2 算法在剩下空间中寻找最佳的网络结构。

另外,模型设计是 BN 建模的核心,主要包括:

（1）确定节点及其取值。节点按建模所需要的所有变量来确定,节点包括目标节点、证据节点和证据节点。目标节点用以标识求解的目标;证据节点用来标识已知条件;中间节点是给两者外所有节点。节点取值必须构成一个完备的状态空间,且两两相互独立,其最典型的取值空间为{True,False}。

（2）确定 BN 的结构。在导引多位专家提供知识的基础上,采用知识和数据融合的方法建立 BN 结构（见图 4.18）。

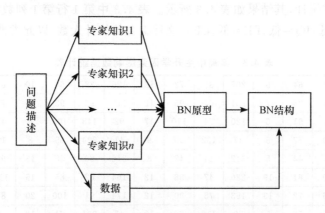

图 4.18　利用专家知识和数据融合确定 BN 结构

（3）确定节点的条件概率分布。一般采用概率标杆(一种常用概率抽取方法)来确定节点的条件概率分布。在有样本数据时,可直接从数据中学习概率分布。

模型测试是为保证模型正确性进行的检测,包括网络结构正确性检测、概率分布值正确性检测和案例测试。

2. 技术特点

（1）贝叶斯网是以概率论为数学基础的一种有向无环图模式。图中节点表示随机变量,有向边表示变量间关系,并以条件概率分布表达相关程度。因此,贝叶斯网又称概率网或信度网。

（2）贝叶斯网是人类大脑中知识结构的自然表达方式,具有对复杂问题的直观表达和强大推理的能力。

（3）贝叶斯网的求解对象是复杂的不确定性问题,而人类是解决不确定性问题的专家,所以基于贝叶斯网的建模过程,尤其是模型设计以多位专家(专家系统)为主导。

（4）本质上讲,贝叶斯网建模是基于贝叶斯理论的专家知识和样本数据融合的拓扑建模方法。

（5）容易实现对复杂系统的模块化建模,具有有序、快捷和精度较高的优势。

3. 典型应用

例 4.18 影响高中生升学因素的贝叶斯网建模。

为研究影响高中生升大学的因素,采样了某高中 10318 名高年级学生。每个学生用 5 个变量来描述:性别(SEX):男、女;经济状况(SES):低、中下、中上、高;智商(IQ):低、中下、中上、高;父母的鼓励(PE):低、高;升学计划(CP):是、否。并依次进行数据统计,其结果如表 4.3 所示。表 4.3 中第 1 行第 1 列数字表明,SEX=男,SES=低,IQ=低,PE=低,CP=这种组合的统计人数,以此类推。

表 4.3　某高中生升学因素影响数据统计表

4	349	13	64	9	207	33	72	12	126	38	54	10	67	49	43
2	232	27	84	7	201	64	95	12	115	93	92	17	79	119	59
8	166	47	91	6	120	74	110	17	92	148	100	6	42	198	73
4	48	39	57	5	47	132	90	9	41	224	65	8	17	414	54
5	454	9	44	5	312	14	47	8	216	20	35	13	96	28	24
11	285	29	61	19	236	47	88	12	164	62	85	15	113	72	50
7	163	36	72	13	193	75	90	12	174	91	100	20	81	142	77
6	50	36	58	5	70	110	76	12	48	231	81	13	49	360	98

共有 8 组变量对,4 名专家,每组变量对收集的证据如表 4.4 所示(这里,仅列出其中 4 对变量结果,最终选中的意见以 * 表示)。

表 4.4　专家的信度分配及融合结果

	{SEX→SES}	{SEX←SES}	{SEX↛SES} *	不确定	{SEX→IQ} *	{SEX←IQ}	{SEX↛IQ}	不确定
E_1	0	0	1*	0	0.7*	0	0.3	0
E_2	0	0	1*	0	0.5*	0	0.5	0
E_3	0	0	1*	0	1*	0	0	0
E_4	0	0	1*	0	1*	0	0	0
合成	0	0	1*	0	1*	0	0	0
	{IQ→PE}	{IQ←PE}	{IQ↛PE}	不确定 *	{PE→CP}	{PE←CP}	{PE↛CP}	不确定
E_1	0.3	0.1	0	0.6*	0.5*	0.2	0	0.3
E_2	0.6	0.2	0	0.2*	0.5*	0	0	0.5
E_3	0.3	0	0	0.7*	0.4*	0	0	0.6
E_4	0.1	0.1	0	0.8*	0.6*	0.1	0	0.30
合成	0.77	0.14	0	0.09*	0.91*	0.05	0	0.04

根据专家意见,可得初始贝叶斯网络模型如图 4.19(a)所示。利用 K_2 算法继续学习,搜索空间为 $2\times2\times2\times2\times2\times2\times2\times2\times2=512$,并得到最终贝叶斯网如图 4.19(b)所示。

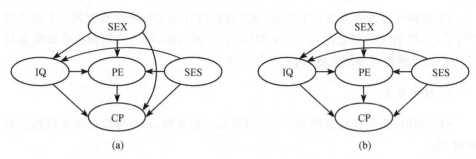

图 4.19　例 4.18 的贝叶斯网

4.8.3　基于联结树的贝叶斯网建模方法与技术

1. 方法原理

由联结树(JT)和信念势(BP)组成的二次结构(SS)是一种与贝叶斯网(BN)相关的规范性拓扑结构。利用 SS 不仅能实现 BN 上所有信息传播推理,而且能够处理不同拓扑结构的 BN,有利于复杂系统的 BN 建模。问题的关键在于如何构造联结树。

类似 BN,BN 推理的二次结构 SS 是一个二元组,即 SS=(JT,BP)。其中,联结树也是一个二元组,即 JT=(C,S)。其中 C 为 BN 弦化过程产生的圈(最大完全子图)集,联结树上的任意两个圈 C_i,$C_j \in C$,在 C_i 和 C_j 之间路径上所有圈包括 $C_i \bigcap C_j$;S 为 JT 中的边集,任意相邻两个圈 C_i,C_j 之间的边 $S_{ij} = C_i \bigcap C_j$。BP 为信念势,变量集 C_i 的一个 BP 为一个函数,它把 C_i 中的每个实例 C 映射成一个非负实数,记之 $\phi_{C_i}(c)$。JT 上每个圈 $C_i \in C$ 和一个信念势 ϕ_{C_i} 相关,势函数把 C_i 中每个实例 C_i 映射成一个实数;JT 中每条边 $S_j \in S$ 和一个信念势 ϕ_{S_j} 相关,势函数把 S_j 中每个实例 S_j 映射成一个实数。为了保证在 SS 和 BN 推理的一致性,BP 必须满足下列约束条件:对于每个圈 $X \in C$ 和它的相邻边 $S_j \in S$,BP 满足 $\sum \phi_{C_i} = \phi_{S_j}$。

在 SS 上计算联合概率是通过计算 JT 上圈和边的 BP 实现的,有公式

$$P(x) = \frac{\prod\limits_{C_i \in C} \phi_{C_i}}{\prod\limits_{S_j \in C} \phi_{S_j}} \tag{4.77}$$

式中,C——所有的圈集;

S——所有的边集;

ϕ_{C_i}、ϕ_{S_j}——分别是圈和边的 BP。

应指出,BN 上节点联合概率分布计算式(4.76)与 SS 的 JT 圈和边的 BP 的计算式(4.77)是等价的,因此反映了 BN 上直接推理和 SS 上推理的等价性。这就是基于联结树贝叶斯网在推理建模上的基本思想。

　　JT 的构造可大体分为三步：①把 BN 对应的有向无环图 G 转变为一个道义图 G^M；②把 G^M 转变为弦化图 G^T，识别和选择 G^T 图的圈；③连接圈和边形成联结树（JT）。更详细的可参阅文献（胡小建等，2004）。

2. 技术特点

　　（1）利用 SS 不仅能实现 BN 上所有信息传播推理，而且可以处理不同拓扑结构的 BN。

　　（2）利用 SS 上节点之间的消息传递实现推理，大大降低了系统的时间与空间复杂性。

　　（3）为在 JT 上实现概率推理奠定了结构基础，对于相关方面的复杂系统建模具有重要意义。

3. 典型应用

例 4.19　（美）股票市场可靠性预测的 BN 改造。

　　（美）股票市场可靠性预测的 BN 被广泛应用于美国电力、电信、铁路、航空、民用工业、银行、运输及股票市场等领域的建模，改造前该 BN 反映电力、电信、铁路、航空、民用工业、银行、运输与股票市场等 8 个节点变量之间的概率因果关系，各节点变量不同状态的取值对股票节点及其他节点不同取值（节点变量不同状态对应的概率分布）的影响，通过不确定情况下概率推理预测不同情况下美国股票市场的可靠性。为了降低利用 BN 这种概率分布推理的复杂性和增强网功能，对原 BN 进行了基于 JT 的改造，其转变过程如图 4.20 所示。

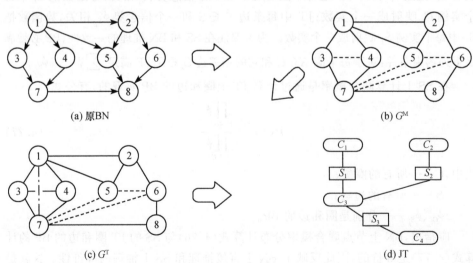

图 4.20　从 BN 到 JT 的转变过程

图中各节点变量的意义及取值如表 4.5 所示。

表 4.5　BN 节点变量的意义及取值

节点代码	1	2	3	4	5	6	7	8
代码意义	电力	电信	铁路	航空	民用工业	银行	运输	股票市场
节点变量取值	激发	激发	激发	激发	激发	激发	激发	上扬
	缩减	缩减	缩减	缩减	缓和	缩减	缓和	下跌
	不激发	不激发	不激发	不激发	终止	不激发	终止	失败
	—	—	—	—	破坏	—	破坏	—

4.9　定性建模方法与技术

4.9.1　引言

模仿人类思维方式,推导系统定性行为的描述,或利用某种定性理论(如微分方程定性理论)定性研究、定性评估和定性推理系统数学模型的过程谓之系统定性建模。在复杂系统建模中,主要由于如下原因需要或必须采用这种定性建模方法与技术:

①实际系统过于复杂或建模信息异常缺乏(包括先验知识不完备和实验数据不足等),无法构造系统的精确定量模型;②实际系统的许多特性具有模糊性,不确定性,且难以量化;③建模目标仅需要知道系统的定性结果,而无需做精确繁冗的定量计算;④希望模仿人类的思维方式,使用定性推理方法得到一类模型的一般解,而不是特定模型的特定解;⑤复杂仿真系统 VV&A 和可信度评估,分为定量评估和定性评估。相对而言,定性评估应用范围较广,为了更好地发挥定性评估作用,必须建立正规和严格的定性评估过程模型,并选择合适的定性评估专家。

定性建模方法与技术以定性理论为基础。近年来,随着定性推理方法、定性物理、定性过程理论、定性仿真理论的发展,定性建模方法与技术不断进步和完善,使其逐渐成为复杂系统最主要建模手段之一。目前,定性建模方法已有多种,本节仅讨论具有代表性的基于 p-范数的近似推理方法、基于 Gsps 理论的归纳推理方法、Kuipers 的 QSIM 方法、基于微分方程定性理论的分析方法,以及基于范例推理的建模方法。

4.9.2　基于 p-范数的近似推理定性建模方法与技术

1. 方法原理

考虑一复杂多输入-单输出系统,可视为 m 个子系统的合成。根据前述定性

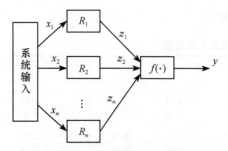

图 4.21　多输入-单输出系统结构

推理方法,该系统信息可通过 m 条语义规则 $R_1,R_2,\cdots,R_m$ 来描述(见图 4.21),即

R_i:if x_1 is A_1^i, x_2 is A_2^i, $\cdots$, x_n is A_n^i, then

$$Z_i = \sum_{j=0}^{n} w_{ij} x_j, \quad x_0 = 1 \quad (4.78)$$

$$Y = \frac{\sum_{i=0}^{m} \psi_i z_i}{\sum_{i=1}^{m} \psi_i} \quad (4.79)$$

式中,A_j^i——论域 D_j 上的模糊变量;

　　　w_{ij}——第 i 条规则 R_i 的结论参数;

　　　ψ_i——$\{A_j^i\}_{j=1}$。

这里,$X=(x_1,x_2,\cdots,x_m)^{\mathrm{T}}$ 的隶属度可利用 p-范数给出,即

$$\psi_i = \Big[\sum_{j=1}^{m} A_j^i (x_j)^p \Big]^{\frac{1}{p}} \quad (4.80)$$

式中,p——实数,当 $p \to \infty$ 时,$\psi_i = \min\limits_{j=1}^{n}[A_i^j(x_j)]$。

这就是基于 p-范数的近似推理方法原理,进一步,这种推理可以通过神经网络来实现。图 4.22 给出了实现基于 p-范数近似推理的神经网络。

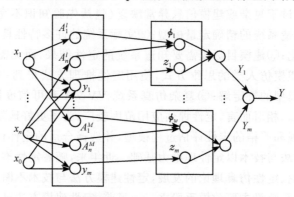

图 4.22　实现基于 p-范数近似推理的神经网络

该网络由 5 层神经元组成。其中,

第一层:由 $n+1$ 个单元,用于接受输入信号 $x_0,x_1,\cdots,x_n$。

第二层:由 $m(n+1)$ 个单元,分为 m 组,每组分两类。一类为 n 个单元,用以获得取相应规则中的隶属度信息

$$A_i^j(x_j) = \exp\Big[-\Big(\frac{x_j - a_{ij}}{a_{ij}} \Big)^2 \Big] \quad (4.81)$$

式中,a_{ij}——重权,可取为 1。

另一类仅 1 个单元,且为线性单元,其输入对应于子系统的输出,它与第一层的 $n+1$ 个单元全部联系,相应权重为 w_{ij}。且

$$Y_j = \sum_{i=0}^{n} w_{ij} x_i \qquad (4.82)$$

第三层:有 $2m$ 个单元,同样分 m 组,每组又分两类,每类仅 1 个单元。其中一类用于隶属度 ψ_i,神经元间的权重为 $C_{ji}(j=1,2,\cdots,m;i=1,2,\cdots,n)$。

$$\psi_j = \sum_{i=1}^{n} \left[C_{ji} A_i^j (x_i)^p \right]^{\frac{1}{p}} \qquad (4.83)$$

另一类用作线性单元传递子系统的输出

$$Z_i = Y_j \qquad (4.84)$$

第四层:有 m 个单元,用来计算每个子系统的加权输出

$$Y_j = \psi_j Z_j \qquad (4.85)$$

第五层:仅一个单元,用于获得整个系统的输出

$$Y = \sum_{j=1}^{n} \frac{Y_j}{\varphi}, \quad \varphi = \sum_{j=1}^{m} \psi_j \qquad (4.86)$$

2. 技术特点

(1) 具有可靠的数学基础。

(2) 推理简便,易于实现。

(3) 有实用价值和良好的应用价值。

3. 典型应用

例 4.20 轧钢加热炉能耗预测的定性建模。

轧钢加热炉能耗预测是一个复杂非线性系统,采用定量方法建模是十分困难的。然而,应用上述基于 p-范数近似推理的神经网络方法可以解决这一难题,其具体建模过程如下:

在保持其他工艺参数变化不大情况下,选取重油压力(Pa),重油消耗(t)和煤气消耗(刻度相对值)作为特征变量 x_1,x_2,x_3;目标函数取为能耗(公斤标准煤吨钢)。同时选取 3 个语义值模糊集 Ps(正小),Pm(正中),Pb(正大)组成语义规则。于是,可构成由下列 27 条语义规则建立的定性模型:

$$R_1 : \text{if } x_1 \text{ is Ps}_1, \quad \text{if } x_2 \text{ is Ps}_2, \quad \text{if } x_3 \text{ is Ps}_3$$

$$\text{then}, z_1 = w_{10} + \sum_{j=1}^{3} w_{1j};$$

$$\cdots$$

$$R_{27} : \text{if } x_1 \text{ is Pb}_1, \quad \text{if } x_2 \text{ is Pb}_2, \quad \text{if } x_3 \text{ is Pb}_3$$

$$\text{then}, z_{27} = w_{270} + \sum_{j=1}^{3} w_{27j} x_j.$$

　　所利用的数据有 21 组,可选取前 15 组来训练神经网络,剩余 6 组用以检验神经网络。初始值的选取:前件参数 α_{ij}(MV)$_7\sigma_{ij}$(VA)见表 4.6。

表 4.6　例 4.20 的语义值模糊集

语义值模糊集	特征变量	x_1	x_2	x_3
Ps	MV	4.2	6.7	25.6
	VA	123	8.5	857
Pm	MV	8.1	16.86	40.17
	VA	2.747	12.78	8.29
Pb	MV	12.71	21.83	35.26
	VA	8.64	5.96	21.79

　　该定性模型仿真预测同实际轧钢加热炉能耗比较结果表明,该定性模型用于预测轧钢加热炉耗能是相当准确的(见图 4.23)。

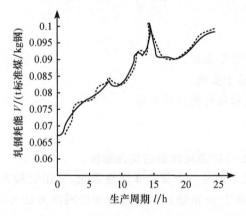

图 4.23　定性建模预测仿真结果同实际轧钢加热炉能耗的比较曲线

4.9.3　基于通用系统问题求解系统理论的归纳推理定性建模方法与技术

1. 方法原理

　　通用系统问题求解系统(GSPS)是一个可以精确定义系统问题类型的基本框架。它覆盖了多学科领域中众多的系统和系统问题,并能不断地扩展新概念和新问题。据此,可进行系统和系统问题的建模研究。该研究以试验为基础,包括定义源系统、数据采集、数据处理、解释,实质上是一个基于系统辨识的不断迭代过程。这里关键在于数据采集及其处理,目的是寻求变量的某些支持不变性,即源系统变量间的约束,由生成系统来完成。在生成系统这一级上,支持不变性表现为所有变

量的总体约束。该总体约束用以生成数据；邻接关系是总体约束关系的基础，称之
为 mask，通常 mask 由变量集、支持集和转换规则来定义，有

$$M \subseteq VR \tag{4.87}$$

式中，V——变量集；

　　R——作用于 V 的转换规则集。

　　mask 就是系统采样变量集 $S=(s_1, s_2, \cdots, s_n)$，每个 mask 描述变量间的一种
特定约束。生成系统通过 mask 生成数据，使 GSPS 获得归纳推理功能，从而可由
观测数据导出 mask 形式的复杂系统定性行为模型，进而预测系统行为。这就是
基于 GSPS 的归纳推理定性建模的基本思想。

　　图 4.24 给出了利用 GSPS 进行包括建模在内的科学研究原理。

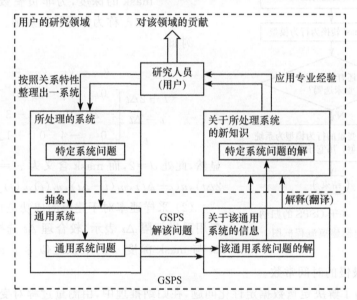

图 4.24　利用 GSPS 进行建模研究的原理

　　2. 技术特点

　　(1) 基于通用系统问题求解系统的归纳推理建模可覆盖多个学科领域，是复
杂系统的重要建模新方法之一。

　　(2) 该方法实质是一个基于系统辨识的不断迭代过程。

　　(3) 关键在于由生成系统构造 mask，并进行 mask 优化分析。

　　3. 典型应用

　　例 4.21　示范定性仿真系统(GSIM)用于系统定性建模。

　　由中国科学技术大学研制的 GSIM 是一种典型的基于 GSPS 的归纳推理定性

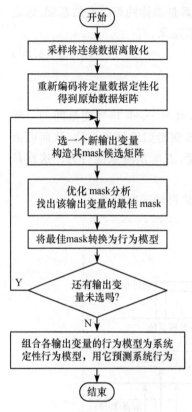

图 4.25　基于 GSPS 的归纳
推理定性建模流程框图

建模与仿真系统。图 4.25 给出了 GSIM 用于归纳推理定性建模时的主算法流程。

下面做进一步说明：

（1）对于 GSIM 形式的 mask，要求支持一定的时间（如采样间隔 Δt），且转换规则为

$$r_i(w) = w + \rho \qquad (4.88)$$

式中，w——总体支持集；

ρ——整数，可正，可负，也可为 0；但 ρ 必须取 $-d$ 到 0 之间的值，这里 d 为 mask 的深度，为非负整数；当 $\rho = 0$ 时，r_i 称为恒等转换规则。

例如

$$\begin{array}{cccc} & u & v_1 & v_2 & v_3 \\ t-2\Delta t & \begin{bmatrix} 0 & -1 & 0 & 0 \\ t-\Delta t & -2 & 0 & 0 & -3 \\ t & 0 & -4 & 0 & +1 \end{bmatrix} \end{array}$$

显然，此处 $d=2$，而 mask 含义为 $v_3 = f[v_1(t-2\Delta t), u(t-\Delta t), v_3(t-\Delta t), v_1(t)v_3(t)]$。

（2）采样速率对于建模的成功是重要的，一般用采样间隔 Δt 表示，较合理 Δt 选择应该是，Δt 与 mask 深度 d 的乘积近似等于 mask 应该覆盖系统最慢的时间常数。

（3）为了解决定量数据定性化问题，在归纳推理中，由测量过程对变量进行采样，再通过区间映射将采样结果离散化，此过程叫做重新编码。

重新编码需要考虑如下问题：

① 确定每个连续变量重新编码后所得层次的数目 n_{lev}。一般要求为奇数，以使变量的变化范围为正态。通常从简单性、系统运行速度及精度等方面综合考虑，可取 $n_{lev} = 3$，即变量分"低"、"中"、"高"3 个层次。

② 确定定量数据离散化的划分区间，一般要求各个区间大致相等。

③ 确定原始数据矩阵的长度，即采样总次数。

通常最少采样次数按下式计算：

$$n_{min} = 5 \prod_{i=1}^{N_n} n_{lev_i} \qquad (4.89)$$

式中, N_n——基本变量 v_i 个数;

　　n_{lev_i}——基本变量 v_i 重新编码所得的层次数。

(4) 优化 mask 分析。优化 mask 分析有两个目的:①从诸多 mask 寻找最佳 mask;②完成系统定性行为模型转化。图 4.26 给出了 mask 的优化算法框图。

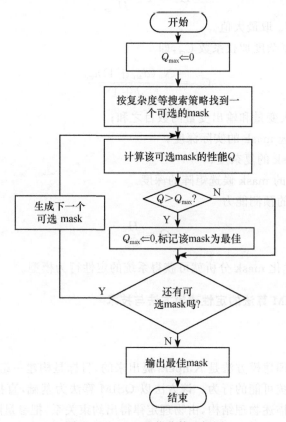

图 4.26　mask 最优化算法框图

(5) mask 的预测能力计算。通常采用香农熵来计算 mask 的预测能力 Q。

最简单的香农熵是生成变量总体状态 ST_i 的香农熵 H_i,有

$$H_i = -\sum_{ST_0}\left[p(ST_0 \mid ST_i) \times \log_2 p(ST_0 \mid ST_i)\right] \tag{4.90}$$

式中, ST_0——被生成采样变量(即输出变量)的一个状态;

　　$p(ST_0 \mid ST_i)$——生成变量总体状态为 ST_i 时输出为 ST_0 的概率,可通过统
　　　　　　　　　　计原始数据矩阵得到。

于是,可选 mask 的香农熵

$$H_{m} = \sum_{ST_i} p_i H_i \tag{4.91}$$

式中，p_i——ST_i 出现的概率，同样可通过统计原始数据矩阵获得。

不考虑 mask 复杂度的 mask 衰减

$$H_r = 1 - \frac{H_m}{H_{max}} \tag{4.92}$$

式中，H_{max}——H_m 取最大值。

引入 mask 复杂度加权系数 C_m，即

$$C_m = \frac{N_n(d_{act}+1)n_{cpl}}{d+1} \tag{4.93}$$

式中，N_n——输入变量和输出变量的数目之和；

d_{act}——可选 mask 的实际深度；

n_{cpl}——mask 的复杂度；

d——所在的 mask 候选矩阵的深度。

这样，mask 的预测能力

$$Q = \frac{H_r}{C_m} \tag{4.94}$$

同时，通过优化 mask 分析就可获得系统的定性行为模型。

4.9.4 基于 QSIM 算法的定性建模方法与技术

1. 方法原理

这种定性推理建模方法是 Kuipers 提出来的，目标是构建一组定性微分方程，用以预测复杂系统可能的行为。该方法以 QSIM 算法为基础，直接用部件的参量作为状态变量来描述物理结构，由物理定律得出约束关系，把参量随时间的变化视为定性状态序列。其中，QSIM 算法如下：

首先将初始状态输入 Active 表，然后重复下列步骤(1)~(6)，直至表空为止：

(1) 从 Active 表中选一个状态。

(2) 对每个参数按转换表找出所有可能的转移。

(3) 对约束中变元的转换生成二元组、三元组集合，依约束关系做一致性过滤；

(4) 对有公共变元的约束进行组对，对组对的元组做一致性过滤。

(5) 从剩下的元组中生成所有可能的全局解释，每个解释生成一个新状态作为当前状态的后继状态。

(6) 对新状态做全局过滤，剩下的状态送入 Active 表。

算法中的状态转换表如表 4.7 所示。

表 4.7　QSIM 算法的状态转换表

P 转移	$QS(f,t_i)$ →	$QS(f,t_i,t_{i+1})$
P_1	$\langle l_j,\mathrm{std}\rangle$	$\langle l_j,\mathrm{std}\rangle$
P_2	$\langle l_j,\mathrm{std}\rangle$	$\langle (l_j,l_{j+1}),\mathrm{inc}\rangle$
P_3	$\langle l_j,\mathrm{std}\rangle$	$\langle (l_{j-1},l_j),\mathrm{dec}\rangle$
P_4	$\langle l_j,\mathrm{inc}\rangle$	$\langle (l_j,l_{j+1}),\mathrm{inc}\rangle$
P_5	$\langle l_j,l_{j+1},\mathrm{inc}\rangle$	$\langle (l_j,l_{j+1}),\mathrm{inc}\rangle$
P_6	$\langle l_j,\mathrm{dec}\rangle$	$\langle (l_{j-1},l_j),\mathrm{dec}\rangle$
P_7	$\langle (l_j,l_{j+1}),\mathrm{dec}\rangle$	$\langle (l_{j-1},l_{j+1}),\mathrm{dec}\rangle$
I 转移	$QS(f,t_i,t_{i+1})$ →	$QS(f,t_{i+1})$
I_1	$\langle l_j,\mathrm{std}\rangle$	$\langle l_j,\mathrm{std}\rangle$
I_2	$\langle (l_j,l_{j+1}),\mathrm{inc}\rangle$	$\langle l_{j+1},\mathrm{std}\rangle$
I_3	$\langle (l_j,l_{j+1}),\mathrm{inc}\rangle$	$\langle l_{j+1},\mathrm{inc}\rangle$
I_4	$\langle (l_j,l_{j+1}),\mathrm{inc}\rangle$	$\langle (l_j,l_{j+1}),\mathrm{inc}\rangle$
I_5	$\langle (l_j,l_{j+1}),\mathrm{dec}\rangle$	$\langle l_j,\mathrm{std}\rangle$
I_6	$\langle (l_j,l_{j+1}),\mathrm{dec}\rangle$	$\langle l_j,\mathrm{dec}\rangle$
I_7	$\langle (l_j,l_{j+1}),\mathrm{dec}\rangle$	$\langle (l_j,l_{j+1}),\mathrm{dec}\rangle$
I_8	$\langle (l_j,l_{j+1}),\mathrm{inc}\rangle$	$\langle l^*,\mathrm{std}\rangle$

QSIM 的谓词及目的意义如表 4.8 所示。

表 4.8　QSIM 的谓词及意义

QSIM 的谓词	意　义	QSIM 的谓词	意　义
$\mathrm{ADD}(f,g,h)$	$f(t)+g(t)=h(t)$	$\mathrm{M}^+(f,g)$	f 是 g 的单调增函数
$\mathrm{MULT}(f,g,h)$	$f(t)\cdot g(t)=h(t)$	$\mathrm{M}^-(f,g)$	f 是 g 的单调减函数
$\mathrm{MINUS}(f,g,h)$	$f(t)-g(t)=h(t)$	$\mathrm{DEPIV}(f,g)$	$f(t)=\mathrm{d}g(t)/\mathrm{d}t$

2. 技术特点

（1）用定性微分方程描述系统行为。

（2）直接用部件参量作为状态变量，并将参量随时间变化视为定性状态序列。

（3）可用 QSIM 算法对被建模系统行为进行定性仿真。

3. 典型应用

例 4.22　温度为 T 的绝热气体容器从恒定温度 T_S 的高温热源获得热量过程的建模。

获热过程如图 4.27 所示。

由文献（夏常第等，1998）给出的新定性仿真与约束一致性原理可得约束为

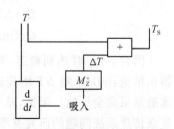

图 4.27　绝热气体容器获热过程

$$\text{ADD}(\Delta T, T, T_\text{S}), \quad M_Z^+(\Delta T, \text{inflow}), \quad \text{Deriv}(T, \text{inflow})$$

初始条件为

$$Q_\text{S}(T_\text{S}, t_0) = \langle T_\text{S}, \text{std} \rangle$$
$$Q_\text{S}(T_1, t_0) = \langle (0, T_\text{S}), \text{inc} \rangle$$
$$Q_\text{S}(\Delta T, t_0) = \langle (0, +\infty), \text{dec} \rangle$$
$$Q_\text{S}(\text{inflow}, t_0) = \langle (0, +\infty), \text{dec} \rangle$$

使用 QSIM 算法可得 P 转换为

$$\begin{array}{cccc} T_\text{S} & T & \Delta T & \text{inflow} \\ P_1 & P_5 & P_7 & P_7 \end{array}$$

$t = (t_0, t_1)$ 时的定性状态同 $t = t_0$ 时的定性状态，这时的 I 转换为

$$\begin{array}{cccc} T_\text{S} & T & \Delta T & \text{inflow} \\ I_1 & I_2 & I_5 & I_5 \end{array}$$

$t = t_1$ 时的定性状态为

$$Q_\text{S}(T_\text{S}, t_1) = \langle T_\text{S}, \text{std} \rangle$$
$$Q_\text{S}(T, t_1) = \langle T_\text{S}, \text{std} \rangle$$
$$Q_\text{S}(\Delta T, t_1) = \langle 0, \text{std} \rangle$$
$$Q_\text{S}(\text{inflow}, t_1) = \langle 0, \text{std} \rangle$$

现在考虑 $M_Z^+(\Delta T, \text{inflow})$ 下定性行为的转化，此时初始状态为

$$Q_\text{S}(T_\text{S}, t_0) = \langle T_\text{S}^0, \text{std} \rangle$$
$$Q_\text{S}(T, t_0) = \langle (0, T_\text{S})^0, \text{inc}^+ \rangle$$
$$Q_\text{S}(\Delta T, t_0) = \langle (0, +\infty)^0, \text{dec}^- \rangle$$
$$Q_\text{S}(\text{inflow}, t_0) = \langle (0, +\infty)^+, \text{dec}^- \rangle$$

使用表 4.9，P_1, P_5, P_7 匹配得 $t = (t_0, t_1)$ 时的定性状态

$$Q_\text{S}(T_\text{S}, t_0) = \langle T_\text{S}^0, \text{std} \rangle$$
$$Q_\text{S}(T_1, t_0) = \langle (0, T_\text{S})^+, \text{inc} \rangle$$
$$Q_\text{S}(\Delta T, t_0) = \langle (0, +\infty)^-, \text{dec} \rangle$$
$$Q_\text{S}(\text{inflow}, t_0) = \langle (0, +\infty), \text{dec} \rangle$$

因为 $t = t_1$ 时达到稳态，故对参数 T 的 I_2 转换使用启发 I 可得 t_1^-。因此，可得出结论：inflow 随 ΔT 增长速度的加快，系统达到稳态的时间将缩短。该结论与实验结果完全一致。可见，基于 QSIM 算法的定性推理建模与仿真对于解决类似复杂传热系统问题的研究有很好实用价值。

表 4.9　定性状态的转换(P 转换及 I 转换)(P 转换)

P_4	$\langle l_i^0, inc^+ \rangle \rightarrow \langle (l_i^0, l_{i+1})^+, inc \rangle$		$\langle l_i^-, dec^- \rangle \rightarrow \langle (l_{i-1}, l_i^-)^+, dec \rangle$
	$\langle l_i^+, inc^+ \rangle \rightarrow \langle (l_i^+, l_{i+1})^+, inc \rangle$	P_6	$\langle l_i^0, dec^- \rangle \rightarrow \langle (l_{i-1}, l_i)^-, dec \rangle$
	$\langle l_i^0, inc^- \rangle \rightarrow \langle (l_i^0, l_{i+1})^-, inc \rangle$		$\langle l_i^0, dec^+ \rangle \rightarrow \langle (l_{i+1}, l_i)^+, dec \rangle$
	$\langle l_i^-, inc^- \rangle \rightarrow \langle (l_i^-, l_{i+1})^-, inc \rangle$		$\langle (l_i, l_{i+1})^+, dec^0 \rangle \rightarrow \langle (l_i, l_{i-1})^+, dec \rangle$
	$\langle (l_i, l_{i+1})^+, inc^0 \rangle \rightarrow \langle (l_i, l_{i+1})^+, inc \rangle$		$\langle (l_i, l_{i+1})^+, dec^0 \rangle \rightarrow \langle (l_i, l_{i+1})^+, dec \rangle$
P_5	$\langle (l_i, l_{i+1})^0, inc^+ \rangle \rightarrow \langle (l_i, l_{i+1})^+, inc \rangle$		$\langle (l_i, l_{i+1})^0, dec^+ \rangle \rightarrow \langle (l_i, l_{i+1})^+, dec \rangle$
	$\langle (l_i, l_{i+1})^+, inc^+ \rangle \rightarrow \langle (l_i, l_{i+1})^+, inc \rangle$	P_7	$\langle (l_i, l_{i+1})^+, dec^+ \rangle \rightarrow \langle (l_i, l_{i+1})^+, dec \rangle$
	$\langle (l_i, l_{i+1})^0, inc^- \rangle \rightarrow \langle (l_i, l_{i+1})^-, inc \rangle$		$\langle (l_i, l_{i+1})^0, dec^- \rangle \rightarrow \langle (l_i, l_{i+1})^-, dec \rangle$
	$\langle (l_i, l_{i+1})^-, inc^- \rangle \rightarrow \langle (l_i, l_{i+1})^-, inc \rangle$		$\langle (l_i, l_{i+1})^-, dec \rangle \rightarrow \langle (l_i, l_{i-1})^-, dec \rangle$
	$\langle (l_i, dec) \rangle \rightarrow \langle (l_{i-1}, l_i^+)^+, inc \rangle$		

定性状态的转换(I 转换)

I_1	$\langle l_i^+, std \rangle \rightarrow \langle l_i^+, std \rangle$		$\langle (l_i, l_{i+1})^+, dec^+ \rangle \rightarrow \langle l_i, dec \rangle$ 且 t_{i+1}^+
	$\langle (l_i, l_{i+1})^+, inc^- \rangle \rightarrow \langle l_{i+1}^0, std \rangle$ 且 t_{i+1}^-	I_6	$\langle (l_i, l_{i+1})^+, dec^0 \rangle \rightarrow \langle l_i, dec \rangle$ 且 t_{i+1}^+
	$\langle (l_i, l_{i+1})^-, inc^- \rangle \rightarrow \langle l_{i+1}^0, std \rangle$ 且 t_{i+1}^+		$\langle (l_i, l_{i+1})^-, dec^- \rangle \rightarrow \langle l_i, dec \rangle$ 且 t_{i+1}^-
I_2	$\langle (l_i, l_{i+1})^0, inc^+ \rangle \rightarrow \langle l_{i+1}^0, std \rangle$ 且 t_{i+1}^-		$\langle (l_i, l_{i+1})^-, dec^0 \rangle \rightarrow \langle l_i, dec \rangle$ 且 t_{i+1}^-
	$\langle (l_i, l_{i+1})^0, inc^- \rangle \rightarrow \langle l_{i+1}^0, std \rangle$ 且 t_{i+1}^+		$\langle (l_i, l_{i+1})^+, dec \rangle \rightarrow \langle (l_i, l_{i+1})^+, dec \rangle$
	$\langle (l_i, l_{i+1})^+, inc^0 \rangle \rightarrow \langle l_{i+1}^0, std \rangle$ 且 t_{i+1}^-	I_7	$\langle (l_i, l_{i+1})^-, dec \rangle \rightarrow \langle (l_i, l_{i+1})^-, dec \rangle$
	$\langle (l_i, l_{i+1})^+, inc^0 \rangle \rightarrow \langle l_{i+1}, inc \rangle$ 且 t_{i+1}^-		$\langle (l_i, l_{i+1})^-, dec^- \rangle \rightarrow \langle l_i^0, std \rangle$ 且 t_{i+1}^-
I_3	$\langle (l_i, l_{i+1})^+, inc^+ \rangle \rightarrow \langle l_{i+1}, inc \rangle$ 且 t_{i+1}^+		$\langle (l_i, l_{i+1})^+, inc^+ \rangle$ 且 t_{i+1}^- 或 $t_{i+1}^0 \rightarrow \langle l^{*+}, std \rangle$
	$\langle (l_i, l_{i+1})^-, inc^- \rangle \rightarrow \langle l_{i+1}, inc \rangle$ 且 t_{i+1}^+	I_8	$\langle (l_i, l_{i+1})^+, inc^0 \rangle$ 且 t_{i+1}^+ 或 $t_{i+1}^0 \rightarrow \langle l^{*+}, std \rangle$
I_4	$\langle (l_i, l_{i+1})^+, inc \rangle \rightarrow \langle l_i, l_{i+1}^+, inc \rangle$		$\langle (l_i, l_{i+1})^-, inc^- \rangle$ 且 t_{i+1}^- 或 $t_{i+1}^0 \rightarrow \langle l^{*-}, std \rangle$
	$\langle (l_i, l_{i+1})^-, inc \rangle \rightarrow \langle l_i, l_{i+1}^-, inc \rangle$		$\langle (l_i, l_{i+1})^-, inc^0 \rangle$ 且 t_{i+1}^- 或 $t_{i+1}^0 \rightarrow \langle l^{*-}, std \rangle$
	$\langle (l_i, l_{i+1})^+, dec^+ \rangle \rightarrow \langle l_i^0, std \rangle$ 且 t_{i+1}		$\langle (l_i, l_{i+1})^-, dec^- \rangle$ 且 t_{i+1}^+ 或 $t_{i+1}^0 \rightarrow \langle l^{*-}, std \rangle$
I_5	$\langle (l_i, l_{i+1})^-, inc^0 \rangle \rightarrow \langle l_{i+1}^0, std \rangle$ 且 t_{i+1}^+	I_9	$\langle (l_i, l_{i+1})^-, dec^0 \rangle$ 且 t_{i+1}^+ 或 $t_{i+1}^0 \rightarrow \langle l^{*-}, std \rangle$
	$\langle (l_i, l_{i+1})^+, dec^0 \rangle \rightarrow \langle l_i^0, std \rangle$ 且 t_i^+		$\langle (l_i, l_{i+1})^+, dec^+ \rangle$ 且 t_{i+1}^- 或 $t_{i+1}^0 \rightarrow \langle l^{*+}, std \rangle$
	$\langle (l_i, l_{i+1})^-, dec^0 \rangle \rightarrow \langle l_{i+1}^0, std \rangle$ 且 t_i^-		$\langle (l_i, l_{i+1})^+, dec^0 \rangle$ 且 t_{i+1}^- 或 $t_{i+1}^0 \rightarrow \langle l^{*+}, std \rangle$

4.9.5　基于微分方程定性理论的建模方法与技术

1. 方法原理

对于复杂系统,常以非线性微分方程描述其动态行为,这样即不便分解,又求解困难。然而,可利用微分方程定性理论解决这一难题。

考虑复杂系统全量运动微分方程的一般形式为

$$\dot{x} = f_i(x_1, x_2, \cdots, x_n), \quad i = 1, 2, \cdots, n \tag{4.95}$$

式中,$x_1, x_2, \cdots, x_n$ 为系统的运动参数(如飞行器迎角、侧滑角、过载等)。

鉴于,式(4.95)通常是一个具有本质非线性的全量微分方程,分析和求解都相当复杂。由微分方程定性理论可知,无论是对式(4.95)做稳定性分析,或是进行一般性分析,研究其该方程的奇点或静态点,即 $f_i(x_1^*, x_2^*, \cdots, x_n^*) = 0$ 的点是至关重要和十分有效的。这是因为数学上的奇点将反映复杂系统运动中的多个运动平衡状态,且在这些奇点邻域上的系统当前运动决定于它的先前运动状态。另外,研究表明,系统在奇点邻域上的运动形式是人们最为关心和有用的,可借助于该点邻域上的线性化方程来求得,而线性化方程解的基本特征又取决于它的特征方程。因此,对一个复杂系统的运动方程(4.95)解的分析可归结为:寻求该方程的奇点,并在奇点邻域上将方程线性化,进而求得相应的特征方程根,最后根据特征根分类和奇点形式来研究相应轨迹变化,从而获得对复杂系统运动特性的清晰分析。这就是基于微分方程定性理论建模的基本思想。

2. 技术特点

(1) 微分方程定性理论是解决复杂动力学系统研究中不必解全量微分方程而实现快速分析的重要手段之一,被广泛用于飞行器空间运动特性研究等领域。

(2) 是一种定性近似分析方法,但并不失对于一般运动规律研究的有效性。

(3) 使复杂问题简单化,关键在于利用微分方程定性理论寻找奇点,并在奇点邻域上线性化。

3. 典型应用

例 4.23　微分方程定性理论在飞机安全飞行状态区域划分建模中的应用。

现代高性能飞机气动布局总的特点是:小展弦比、薄机翼和细长机身,极容易产生"惯性耦合"和"运动耦合",并可能导致不可操纵的"惯性旋转"飞行状态。对此,除在飞机上安装飞行增稳系统和帮助飞行员提高驾驶技能外,利用建模与仿真手段分析飞机空间运动,给出整个飞行状态区域内的安全性等级分布图,以避免飞机进入"惯性旋转"危险状态是十分重要的。

安全性等级分布图的绘制将以微分方程定性理论为基础,通过对飞机的五自由度空间运动全量方程:

$$\dot{\beta} = \alpha\omega_x + \omega_y + \frac{g}{v}\sin\gamma + n_{11}\beta + n_{1H}\delta_H$$

$$\dot{\alpha} = \omega_z - \beta\omega_x + \frac{g}{v}\cos\gamma + n_{22}\alpha - m_{2L}\delta_L$$

$$\dot{\omega}_x = C\omega_y\omega_y - n_{21}\beta - n_{22}\omega_x - n_{33}\omega_y - n_{2E}\delta_E - n_{2H}\delta_H$$

$$\dot{\omega}_y = -B\omega_x\omega_z - n_{31}\beta - n_{33}\omega_y - n_{32}\omega_x - n_{3E}\delta_E - n_{3H}\delta_H - D\omega_z$$

$$\dot{\omega}_z = -A\omega_x\omega_y - n_{32}\alpha - m_z' - n_{33}\omega_z - n_0\dot{\alpha} - n_{3L}\delta_L + E\omega_y$$

按照图 4.28 所示的近似解分析,以获得奇点坐标、奇点类型,并在奇点邻域上实现方程线性化和求得相应特征方程根来实现。

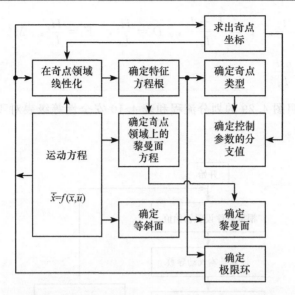

图 4.28　基于微分方程定性理论的飞机运动全量方程近似解分析工作流程

经推导可得飞机惯性旋转倾斜角速度

$$\omega_{xc} = \max\left(\sqrt{\dfrac{-F_2 + \sqrt{F_2^2 - 4F_4F_0}}{2F_4}}, \sqrt{\dfrac{-F_2 - \sqrt{F_2^2 - 4F_4F_0}}{2F_4}}\right) \qquad (4.96)$$

且 (H, M) 坐标下的边界方程为

$$F_2^2 - 4F_4F_0 = 0 \qquad (4.97)$$

式中

$$F_0 = \widetilde{M}_z^\alpha \alpha_\sigma (\overline{M}_x^{\omega_y} \widetilde{M}_y^\beta - \overline{M}_y^{\omega_y} \overline{M}_x^\beta) - M_\gamma^\alpha (\overline{M}_x^{\omega_x} \widetilde{M}_y - \overline{M}_\alpha^\beta \overline{M}_y^{\omega_x})$$

$$F_2 = -\left[(A\overline{M}_y^\beta + B\overline{M}_z^\alpha + \widetilde{M}_z^{\omega_z} \widetilde{M}_y^{\omega_y})\overline{M}_x^\omega - \overline{M}_y^{\omega_x}(A\overline{M}_x^\beta + \overline{M}_x^{\omega_y} \overline{M}_z^{\omega_z}) - B\overline{M}_x^{\omega_y} \overline{M}_z^\alpha\right]$$

$$F_4 = -AB\overline{M}_x^{\omega_x}$$

式中

$$\widetilde{M}_z^\alpha = \overline{M}_z^\alpha + \overline{Y}^\alpha \cdot \overline{M}_z^{\omega_z}, \quad \widetilde{M}_y^\alpha = \overline{M}_y^\beta - \overline{Z}^\beta \overline{M}_y^{\omega_y}, \quad \widetilde{M}_x^\beta = \overline{M}_x^\beta - \overline{Z}^\beta \overline{M}_x^{\omega_x}$$

$$\widetilde{M}_y^\beta = \overline{M}_y^\beta - \overline{Z}^\beta \overline{M}_y^{\omega_y}, \quad \widetilde{M}_z^{\omega_y} = \overline{M}_y^{\omega_z} + A\overline{Z}^\beta, \quad \widetilde{M}_z^a = m_\sigma^a \dfrac{qsl}{I_z}, \quad m_\sigma^\alpha = m_{z\sigma}^\alpha \dfrac{bA}{l}$$

$$\overline{Y}^\alpha = C_y^\alpha \dfrac{qs}{mv}, \quad m_\pi^{\omega_z} = \dfrac{M_z^{\bar\omega_z} qsl^2}{I_z 2v}, \quad m_{\iota\beta}^{\bar\omega_z} = m_\pi^{\bar\omega_z} \dfrac{2b^2 A}{l^2}, \quad \overline{M}_y^\beta = m_y^\beta \dfrac{qsl}{I_y}$$

$$\overline{Z}^\beta = \dfrac{C_z^\beta qs}{mv}, \quad \overline{M}_y^{\omega_y} = \dfrac{m_y^{\bar\omega_y} qsl^2}{I_y 2v} = m_y^{\bar\omega_y} \dfrac{qsl^2}{I_y 2v}, \quad \overline{M}_x^{\omega_y} = m_x^{\bar\omega_y} \dfrac{qsl^2}{I_x 2v}$$

$$\overline{M}_x^\beta = m_x^\beta \dfrac{qsl}{I_x}, \quad \overline{M}_x^{\omega_x} = m_x^{\bar\omega_x} \dfrac{qsl^2}{I_x 2v}, \quad \overline{M}_y^{\omega_x} = m_y^{\bar\omega_x} \dfrac{qsl^2}{I_y 2v}, \quad A = \dfrac{I_y - I_x}{I_z}$$

$$B = \frac{I_z - I_x}{I_y}, \quad C = \frac{I_z - I_y}{I_x}, \quad D = \frac{H_e}{I_y}, \quad E = \frac{H_e}{I_z}, \quad \overline{M}_x^\delta = m_x^\delta \frac{qsl}{I_x}$$

$$\overline{M}_y^\delta = m_y^\delta \frac{qsl}{I_y}$$

最后,可按照图 4.29 的划分流程和表 4.10 安全性等级表对飞机安全飞行状态区域进行划分。

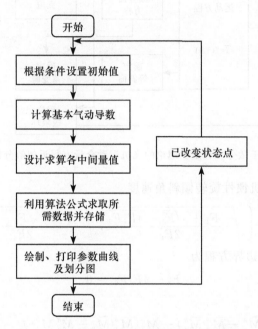

图 4.29　飞机飞行状态区域图划分工作流程

表 4.10　按照安全等级的飞行状态区域划分编号

飞行状态 区域编号	可能出现气动 惯性旋转	存在临界角速度	发生"卡死"现象	$\omega_y > \min(\omega_a, \omega_\beta, \omega_{xd})$
1	+	+	+	+
2	+	−	+	+
3	+	+	−	+
4	+	+	+	−
5	+	−	+	−
6	+	+	−	−

表中:"+"表示可能实现表中所述情况;"−"表示不可能实现表中所述情况。

4.9.6　基于范例推理建模方法与技术

1. 方法原理

范例推理(case-base reasoning,CBR)建模是一种定性与定量相结合的建模方法,也是一种利用类比推理方法进行不断迭代的建模过程。推理过程在于按照一定形式向系统描述当前范例,并按照范例属性子集相似性度量从范例库中检索出与当前建模对象相应的范例。若该范例与当前范例相似,则输出该范例的求解方案;否则修正该范例,再进行评价,直至新范例与当前范例相匹配。简而言之,范例推理建模的方法主要包括建模问题的范例表达、范例库检索、修正相似范例的解及问题范例的学习(训练)等。

2. 技术特点

(1) 它是由目标范例的提示而获得记忆中的源范例,并由源范例来指导目标范例求解的一种策略。

(2) 推理中知识表示以范例为基础,由于范例获得较之规则获取容易得多,故大大简化了知识获取。

(3) 过去求解结果可以复用,不再从头推导,有利于提高建模效率。

3. 典型应用

例 4.24　基于范例推理建模的军队后勤仿真系统。

文献(邓正宏等,2004)给出了基于范例推理建模的后勤仿真系统结构框架(见图 4.30)。

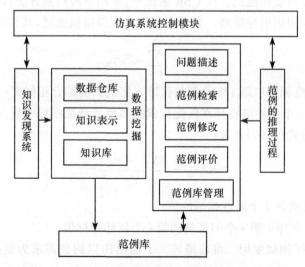

图 4.30　基于范例推理建模的后勤仿真系统结构框架

基于范例推理建模用于后勤仿真系统的主要工作：

1) 范例采集、整理及分类

根据史料战例收集有关存储、油料、营房等保障方案（如武器保障方案、弹药保障方案、给养供给方案、油料保障方案等），并进行分析、整理和分类。按照一定分类体系和模式对这些范例进行描述，形成一定结构组织的范例库。

2) 范例描述

范例描述是确定一组特征及属性的集合，可通过选择属性来描述每个范例。用于保障方案的范例通常用多元组 $C = [E, S, R, M]$ 来表示。其中，E 表示物质保障需求特征信息；S 表示保障方案的设计信息；R 表示保障范例的特征信息及其权重；M 表示范例求解的启发信息（如方法、手段、模式、推理线路等）。这里 E 和 S 的主要内容如表 4.11 所示。

表 4.11　保障需求描述和保障方案设计的主要内容

保障需求描述（E）	保障方案设计（S）
①物资名称；②物资类别；③物资数量；④物资规格；⑤保障目标；⑥保障时间；⑦其他（如交通道路、敌情、保障实力、作业过程等）	①保障物资类别（武器、弹药、油料、食品等）；②保障地域（山地、海岛、平地等）；③保障军种（海军、空军、陆军和二炮）；④物资环境控制预案（人员组织预案、防火预案、紧急收发预案等）；⑤物资作业管理方案；⑥其他

3) 范例检索与匹配

范例检索是指从范例库（case base）中寻找一个或多个与当前保障最相似的范例。此任务通过范例推理（BR）系统利用相似度知识和特征索引，从范例库中找出与当前保障相关的最佳范例。在 CBR 系统中，常用三种检索方法：最相邻近策略、归纳推理策略和知识引导策略。如采用最相邻近策略检索时，其算法描述为

$$\text{Sim}_j = \sum_{i=1}^{n} \omega_j \text{Sim}_{ij} \tag{4.98}$$

式中，Sim_j——范例库中第 i 个范例与保障方案范例的综合相似度；

ω_j——第 j 个属性或特征在匹配检索的属性或特征指标中所占的权重。

相似度可用式（4.99）计算：

$$\text{Sim}_{ij} = \frac{|Y_j^* - Y_{ij}|}{Y_{ij}} \tag{4.99}$$

式中，Y_j^*——范例第 j 个属性指标的值；

Y_{ij}——范例库中第 i 个旧范例的第 i 个属性指标值。

通常，各特征相似度用二维表描述。下面给出以物资需求为例的二维相似度表 4.12。

表 4.12　物质保障手段相似度表

需求对比	通用装备物资需求	军械、油料物资需求	应急通用装备物资需求	应急军械、油料物资需求
通用装备物资需求	1	0.55	0.75	0.45
军械油料物资需求	0.55	1	0.55	0.55
应急通用装备物资需求	0.75	0.55	1	0.75
应急军械、油料物资需求	0.45	0.55	0.75	1

4) 范例推理学习

范例推理学习是从范例库中不断获得新知识和改进旧知识的过程,被分为成功学习和失败学习两种。成功学习包括推理成功和范例库学习两层意思:前者是指相似范例的解经过调整和修正,能作为保障方案范例的解决方案;后者是指若范例库中存在相似度大于预先设定的阈值的旧范例,则保障方案范例不加入到范例库中去,反之亦然。失败学习同样有两层意思:其一是推理不成功,即保障方案范例不能在相似范例中找到适用解;其二是范例库学习,它表示若领域专家能给出保障方案范例的解,则保障方案范例作为新范例入库,否则不入库。

5) 范例库的管理与维护

范例库的基本管理功能包括范例的显示、编辑、修改、删除及添加等。

范例库维护就是以相似度确定是否保留该范例,出现问题不断反复修正。

4.10　基于因果关系的建模方法与技术

4.10.1　引言

客观事物之间和内部广泛地存在着因果联系,在数学上反映为变量之间的因果依赖关系、因果结构算法、因果关系集和因果定性推理等,从而为复杂系统建模提供了便利条件,形成了基于因果关系(推理)的一大类建模方法与技术,被直接应用于故障诊断、动力学系统等领域。

4.10.2　方法原理

在数学上,因果关系可简单地表示成二元组 (X, Y),即因 X 事件导致 Y 事件的发生,还可以表达成联系图的描述方式或更加抽象的约束网络。

在因果关系分析和建模中,基于因果顺序理论的因果关系追溯和分层因果关系的定性推理是十分重要的,它是基于因果关系建模方法与技术基础。所谓因果追溯就是从结果回溯去寻求可能导致和触发结果的原因,并依此来确定事物因果发生的链路。这种因果追溯主要体现在参数变量与结果之间的关系上,作为实验设计、统计分析及建模的工具。Vensim 软件就是一个典型基于因果关系追溯的系统动力学建模分析软件。它主要以系统变量行为之间的影响程度区分存在的因果关系,使用户可从一个变量追溯到另一个变量,从而建立变量之间的因果链或者因果回路。

因果追溯方法的基本思想包括以下四部分:具备因果追溯性的仿真系统、数据模型、行为模型及追溯结构及算法(见图4.31)。

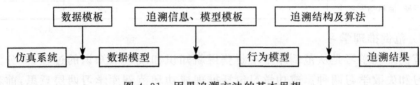

图 4.31　因果追溯方法的基本思想

所谓分层因果关系的定性推论(LCQR),就是将变量按约束关系分层,利用层间的约束传播,控制无序变量的组合生成,从而达到简化推理过程的目的。为此,在构造层次关系时,可通过因果决定关系图来获得变量间的合理因果关系。

4.10.3　技术特点

(1)基于因果关系建模实质上是一种定性建模方法,因果顺序理论为重要基础。

(2)因果关系追溯是基于因果关系建模的主要分析手段,Vensim软件是具有代表性的因果关系建模分析软件,被广泛应用于系统动力学领域。

(3)实现因果关系追溯的核心是建立行为模型,而关键在于如何获取行为和关联行为的数据。

4.10.4　典型应用

例 4.25　HLA 仿真系统的仿真数据因果分析。

HLA 仿真系统是当今大型复杂仿真系统的典型模式。理论和实践表明,这类仿真系统发生的因果关系主要体现在数据交互,且这些数据交互是在对象模型的约束下实现的。

HLA 仿真系统的对象模型主要有两类:一类是联邦对象模型 FOM,另一类是仿真对象模型 SOM。SOM 是仿真对象能力的表述,是为仿真成员在参与联邦运行时所能提供的能力,但在仿真过程不存于数据交互中。FOM 是公共的交互基础和核心,它详细定义了交互类和对象类的内容,描述联邦执行过程中成员可共享的信息,为联邦成员提供公共数据交换规范,并建立联邦的初始运行环境、接口规范以及定义联邦成员仿真运行时所需服务(包括联邦管理、对象管理、声明管理、所有权管理、数据分发管理、时间管理等)。因此,HLA 仿真系统的因果追溯性数据分析主要集中在 FOM 设计。

文献(Wan,et al.,2003)给出了 HAL 仿真系统因果追溯性数据分析的总体思想,如图 4.32 所示。

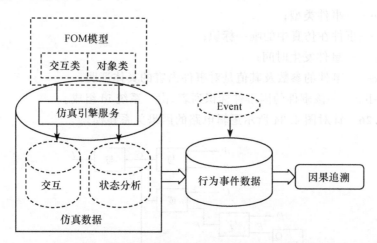

图 4.32　HAL 仿真系统的因果追溯性数据分析思想

由图 4.32 知,整个因果追溯性数据分析包括:①对联邦对象模型 FOM 进行设计;②按照 FOM 实现的仿真模型通过类似仿真引擎的 RTI 仿真服务连接运行;③仿真输出的交互类和状态更新等交互数据可以按照行为表达规范 Event 转化成为事件数据;④在标准化后的数据支持下,建立邦元/对象行为模型;⑤最终支持仿真数据因果追溯。其中,FOM 设计是至关重要的,其关键在于:①因为 FOM 通常上描述交互类和对象两种主要仿真行为事件本身;而不具备记录因果关联数据的能力,所以必须对 FOM 进行这种能力的扩展。②主要围绕如何能使输出的仿真数据转化成为 Event 类型的数据。③在进行对象类设计和交互类设计时,需要分别按照图 4.33(a)、(b)加入一些特殊的属性和特殊的参数,以保证记录下来的状

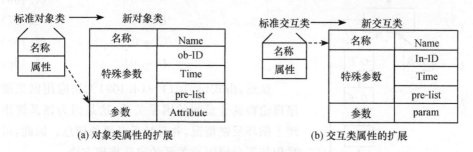

(a) 对象类属性的扩展　　　　　　　　　(b) 交互类属性的扩展

图 4.33　对象类与交互类的设计

ob-ID 为更新状态事件的 ID,由邦元/对象的唯一标识、采用计算器的值、加入仿真时间等三部分组成,且组成不是唯一的;In-ID 为交互类事件的 ID,由 ob-ID 同样的三部分组成,且组成亦不是唯一的

态更新事件可以满足 Event 的要求。④必须规范在 HLA 仿真中发生的行为事件结构

$$Event = (type, id, time, data, pre\_list) \tag{4.100}$$

式中,type——事件类型;

　　　id——事件在仿真中的唯一标识;

　　　time——事件发生时间;

　　　date——事件的参数及其值是对事件内容的具体证明;

　　　per-list——该事件的因事件标识列表,由一系统 id 组成。

例 4.26 针对图 4.34 所示逻辑电路的因果关系建模。

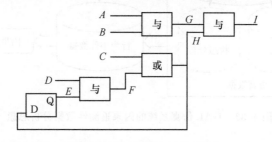

图 4.34　逻辑线路结构

图 4.34 所示系统结构约束方程为

$$I = G \wedge H \tag{4.101}$$

$$G = A \wedge B \tag{4.102}$$

$$H = C \vee F \tag{4.103}$$

$$F = D \wedge E \tag{4.104}$$

$$E = H \tag{4.105}$$

外部约束条件为

$$A = 0 \tag{4.106}$$

$$B = 0 \tag{4.107}$$

$$C = 0 \tag{4.108}$$

$$D = 0 \tag{4.109}$$

显然,由式(4.101)~(4.109)无法应用因果顺序理论得到变量间的因果关系,这是因为该系统出现了循环反馈情况,并且缺乏必要的信息。因此,可采用如下分层因果关系的定性推理方法:

(1) 按照文献(石纯一等,2002)给出的算法生成分层因果关系图 LCG(见图 4.35)。

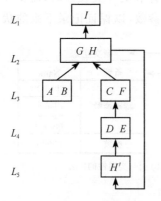

图 4.35　例 4.26 逻辑电路
的 LCG 图

（2）同样，根据文献（石纯一等，2002）给出的 LCQR 方法描述，在上述分层因果关系图基础上构成分层因果行为转移图（见图 4.36）。

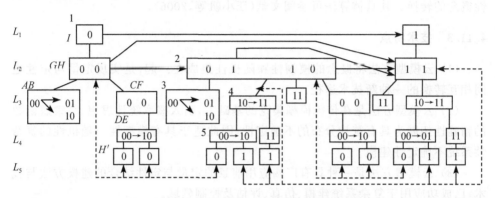

图 4.36　例 4.26 逻辑电路的分层因果行为序列

（3）上述分层因果行为序列图是对逻辑电路因果依赖关系的直观定性推理描述。

解决例 4.26 因果关系建模的基本过程：从某一状态出发找到可能的状态转移→找到状态转移的最终解→变量间的反馈作用→因果依赖关系。

4.11　基于云理论的建模方法与技术

4.11.1　引言

云模型是我国李德毅院士提出的定性定量转换模型，是对语言值所蕴涵的模糊性和随机性的一种描述。因此，被用于具有不确定性复杂系统建模、控制及评估等。

4.11.2　方法原理

设 U 是一个用数值表示的定量论域，C 是 U 上的定性概念，若定量值 $x \in U$ 是定性概念 C 的一次随机实现，x 对 C 度的确定度 $\mu(x) \in [0,1]$ 是有稳定倾向的随机数：$\mu:U \rightarrow (0,1)$，，$\forall x \in U:x \rightarrow \mu(x)$，则 x 在论域 U 上的分布成为云，记之云 $C(x)$。每一个 x 称为云滴。若概念对应的论域是 n 维空间，则可拓展至 n 维云。

云模型通过期望值 E_x、熵 En 和超熵 He 来表达定性概念的整体特性。其中，E_x 是云滴在论域空间分布的期望，是最具代表定性概念的点，或者说是该概念是最典型样本；熵 En 是代表定性概念的可度量粒度，通常，En 越大，概念越宏观；超熵 He 的不确定性度量，由熵的随机性和模糊性共同决定。这三个数字特征值

E_x、En、He(En≥He≥0)可构成云的特征向量,并依此表示定性概念的整体特征。

通过正向云算法和逆向云算法可分别实现概念空间到数值空间和定量值到定性概念的转换。其具体算法可参阅文献(汪小帆等,2006)。

4.11.3　技术特点

(1)云模型方法将概念的模糊性和随机性集成在一起,是实现定量与定性之间相互转换的一种新技术途径。

(2)云模型方法是在传统模糊集论的基础上,引入概率统计思想,将隶属函数的精确性拓展为具有统计分布的不确定性,因此适于具有模糊性与随机性的复杂性系统不确定性建模。

(3)云模型方法是一种具有广阔应用前景的定量与定性结合的建模方法与技术,已成功应用于复杂系统建模、仿真、评估及控制领域。

4.11.4　典型应用

例 4.27　基于云模型的电子商务推荐系统。

随着电子商务系统规模的扩大,用户数目和项目数据急剧增加,推荐系统已成为必不可少的研究内容,而最近邻同过滤推荐是当前最成功的推荐技术之一,基于模型的概念相似性比较方法(LICM)就是这种推荐技术的基础。为简便起见,我们依次以 A,B,C,D 四个用户对 10 个项目的测评来研究这个问题。

通常,电子商务系统通过投票获得用户对项目满意情况的测评。设评分标准为 5 个等级{很不满意、不满意、一般、满意、很满意},相应的分值分别是{1,2,3,4,5};用户评分频度向量,即相应于 5 个等级的评价次数为 $U(u_1,u_2,u_3,u_4,u_5)$。表 4.13 给出了测评 A,B,C,D 四个用户对 10 个项目的评分情况,其评分频度向量分别为 $U_A(5,5,0,0,0),U_B(0,0,0,4,7),U_C(0,0,1,4,5),U_D(4,6,0,0,0)$。

表 4.13　用户对项目的评分情况

用户 ＼ 项目评分	I_1	I_2	I_3	I_4	I_5	I_6	I_7	I_8	I_9	I_{10}
A	2	1	1	1	2	2	1	2	1	2
B	5	4	5	4	5	4	5	4	5	5
C	5	5	4	5	5	4	4	5	3
D	2	1	2	2	1	1	2	2	1	2

根据表 4.13,通过逆向运算法(或发生器)可以计算出这些用户对给定 10 个项目评分特点的定性知识,从而得到用户评分特征向量 $P(E_x,\text{En},\text{He})$ 如表 4.14 所示。这就是用户对项目测评的云模型。

为了对云模型表示上述定性知识进行相似性比较,可采用文献(汪小帆等, 2006)给出的 LICM 方法。通过该方法可以得到 A、B、C、D 四个用户的最相似用户(见表 4.15)。

表 4.14　用户评分特征向量

用户 ＼特征向量	$P(E_x, En, He)$
A	$P_A(1.3636, 0.7251, 0.2668)$
B	$P_B(4.1818, 1.1187, 0.9551)$
C	$P_C(4.000, 1.3994, 0.9496)$
D	$P_D(1.4545, 0.7458, 0.2889)$

表 4.15　LICM 方法计算得到的最相似用户(邻居)

用　户	最相似邻居
A	D
B	C
C	B
D	A

这样便可从表 4.14 迅速准确地查找出相似性高的用户(A 和 D,B 和 C),并产生高质量的推荐结果。

例 4.28　云模型在电液伺服变距控制系统中的应用。

电液伺服变距控制系统常用于船舶调距浆变距、飞行模式器视景系统调焦变距等方面。该系统是一个具有本质非线性的时变系统。另外,还受到环境参数变化等不确定因素的影响,因此采用传统控制方法综合性能较差。为了获得良好的控制性能和较强的鲁棒性品质,可采用一种二维云模型控制器。

考虑一典型的电液伺服系统简化结构如图 4.37 所示。其运动方程为

$$m_t \ddot{y} + B_t \dot{y} + K_t y = A_t P_L \tag{4.110}$$

$$K_v u \sqrt{\frac{P_S - P_L \cdot \text{sgn}(u)}{\rho}} = A_t \dot{y} + \frac{V_t}{4E_v} \dot{P}_L + C_{SI} P_L \tag{4.111}$$

式中,u——控制信号;

y——系统输出;

m_t——活塞及负载的总质量;

B_t、K_t——分别为阻尼系数和弹性系数;

A_t——活塞有效面积;

K_v、C_{SI}——分别为伺服阀系数和总泄漏系数;

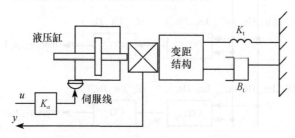

图 4.37　电液伺服系统简化结构模型

P_S、P_L——分别为油源和油缸负载的压强；

E_v——油液的等效体积弹性模量；

V_t——液压缸及其连接管道的总容积。

除此，该系统的不确定性表现为：①液压油的内部泄漏及压缩性随温度等变化；②阀具有死区及非线性，使 K_v 时变；③变距过程中，被控对象的非线性等。针对此控制对象可采用基于云模型的控制方法。该云模型为数据对

$$\text{drop}(x_i, y_i, \mu_i), \quad i = 1, 2, \cdots \tag{4.112}$$

构成的二维正态云。这里有

$$(x_i, y_i) = R_2(E_x, E_y, \text{En}_x, \text{En}_y) \tag{4.113}$$

$$(P_{x_i}, P_{y_i}) = R_2(\text{En}_x, \text{En}_y, \text{He}_y) \tag{4.114}$$

$$\mu_i = \exp\left[\frac{-0.5(x_i - E_x)^2}{P_{x_i}^2} \quad \frac{-0.5(y_i - E_y)^2}{P_{y_i}^2}\right] \tag{4.115}$$

式中，$\text{drop}(x_i, y_i, \mu_i)$——二维云滴；

$R_2(E_1, E_2, E_3, E_4)$——服从正态分布的二维随机函数；

E_1、E_2——期望值；

E_3、E_4——标准差；

E_x、E_y——期望值；

En_x、En_y——熵；

He_x、He_y——超熵。

该二维云的数学特征为 $(E_x, \text{En}_x, \text{He}_x)$ 和 $(E_y, \text{En}_y, \text{He}_y)$。

控制过程的智能性可以用下列产生式控制规律进行定性描述：

$$\text{if } A = A_i \text{ and } B = B_i, \quad \text{then } U = U_i, \quad i = 1, 2, \cdots, m \tag{4.116}$$

式（4.116）这种二维云多规则推理过程如图 4.38 所示。

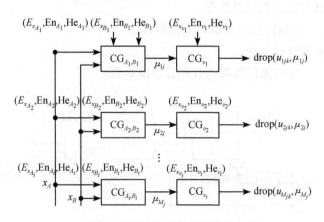

图 4.38　二维云多规则推理

二维云单规则 x 条件云模型为

$$(P_{A_i}, P_{B_i}) = R_2(\mathrm{En}_A, \mathrm{En}_B, \mathrm{He}_A, \mathrm{He}_B) \tag{4.117}$$

$$\mu_i = \exp\left[\frac{-0.5(x_A - Ex_A)^2}{P_{A_i}^2}\quad\frac{-0.5(x_B - Ex_B)^2}{P_{B_i}^2}\right] \tag{4.118}$$

式中，x_A、x_B——定量输入值；

$(E_{x_A}, \mathrm{En}_A, \mathrm{He}_A)$——模糊子集 A_i 的数学特征；

$(E_{x_B}, \mathrm{En}_B, \mathrm{He}_B)$——模糊子集 B_i 的数学特征。

二维单规则 y 条件云模型是

$$P_i = R_1(\mathrm{En}, \mathrm{He}) \tag{4.119}$$

$$u_i = E_x \pm (2\ln\mu^{0.5})P_i \tag{4.120}$$

为了获取确定的唯一输出值用于被控制对象，可采用如下逆向云方法：

$$E_x = \mathrm{mean}(x_i) \tag{4.121}$$

$$\mathrm{En} = \mathrm{stdev}(x_i) \tag{4.122}$$

$$P_i = \mathrm{sqrt}\left[\frac{-0.5(x_i - E_x)^2}{\ln\mu_i}\right] \tag{4.123}$$

式中，x_i、μ_i——一组云滴；

mean( )——求均值函数；

stdev( )——求标准差函数；

sqrt( )——开平方函数。

应指出，当云 $\mathrm{drop}(x_i, \mu_i)$ 较少时，为了保证控制的实时性，可采用加权平均法。这时控制器实际输出（见图 4.39）。

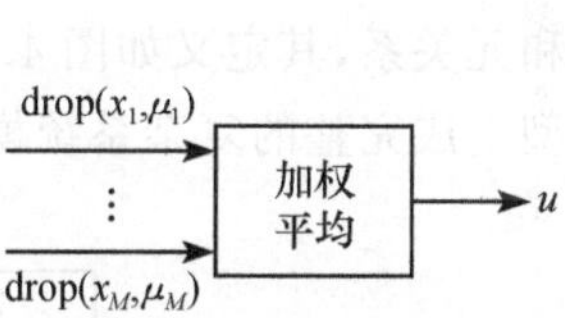

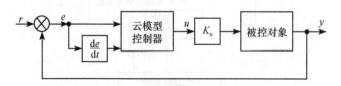

图 4.39　加权平均输出

$$u = \frac{\sum x_i\mu_i}{\sum \mu_i}, \quad i = 1, 2, \cdots, n \tag{4.124}$$

于是，云模型控制器便由图 4.38 和图 4.39 构成。

这样，二维云模型控制系统如图 4.40 所示。

图 4.40　云模型智能控制系统

有关该系统的控制仿真及仿真结果可详细参阅文献（李众，2004）。

4.12　基于元模型的建模方法与技术

4.12.1　引言

　　为了较好地解决复杂系统仿真平台中的模型无缝集成和协同工作问题,提出了一种基于元模型的建模方法与技术。这是由于按照元模型理念,元模型是比模型抽象程度更高的模型,是对某一特定领域建模环境的规范定义(包括如何建模、语义描述、模型集成和互操作等),所以能够表示该领域内所有系统,从而能够较好解决仿真中的模型集成、互操作及协同工作。

4.12.2　方法原理

　　如前所述,元模型抽象了模型的更一般特点,被作为模型的模型,可以支持多领域的复杂系统建模。由于它与模型的本质是相同的,所以元模型建模和传统建模是一致的活动,即凡用于传统建模的概念都可同样用于元模型建模。

　　在基于元模型进行复杂系统仿真建模时,利用了两种很重要的规范,即 MOF规范和 XMI 规范。前者定义了描述元模型的语言,被作为开发工具去设计和实现元模型建模系统;后者用以生成使用 XML 语言描述的复杂系统的系统模型。

　　复杂系统元模型建模中,可将每个子系统视为相对于整个复杂系统的一个对象类,其之间的互操作是通过信息交换来实现的。按照上述规范,通常有 6 种元类和元关系,其定义如图 4.41 所示,该图还表示了在元模型和元关系基础上,由元模型生成完整的复杂系统模型的基本原理。

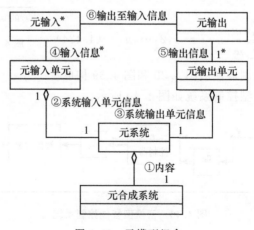

图 4.41　元模型组合

4.12.3　技术特点

(1) 复杂系统模型使用 XML 来描述,根据 DID 中的语法和数据约束来实现,即首先用 XMI DID 来描述元模型,然后根据 XMI 规范生成使用 XMI 语言描述的复杂系统的系统模型。

(2) XMI 的格式是相当灵活的,可以根据需要自行定义标记、属性及结构化描述信息内容,具有良好的数据存储格式、可扩展性、高度结构化和便于网络传输等突出特点。

(3) XML 给基于 WEB 的应用软件赋予了强大的功能和灵活性,较好地解决了复杂系统模型的无缝集成及相互间的互操作问题。

(4) 将元模型理念用于复杂系统仿真平台中的系统建模,不仅对于仿真平台有研究意义,而且为复杂系统建模从理论到方法上提供一种新思路。

(5) 元模型是支持复杂系统建模研究的有效概念,它不仅被用于建模实践,而且可对具体建模软件进行更高层次的分析与预见,并对多种建模软件的建模能力进行归纳与分类。

(6) 电子数据表软件无论是 Lotus 还是 Excel 或者其他数据表软件都是一种元模型,可以支持多种专业领域的建模,已在电子工程、医学、生物工程、管理科学、军事作战等领域得到有效应用。

(7) 元模型比模型的抽象程度高,能够较好地解决其他模型表示方法难以实现的模型集成问题。

4.12.4　典型应用

例 4.29　基于元模型建模的某复杂工程系统模型的实现。

文献(毛媛等,2002)给出了基于元模型建模的某复杂工程原系统模型的实现。该原模型系统模型是由控制系统、动力学系统、仿真管理器等三个子系统模型集成的,对应到元模型中的 1 个 Meta Complex System 包含(contain)3 个 Meta System。其中,控制系统包含 12 个量构成的一组输出和 6 个量构成的一组输入;动力系统包含 6 个变量构成的一组输出和 7 个量构成的一组输入;仿真管理器包含 2 个量构成的一组输出和 18 个量构成的一组输入。它们之间的关系体现了 6 种元类和 6 种元关系。除此,每一个子系统还具有一些其他属性,如仿真工具、开发人员及仿真结果等。这些其他属性与三个子系统间的关系及模型集成情况如图 4.42 所示。

例 4.30　装甲兵阻断距离的元模型结构设计。

(1) 系统描述。

战斗双方为红方与蓝方,蓝方对红方装甲车实施阻断。

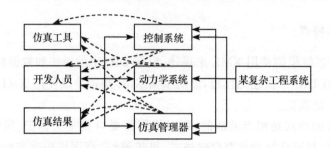

图 4.42　基于元模型建模的某复杂工程系统的子系统关系及其模型集成

对于蓝方:在特定环境中采用全纵深打击和打击领头部队的最佳策略。

D-Day——开始攻击时间;

A_0——初始部队数量;

$A(t)$——t 时刻战场上蓝方攻击武器的数量;

T_{wait}——等待时间,即不能投入战斗的天数;

T_{sead}——压制红方防空所需要的天数且 T_{sead} 后所有武器均可投入战斗;

F_{post}——在 T_{wait} 和 T_{sead} 天之间投入战斗的武器部分数量;

R——部署速率;

Losses——蓝方损失;

Best_dhalt——对红方的阻断距离。

对于红方:

Obj——红方到达目标距离;

T_{delay}——红方供给停顿时间;

V——红方前进速度。

(2) 模型设计。

① 采用自底向上策略对底层变量进行聚合。

若阻断时间大于 T_{sead},可适度地将三个变量(F_{post}、T_{wait}、T_{sead})用一个变量 T_X 代替,即

$$T_X = F_{post} T_{wait} + (1 - F_{post}) T_{sead}$$

② 根据系统的重要分支特点-策略选择确定模型形式。

在全纵深打击策略和打击领头部队策略的"必需武器数量及投入时"引入 RSD_dep 和 RSD_le。

以 T_{shoot_dep} 表示等待时间后蓝方不断攻击的时间长度有

$$\int_{T_X}^{T_X+T_{shoot\_dep}} A(t) = \text{RSD\_dep}$$

可见,这是一个攻击时间和蓝方攻击武器数量的平均值 A_{bar} 的乘积,所以估计的攻击持续时间是 RSD_dep/A_{bar}。于是可很好地确定蓝方攻击武器数量

$$A(t) = A_0 - \text{Losses} + RT_X + R(t - T_X), \quad t \geqslant T_X$$

为简单起见,设 A_{bar} 是红方前进一个标准距离 D_{std} 后蓝方在战场上的武器数量,有

$$A_{\text{bar}} \approx A_0 - \text{Losses} + R\left(T_{\text{delay}} + \frac{D_{\text{std}}}{V}\right)$$

若在每个因素前添加系数,则可得到　个线性函数

$$\text{L\_dep} = C_0 - C_1 VT_{\text{delay}} + RC_2 VT_X + \frac{C_3 V\text{RSD\_dep}}{A_{\text{bar}}}$$

同理,考虑对打击领头部队策略可得到如下公式:

$$\text{L\_le} = C_0 - C_1 VT_{\text{delay}} + RC_2 VT_X + \frac{C_3 V\text{RSD\_le}}{A_{\text{bar}}} - C_4 \Delta D$$

式中,ΔD——反转距离;

　　$C_4 \Delta D$——考虑反转距离项。

综上述,可设定元模型的函数形式为

$$\text{Best\_dhalt} = \max[0, \min(\text{L\_dep}, \text{L\_le}, \text{Obj})]$$

(3) 建立主动元模型。

通过对目标模型数据的回归拟合,确定出其系数值,即可得到主动元模型。

(4) 模型运行及结果分析。

① 尝试一系列的 D_{std} 值,当取 400 时,其结果最符合原数据。

② 将主动元模型对目标模型的初始数据进行计算,结果表明:(a)具有较高的预测精度;(b)模型虽然只有五个变量,但能够有效地进行关键元的识别;(c)若蓝方不能拥有大量高效能武器足够早地攻击红方,将很难得到满意的阻断距离;(d)该模型具有可理解性和可解释性。

4.12.5　基于元模型的仿真模型表示及建模方法

传统的仿真模型表示有三种方法,即程序设计语言表示、仿真语言表示和通用建模语言表示。当前,这三种表示方法都在不同领域广泛应用。

程序设计语言,如 FORTRAN、C、C++、Java、Ada 等,其特点是具有通用性,几乎所有的仿真模型都可以用它来表示。但主要用于多专业可变性强的复杂协同体系统仿真领域。

仿真语言通常面向某一仿真领域,如 CSSL、GPSS、SLAM、Modelica、PCML、PNML 等,它在抽象层次上较程序设计语言有很大改善,提高了仿真重用性,但在多仿真领域协同的仿真应用时,存在着先天性不足。

通用建模语言是基于面向对象思想的一类软件系统建模语言,如 UML、XML、SMDL、SRML、SML 等。它对各种程序设计语言进行了平台无关抽象,可通过映射自动生成各种编程语言或平台的代码,从而提供了对一般软件系统进行

建模的建模元素,具有充分的表达能力,能够支持各种建模技术,但在集成各种已有异构模型方面仍存在缺陷。不过这种缺陷可以通过元模型技术来改善。

从仿真模型表示方法角度讲,基于元模型的表示仍属于通用建模语言表示范畴,所不同的是它是基于明确的元模型设计,设计中充分考虑到各种已有模型的集成需求,形成了所谓"公共元模型",支持已有建模语言、建模工具、建模技术和应用领域(见图 4.43)。

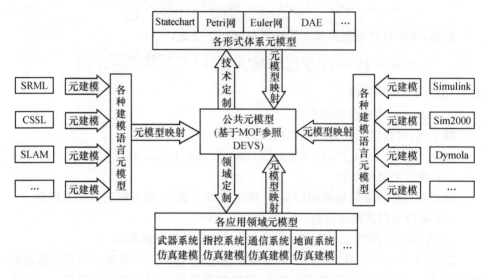

图 4.43　公共元模型及其支持功能

综上所述,传统仿真模型表示方法在支持可重用仿真模型表示方面存在一定缺陷,基于元模型的仿真模型表示方法能够对此进行弥补,因此,元建模语言与元建模为人们提供了复杂系统建模的新思路,有关这方面的详细内容可参阅文献(王维平等,2007)。

4.13　基于元胞自动机的建模方法与技术

4.13.1　引言

诺依曼创立元胞自动机理论和提出著名的 FHP 模型已有 20 年历史。这些年来,元胞自动机方法与相关建模技术不断发展,成功地用于模拟复杂结构和过程,证明了它是人类进行基础性科学研究和自然界复杂操作的好方法,也是复杂系统建模的新途径。已被广泛应用于计算机构造生长、复制、竞争与演化等现象的研究,同时为复杂系统的复杂性研究提供了一个有效的模型工具。

4.13.2　方法原理

复杂系统一般是由许多子系统或基本单元组成的,它们之间的相互作用产生了并非叠加效果的系统整体(涌现)特性。基于这种思想,建模中元胞自动机将模型空间以某种网格形式划分为许多单元(亦称之为基元、格位、网格或元胞),每个元胞的状态以离散值表示,简单情况下可取 0 或 1,复杂情况下可取多值。按照马尔可夫链理论,元胞状态的更新由其自身和相邻元胞的前一时刻状态共同决定。不同的网格形状、状态集和操作规则将构成不同元胞自动机。

本质上讲,元胞自动机是模拟复杂结构和过程的一种计算数学模型,由元胞空间、元胞、元胞状态集、邻居和演化规则组成,可用形式化语言来描述,即可以用下列四元组表示:

$$CA = (\Omega_d, C, N, F) \tag{4.125}$$

式中,CA——元胞自动机;

Ω_d——代表一个规则划分的元胞空间(d-空间维数),是一种离散的空间网格集合,每个网格单元就是一个元胞;

C——元胞的状态空间,是一个有限的状态集,用以表示各个元胞的状态;

N——一个元胞的邻域,对中心元胞下一时刻的状态值产生影响的元胞集合,记为 $N=(c_1, c_2, \cdots, c_n), c_i \in Z$(整数集合),$i=1,2,\cdots,n$。

F——一个映射函数 $C_t^n \rightarrow C_{t+1}$,即根据 t 时刻某个元胞的所用邻居的状态组合来确定 $t+1$ 时刻元胞的状态值,故 F 通常又被称为状态转换函数或局部规则。

为简便起见,在一维空间上考虑元胞自动机,即假定 $d=1$。

对于一维空间,元胞及其邻居可以记为 C^{2r+1},局部函数则可记为

$$F: C_t^{2r+1} \rightarrow S_{t+1} = \varnothing \, [s_{i-1}(t), s_i(t), s_{i+1}(t)] \tag{4.126}$$

对于局部规则 F,函数的输入、输出集均为有限集合,实际上它是一个有限的参照表。例如,$r=1$,则 F 形式如下:

$[0,0,0] \rightarrow 0$,　$[0,0,1] \rightarrow 0$,　$[0,1,0] \rightarrow 1$,　$[1,0,0] \rightarrow 0$,　$[0,1,1] \rightarrow 1$

$[1,0,1] \rightarrow 0$,　$[1,1,0] \rightarrow 0$,　$[1,1,1] \rightarrow 0$

对元胞空间内的元胞,独立施加上述局部函数,可得到全局的演化

$$F(s_{t+1}^i) = f(s_t^{i-r}, \cdots, s_t^i, \cdots, s_t^{i+r}) \tag{4.127}$$

式中,s^i——i 位置处的元胞。

至此,我们就得到了一个一维空间上一维规则、二值状态、三邻居的元胞自动机模型。

若以式(4.126)中每组态的值表示每个可能的元胞自动机规则,则有 256 条演化规则。每条规则数 N_R 可由式(4.128)计算。

$$N_R = \sum_{i=0}^{7} z^i \alpha_i \qquad (4.128)$$

式中，α_i——二进制数从右到左按递增顺序排列，即 $\alpha_0 = 000, \alpha_1 = 001, \cdots, \alpha_7 = 111$。

上述 256 种演化规则可分为四类：

(1) 经有限时步，几乎全部初始状态都演化成单值均匀状态。

(2) 演化到不随时间变化的定态或周期性循环状态。

(3) 演化到非周期图形或演化到混沌状态。

(4) 演化到持续不断的复杂结构。

另外，应指出，通常网格形状视模型维数不同而各异。在一维时为格点；二维时为三角形、正方形或六边形；三维时是许多立体网格。

4.13.3　技术特点

(1) 元胞自动机又称细胞自动机、点格自动机，是一种自动机网格系统。

(2) 元胞自动机是一种离散动态系统，其时间、空间及状态都是离散的，而物理参量只取有限数值集。

(3) 元胞自动机作为动力学系统的理想化模型，其基本结构用数学中的图表示，由若干节点和连接节点的边构成。在描述复杂系统结构和过程时，上述节点一般表示一个子系统，节点元素都可以看作是一个自动机。

(4) 每个元胞都是完全相同的有限自动器，故具有"以多取胜"而不是以"复杂取胜"的优势。

(5) 元胞自动机是一个生命自我复杂程序和自动网格模型，其演化规则是局部的和确定性的。

4.13.4　典型应用

例 4.31　一维交通流元胞自动机 NS 改进型模型。

一维交通流元胞自动机 NS 改进型模型常用于高速公路或城市交通环线上的交通流仿真。该模型由元胞、元胞状态空间、邻居及局部规则等四部分组成，元胞为分布在所有离散的车辆行进方向都是相同的；在每一个时步，若某车前方是空的，则它可以向前行进一走，否则原地不动；整个系统采用同期边界条件以保持车辆数守恒，忽略十字路口、交通灯和交叉口方向上车辆的影响，而强调同一路段上同方向车辆的相互作用。局部规则为：如果 $V < V_{max}$，则 V 以概率 P_{ac} 加上 1，即 $V = V+1$；如果 $V > gap$，则 $V = gap$；如果 $V > gap/t_h$，且 $V > 0$，则 V 以概率 P_{ac} 减去 1，即 $V = V-1$；$X = \underline{X+V}$。

此处，P_{ac}——驾驶行为的不确定性，如车头间距的不确定性，最大车速的波动性等；

gap——车辆前方的空的格点数；

V——车速；

V_{max}——最大车速；

X——车辆位置；

t_h——平均车头时距。

例 4.32　基于元胞自动机的企业技术创新扩散模型。

一个企业的技术进步，除自主创新外，还必须学习和吸纳国外或外界的先进技术，即所谓技术外溢或创新扩散。借助元胞自动机可以从微观机制来研究这种宏观系统演化，研究中建立技术创新扩散模型是必不可少的，且可以采用基于元胞自动机的建模方法。

为了应用元胞自动机建立技术创新扩散模型，可用一个 $n \times n$ 的正方形元胞空间来描述一个企业的经济系统。在此，每一个正方形网格或元胞表示一个企业，元胞之间的距离表示它们之间的技术差距，或代表对其他知识、技术的可获得性程度。网络中邻居形式选取 von Nenmann 型。元胞的状态集为 $C = \{0,1\}$，其中 $C = 0$ 表示没有创新，$C = 1$ 表示存在创新。

由新增长理论可知，企业 t 时刻的创新取决于它们 t 时的研发投入 $K_R(t)$ 和技术外溢作用 $K_S(t)$，即

$$K = K_R(t) + K_S(t) \tag{4.129}$$

理论和实践证明，可假定内部研发 $K_R(t)$ 服从 $[0,r]$ 上的均匀分布，从而 t 时刻所创造的平均知识为 $r/2$（r 为企业的吸收能力系数，反映了内部研发效率）。

另外，中心企业由于技术外溢所获得的知识总量可定义为

$$K_S(t) = \phi(t) \sum_{k \in N} I_k(t-1) \tag{4.130}$$

式中，$\phi(t)$——企业所观察到的邻居的知识总量对于该企业创新有效比例，同样可假定服从 $[0,5]$ 上的均匀分布（$0 \leqslant S \leqslant 1$）；

　　　S——技术外溢系数，它反映了技术扩散的强度，其经济含义是：S 越大，意味着所用邻居企业 $t-1$ 时刻的技术外溢对中心企业 $t-1$ 时刻创新的平均有效性越高；

　　　N——中心企业的邻居企业；

　　　$I_k(t-1)$——中心企业的邻居中第 k 个元胞 $t-1$ 时刻的状态，其值可能为 1 或 0。

综上所述，式（4.125）、式（4.129）及式（4.130）共同构成了基于元胞自动机的企业技术创新扩散模型。

4.14 基于支持向量机的建模方法与技术

4.14.1 引言

支持向量机(support vector machine,SVM)是 20 世纪 90 年代由 Vapnik 提出一种新的机器学习方法和数据挖掘中的一项新技术,它以统计学理论和最优化方法为基础,最初用于模式识别和分类问题,后来逐步扩展到信号处理、系统管理、故障诊断、回归估计、预测及综合评判等领域。目前,已有许多形式不同的支持向量机,但主要可以归为两大类:支持向量分类机与支持向量回归机。从建模与仿真角度讲,支持向量机在技术上成功地克服了"维数灾难"和"过学习"等传统困难,因此很适合于解决高维、非线性问题,是复杂系统建模与仿真的重要新方法与技术之一。

4.14.2 方法原理

支持向量机以最优化方法和统计学理论为基础,其主要思想在于:给定 l 个样本数据 $(x_1,y_1),(x_2,y_2),\cdots,(x_l,y_l) \in R^n \times R$,其中,$x_k$ 为样本输入,y_k 为样本输出。首先利用非线性映射 $\psi(\cdot)$ 将输入向量从原空间 R^n 映射到一个高维特征空间(Hilbert 空间),再在此高维特征空间中采用结构风险最小化原则构造最优决策函数,并利用原空间的核函数取代高维数特征空间的点积运算以避免复杂运算,从而将非线性函数估计问题转化为高维特征空间中的线性函数问题。

设构造的最优决策函数的形式为

$$f(x) = \boldsymbol{\omega}^T \boldsymbol{\varphi}(x_k) + \boldsymbol{b} \tag{4.131}$$

于是,求解目标就是利用结构风险最小化原则,寻求参数 $\boldsymbol{\omega}^T$ 和 $\boldsymbol{b}$,使得对于样本外的输入 x,有 $|y - \boldsymbol{\omega}^T - \boldsymbol{\omega}^T \boldsymbol{\varphi}(x_k - b)| \leqslant \varepsilon$,它等价于求解下列优化问题:

$$\min J = \frac{1}{2} \|\boldsymbol{\omega}\|^2 + C \cdot R_{emp} \tag{4.132}$$

式中,$\|\boldsymbol{\omega}\|^2$——置信区间控制模型的复杂度;

C——误差惩罚参数,表示函数的平滑度和允许误差大于 ε 的数值之间的折中,$C>0$;

R_{emp}——经验风险,即 ε 不敏感损失函数。

4.14.3 技术特点

(1)它是数据挖掘中的一项新技术和借助最优化方法解决(人工智能中)机器学习问题的新工具。

（2）线性支持向量机是最基本的支持向量机，是扩展到其他形式支持向量机的基础。虽然目前支持向量机的形式和种类已有不少，但可以归为两大类，即支持向量分类机和支持向量回归机。

（3）支持向量机将最优分类超平面的方法与核函数的方法结合起来，充分利用当前的所有样本求得一个最优学习结果，从而具有很好的泛化能力。

（4）支持向量机不仅保证了经验风险最小化，而且使得期望风险也降低到了最低程度，故很适合于解决高维、非线性复杂系统的建模与仿真问题。

4.14.4　典型应用

例 4.33　4-CBA 软测建模。

软测量技术是解决工业过程中普遍存在的一类难以在线测量变量估计问题的有效方法，既可克服离线人工分析的时间滞后，又可以避免使用在线分析仪表的费用昂贵缺陷，故得到了广泛应用。4-CBA 的软测量就是其中一例。

精对苯二甲酸（PTA）是生产聚酯的主要原料，由对二甲苯经液相催化氧化反应得到，其中 4-CBA（对羧基苯甲醛）是主要的副产品，其含量大小直接影响 PTA 产品的质量（如着色）和能耗、酸耗等。为了保证 PTA 产品纯度和节省能耗及酸耗，必须利用上述软测量技术对其 PTA 生产过程中的 4-CBA 含量实施在线估计，因此，4-CBA 软测量建模是所必需的。该软测量建模选用基于主元分析（PCA）和最小二乘支持向量机方法，即首先运用 PCA 方法对初选的过程变量进行数据压缩和信息抽取，消除变量间的相关性，再通过最小二乘支持向量机对提取的 PCA 主成分训练，建立软测量模型，该方法的工作原理如图 4.44 所示。

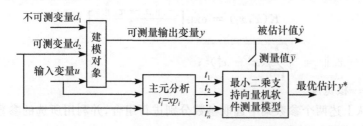

图 4.44　基于 PCA 和最小二乘支持向量机的软测量原理框图

文献（郑小霞等，2006）给出的 4-CBA 软测量建模的具体过程如下：

（1）原始样本标准化。标准化处理的目的是消除量纲不同带来的不合理影响，处理后原始数据变换为均值为 0，方差为 1 的标准数据集。

设 $\boldsymbol{X}_{n \times m}$ 为原始样本数据矩阵，n 为样本数，m 为变量数。利用 PCA 可将该矩阵分解为下列形式：

$$\boldsymbol{X} = \boldsymbol{t}_1 \boldsymbol{p}_1^{\mathrm{T}} + \boldsymbol{t}_2 \boldsymbol{p}_2^{\mathrm{T}} + \cdots + \boldsymbol{t}_k \boldsymbol{p}_k^{\mathrm{T}} + \boldsymbol{E} \tag{4.133}$$

式中，t_i——主元，即得分向量，各得分向量之间是正交的；

　　p_i——负荷向量，各负荷向量亦是正交的，每个负荷向量的长都均为 1，且数据 X 的变化主要体现在前 k 个负荷向量方向上；

　　E——误差矩阵，忽略 E 往往会起到清除测量噪声的效果。

（2）计算主成分值。采用矩阵简化奇异值分解方法。

设标准化后的样本为

$$X_{n\times m}^* = U\Sigma V^{\mathrm{T}} \tag{4.134}$$

式中，$U_{n\times m}$、$V_{m\times m}$——由奇异向量构成的两个正交矩阵；

　　Σ——由奇异值构成的对角方阵，即 $\Sigma = \mathrm{diag}(\delta_1, \delta_2, \cdots, \delta_n)$。

计算每个主元的方差

$$\lambda_i = \frac{\delta_i}{n-1} \tag{4.135}$$

计算总的方差

$$\lambda = \sum_{i=1}^{n} \lambda_i = \sum_{i=1}^{n} \frac{\delta_i}{n-1} \tag{4.136}$$

计算累积方差百分比

$$\mathrm{cpv}(k) = 100\,\frac{\displaystyle\sum_{i=1}^{k}\frac{\delta_i^2}{n-1}}{\displaystyle\sum_{i=1}^{n}\frac{\delta_i^2}{n-1}}100\% \tag{4.137}$$

（3）找出所有累计方差百分比大于给定值（85%）的主元个数 k，从而求出主元。于是，通过主元分析可将 n 维输入变为 k 维主元变量。

（4）规定误差惩罚参数集和核参数集。这里，选用的核函数形式为高斯核函数。

$$K(x, x_i) = \exp\left[\frac{-\parallel x - x_i \parallel^2}{2\sigma^2}\right] \tag{4.138}$$

式中，$\parallel x - x_i \parallel = \sqrt{\displaystyle\sum_{k=1}^{n}(x^k - x_i^k)^2}$；

　　σ——核宽度。

（5）从上述两个参数集中选取参数分别进行组合，并利用所选的参数，进行最小二乘支持向量机训练。

（6）利用测试集进行检验，返回上步（5）直至检验结束。

（7）选出最佳参数组合，建立最小二乘支持向量机软测量模型，并用建立好的模型进行预测。为了建立最小二乘支持软测量模型，可在前述支持向量机的主要思想基础上，优化中选择了误差 ξ_i 的二次项，这时有

$$\min_{\omega, b}\left(\frac{1}{2}\boldsymbol{\omega}^{\mathrm{T}}\boldsymbol{\omega} + \frac{1}{2}C\sum_{i=1}^{l}\xi_i^2\right) \tag{4.139}$$

$$\text{s.t.}\quad y_i = \boldsymbol{\omega}^{\mathrm{T}}\boldsymbol{\varphi}(x_i) + b + \xi_i, \quad i = 1, 2, \cdots, l$$

通过式(4.139)的对偶形式可求它的最优解。其对偶形式可以根据目标函数机约束条件建立 Lagarangian 函数

$$L(\boldsymbol{\omega}, b, \xi, \alpha) = \frac{1}{2}\boldsymbol{\omega}^{\mathrm{T}}\boldsymbol{\omega} + \frac{1}{2}C\sum_{i=1}^{l}\xi_i^2 - \sum_{i=1}^{l}\alpha_i[\boldsymbol{\omega}^{\mathrm{T}}\boldsymbol{\varphi}(x_i) - y_i + b + \xi_i]$$

(4.140)

根据优化条件

$$\frac{\partial \boldsymbol{L}}{\partial \boldsymbol{\omega}} = 0, \quad \frac{\partial \boldsymbol{L}}{\partial b} = 0, \quad \frac{\partial \boldsymbol{L}}{\partial \xi} = 0, \quad \frac{\partial \boldsymbol{L}}{\partial \alpha} = 0 \qquad (4.141)$$

可得

$$\begin{cases} \boldsymbol{\omega} - \sum_{i=1}^{l}\alpha_i\boldsymbol{\varphi}(x_i) = 0, \quad \sum_{i=1}^{l}\alpha_i = 0, \quad \alpha_i = C\xi_i \\ \boldsymbol{\omega}^{\mathrm{T}}\boldsymbol{\varphi}(x_i) + b + \xi_i - y_i = 0 \end{cases} \qquad (4.142)$$

据此可将求解优化问题转化为求解线性方程

$$\begin{bmatrix} 0 & 1 & \cdots & 1 \\ 1 & K(x_1,x_1)+\dfrac{1}{C} & \cdots & K(x_1,x_l) \\ \vdots & \vdots & & \vdots \\ 1 & K(x_l,x_1) & \cdots & K(x_l,x_l)+\dfrac{1}{C} \end{bmatrix} \begin{bmatrix} b \\ \alpha_1 \\ \vdots \\ \alpha_l \end{bmatrix} = \begin{bmatrix} 1 \\ y_1 \\ \vdots \\ y_l \end{bmatrix} \qquad (4.143)$$

最后得最小二乘支持向量机的估计函数,即软测量模型为

$$f(x) = \sum_{i=1}^{l}\alpha_i K(x,x_i) + b \qquad (4.144)$$

在具体建立 4-CBA 软测量模型时,采用与 4-CBA 含量人工分析值对应时刻过程变量的小时平均值作为模型训练与测试的输入数据;共选取了 380 组有代表性的样本数据,并从中任意抽出 180 组数据作为学习样本建立模型,其余 200 组作为测试样本来检验模型的泛化能力;按照积累方差配此大于 85% 选定了 4 个主元变量作为最小二乘支持向量机的输入变量;规定误差惩罚参数集 $S_C = \{100, 80, 50, 40, 10, 5, 0, 0.5, 0.25, 0.1\}$ 和核参数集 $S_\delta = \{5, 3, 1, 0.7, 0.5, 0.2, 0.1, 0.05, 0.025, 0.01\}$;经训练后,最终选定正则化参数为 50,核参数为 0.2。图 4.45(a)、(b)分别给出了训练样本集和测试样本集。由图可见,模型的估计值与人工分析值拟合很好,其中训练均方根误差仅为 0.0015,测试均方根误差为 0.0021。这说明此模型用于 4-CBA 含量变化软测量的精度较高,具有较强的泛化能力。

例 4.34　支持向量机的几个典型应用简例。

文献(邓万扬,2006)给出了支持向量机几个很有实用意义的简例,具有重要的参考和推广价值。

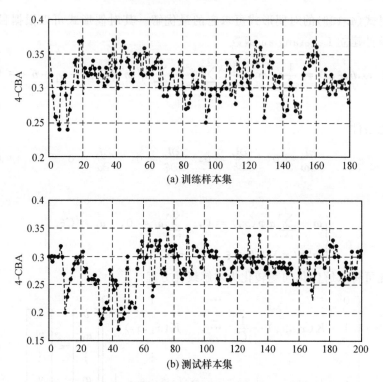

图 4.45　4-CBA 含量变化的软测量估计值与实际值拟合曲线

·表示实际结果；┄┄表示预测结果

【简例 1】　手写阿拉伯数学识别问题。

　　该问题最先是为美国邮政系统自动分拣手写邮政编码的信函提出来的，作为支持向量机的第一个实际应用。目前已有两个标准数字数据库 USPS 和 NIST 被作为测试多种分类器优劣的标准。

　　USPS 数据库包括 7291 个训练样本点和 2007 个测试样本点，每个样本点的输入均是手写阿拉伯数字和数学图像，其像素为 16×16 个，每个像素取 0 到 255 之间的灰度值。这样每个样本点的输入就可用 $16 \times 16 = 256$ 维的一个向量表示，其中每个分量为灰度值。

　　NIST 数据库包含 60000 个训练样本点和 10000 个测试样本点，每个样本点的输入含有 20×20 个像素。同样，每个样本点的输入就可用 400 维的向量表示，其中每个分量也是在 0 到 255 之间的灰度值。

　　针对上述两个数据库，在利用支持向量机处理两类问题的基础上，可构造出解决多类问题的支持向量机，在这些支持向量机算法中，主要采用的是多项式核函数、径向基核函数及 Sigmoid 核函数。如 USPS 数据库就采用了多项式核函数

$$K(x,x') = \left[\frac{(x \cdot x')}{256}\right]^d \tag{4.145}$$

和径向核函数

$$K(x,x') = \exp\left[-\frac{\|x - x'\|^2(x \cdot x')}{256\sigma^2}\right] \tag{4.146}$$

【简例 2】 文本分类问题。

所谓文本分类是指根据文本内容进行自动归类。邮件过滤、网页搜索及办公自动化等领域都会遇到此类问题。Joachims 和 Dumais 利用支持向量机对文本分类进行了深入研究,并获得了重要成果。被研究的第 21578 号新闻数据库共有12902 个文本,其中 9603 个为训练文本,3299 为测试文本。每个文本约包含 200个单词,分属于 118 类。在对数据库预处理去掉文本中与类别无关单词后,数据库中共留 9947 个词根,再按照词根顺序组成"字典",最后把数据库中的每个文本根据该"字典"表示为 9947 维向量 $\boldsymbol{X} = [(x)_1, \cdots, (x)_{9947}]^T$,其中

$$(x)_i = \frac{t_i \log_2(r_i)}{k}, \quad i = 1, 2, \cdots, 9947 \tag{4.147}$$

式中,t_i——文本中第 i 个词根出现的次数;

　　r_i——数据库中所有文本的个数(12902 个)与包含第 i 个词根的文本数之
　　　　比;

　　k——为调 x 使其 $\|x\| = 1$ 的尺寸。

选取的核函数为线性核函数

$$K(x,x') = (x \cdot x') \tag{4.148}$$

【简例 3】 生物信息学问题。

在生物信息学中,有两个问题受到了人们的极大关注,其一是蛋白质问题;其二是基因问题。这两个问题都可以采用支持向量机来进行成功的研究。

蛋白质被视为生物生存的最主要物质基础之一,对于蛋白质分类自然是生物信息学研究的主要方面。研究表明,蛋白质可以看作一个以氨基酸为元素组成的序列,基本的氨基酸有 20 种:$a_1 = A$(丙氨酸),$a_2 = R$(精氨酸),$\cdots$,$a_{20} = V$(缬氨酸)。于是,每种蛋白质将对应一个从 20 种氨基酸种抽取而排列成一定长度的序列,如

$$a_1 a_2 a_4 a_7 a_{20} a_{18} a_5 a_6 a_{11} a_{13} \cdots a_{15} a_7 a_9 \tag{4.149}$$

问题是如何由已知的某一蛋白质氨基酸序列式(4.149)来推断:该蛋白质是否属于已有的各类蛋白质?或者确定它属于已有的哪一类蛋白质?显然,这是一个多类分类问题。这样,可以把式(4.149)序列看作输入,把蛋白质类别作为输出,用已知的各类蛋白质构成训练集,通过支持向量分类机来研究这一问题。

人类的遗传功能是由核酸承担的,核酸分为脱氧核糖核酸(DNA)和核糖核酸(RNA)两大类;它们都由核苷酸、戊糖和磷酸构成。DNA 分子上的 4 种核苷酸

A、G、C、T 的排列组合顺序蕴涵了丰富的遗传信息,其中每 3 个相邻的核苷酸包含一个遗传密码。基因就是指染色体所运载的 DNA 双螺旋链上的一段序列,该序列由这 4 种核苷酸通过不同的排列组合形成,是生物性状遗传的基本功能单位。因此,对基因的准确定位和全顺序分析是研究人类遗传及医疗的重要技术途径。显然,利用支持向量分类机,同样可以有效地研究上述基因问题。

4.15　基于超高计算智能逼近的建模方法与技术

4.15.1　引言

从低级到高级,从简单到复杂,不断演化是包括生命科学与工程科学领域在内的复杂系统最本质的特征。由于复杂系统的演化过程与智能的学习过程十分相似,因此启发了人们利用计算智能算法的普适逼近特征进行复杂系统建模的思想。

计算智能包括神经网络、模糊逻辑、自然计算、进化计算等。就此而言,第 3 章中的模糊集论建模法和神经网络建模法均属于基于计算智能逼近的建模方法。本节将在此基础上,讨论量子神经网络建模、协同进化计算建模及多智能体遗传算法建模的方法与技术,被统称为基于超高计算智能逼近的建模方法与技术,对于复杂系统的演化、进化过程研究和基于演化、进化算法的研究有着相当重要的意义及作用。

4.15.2　基于量子神经网络的建模方法与技术

1. 方法原理

基于量子神经网络建模是指在量子计算机或量子器的基础上构造复杂系统的神经网络模型。在这种建模方法中,将引入量子理论,其目的在于充分利用量子计算超高速、超并行、指数级容量的特点,来改进传统神经网络的结构和性能。有关神经网络原理,前面已经讲述,这里仅就量子计算作扼要论述。

在量子计算中,量子信息的基本单位是量子位,其取值除"0"或"1"外,还可以取"0"和"1"的任意线性叠加,如 $|\triangle> = a|0> + b|+1>$,即量子位可处于叠加态。这里,$a,b$ 为复数,且 $|a|^2 + |b|^2 = 1$,即 $|\triangle>$ 是二维 Hilbert 空间的单向向量,$\{|0>|1>\}$ 称为量子系统的计算基态,可以表示为 $\{(1,0)^T, (0,1)^T\}$。n 个量子位的有序集合称为 n 位量子寄存器,n 位量子寄存器的态 $|\varphi>$ 是 n 个量子位的态 $|\varphi_i>$ 的张量级,$= |\varphi_{n-1}> \otimes |\varphi_{n-2}> \otimes \cdots \otimes ||\varphi> = |\varphi_{n-1}\varphi_{n-2}\cdots\varphi_0\varphi_0>$,它是 $N = 2^n$ 维 Hilbert 空间的单位向量,有 N 个相正交的计算基态,可写成量子叠加态形式为 $|\varphi> = \sum_{i=1}^{N-1} \varphi_i |i>$,其中 φ_i 为复数,且 $\sum_{i=1}^{N-1} |\varphi_i|^2 = 1$,$|i>|$ 为其计算基

态。在量子计算机中,处于叠加态的 n 位量子寄存器可以同时存储 $i=0,\cdots,2^{n-1}$ 的所有 $N=2^n$ 个数,它们各以一定概率 $|\varphi_i|^2$ 同时存在。

由于量子并行,即作用于量子寄存器上的任意变换都是同时对所有 N 个数进行操作,所以量子计算机的一次运算就可以产生 2^n 个运算结果,这相当于常规计算子 2^n 次操作或 2^n 个处理器同时并行操作。可见,量子计算机的解题速度是任何常规计算机也达不到的。另外,量子计算机的功能之一就是在其上实现量子系统随时间的演化过程。量子计算过程实质上就是控制量子态使其按算法要求的过程演化,这种演化可用算子作用于态矢来描述。为保证量子态的归一化,算子必定是幺正的,量子门则用于最基本的幺正操作。量子门组网络由多个量子门组成,它们的操作是同步的,可学习任意 n 维 Hilbert 空间的所有幺正变换,即量子门组网络在算法控制下可实现同常规计算一样的量子计算。

将上述量子计算同常规人工神经网络相结合,可产生不同结构的量子神经网络。具有代表性的量子神经网络有量子衍生神经网络、量子并行自组织网络、量子联想记忆网络、纠缠神经网络等。有关这些量子神经网络的原理结构及功能,读者可详细参阅文献(钟珞等,2007)。

2. 技术特点

(1) 它是一种崭新的技术,是量子计算与人工神经网络相结合的产物。

(2) 从结构和性能上大大改进了当前神经网络的不足,发挥了量子计算和神经网络的各自优势,是比常规神经网络更有效的复杂系统建模重要新方法。

(3) 量子神经网络作为一种混合的智能优化算法,可在传统计算机上实现。

3. 典型应用

例 4.35　对 Kohonen 自组织映射网络模型的改进。

自组织特征映射模型于 1981 年由 Kohonen 教授提出,包括自组织映射模型、自适应共振理论模型和对偶传播网等。其中,自组织映射模型(SOM)是一种基于生物神经细胞的神经网络,由处理单元阵列、比较选择机制、局部互连作用及自适应过程等四部分构成,其基本结构如图 4.46 所示。

该模型输入层与输出层神经元间为全互联方式。其整个算法分成两步,即首先计算出输入样本矢量与各个输出点连接权的匹配值,从中找到最佳匹配输出点;然后对该结点及其相邻结点所对应的连接权矢量

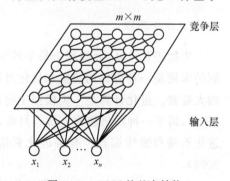

图 4.46　SOM 的基本结构

进行修正,使该结点的输入样本的匹配程度得以增强,而匹配程度可用式$\|x-w_i\|$计算,即

$$\|x-w_y\| = \min_i\{\|x-w_i\|\} \tag{4.150}$$

式中,x——输入样本矢量;

　　　y——最佳匹配结点;

　　　w_i——修正结点i的权值;

　　　w_y——最佳匹配结点的权值。

这种传统的 Koronen SOM 模型,仅是对生物脑认知机制的粗浅模拟,为了提高性能,可利用量子理论对其改造,形成量子并行 SOM 模型。该模型的输入、输出层均为神经元的二维阵列,一个输入层神经元只与一个而不是多个输出层神经元相连,神经元之间的每个连接被看作一个独立的处理器,输入、输出层神经元数及它们之间的连接数均等于输入信号个数(M)与数据可能的分类模板(P)的乘积(见图 4.47)。由于该模型可同时进行 M 个 SOM 的训练,故适于并行处理,且在训练过程中权值矩阵和距离矩阵的所有元素同时进行计算,权值更新通过一系列同步运算完成,所以与人脑的一次学习和记忆更为相似,又由于采用量子计算方法,从而大大降低了计算复杂度。例如,当 $M=1000000,P=100$ 时,若采用传统算法实现并行 SOM,则所需输入输出层神经元均为 10^8 个,可见运算量极大,且要把 10^8 个神经元放在同一层上几乎是不可能的;而若采用量子计算,则只需 $\log_2 10^8 \approx 27$ 个量子神经元,更不用说量子计算具有并行计算的绝对优势。

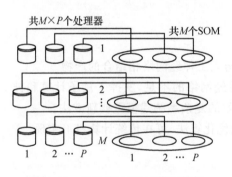

图 4.47　量子并行 SOM 模型结构

4.15.3　基于协同进化计算的建模方法与技术

1. 方法原理

生物进化论认为,地球上最早的生命物质是由非生命物质进化而来的,进化机制的本质是一种鲁棒的搜索和优化过程,繁殖、变异、竞争和选择构成了该过程的四大要素。进化计算是一类模拟生物进化过程与自适应机制的算法,即进化算法(EA),属于一种随机搜索方法。目前,进化算法主要有四种:遗传算法、进化规则、进化策略和遗传编程。有关进化算法、原理及应用读者可参阅文献(焦李成等,2006)。

生物进化论还认为,在长期进化过程中,生物与生物、生物与环境之间总是相

互依赖、相互调节而协同进化。在此基础上,提出了一类新的进化算法,这就是协同进化算法(或计算)。

本质上讲,是考虑种群与环境、种群与种群之间在进化中协调,对于上述进化计算的修正,而形成的如下几类协同进化算法:

(1) 基于种群间竞争机制的协同进化算法。

(2) 基于捕食-猎物机制的协同进化算法。

(3) 基于共生机制的协同进化算法。

(4) 其他类型的协同进化算法,如基于病毒的协同进化遗传算法等。

有关这些算法的主要思想亦可参阅文献(焦李成等,2006)。

2. 技术特点

(1) 进化计算是一类模拟生物进化过程与机制求解问题的自组织、自适应人工智能技术,具有鲜明的生物背景和适于任意函数类特点。

(2) 协同进化计算是考虑群体与环境、群体与群体间相互依赖和相互协调下进化计算的扩展产物,目前仅有算法思想而没完整框架,有待进一步研究。

3. 典型应用

例 4.36　生物进化过程的数学模型。

生物体系统是典型复杂系统,具有多样性、遗传性、适应性和进化性等,其进化过程往往是以生物体群体形式进行的,本质上是一个适应环境的优化过程。

设生物进化过程的时间段 $t=1,2,\cdots,T$(代)。按照遗传学理论,借鉴生物体细胞核中染色体的组成,可将生物体系统表示为基因模式结构,即长度为 L 的染色体 $\mathcal{A}=(A_1,A_2,\cdots,A_L)$,第 i 个基因上存在一系列的等位基因($A_i=\{a_{i1}, a_{i2},\cdots,a_{ik_i}\}$($i=1,2,\cdots,L$;$k_i$ 为第 i 位等位基因的数量))。于是有结构空间

$$\mathcal{A} = A_1 \times A_2 \times \cdots \times A_L = \prod_{i=1}^{L} A_i \tag{4.151}$$

对于阶段 t 的系统结构 $A(t)$,其环境 $E(t)$ 提供的信息为 $I(t)$,在适应计划 $\mathcal{J}(t)$ 作用下生成新的系统结构

$$\mathcal{J}(t):A(t) \times I(t) \rightarrow A(t+1) \tag{4.152}$$

考虑历史上环境提供的信息 $M_E(t)=I(1),I(2),\cdots,I(t-1)$,可将式(4.152)改写成

$$\mathcal{J}(t):A(t) \times I(t) \times M_E(t) \rightarrow A(t+1) \tag{4.153}$$

同时,适应计划应提供环境历史信息的继承与继承的合理处理方式

$$M_E(t+1) = \tau(t)[M_E(t),I(t)] \tag{4.154}$$

适应计划对系统结构的改变可视为一个随机过程。这样,式(4.153)写为

$$\mathcal{J}(t):A(t) \times I(t) \times M_E(t) \to P(t+1) \tag{4.155}$$

式中,$P(t+1)$——在适应计划$\mathcal{J}(t)$作用下,变为$A(t+1)=\{a_q \mid q=1,2,\cdots,N\}$的概率。

$$P(t) = \left\{ p_{i,q}(t) \mid \sum_{q=1}^{N} p_{i,q} = 1 \right\} \tag{4.156}$$

系统结构$A(t)$对环境$E(t)$的适应性测度一般采用大于等于0的实数表示,称之为支付或报酬,则

$$\mu_{E,t}:A(t) \times E(t) \to R^+ \tag{4.157}$$

于是,在阶段t环境信息可表示为

$$I(t) = \mu_{E,t}[A(t)] \tag{4.158}$$

为使系统结构具有最佳适应性,适应计划必须随环境和系统结构变化而作适应性调整,调整时应考虑当前系统结构$A(t)$、环境$E(t)$和环境信息$I(t)$,$M_E(t)$、历史选择$M_\tau(t)=\langle \tau(1),\tau(2),\cdots,\tau(t-1),\tau(t) \rangle$等,其一般表示为

$$\omega:A(t) \times I(t) \times M_E(t) \to \tau(t+1) \tag{4.159}$$

式中,$\tau(t+1)$仍然是适应计划空间$\mathcal{J}$中的一个具体形式,即$\tau(t+1) \in \mathcal{J}$。$\mu_{E,t}$表示阶段$t$系统结构$A(t)$对环境$E(t)$的适应性,同时反映了该阶段适应计划的有效性。

随着系统结构和环境的变化,适应性测度函数亦需要调整,即

$$\mathcal{J}(t):\mu_{E,t} \times A(t) \times I(t) \to \mu_{E,t+1} \tag{4.160}$$

式中,$\mu_{E,t+1}$仍然是测度函数整$\mathcal{U}$的一个具体形式,即$\mu_{E,t+1} \in \mathcal{U}$。在整个适应过程中,系统结构的适应性测度可表示为

$$U(t) = \sum_{t=1}^{T} \mu_{E,t} \tag{4.161}$$

显然,在适应计划$M_{\tau_1} = \langle \tau_1(1),\tau_1(2),\cdots,\tau_1(T) \rangle T$下,适应过程的适应性测度为

$$U[T,M_{\tau_1}(T)] = \sum_{t=1}^{T} \mu_{E,t}[\tau_1(t)] \tag{4.162}$$

这样,考虑随机性时的适应性测度为

$$U(T) = \sum_{i=1}^{T} \sum_{j=1}^{N} \mu_{E,t}(a_j) p_j(t) = \sum_{t=1}^{T} \bar{\mu}_{E,t} \tag{4.163}$$

式中,$\bar{\mu}_{E,t} = \sum_{j=1}^{N} \mu_{E,t}(a_j) p_j(t)$。

若设实现适应过程获得最大累计支付的适应计划是最佳的,即

$$U^*(T) = \max_{\tau_i \in \mathcal{J}} \{ U[M_{\tau_i}(T)] \} \tag{4.164}$$

则由控制理论知,任何复杂系统的适应计划,在 $U[M_{\tau_i}(T)]=\langle \tau_i(1),\tau_i(2),\cdots,$
$\tau_i(T)\rangle$ 满足下列条件(4.165)时,就称为满意适应计划

$$\lim_{T\to 0}\left\{\frac{U[M_{\tau_i}(T)]}{U^*(T)}\right\}=1 \tag{4.165}$$

对于给定的环境变化 $E_T=\langle E(1),E(2),\cdots,E(T)\rangle,E(t)\in\varepsilon,E_T\in\varepsilon,$若

$$\frac{U[M_{\tau_i}(T)]}{U^*(T)}\geqslant 1-\alpha,\quad \alpha\in[0,1]\text{ 是一个很小的实数} \tag{4.166}$$

则称 $U[M_{\tau_i}(T)]$ 是一个满意适应计划。

综上所述,若给定环境变化的时间阶段 $t=1,2,\cdots,T$(代)和序列 $E_T=\langle E(1),$
$E(2),\cdots,E(T)\rangle,E(t)\in\varepsilon,E_T\in\varepsilon,$则可得到生物进化适应过程的数学模型为

$$\begin{cases}A(t+1)=\tau_t[A(t),I(t),M_E(t)]\\ M_E(t+1)=\tau_t[M_E(t),I(t)]\\ \mu_E[A(t)]=\mu_{E,t}[A(t),E(t)]\\ I(t)=\mu_{E,t}[A(t)]\\ \mu_{E,t+1}=\tau_t[\mu_{E,t},A(t),I(t)]\\ \tau(t+1)=\omega[A(t),I(t),M_E(t),M_\tau(t)]\\ U(t)=\sum_{t=1}^T\mu_{E,t}\end{cases} \tag{4.167}$$

式中

$$A(t)\in A,\quad \tau_t,\quad \tau(t)\in J,\quad \mu_{E,t}\in u$$
$$M_{E,t}=\langle I(1),I(2),\cdots,I(t-1)\rangle$$
$$M_\tau(t)=\langle \tau(1),\tau(2),\cdots,\tau(t)\rangle$$

应强调指出,式(4.167)给出了生物进化过程的一个较完整的规范描述,是遗传算法等一类进化算法的理论基础和框架,目前各种遗传算法均可纳入该模型之列。

4.15.4 基于多智能体遗传算法的建模方法与技术

1. 方法原理

针对超高维函数优化问题,提了将智能体对环境的感知和反作用能力与遗传算法的搜索方法相结合的计算智能建模方法,即所谓多智能体遗传算法。其方法原理十分清晰,这就是首先由若干智能体相互作用或协同工作构成多智能体计算系统,再根据解决问题的含义与目的、生存环境、局部环境和可采取行为等四方面内容设计用于函数优化的智能体。

函数优化问题的数学模型为

$$\lim[f(\boldsymbol{X})][\boldsymbol{X}=(x_1,x_2,\cdots,x_n)\in S] \tag{4.168}$$

式中,$f(\boldsymbol{X})$——目标函数;

　　S——边界为 $\underline{x}_i \leqslant x_i \leqslant \bar{x}_i$ $(i=1,2,\cdots,n)$ 的 n 维搜索空间,$S \subseteq R^n$,即 $S = [\underline{x},\bar{x}],\underline{x}=(\underline{x}_1,\underline{x}_2,\cdots,\underline{x}_n),\bar{x}=(\bar{x}_1,\bar{x}_2,\cdots,\bar{x}_n)$。

用于函数优化的智能体定义如下:

【定义 4.1】　一个智能体 a 表示待优化函数的一个候选解,它的能量等于其目标函数值的相反数,即

$$a \in S, \quad \mathrm{Energy}(a) = -f(a) \tag{4.169}$$

智能体的目的是尽可能地增大其能量。可见,每个智能体具有待优化函数地所有变量。

为了实现智能体的局部感知能力,生存环境被组织成网格结构,如图 4.48 所示,并有如下定义。

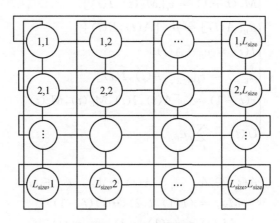

图 4.48　智能体网格

【定义 4.2】　所有智能体均生存在一个网络环境中,称为智能体网格,记为 L。网格大小为 $L_{\mathrm{size}} \times L_{\mathrm{size}}$。其中,$L_{\mathrm{size}}$ 为整数。每个智能体固定在一个格点上,即处于第 i 行、第 j 列的智能体为 $L_{i,j}$,$i,j=1,2,\cdots,L_{\mathrm{size}}$,则智能体 $L_{i,j}$ 的邻域为

$$L_{i,j}^{\mathrm{neighbors}} = \{L_{i',j}, L_{i,j'}, L_{i'',j}, L_{i,j''}\} \tag{4.170}$$

式中

$$i' = \begin{cases} i-1, & i \neq 1 \\ L_{\mathrm{size}}, & i = 1 \end{cases}, \quad j' = \begin{cases} j-1, & j \neq 1 \\ L_{\mathrm{size}}, & j = 1 \end{cases}$$

$$i'' = \begin{cases} i+1, & i \neq L_{\mathrm{size}} \\ 1, & i = L_{\mathrm{size}} \end{cases}, \quad j'' = \begin{cases} j+1, & j \neq L_{\mathrm{size}} \\ 1, & j = L_{\mathrm{size}} \end{cases}$$

每个智能体不能移动,只能与其邻域发生相互作用。

应指出,在智能体网格中,每个圆圈表示一个智能体,其中数字为该智能体在

网格中的位置,而有连线的两个智能体方可发生相互作用。为了达到目的,每个智能体都可以采取一些行为与其邻域间其他智能体展开竞争或合作,以便获得更多资源和增加自身能量。且在发生作用后,便将其信息传给它们,于是信息便渐渐扩散到整个智能体网格。可见,智能体网格模型更接近于自然进化机制。

在上述思想基础上,可设计出 4 个智能体遗传算子,即邻域竞争算子、邻域正交交叉算子、变异算子和自学习算子。其中,前两者分别实现智能体的竞争和合作行为,而后两者用以实现智能体利用自身知识的行为,并由此可得到多智能体遗传算法(MAGA)。对于这种算法,实验表明,即使对高达 10000 维的函数,多智能体遗传算法也能达到快速精确求解的目的。有关智能体算子设计和遗传算法及应用可参阅文献(焦李成,2006)。

2. 技术特点

(1) 智能体是一个物理的或抽象的实体,它能作用于自身和环境,并对环境做出反应,它所具有的局部感知,竞争协作以及自学习能力给求解复杂问题,特别是高维大规模复杂系统建模提供了极好的条件和基础。

(2) 多智能体遗传算法将多智能体系统与传统遗传算法相结合,通过设计新的算子来实现智能体行为,以形成新的、面向智能体、交叉、变异等操作,从而达到提高算法性能的目的。

(3) 多智能体算法是在已有进化算法模型的基础上,通过引入智能体与环境以及智能体间相互作用达到全局优化的先进算法,该算法有对高维函数快速精确优化的突出特点,即以更低的计算量获得更高质量的问题解。

3. 典型应用

例 4.37　利用 MAGA 求解 10000 维函数 $f_1 \sim f_{10}$ 的性能。

设 L^t 表示第 t 代的智能体网格,$L^{t+\frac{1}{3}}$ 和 $L^{t+\frac{2}{3}}$ 是 L^t 和 L^{t+1} 间的中间代智能体网格;$Best^t$ 是 $L^0, L^1, \cdots, L^t$ 中最优的智能体,$CBest^t$ 是 L^t 中最优的智能体,P_c 和 P_m 是预先设定的参数,分别控制邻域正交交叉算子和变异算子操作。在此条件下,有多智能体遗传算法如下:

① 初始化 L^0,更新 $Best^0$,令 $t \rightarrow 0$;

② 对 L^t 中的每个智能体执行邻域竞争算子,得 $L^{t+\frac{1}{3}}$;

③ 对 $L^{t+\frac{1}{3}}$ 中的每个智能体,若 $U(0,1) < P_c$,则将邻域正交交叉算子作用在其上,得到 $L^{t+\frac{2}{3}}$;

④ 对 $L^{t+\frac{2}{3}}$ 中的每个智能体,若 $U(0,1) < P_m$,则将变异算子作用在其上,得到 L^{t+1};

⑤ 从 L^{t+1} 中找出 CBest^{t+1}，并将自学习算子作用其上；

⑥ 如果 $\text{Energy}(\text{CBest}^{t+1}) > \text{Energy}(\text{Best}^t)$，则令 $\text{Best}^{t+1} \leftarrow \text{CBest}^{t+1}$；否则，令 $\text{Best}^{t+1} \leftarrow \text{Best}^t$，$\text{CBest}^{t+1} \leftarrow \text{Best}^t$；

⑦ 如果终止条件满足，输出 Best^t 并停止；否则，令 $t \leftarrow t+1$ 并转步骤②。

在此，MAGA 的终止条件为满足式(4.171)：

$$\begin{cases} |f_{\text{best}} - f_{\min}| < \varepsilon |f_{\min}|, & f_{\min} \neq 0 \\ |f_{\text{best}}| < \varepsilon, & f_{\min} = 0 \end{cases} \quad (4.171)$$

式中，$f_{\min}$——最优解；

　　　　f_{best}——算法的当前代所求的解。

为了保持一致，对所有函数均取 $\varepsilon = 10^{-4}$。

为了进行比较，可同时利用上述 MAGA 及 AEA(自适应演化算法)求解万维函数优化问题。表 4.16 给出了步长 500 时，随机 50 次实验，AEA 和 MAGA 对万维函数 $f_1 \sim f_{10}$ 的平均函数评价次数和 $O(n^a)$ 的逼近结果。

表 4.16　AEA 和 MAGA 优化万维函数的平均评价次数和 $O(n^a)$ 逼近结果比较

指　标		f_1	f_2	f_3	f_4	f_5
平均评价次数($n=10000$)	AEA	1239098	1458428	841827	1416717	821632
	MAGA	195292	14315	7961	28815	27645
$O(n^a)$	AEA	$O(n^{1.03})$	$O(n^{1.62})$	$O(n^{0.78})$	$O(n^{1.35})$	$O(n^{1.01})$
	MAGA	$O(n^{0.78})$		$O(n^{0.06})$	$O(n^{0.41})$	$O(n^{0.39})$
指　标		f_6	f_7	f_8	f_9	f_{10}
平均评价次数($n=10000$)	AEA	3530502	3198123	5512354	509812	3098611
	MAGA	121370	7784	12233	9672	10219
$O(n^a)$	AEA	$O(n^{1.04})$	$O(n^{1.08})$	$O(n^{1.12})$	$O(n^{1.24})$	$O(n^{1.29})$
	MAGA	$O(n^{0.80})$	$O(n^{0.11})$	$O(n^{0.15})$	$O(n^{0.08})$	$O(n^{0.02})$

由此可见，①AEA 所用的评价次数远大于 MAGA 所用的评价次数；②10 个函数中有 9 个 AEA 的复杂度都差于 $O(n)$，只有 f_3 是 $O(n^{0.78})$，而 MAGA 对这 10 个函数的复杂度均较低，除 f_2 外，均优于 $O(n)$。

综上述，MAGA 的复杂度非常低，性能相当优越，具有很好的优化高维函数的能力。

4.16　基于混合专家系统的建模方法与技术

4.16.1　引言

专家系统(expert systems, ES)是一个集成某个领域专家知识和经验的智能计算机程序系统，适宜在不完全、不精确或不确定的信息条件，解决缺乏算法解的复杂系统问题。

知识是人类一切智能活动的基础,知识获取自然成为 ES 的关键,也是系统 ES 设计的"瓶颈"问题,为了提高 ES 的性能和效率,人工神经网络(ANN)通过学习算法进行自动知识获取是一条有效的技术途径。这样,将传统 ES 和 ANN 相结合,便构成一种新的混合专家系统。这种专家系统不仅克服了传统 ES 的脆弱性、知识获取困难和推理中匹配冲突等缺陷,而且为复杂系统建模提供了极好的平台。

4.16.2　方法原理

通常,混合专家系统有三种模式:基于神经网络的专家系统、基于知识的神经网络系统和基于神经网络与专家系统的混合系统。为简便起见,以基于神经网络的专家系统为例。

基于神经网络的专家系统又叫做连接专家系统,其系统全部或部分功能由神经网络实现,包括知识获取、知识表示、知识推理和知识更新等。

知识获取只需要输入领域专家解决问题的实例或范例,用以训练神经网络,使在同样输入条件下神经网络能够获得与专家给出的解答尽可能相同的输出。这里,知识获取包括确定神经网络的结构参数、神经元特性及学习算法等;知识表示为权系统和阈值向量,是与知识获取同时进行和完成的;知识推理就是使问题从初始状态转移到目标状态的方法与途径。常用的知识推理方法有 5 种:正向推理、反向推理、环状推理、虚拟机推理及神经网络推理。神经网络推理是一种并行推理方法,推理过程中可视需要通过学习算法对网络参数进行训练和适应性调整。这种推理方法不仅速度快,而且不存在"冲突"问题,对于不确定知识的推理十分有效。

基于神经网络的专家系统建模一般包括:

(1) 确定神经网络结构——配置系统。

(2) 收集建模对象领域知识的训练和测试样集——采集信息。

(3) 用训练样本训练神经网络——训练网络。

(4) 用测试样本测试网络性能——验证性能。

4.16.3　技术特点

(1) 是神经网络与专家系统相结合的产物,兼有神经网络和专家系统的优势,其优势在于有很强的学习和适应能力,解决了传统专家系统获取知识的困难。

(2) 知识获取、知识表示、知识推广及知识更新是该建模方法的关键环节;显然具有知识自动获取的优势,但也存在推理过程透明性差和难以实现对结论显式解释的缺陷。

(3) 基于神经网络专家系统已在工程中得到广泛应用,其关键是系统结构方案设计和软件程序开发。

4.16.4　典型应用

例 4.38　泵送混凝土混合专家系统的设计与实现。

长期以来泵送混凝土技术一直靠领域专家的经验来解决,面对存在的复杂性和模糊性知识获取和表达是其薄弱的环节,文献(钟珞等,2007)给出了一种基于神经网络的泵送混凝土专家系统,成功地解决了这一难题。将该系统对传统专家系统的结构加以扩展,引入了样本学习机制,构成知识获取模块,从而完成了基于神经网络的泵送混凝土专家系统结构方案设计,其模型结构如图 4.49 所示。

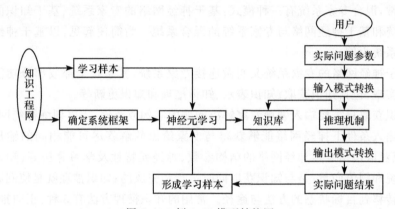

图 4.49　例 4.38 模型结构图

由图可见,系统工作过程为:

(1) 根据训练样本进行训练,将结果权值矩阵作为知识保存在知识库中。

(2) 根据设计要求,进入数据库查询,查询成功后推荐出符合要求的一组参数值;否则利用知识库中的知识(权值矩阵),通过推理算法给出运算结果。

(3) 对系统给出的推荐值进行实验验证及评价。若结果满意,则将其存入数据库。

为了知识获取与表示,系统构造了一个三层 BP 网络。该网络通过对经验样本的学习,将知识以权值和阈值的形式存储在网络中。网络输入可以按照用户对混凝土的使用地区、混凝土类型、混凝土强度、凝结时间、泵送高度、坍落度、输送管直径等 7 个参数作为网络输入参数。归一化的特征值为$(x_1, x_2, \cdots, x_7)$。系统还通过程序调试和综合分析合理地选取了隐含层 16 个节点。因为混凝土是由水泥、水、沙子、石子、搅和料、外加剂 6 种成分组成,故网络的输出层就有 6 个输出节点$(y_1, y_2, \cdots, y_6)$,可以确定输出的参数就是这 6 种成分在单位重量混凝土配制中的质量数。

该网络中,选取的传递函数是 S 型函数中的 Sigmoid 函数。考虑到三层 BP 网络的收敛性和 Sigmoid 函数的特点,输出参数均设计为大于 −1、小于 1 的小数。

由于石子在诸成分中占比例最大,故将石子质量定为−1,其他成分均为石子质量的比例数。于是,就得到了一个 7-16-6 的神经网络结构。接着是对该网络进行训练。由于本系统的知识库分静态和动态两部分,所以训练亦分为相应两类。经测试表明,训练后的网络对已训练过的样本有较好的识别能力。表 4.17 给出该系统的部分网络数据。

表 4.17　部分网络数据表

混凝土的使用地区 x_1	混凝土类型 x_2	混凝土的强度 x_3	凝结时间 x_4	泵送高度 x_5	坍落度 x_6	输送管直径 x_7	水泥 y_1	水 y_2	砂子 y_3	石子 y_4	搀和料 y_5	外加剂 y_6
1	0.5	0.3	1	0.3	0.63	1	0.297	0.160	0.650	0.975	0.096	0.003
1	0.5	0.4	1	0.55	0.89	1	0.304	0.167	0.661	0.992	0.098	0.002
−1	0.5	0.5	0.5	0.8	0.89	0.8	0.361	0.167	0.599	0.977	0.117	0.005
−1	0.5	0.6	1	0.3	0.63	0.8	0.397	0.159	0.568	0.968	0.129	0.005
1	0.5	0.3	1	0.55	0.89	1	0.311	0.167	0.623	0.975	0.101	0.004
1	0.5	0.6	0.5	0.55	0.89	1	0.395	0.159	0.567	0.980	0.129	0.006
−1	0.5	0.7	1	0.3	0.89	1	0.362	0.160	0.573	0.975	0.103	0.007
−1	0.5	0.9	0	0.4	0.79	1	0.415	0.132	0.575	0.981	0.115	0.008
−1	0.5	0.45	1	0.4	0.79	1	0.335	0.164	0.629	0.985	0.109	0.004
−1	0.5	0.45	1	0.3	0.63	1	0.328	0.160	0.635	0.993	0.106	0.004
−1	0.5	0.15	1	0.3	0.63	1	0.233	0.160	0.692	0.972	0.098	0.002
1	0.5	0.2	1	0.4	0.79	1	0.242	0.164	0.685	0.986	0.103	0.002
−1	0.5	0.15	1	0.55	0.89	1	0.243	0.167	0.683	0.983	0.103	0.002
−1	0.5	0.15	1	1	1	1	0.248	0.171	0.677	0.976	0.105	0.002
−1	0.5	0.2	1	0.3	0.63	1	0.236	0.160	0.690	0.993	0.100	0.002
−1	0.5	0.2	1	0.8	0.89	1	0.247	0.167	0.680	0.979	0.105	0.002

注:在混凝土使用地区中,−1 代表沿海,1 代表寒冷;在混凝土类型中,0.5 代表钢筋混凝土;在凝结时间中,1 代表正常,0.5 代表缓凝,0 代表速凝。

4.17　综合集成建模方法与技术

4.17.1　引言

针对研究开放的复杂巨系统,20 世纪 80 年代末,钱学森明确指出采用从定性到定量综合集成方法(简称综合集成法)。1992 年,钱学森、戴汝为、于景元提出"从定性到定量综合研讨厅体系(简称综合集成研讨厅体系)"。这种方法的实质是把专家体系群体、数据和信息知识体系以及计算机体系结合起来,构成一个高度智能化的人机结合系统,钱学森把它称为"大成智慧工程"。

综合集成方法建模思想是通过专家体系和计算机体系,对人类经验知识、科学知识和哲学知识等三个层次知识的综合集成及应用,无疑是解决开放的复杂巨系统建模的唯一技术途径。

4.17.2　方法原理

综合集成研讨厅是综合集成建模的基础和平台。

综合集成研讨厅包括专家群体、知识体系、计算机 Internet 和 Intranet。其中,专家群体是最具有能动性的成员,计算机是硬件支撑设备,专家群体和计算机体系共同构成了知识体系的载体;Intranet 是专家与专家交互的平台;Internet 为研讨厅的重要部分,是充满链接的网络结构环境,在 Web 页层次上专家和 Internet 有两种交互:一种是 Internet 协助专家思考,为专家提供重要资源;另一种是 Internet 通过搜索引擎、机器学习、文件分析和文本挖掘等技术为专家群体提供关于某个问题的万维网参与群体的认识和见解。就此而言,Internet 可理解为特殊专家,它与专家群体相结合构成了所谓“广义专家群体”。可见,基于“研讨厅体系”的综合集成建模的技术关键在于:①如何从万维网的海量信息中获取关于建模问题的知识;②如何激发和应用群体智慧。对此,专家群体交互及专家和 Internet 交互是十分重要的。为了做到广义专家群体的有效互动,必须提出保障有效互动的规范和构建研讨厅的合理链接结构。

“研讨厅体系”中的广义专家群体有效互动规范是以反思探询为基础的反思式开放环境中的深层次对话和讨论,即基于学习型组织的专家有效互动规范。

“研讨厅体系”的链接结构是通过广义专家群体的有效互动建立起来的。在互动过程中,专家发表对以前发言的检验或响应,同时发表本人见解,通过这种响应建立起个体之间响应关系,根据个体之间的响应关系建立广义专家群体的有向链接结构。在链接结构中,专家每次发言为一个节点,WWW 参与者群体关于建模问题的几种代表性见解作为相应数量的节点,每个节点有两个属性,即见解质量属性和见解响应属性。专家的发言响应或者被响应为有向边,从而整个研讨过程形成的整体链接结构可以用有向属性图表示(见图 4.50)。

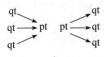

图 4.50　广义专家之间的链接关系
pt→qt 为专家的发言 pt 对以前发言 qt 有响应

该有向属性图和 WWW 的链接结构具有一定关系,专家每次发言就相当于一个网页,称之为类网页或类 Web 页。专家对以前发言的评价或响应,也相当于建立一个网页超链接,称之为类 Web 页链接或者类网页超链接。综上所述,“研讨厅体系”有向属性图中的节点对应 WWW 中的网页节点,它的有向属性图相当于 HITS 描述 WWW 的有向属性图。“研讨厅体系”的研讨相当于搜索引擎在 Web 上对问题的查询结果的集合,而有向属性图中的节点集合相当于 HITS 的网页基础集合——T 集合(见图 4.51)。

4.17.3　技术特点

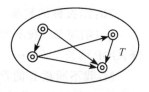

图 4.51　HITS 的 T 集合

(1) 综合集成建模以综合集成研讨厅体系为基础和平台,是应用群体智慧建立开放的复杂巨系统模型的新方法。

(2) 综合集成建模的关键在于实现广义专家群体的有效互动。

(3) 为了保障广义专家群体有效互动,必须采用基于学习型组织的专家有效互动规范和通过 HWME 链接结构分析建立合理的类似 WWW 链接结构。

4.17.4　典型应用

例 4.39　对当年经济形势的基本判断。

应用综合集成研讨厅体系解决此问题。

发言专家为一些博士生与硕士生,发言内容是由经济专业人士帮助并提出的。其中,Zh 代表主持人;T、C、G、L、M 代表不同的专家,其研讨过程与结果如下:

Zh:好,如果各位专家没有意见,现在进入研讨。首先请大家对今年的经济形势作一个基本判断。

T:在扩大内需政策影响下,经济增长幅度止跌回升。今年仍有趋好潜力。其一,除了出口增幅趋缓外,投资、消费需求增速均有所提高;其二,结构矛盾继续缓解,产销衔接较好;其三,上半年工业经济效益明显好转……。

C:(除了 T 提出的几个因素外)另一个积极因素是工业经济在结构调整中增长加快,上半年工业增长保持了 10% 以上的增长,势必对今年经济起到积极作用……。

G:(除了 C 和 T 提到的因素外)另外启动了一些供给政策。比如对中小企业的支持、技改贴息提高装备水平、国企改革等,对改善宏观经济发展环境是十分必要的……。

L:(我不同意他们三个的分析)但我担心的是,世界经济形势会对我国经济增长产生极其不利的影响。根据世界银行估计,美国经济今年预计增长 0.7%(去年 5%);世界经济增长 2.9%;全球贸易增长 5.2%……。

T:(我不同意 L 的分析)我认为,这不必过分忧虑。实际上去年内需也起到重要作用。只要今年继续坚持积极的财政政策,加上公务员增资、提高低收入者收入水平等政策到位,内需增长会弥补出口下滑对经济增长的不利影响……。

M:L 的意见确实值得注意。我国对美国的出口占全部出口的 21%,如果美国经济出现衰退,必将影响我国出口,还将对我国吸引外资、资本市场、投资信心等方面产生影响,因为……。

Zh：L，按你的判断，今年的经济形势走势如何？

L：（响应 Zh）我不太乐观，受世界经济的影响，我国今年经济增速会比上年下降，GDP 增长 7%……。

M：我不同意 L 的看法……。

T：（不同意 L）我认为，经济增长幅度还会有所上升，达到 8.3%……。

C：（对他们两人——L 和 T 的意见都不太赞同）从总体上，我对今年经济增长还是有信心的，GDP 增长与上年持平，达到 8%。但以下问题值得注意：一是非国有经济投资问题；二是消费增长具有一定的不确定性；三是农民收入连续多年没有多大的改善，影响到总体的消费水平……。

G：（不太同意 L、T、C 的意见）考虑到出口会受到影响，GDP 增长幅度将比去年略有下降，达到 6.7%～7.8%……。

经过上面的研讨，主持人归纳出关于今年经济形势的三种不同意见：今年经济增速会比上年下降；经济增长幅度还会有所上升；经济增长还是有信心的，GDP 增长与上年持平。

现在，将 HWME 链接结构分析算法应用于上面的研讨过程。专家的每次发言为一个类网页，用专家研讨时的 ID 和发言时间或者次数标识类网页。为清楚起见，用"专家 ID＋发言的次数 t"来标识类网页。从专家的发言中按长度优先匹配的原则提取与之有响应关系的类网页名称，获取了专家个体的互动关系为

$Tt1$

$Ct1 \rightarrow Tt1$；　$Gt1 \rightarrow Tt1, Ct1$；　$Lt1 \rightarrow Tt1, Ct1, Gt1$；　$Tt2 \rightarrow Lt1$

$Mt1 \rightarrow Lt1$；　$Zht1 \rightarrow Lt1$；　$Lt2 \rightarrow Zht1$；　$Mt2 \rightarrow Lt2$

$Tt3 \rightarrow Lt2$；　$Ct2 \rightarrow Lt2, Tt3$；　$Gt2 \rightarrow Ct2, Lt2, Tt3$

根据个体互动关系，建立互动过程产生的群体有向链接结构如图 4.52 所示。

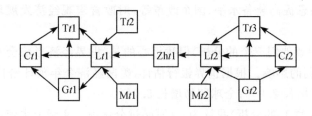

图 4.52　专家群体有向链接结构图

应用迭代公式 $a(\mathrm{pt}) := \sum\limits_{\mathrm{qt} \to \mathrm{pt}} h(\mathrm{qt}), h(\mathrm{pt}) := \sum\limits_{\mathrm{qt} \leftarrow \mathrm{pt}} a(\mathrm{qt})$，第三次迭代结果为

$$a(Tt1) = \frac{70}{419}, \quad a(Ct1) = \frac{56}{419}, \quad a(Gt1) = \frac{31}{419}, \quad a(Lt1) = \frac{27}{419}$$

$$a(\mathrm{T}t2) = 0, \quad a(\mathrm{M}t1) = 0, \quad a(\mathrm{Zh}t1) = \frac{1}{419}, \quad a(\mathrm{L}t2) = \frac{118}{419}$$

$$a(\mathrm{T}t3) = \frac{75}{419}, \quad a(\mathrm{C}t2) = \frac{41}{419}, \quad a(\mathrm{M}t2) = 0, \quad a(\mathrm{G}t2) = 0$$

$$h(\mathrm{T}t1) = 0, \quad h(\mathrm{C}t1) = \frac{70}{1073}, \quad h(\mathrm{G}t1) = \frac{101}{1073}, \quad h(\mathrm{L}t1) = \frac{157}{1073}$$

$$h(\mathrm{T}t2) = \frac{27}{1073}, \quad h(\mathrm{M}t1) = \frac{27}{1073}, \quad h(\mathrm{Zh}t1) = \frac{27}{1073}, \quad h(\mathrm{L}t2) = \frac{1}{1073}$$

$$h(\mathrm{T}t3) = \frac{118}{1073}, \quad h(\mathrm{C}t2) = \frac{193}{1073}, \quad h(\mathrm{M}t2) = \frac{234}{1073}, \quad h(\mathrm{G}t2) = \frac{118}{1073}$$

从第三次迭代结果可以看出,类网页的见解质量属性值 anthority 从大到小依次为:$\mathrm{L}t2$,$\mathrm{T}t3$,$\mathrm{T}t1$,$\mathrm{C}t1$,$\mathrm{C}t2$,$\mathrm{G}t1$,$\mathrm{L}t1$,$\mathrm{Zh}t1$。可见,针对问题的某个方面讨论时,一个人的发言虽然不同,但对同一个问题的见解在很短的时间内变化一般不会很大,所以 $\mathrm{T}t3$,$\mathrm{T}t1$ 发言页的 anthority 值比较接近,$\mathrm{C}t1$,$\mathrm{C}t2$ 发言页 anthority 值也比较接近。随着时间的推移和有效互动的深入,每个人对问题的认识越来越深入,见解在短时间内也会变化很大,当然他们的见解质量属性值也会差别很大。因此对于同一个人的发言,如果他(她)的类网页的 anthority 值大小非常接近,排序相邻,就选取最新时间的 anthority 值大的网页为输出,即 $\mathrm{L}t2$,$\mathrm{T}t3$,$\mathrm{C}t2$,如下:

L:(响应 Zh)我不太乐观,受世界经济的影响,我国今年经济增速会比上年下降,GDP 增长 7%……。

T:(不同意 L)我的意见正好相反,经济增长幅度还会有所上升,达到 8.3%……。

C:(对他们两人——L 和 T 的意见都不太赞同)从总体上,我对今年经济增长还是有信心的,GDP 增长与上年持平,达到 8%。但以下问题值得注意:一是非国有经济投资问题;二是消费增长具有一定的不确定性;三是农民收入连续多年没有多大的改善,影响到总体的消费水平……。

4.18　基于 CAS 理论的建模方法与技术

4.18.1　引言

复杂适应系统(CAS)理论是美国霍兰教授于 1994 年正式提出的,是现代系统科学的一个新的研究方向,开辟了系统建模的新视野和新思路。

CAS 理论的基本思想是:CAS 是由大量按一定规则或模式进行非线性相互作用的行为主体所组成的动态系统。这种主体具有主动的适应能力,可根据行为效果修改自己的行为规则,以保证更好地在客观中生存;同时,由这样主体组成的系统,将在主体之间以及主体与环境的相互作用中发展,表现出复杂的演化过程。研究表明,这类 CAS 包括诸如人脑系统、人体系统、社会系统、生物系统、生态系统、免疫系统等,它们具有如下七个基本共同特征:聚集、标志、非线性、流、多样性、内部模型、积木块,据此可以从不同角度揭示出复杂系统的各种信息特征与功能特征,从而为上述各类 CAS 建模奠定了理论基础。

4.18.2　方法原理

基于 CAS 理论建模是新的一大类建模方法,凡是 CAS 都可以采用,如前述基于智能技术的 Agent 建模和生物进化过程建模就属于此范畴。为简便起见,这里仅讨论具有普适性的 CAS 微观刺激-响应模型和宏观回声(echo)模型的建模方法原理。

1. 刺激-响应模型

刺激-响应模型是一种微观模型,用以描述具有主动性主体的基本行为。按照现代信息处理,这里的规则包括条件和反应,都可以字符串表示,如在第一位用 0 表示没有刺激物靠近,而用 1 表示有刺激物靠近;在第二位分别用 0 和 1 表示小刺激物和大刺激物。于是,第一个刺激物就可以用"10"表示,而第二个刺激物则表示为"11"。同样,反应也可用编号和二进制表示为字符串。把两个字符串连起来,前半段是条件,后半段便是反应。这样,就可以构成如图 4.53 所示的刺激-响应行为系统,即主体执行系统。

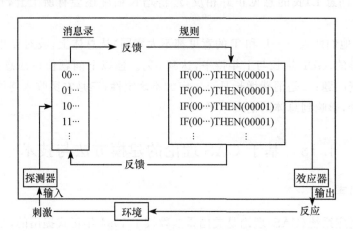

图 4.53　刺激-响应行为系统

输入为环境(包括其他个体)和刺激;输出为个体的反应(一般为动作);规则为对什么样的刺激做出怎样反应的规则;探测器为检测刺激的单元;效应器为作出反应的单元;消息录为用二进制串表示的信息

把 IF/THEN 规则与消息结合起来,可得到表达式:IF……THEN……。于是,我们就得到了用统一方式描述主体抽取环境信息的机制的能力。对于主体内部处理信息的能力,亦可同样考虑。

为解决不同规则之间存在的矛盾,还必须采用信用分派机制。例如,为了提高个体适应环境的能力,而通过交叉、变异等手段创造新规则。对此,可参阅文献(薛惠锋,2007)。

2. 回声模型

回声模型是在上述主体刺激-响应模型基础上建立的 CAS 宏观模型,被霍兰称之为回声模型。从方法上讲,首先定义资源和位置,然后提出一个基本模型,在此基础上补充一些更复杂的属性,形成最终模型。这种模型已在第 2 章 CAS 理论上讲过,这里不再赘述。

4.18.3　技术特点

(1) 主体是 CAS 的核心;是多层次和外界不断交互作用的、不断发展和演化的、活生生的个体;是主动的、活的实体,表现为具有主动性、适应性、智能性。

(2) CAS 是一个基于主体的、不断演化发展的演化系统。演化过程中,主体的性能参数、功能、属性及整个系统的功能、结构都将产生适应性变化,这是 CAS 和其他建模方法的本质区别;正因为如此,CAS 建模方法被用于其他方法难以应用的生物、生态、社会等复杂系统领域。

(3) 其他建模方法大都把系统个体内部属性放在主要位置,而 CAS 建模则不然,它十分重视个体之间以及个体与环境之间的相互作用,因为正是这种相互作用才给复杂系统带来了"增值"和"涌现"。

(4) 上述刺激-响应模型和回声模型是一切复杂系统模型的基础。

4.18.4　典型应用

例 4.40　城市中心地 CAS(RSCAS)模型。

城市中心地是城镇体系形成的重要部分,也是研究城市空间组织和布局的重要内容。建立 RSCAS 模型旨在从需求/服务角度寻求城市中心地的基本和起主导作用的因素,以便构筑解释区域城乡聚落体系空间结构的规律性理论模式。

在 RSCAS 模型研究中,文献(薛惠锋,2007)将问题简化为如图 4.54 所示的在一个均质二维正方形空间上呈六角分布的 7 个城市组成的系统。

假定在此空间上,服务消费者(主体)有一定服务需求时,可实现 7 个城市的不同服务分担。为研究简便起见,设共有 m 项需求,每项需求对应一项服务,则 m 项需求对应 m

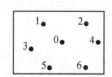

图 4.54　RSCAS 模型
中的城市分布

项服务。对于每项需求而言,城市如果要建立相应的服务,必须具有与一定需求量对应的服务阈值,即具有足够潜在买主从而使企业获得利润的最小市场规模。而不同需求对应的服务阈值不同,当该需求量大于对应的服务阈值时才建立服务;对每个主体来说,各需求均匀分配,主体根据不需求向选择出的城市发出服务请求。

RSCAS 模型主要由适应性主体和主体面临的环境两大部分组成。

(1) 主体。

每个主体都由内部模型,随机服务发生器及状态参数构成,其中的若干规则是完成主体决策、学习、创新的主要部分。

主体的内部模型维持一个知识积累与创新的过程,并采用积累的知识进行决策;采用均匀分布随机数发生器来指定需求,通过内部模型来选择最大可能提供该服务的城市。

(2) 环境。

RSCAS 模型的环境包括环境参数及一个决策专家。其中环境参数由环境运行参数和适应性参数组成。前者指为了使环境正常运行而设定的固定性参数,后者则随系统的运行发生适应性变化。

(3) 运行及结果。

程序初始在一个 200×200 的正方形空间上分布 7 各城市,共有 40000 个主体各占据一个栅格空间,主体从 5 个不同阈值的需求中进行选择,并对城市根据信用值的大小选择。

模型运行 7000 个仿真周期后,给出最终需求/服务结果。结果表明,7 个城市必须有非常明显的职能分开;演化过程中的城市规模如图 4.55 所示。

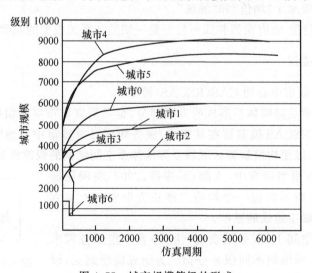

图 4.55　城市规模等级的形成

4.19　基于自组织理论的建模方法与技术

4.19.1　引言

综合、整体的自组织方法论称之为自组织理论,是复杂系统的基本理论之一,包括耗散结构论、协同学、突变论等。在自组织理论框架中,整个自组织方法包括自组织条件方法论、自组织动力学方法论、自组织演化途径方法论、自组织结合途径方法论、自组织结构方法论、自组织时间演化图景方法论等。

目前基于自组织理论的建模方法与技术颇多,受篇幅限制,本节仅讨论应用较为广泛的基于 GMDH 建模方法与技术。

4.19.2　基于 GMDH 建模的方法原理

20 世纪 60 年代出现了一种使计算机具备自学习、自组织能力的程序设计法——试探自组织法,随之,在 60 年代末由伊凡年科提出了借助试探自组织原理,建立复杂系统数学模型的有效方法——数据处理的群集方法(group method of data handling,GMDH)。基于该建模方法的建模原理如下:

设系统 S 有 m 个输入变量 $x_i(i=1,2,\cdots,m)$,有一个(或多个)输出变量 y。问题是如何确定显式

$$y = f(x_1, x_2, \cdots, x_m) \tag{4.172}$$

式中,$f(\cdot)$——非线性函数。

式(4.172)一般可展成离散型 Volterra 多项式级数

$$y = a_0 + \sum_i a_i x_i + \sum_i \sum_j a_{ij} x_i x_j + \sum_i \sum_j \sum_k a_{ijk} x_i x_j x_k + \cdots \tag{4.173}$$

为了克服式(4.173)的项数随输入变量增多而急剧加大,并招致建模中系数估计所需样本量上升而造成计算不稳定,可借助生物演化中"生存竞争、自然选择"原理,采用按照预定阈值进行选择或控制自发过程以获得整体效应。具体讲,首先以复杂非线性系统不完整信息为纲,产生输入变量的多个随机组合;然后根据以对于外部环境的适应性为准绳的试探标准,从中选择出最优组合;照此循环,便形成一种多层结构,其中每层包括生成的部分描述式和选择过程;最终自动地构成与外部环境相适应的系统,即所谓完全描述式。

显然,GMDH 建模方法本质上就是试探自组织算法,其整个组织过程为:引入试探标准→有效利用累积的整体效应→控制过程的方向→选择有用信息→过滤或淘汰无用信息→引向预期结果。图 4.56(a)~(c)分别给出了 GMDH 的基本结构、算法流程以及改进型 GMDH 框图。

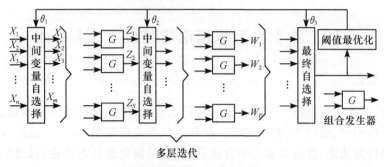

(a) GMDH的基本结构

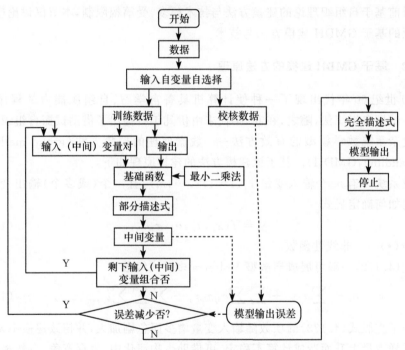

(b) 算法流程

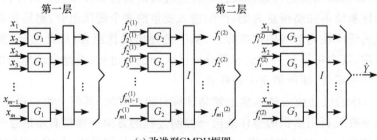

(c) 改进型GMDH框图

图 4.56

4.19.3 基于 GMDH 建模的技术特点

(1) GMDH 具有前向神经网络的结构,用多项式作为数据处理和建模的基本形式,并在结构上有自组织和全局选优的特点,因此是建立复杂非线性大系统数学模型十分灵活而通用的方法,其基本思想可概括为:系统的真实面目存在于且仅存在于数据之中。建模中它无需关于系统结果的验前信息,即可根据系统少量数据,自动地估计模型的输入、结构及参数。

(2) 如何充分发挥 GMDH 上述优势,结合领域系统专业知识进行实际复杂系统建模,是当前的重要研究方向。

(3) GMDH 包括基本型算法和改进型算法(陈森发,2005)已应用于社会经济系统、环境系统、生态系统、复杂工业过程的测量和控制等方面。已建立了许多重要的实用模型,如英国、荷兰和日本大阪地区的计算经济模型,日本某城市人口增长模型,日本德岛县大气污染短期预报模型,意大利波尔米达河水质稳态模型,前苏联第聂伯河径流量预报模型,乌克兰某地小麦播种面积预报模型,美国农业区域桑加蒙河 NO_3 水平预报模型等。

4.19.4 基于 GMDH 建模的典型应用

例 4.41 GMDH 在我国降雨量预测中的应用。

吴耿锋、彭虎等学者提出了应用 GMDH 预测我国降雨量,并研制出基于 GMDH 的混沌时间序列建模方法。

该方法的核心是将降雨量的混沌参数提取后体现在 GMDH 网络结构中,并通过这样的 GMDH 模型对降雨量进行预测。

预测来自于对已往数据轨迹的把握,而任何一种轨迹都可以由如下多项式来表示:

$$y(n) = a_0 + \sum_{m_1=0}^{q} a_1(m_1)x(n-m_1) + \sum_{m_1=0}^{q}\sum_{m_2=0}^{q} a_2(m_1,m_2)x(n-m_1)x(n-m_2)$$

$$+ \cdots + \sum_{m_1=0}^{q}\sum_{m_2=0}^{q}\cdots\sum_{m_p=0}^{q} a_p(m_1,m_2,\cdots,m_p)x(n-m_1)x(n-m_2)\cdots x(n-m_p)$$

$$(4.174)$$

式中,$a_0,a_1(\cdot),\cdots,a_p(\cdot)$——系数;

$m_1,m_2,\cdots,m_p$——变量的阶数;

$x(\cdot)$——自变量;

$y(\cdot)$——因变量。

显然,只要有足够数据和计算量就可以通过拟合方法得到轨迹表达式。但是,对于降雨量预测这样的超高维系统,用直接拟合式(4.174)来建立模型,需要大量的拟合数据和运算量,故很难实施。然而 GMDH 可将单一多项式的拟合分解为数个拟合单元,并以网状递进的方式排列和连接这些单元,构成 GMDH 网络结构,来完成对复杂系统的建模。由于与一般神经网络相比,GMDH 更贴近于人脑的运行机制,且建模中采用 AIC 准则,逐层剔除多项式的弱贡献项,从而可能用较少的数据,达到成功建模的目的。图 4.57(a)、(b)分别给出了典型的 GMDH 网络结构及其基本处理单元的示意图。

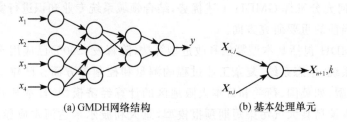

(a) GMDH网络结构　　　　　　(b) 基本处理单元

图 4.57　　GMDH 网络结构及其基本处理单元示意图

这是一种双输入-单输出的结构,其输入与输出的关系为

$$X_{n+1,k} = a + bX_{n,i} + cX_{n,j} + dX_{n,j}^2 + fX_{n,i}X_{n,j} \tag{4.175}$$

利用该 GMDH 网络的建模步骤如下:

(1)提取基本单元。在总数为 n 的数据样本中取出 n_1 个样本作为训练样本或建模样本$\left(\text{一般取 } n_1 = \frac{1}{2}n\right)$,将这些样本的 m 个变量中任取两个 $x_i, x_j (i, j = 1, 2, \cdots, m; i \neq j)$,以 Y 为输出,用最小二乘法建立如式(4.175)的处理单元,于是可得到 $\frac{m(m-1)}{2}$ 个基本单元。

(2)建立输入层。先设定一个阈值 E_g(在此将 E_g 设为当前所有单元输出方差的均值),将其余样本 n_2 作为校核样本,将 n_2 中对应于建模样本 n_1 的相应变量值,分别代入上述处理单元,算出处理单元的输出与实际输出的方差 E,再把各单元的方差与 E_g 比较,保留那些低于阈值的单元(设共 u_1 个单元),记录这些单元中的最小方差 $E_m^{(1)}$。这样,便得到输入层的单元。

(3)构建中间层。将全部数据中的相应变量代入输入层单元进行计算,得到输入层的输出 $Y^{(1)}(u)(u = 1, 2, \cdots, u_1)$。将 $Y^{(1)}(u)$ 当作第二层的输入,重复上述两步,可得到第二层处理单元 u_2 个,第二层的输出 $Y^{(2)}(u)(u = 1, 2, \cdots, u_2)$,以及第二层的最小方差 $E_m^{(2)}$。若 $E_m^{(2)} < E_m^{(1)}$,则第二层构建成功,便可同样继续构建下一层。

(4)建立输出层。设进行到第 $k+1$ 层,发现该层的最小方差 $E_m^{(k+1)} > E_m^{(k)}$,则终止建模,并将第 k 层中方差最小的那个单元作为输出单元。最后,将与输出单元相关的上层单元逐层连接。至此,便得到以样本为基础的 GMDH 网络模型。

（5）构造具有混沌特征的 GMDH 网络。针对降雨量的变化是多种相互影响的自然因素策动的结果，其中某些因素成因不明、变化复杂，致使降雨量数据表现出不定性和混沌特征。故需要构造具混沌特征的 GMDH 网络，以有利于对数据的拟合。

首先可根据 Grassberger-Procaccia 分析法计算出关联维 d，进而计算得到嵌入维

$$M \geqslant 2d + 1 \quad （M 取整数） \tag{4.176}$$

于是，相空间重构可以表示为

$$X(t) = \{x(t), x(t+\tau), \cdots, x[t+(M-1)\tau]\} \tag{4.177}$$

式中，τ——延迟时间。

原时间序列 $x(n)(n=1,2,\cdots,N)$ 可表示为

$$\begin{cases} Y(1) = X(M+1) = \{x(1), x(1+\tau), \cdots, x[1+(M-1)\tau]\} \\ Y(2) = X(M+2) = \{x(2), x(2+\tau), \cdots, x[2+(M-1)\tau]\} \\ \vdots \\ Y(m) = X(M+m) = \{x(m), x(m+\tau), \cdots, x[m+(M-1)\tau]\} \end{cases} \tag{4.178}$$

式中，$m=N-M\tau$，一般取 $\tau=1$。这样，便形成了具有下式结构的降雨量数据构成的空间变量：

$$\begin{cases} [Y(1), x(1), x(2), \cdots, x(M)] \\ [Y(2), x(2), x(3), \cdots, x(M+1)] \\ \vdots \\ [Y(m), x(m), x(m+1), \cdots, x(M+m-1)] \end{cases} \tag{4.179}$$

于是，便可将这些空间变量输入 GMDH 网络进行建模，且经过建模后的 GMDH模型就能够输入样本，进行降雨量预测。

文献（陈森发，2005）给出了蚌埠地区降雨量的预测实例。

所用的数据样本是淮河流域 28 个不同站近 42 年所采集到的月平均降雨量。图 4.58 给出了该地区近 42 年的 1 月份降雨量。

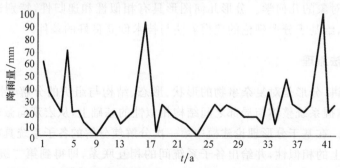

图 4.58　蚌埠地区近 42 年的 1 月份降雨量

选取图 4.57 的前 32 点的降雨量进行建模,对最近 10 点降雨量进行预测,并与原数据值比较,其结果如表 4.18 所示。

表 4.18　降雨量的预测值及相对误差

预测点	1	2	3	4	5	6	7	8	9	10
降雨量/mm	11	42	8	49	32	26	34	98	8	10
预测值/mm	12.8	41.0	10.3	47.5	31.7	26.3	33.4	82.3	16.3	10.9
相对误差 E_S/%	0.16	0.024	0.29	0.03	0.008	0.01	0.02	0.16	1.00	0.09

注:表中 $E_S = \left| \dfrac{x(t) - \hat{x}(t)}{x(t)} \right|$。

另外,这 10 点的总体平均预测误差为

$$E = \frac{\sqrt{\sum\limits_{i=1}^{N} \left[x(t) - \hat{x}(t) \right]^2}}{\sqrt{\sum\limits_{i=1}^{N} \left[x(t) - \bar{x} \right]^2}} = 0.2196 \tag{4.180}$$

可见,基于 GMDH 的混沌时间序列建模方法用于降雨量预测结果令人满意。

4.20　基于分形理论的建模方法与技术

4.20.1　引言

分形(fractal)是一个具有复杂结构的几何对象。自然界、工程技术、社会经济等领域普遍存在着分形形态,即具有自相似性。1986 年芒德布罗特给出的分形定义:组成部分以某种与整体相似的形体叫分形。把具有自相似结构的那些几何形体称为分形体,简称分形。分形为探讨自然界的复杂事物的客观规律及内部联系,提供了新概念和方法。由于宇宙万物既有多样性表征,又有相似结构性质,因此应用分形理论可对复杂系统进行建模。

由芒德布罗特创立的分形几何学是分形理论的数学基础,是研究和描述自然界中非规则对象的几何学。分形几何图形具有相似性和递归性,特别适合于计算机迭代生成,给基于分形理论的建模方法与技术创立良好的条件。

4.20.2　方法原理

深入地讲,分形是对复杂事物的形状、形态、结构与组织的分解、分割、分裂与分析,是在掌握系统整体与局部之间结构相似性的基础上,从宏观向微观逐步深化分解的过程。在基于分形理论建模中第一次分解使分解的各子系统具有相对的独立性和结构上的相似性,并给出各子系统间的相互联系,即得到第二级系统模型;第二次分解可照上述类似方法,对各二级子系统进行细化,从而获得第三级系统模型。以此类推第 n 次分解可得到第 $n+1$ 级系统模型,直到达到建模目标为止。

4.20.3 技术特点

(1) 建模思想与元模型建模十分相似,但重点需考虑结构的相似性。

(2) 以分形几何学为数学基础,分形几何图形具有自相似性和递归性,尤其适合于计算机迭代生成。

(3) 分形中的复杂性可用分数维 D 来描述,对于复杂的分形,一般必须采用多种维数来描述。其多种维数的定义形式为

$$D_q = \lim_{r \to 0} \frac{1}{q-1} \frac{\ln \sum_{i=1}^{N} P_i^q}{\ln r} \tag{4.181}$$

式中,D_q——q 次信息维,统一地表示无穷多种维数;

$\quad q$——D_q 依赖的一个参数;

$\quad P_i$——覆盖概率,表示当用边长为 r 的小盒子去覆盖某种分形时,分形中的一个点落入第 i 个小盒子的概率。

(4) 分形建模具有很好的普适性,被广泛用于地球科学中的海岸线与河流的分形、地震分形、矿藏分形、降雨量分维等;生物学中的生物体分形、蛋白质分形等;物理学中的结构分形、表面分形;化学中的高分子分形;材料科学中的材料裂纹分形、多度域分形;信息科学中的图像分形;经济学中的经济系统分形、经济收入分配和分维、金融市场价格的分维、语言学中的词频分布分形、情报学中的负幂律统计分形等。可见,分形及其建模是一个具有普遍意义的概念,自然界和人类社会都存在着分形问题。广义上讲,它包括自然分形、时间分形、社会分形和思维分形四大类,以及它们的更详分类,如自然分形就包括功能分形、信息分形、能量分形和几何分形。

4.20.4 典型应用

例 4.42 有限扩散凝聚(DLA)模型及其修改的 KCA 模型。

自然界中广泛存在具有分形特征的凝聚现象,如悬浮在气体中的固体颗粒或液体颗粒的凝聚;生产制备薄膜材料的凝聚成模过程;溶液中金属离子在电极上的电沉积过程等。针对模拟这些凝聚现象,1981 年美国威特恩和桑德尔建立了一种有限扩散凝聚模型,简称 DLA 模型。

DLA 模型是基于分形理论的有限扩散凝聚过程模型,其基本思想是,在 $d=2$ 维的欧氏空间中取一个正方形,将它分成若干个相同的小方格,形成方形点阵。在方形点阵中央置一静止的粒子作为种子,然后在与种子粒子较远处,随机地产生另一粒子并在点阵中随机地行走,当与种子粒子相遇时,它们就粘在一起形成凝聚

态。当粒子走到点阵边时,被边界吸收而将它剔除。按周期性边界条件,使它从另一边进入方阵继续随机行走。如此循环下去,最终形成自中心向周围伸长的大大小小的分支,且具有自相似的特征。

该模型可用以预测某些实际随机凝聚过程的生长速率与时间的关系,以及它们的机制和输送性质,并用于缩聚反应凝胶化、生物分子的凝聚性质和电解质放电击穿等方面。

为扩展应用范围,描述复杂的凝聚现象,米金对上述 DLA 模型进行了修改。修改的主要方面包括:在正方形点阵中放入大量粒子,并让所有粒子同时单独地无规则随机行走,两粒子相遇后形成集团并做随机运动。集团与粒子或集团相遇后结合生成更大的集团。如此不断下去,便形成十分复杂的分形结构,就是 KCA 模型。

研究表明,该模型可以有效地描述自然界中许多更复杂的凝聚现象,如墙角上的尘絮和河口处的淤泥等。

例 4.43　CIMS 系统功能模型。

这是一个基于系统功能分形的大型离散制造企业决策与支持管理模型,已在上海锅炉厂等企业得到成功应用。该模型的第一～四级功能模型结构分别如图 4.59(a)～(d)所示。

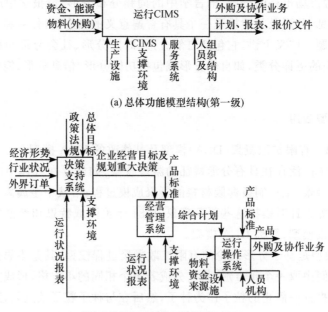

(a) 总体功能模型结构(第一级)

(b) 系统整体运行功能模型结构(第二级)

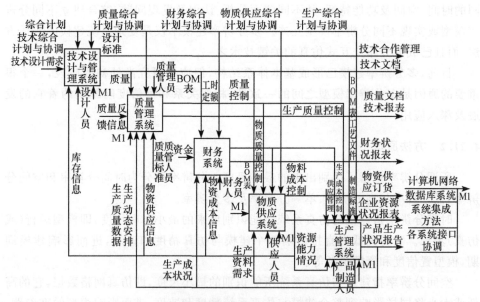

(c) 运行操作功能模型结构(第三级)

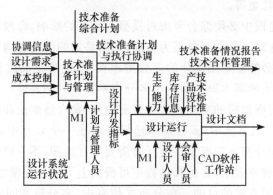

(d) 设计与管理功能模型结构图

图 4.59　CIMS 系统功能模型结构图

4.21　多分辨率建模方法与技术

4.21.1　引言

　　分辨率建模(multi-resolution modeling, MRM)又称混合分辨率建模或多粒度建模,是当前系统建模与仿真领域内的研究热点之一,也是复杂系统的重要普适建模方法与技术。

　　所谓多分辨率建模是指针对复杂系统(或过程)的多层次结构和各层次具有不

同的时间、空间及功能特征,从不同侧面分析、认识及发现问题,综合建立不同分辨率模型或实现不同分辨率模型互连。多分辨率建模不仅是复杂系统建模的普适方法,而且已成为分布交互式仿真的关键技术之一。

目前,多分辨率建模已形成基本体系结构,但应用研究尚处初级阶段,一个很重要的原因是多分辨率模型之间的一致性、相似关系和可信度问题制约着它的发展及深入应用。

4.21.2 方法原理

所谓分辨率是指可识别出来的最小尺度。分辨率可分为时间分辨率和空间分辨率、低分辨率与高分辨率、单一分辨率及多分辨率。

时间分辨率指建模与仿真系统所能识别出来的最小时间尺度,即模型运行(或仿真)步长。它的高低将直接影响整个建模与仿真精度和速度,进而影响建模周期,模型置信度和资源消耗等。

空间分辨率指建模与仿真系统所能识别的最小尺度,即仿真网格数据,它的高低或大小将同样影响到整个建模与仿真系统精度和速度,进而影响模型的准确性、可信性和资源消耗量等。

综上所述,建模中必须综合考虑对模型与仿真的影响,合理设置其时间分辨率和空间分辨率,这对于复杂系统更为重要,原因是它的多层结构具有不同的时间与空间特征决定了必然要采用优化的多分辨率模型,以满足高质量的仿真需求。这就是复杂系统建模的基本思想和应用多分辨率技术的必要性。

目前,多分辨率建模的实现方法主要有两种:聚合解聚法和视点选择法。在基于 HLA 的复杂仿真系统中,多分辨率建模是指在一个联邦中各仿真模型不在同一分辨率上,不同分辨率的模型在交互时需要交互处理,不一致性问题存在同一真实对象的不同分辨率表示,在仿真过程中可根据上下文改变模型的分辨率,以达到提高仿真效率和逼真度的目的。在分布式仿真中,多分辨率问题被等价地看作是聚合解聚问题。在此,聚合与解聚是多分辨率建模中常用的方法,它们分别是从高(低)分辨率模型向低(高)分辨率模型转换的过程。同时,经常需要建立同一实体的不同分辨率的并发表示,即不同分辨率模型,在仿真中视需要选用适当的模型,并考虑不同分辨率下模型之间的一致性和并发交互的处理。

4.21.3 技术特点

(1)多分辨率建模的基本思想是一种模型优化思想,其目的在于通过模型在时间分辨率和空间分辨率上的优化,达到提高仿真效率和质量。

(2)复杂系统的多层次结构和在各层次上的不同时间和空间数据特征产生了应用多分辨率建模的必然性和普适性。

（3）综合考虑对建模与仿真的影响，合理的选取（设置）时间分辨率和空间分辨率是多分辨率建模的关键。

（4）多分辨率模型之间的一致性、相似关系及可信度问题，是当前多分辨率建模研究的主要方向，尤其是在基于 HLA 的复杂仿真系统中。

4.21.4　典型应用

例 4.44　基于可信度的卫星多分辨率建模与仿真（郭佳子，2006）。

卫星系统建模主要包括轨道建模和功能建模两大部分。时间分辨率和空间分辨率不仅影响轨道模型的状态空间，而且影响功能模型的实现。因此，必须针对该系统的特点采用多分辨率建模方法与技术。

（1）在轨道建模中，通过对时间分辨率与模型可信度关系如下分析可知，必须设置特定的时间分辨率：

设 R 为卫星覆盖半径，r 为目标半径，则卫星能覆盖到的目标区域为 $R+r$。当步长为 Δt 时，设卫星星下点每个步长运动的距离为 step，则卫星平均每个步长的覆盖区面积为 $S_1 \bigcup S_2$，而实际情况下应该覆盖的面积为 $2\text{step}(R+r)$（见图 4.60）。

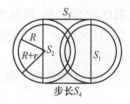

图 4.60　特定步长
覆盖示意图

若认为目标在覆盖区域内任意位置出现的概率相等，则当步长为 Δt 时，卫星对目标的覆盖概率 P_t 与理想情况下的覆盖概率 P 之间的关系为

$$\frac{P_t}{P} = \frac{S_1 \bigcup S_2}{2\text{step}(R+r)} \tag{4.182}$$

式中

$$S_1 \bigcup S_2 = \begin{cases} \pi(R+r)^2, & \text{step} \geqslant 2(R+r) \\ \pi(R+r)^2 - 2R^2\arccos\left[\dfrac{\text{step}}{2(R+r)}\right] + 0.5\text{step}\sqrt{4(R+r)^2 - \text{step}^2} \\ 2(R+r) > \text{step} \geqslant 0 \end{cases} \tag{4.183}$$

假定卫星轨道为圆轨道，其轨道高度为 h，地球半径为 R_e，则

$$\text{step} = \Delta t R_e \sqrt{\frac{\mu}{(R_e+h)^3}} \tag{4.184}$$

若 $h=1000\text{km}$，$R+r=100\text{km}$，目标等效体积半径为 100m，且当定义 P_t/P 为卫星功能模型的可信度时，则由式（4.182）～（4.184）得到如图 4.61 所示的时间分辨率-模型可信度关系曲线。

由图可知，当时间分辨率取 30s 时，功能模型可信度约 80%；而取 60s 时，将下

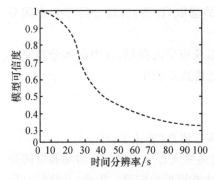

图 4.61　时间分辨率-模型置信度关系图

降至 40% 左右。显然,当系统的时间分辨率高时,卫星功能模型的可信度就高;反之亦然。因此在设置时间分辨率时,要综合考虑时间分辨率对卫星模型的影响。

当仿真系统中有多颗卫星 $S_i(i=1, 2,\cdots,n)$ 时,若根据给定的可信度下限,设第 i 颗卫星在给定的可信度约束下对应的时间分辨率为 T_i,则设定的时间分辨率应为 $\min(T_i)(i=1,2,\cdots,n)$,方可满足仿真系统对模型可信度的要求。

(2) 在对卫星簇进行空间系统建模时,通过从空间分辨率角度分析知,宜采用低分辨率模型。以三星无源卫星簇为例,且假定:①忽略目标对卫星簇的方位角对 HDOP 的影响,即认为对于特定构型的卫星簇,HDOP 仅与目标与之距离有关(此处,HDOP——几何精度衰减因子);②HDOP 与卫星簇与目标的距离之间服从分段线性关系。

在这种条件下得到的低分辨率模型为

$$\text{HDOP} = K \cdot D + b \tag{4.185}$$

式中,D——目标至卫星簇的距离;

$K \cdot D$——卫星簇几何构型因素,与卫星簇的构型形状有关。

仿真结果表明,采用该低分辨率模型,在设定的初始条件(卫星簇轨道高度为 10001km,卫星簇最小工作仰角 $20°$,目标对卫星簇的方位角为 $30°$;三条基线长度为 150km、150km、100km)下,该低分辨率模型可有效地降低仿真时的计算复杂度,提高仿真效率,并具有 90% 的可信度。

例 4.45　基于多分辨率地形格网数据优化与多分辨率三维地形动态构模。

文献(吕品等,2006;刘建永等,2004)分别提供了基于多分辨率地形格网数据优化和多分辨率地形动态构模实例,对多分辨率建模方法与技术的应用有一定的参考价值。

1) 基于多分辨率地形格网数据的多观察点设置的优化问题

(1) 为了获得高精度的多分辨率地形数据,选取了六种不同地形特征,原始分辨率为 2m/格点,地形数据采样点数为 1024×1024 的地形作为仿真测试样本,其样本统计特征如表 4.19 所示。

表 4.19　测试样本统计特征

	min	max	diff	mean	SD
样本 1	693.1	754.2	61.1	712.2	84.28
样本 2	939.3	2531.5	1592.2	1731.2	250.34

续表

	min	max	diff	mean	SD
样本 3	1197.6	2452.1	1254.5	1636.8	470.6
样本 4	250.0	461.3	211.3	364.4	1272.6
样本 5	2153.5	2570.1	416.6	2372.7	2030.2
样本 6	930.4	2481.7	1551.3	2023.6	3677.1

(2) 分析地形格网数据分辨率对多观察点设置的影响,其做法为:①在原始分辨率地形数据上应用模拟退火算法(SA),得到最高分辨率数据上的最优观察点设置的联合视域覆盖率和耗时;②在不同分辨率地形数据上分别应用模拟退火算法,获得相应的最优观察点位置;③将步骤②得到的最优观察点组合通过双线性内插法找到最高分辨率地形中的对应点,计算这些点的联合视域覆盖率和②、③两步的共耗器;④对同一块地形在不同分辨率数据基础上重复进行步骤②、③10 次,得到基于不同分辨率数据地形的平均联合视域覆盖率和平均耗时,其结果和步骤①中得到的结果相比较,于是可获得问题的影响关系。分析结果表明,在设计基于多分辨率地形数据的处理方法时,应在仿真准确度与耗时之间进行充分平衡(或折中)。

(3) 优化方法描述:为了做到在上述仿真准确度与耗时之间的平衡,设计基于多分辨率格网数据观测点问题的处理过程为:①针对给定地形,使用双线性插值方法得到不同分辨率的地形数据。②对于给定观察点个数,基于最低分辨率的地形数据使用模拟退火算法得到在该分辨率数据上的最优观察点集合。③以步骤②得到的一组最优观察点为初始值,采用双线性插值法找到其对应的高一级分辨率地形数据的对应位置。重复使用模拟退火算法在上述得到的初始值基础上计算在这一分辨率数据上的最优观察点集合。④重复执行步骤③最终得到原始分辨率地形数据上的最优观测点集合。

(4) 仿真试验与分析:使用上述 MRP 方法,针对 6 个地形样本数据,设置不同的观察点个数进行仿真试验,并与在原始分辨率数据上单纯使用模拟退火算法进行比较。结果表明,基于多分辨率处理(MRP)和模拟退火算法相结合的方法解决观察点设置问题,在确保仿真准确性下,比单纯使用模拟退火算法在耗时上节省 50%～60%。

(5) 结论:提出的基于多分辨率格网数据优化方法,对于解决地形观察点设置问题是十分有效的。

2) 多分辨率三维地形动态构模

多分辨率地形模型动态构模是指在对地形可视化浏览过程中,根据当前地形和视点状态信息,使用不同地面地形表示和不同的分辨率进行可视化,并实时调整用于可视化的地形表示。

三维地形模型的基础是数字高程模型(DEM),DEM 有两种主要形式:规则格网模型(RSG)和不规则三角网模型(TIN)。TIN 模型在地形表达、可视化尤其是可变分辨率方面具有显著优势,故而作为本例研究对象。

多分辨率地形模型动态构模的关键是构建地形层次三角网(HTIN),并利用包含三叉树子节点的四叉树管理 HTIN,优化 HTIN 的形状,以提高三维地形仿真逼真度和效率。多分辨率模型动态构模中,包括:①视野范围确定;②视野区内 HTIN 的构建;③地形渲染分辨率的优化;④仿真试验与分析。结果表明,从视觉规律出发,基于视点位置和视线方向对仅基于地形自身复杂程度的多分辨率地形模型进行优化,不仅增强了模型自身表达能力和视觉表达效果,而且提高了地形场景的绘制速度,满足了某战场环境仿真中实时交互的要求。有关具体技术细节可参阅文献(刘建永等,2004)。

例 4.46 基于 HLA 的多分辨率建模框架设计与实现。

基于 HLA 的多分辨率建模支撑框架(MRMF/HLA)的设计与实现,不仅可以在 HLA 中帮助人们快速、规范地进行多分辨率联邦的开发,而且为在 RTI 基础上定义和实现某些扩展的公共服务提供借鉴方法。

1) 设计思想

(1) MRMF/HLA 的设计目标。

① 提供具有多分辨率建模能力的成员设计框架和标准的多分辨率模型实现模式;

② 实现多分辨率建模的公共底层功能,使系统具有一定的通用性、易用性、可扩展性和可重用性;

③ 支持不同分辨率模型运行模式;

④ 支持不同的多分解率对象分布模式。

篇幅有限,这里仅讨论①、②的设计与实现。

(2) MRMF/HLA 框架及设计原理。

图 4.62(a)、(b)分别给出了 MRMF/HLA 的框架及设计原理。

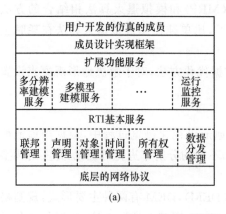
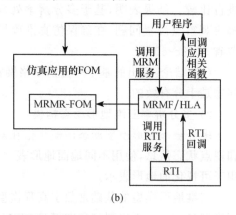

(a)　　　　　　　　　　　　　　　(b)

图 4.62　MRMF/HLA 的框架及设计原理

2) MRMR-FOM 的设计

为了利用 RTI 所提供的服务来实现 MRM,必须对用于多分辨率建模的标准文件 MRMR-FOM 进行设计。MRMR-FOM 主要由交互组成,包括聚合交互、解聚交互、聚合请求交互、解聚请求交互、不同分辨率对象间交互及聚合解聚应答服务等。表 4.20 和表 4.21 分别给出了 MRMR-FOM 的交互表和参数表。

表 4.20　MRMR-FOM 交互表及其说明

交互 1	交互 2	说　明
MRM 交互(IR)	聚合(IR)	聚合交互,由高分辨率对象向低分辨率对象发出
	聚合通知(IR)	聚合应答交互,由低分辨率实体完成聚合后发出
	解聚(IR)	解聚交互,由低分辨率对象向高分辨率对象发出
	解聚通知(IR)	聚合应答交互,由高分辨率实体完成解聚后发出
	请求建立高分辨率对象(IR)	请求建立高分辨率对象,由聚合级实体发出
	对象分辨率通知(IR)	建立不同分辨率的对象之间的联系
	请求聚合(IR)	第三方请求高分辨率对象聚合
	请求解聚(IR)	第三方请求低分辨率对象解聚

表 4.21　MRMR-FOM 参数表及其说明

交　互	参　数	数据类型	基　数
聚合	低分辨率对象	无符号单位	1
	高分辨率对象	无符号单位	1+
	聚合模态	可数数	1
	聚合参数	字符串	1
解聚	高分辨率对象	无符号单位	1+
	低分辨率对象	无符号单位	1
	解聚模态	可数数	1
	解聚参数	字符串	1

3)主要类设计

MRMF/HLA 框架主要包括两个类:MRMBase 类和 MRMServer 类。前者为多分辨率建模的功能类,后者是多分辨率建模服务的实现类。

MRMBase 类的 UML 描述如图 4.63(a)所示,而 MRMServer 类的 UML 描述如图 4.63(b)所示。

4) 主要过程的实现

MRM 主要过程的实现为:MRMServer 的初始化工作(包括设置 RTI 代理、对象分布模式、FED 句柄值)→多分辨率对象注册过程→建立不同分辨率对象之间的联系→聚合解聚过程。详细情况可参阅文献(刘宝宏,2004)。

<table>
<tr><td>

CMRMBase

m-HigherResObNum
m-HigherResObjList
m-HigherResObjList
m-ObjectHandle
m-ClassHandle
m-HigherResClassHandle
m-LowerResClassHandle
m-RuningMode
m-ResLevel

CMRMBase()
~CMRMBase()
InitAsLowResObj()
InitAsHighResObj()
NeedDisaggregate()
NeedAggregate()
Update()
ProcessConcurrentInteraction()
ProcessConsistencyMaintain()
ProcessParallelObjs()
ProcessObjRelationWithHRE()
ProcessObjRelationWithLRE()
ProcessDisaggRequirement()
ProcessAggRequirement()
ProcessDisagg()
ProcessAgg()

</td><td>

CMRMServer

m-LocaHighObjList
m-LocaLowObjList
m-RemoteMRMObjList
m-ObjDISMode

CMRMServer()
~CMRMServer()
InitMRMServer()
reflectAttributeValues()
receiveInteraction()
discoverObjectInstance()
CreateObject()
RegisterLowResObject()
RegisterHighResObject()
RcvDisaggregateRequire()
RvcAggregateRequire()
DisaggregateRequire()
AggregateRequire()
RcvDisaggInteraction()
RcvAggInteraction()
Aggregate()
Disaggregate()
RcvObjRelationNotify()
NotifyObjectRelation()
RcvRequireHRECreation()
RequireHRECreation()

</td></tr>
<tr><td>（a）MRMBase 类</td><td>（b）MRMServer 类</td></tr>
</table>

图 4.63　主要类的 UML 描述

4.22　面向对象建模方法与技术

4.22.1　引言

　　面向对象的方法学认为,宏观世界由各种对象所组成,任何事物都是对象,每个对象都有自己的运行规律和内部状态。通过类比,具有相同特征和功能的对象形成"对象类",每个对象就是该"对象类"的一个实例。据此,不同对象的组合及相互作用就构成了所研究的复杂系统。于是,面向对象的问题求解可表示为:问题求解＝模型＋对象＋消息响应。

　　这种面向对象的问题求解操作将通过对象发送消息以及消息的接收、传递和处理来实现。

对象、类是面向对象方法的核心,而消息是连接它们的纽带。其中,对象是对一组信息及其上的操作描述;类是具有相同或相似属性和行为的一组对象的共同描述;消息集合是对象之间交互服从的协议。

从模型论观点看,上述问题求解可描述为:问题求解＝模型＋过程＋调用,即把问题求解看作是一个构造宏观世界模型及构造该模型的过程。可见,构模是面向对象方法与模型论在求解问题时的共同点,且基于面向对象方法的模型是按人们通常的思维方式建立的,其形式更易于理解,并能够使人在一个具有实际含义的层次上观察模型的行为。因此,面向对象技术在复杂系统特别是离散事件系统建模中获得了成功应用,但至今仍有一定的局限性。例如,面向对象方法的对象模型图远不如结构图和数据流图简单。

4.22.2　方法原理

基于面向对象技术的建模方法的主要思想和原理大体有三个方面:

(1) 面向对象方法支持 3 种基本活动:识别对象种类、描述对象种类之间的关系,以及通过描述每个类的功能定义对象行为,从而为面向对象建模奠定了理论与方法基础。

(2) 面向对象建模与连续系统的模块化建模方法一样,是通过定义对象类(即模型块)使得建模过程变得自然、直观,从而缩小了物理模型与计算机模型之间的间隙,即模块化建模可视为一种广义的面向对象方法。为了建立系统模型,可将一个复杂系统划分成许多定义模块,每个定义模块又可划分为若干个子模型,直到不能再(或不必)分为止,最基本的子模型称为基本模型。这样,面向对象建模就变成定义组或某一个系统的各种基本模型,然后利用面向对象的集成和协调技术将它们组成拼合模型;若干个下层模型块又可合成上层模型块,直到形成整个系统。

(3) 在面向对象技术发展背景下,出现了一种面向对象的统一建模语言(UML)和 Rational Rose 软件。它融合了多种优秀的面向对象建模方法和软件工程方法,为面向对象计算机建模创造了优越的软件环境,并为具体复杂系统建模与仿真软件的开发提供了良好条件,成为面向对象技术领域占主导地位的建模语言。

4.22.3　技术特点

(1) 本质上类似于连续系统建模过程中的模块化思想,即模块化建模可视为一种广义的面向对象的方法,是通过定义对象类(或模型块)使建模过程变得直观、自然,从而缩小了物理模型与计算机模型之间的间隙,提高了建模效率。

(2) 离散事件系统尤其是制造系统和大型武器系统的建模是面向对象方法最适合的应用领域之一。

(3) 面向对象是围绕着对象、类、消息、继承性、多态性、封装性和动态编联等为中心展开的。其中对象、类是核心,消息是连接它们的纽带,继承性是独特贡献,而多态性和动态编联使这一方法更加完美。

在此,继承性有两个技术含义:其一是指类层次中子类自动继承全部父类的特性;其二是指同一对象类的实例对象共享所属类的特征。封装是一种隐蔽技术,封装目的在于将对象使用者与设计者分开,即把定义模块和实现模块分开。这样一来,既安全、可靠,又便于维护、修改,这也是软件技术追求的目标之一。多态即一个名字具有多种语义,多态性表示同一种东西有多种形态,引用多态表示可以引用多个类的实例。编联就是将一个标识符和一个存储地址联系在一起,这里表示把一条消息和一个对象的方法相结合。编联分为静态编联和动态编联,它们分别是在编译时刻和运行时刻完成的。

(4) 面向对象的软件开发过程,关键是建立一个统一的模型-对象模型,并最终用面向对象的语言来实现。对此,UML 和 Rational Rose 软件是目前最理想的建模环境平台与工具。

4.22.4　典型应用

例 4.47　鱼雷武器系统的面向对象仿真软件设计。

1) 设计方法

采用面向对象分析与设计方法,规则并建立鱼雷武器仿真系统的层次结构模型及主要信息流向关系;采用面向对象程序设计方法,通过对鱼雷武器系统仿真算法类、参数模型类、仿真模型类、试验框架类等类库设计,实现一个开放性的鱼雷武器系统仿真软件体系结构。

2) 系统模型块划分

鱼雷武器系统的顶层模块包括发射载体、鱼雷、目标、作战环境、试验分析和演示系统等六个子模块。每个子模块又可分解出多个子模块,如鱼雷的子模块为总体结构、动力系统、控制系统、导航系统、自导系统、导引系统、引战系统、自噪声、信息管理等。对于鱼雷各个子模块还可以进一步划分,如总体结构子模块还可以分为结构布局子模块与动力学特性子模块等。其他模块划分与之类似。

3) 模块间数据关系

模块间的数据用以描述信息的流动和处理情况。通常用数据流图表示。图 4.64(a)、(b)给出了鱼雷武器系统顶层和鱼雷子模块的数据流图,其他基本类似。

4) 软件总体结构

鱼雷武器系统仿真软件以系统对象为基本模块,其总体结构如图 4.65 所示。

5) 类结构设计

类结构设计主要包括仿真算法类库、参数模型类库、仿真模型类库和试验框架类库的设计。

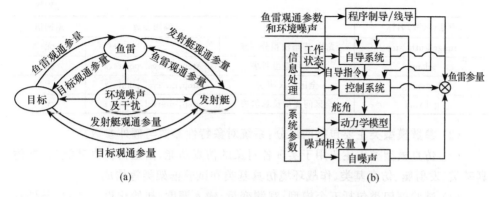

图 4.64 鱼雷武器系统顶层和鱼雷子模块的数据流图

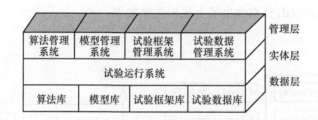

图 4.65 鱼雷武器系统仿真软件总体结构

(1) 仿真算法是一个用于仿真运算的基本类,它汇集了常用的常微分方程数值解法。表 4.22 列出了用于鱼雷武器系统仿真的仿真算法类。

表 4.22 仿真算法类

方法(函数)名称	功能说明	调用参数	返回值
CSimuAlgorBase	构造函数	n,t(0),x(0)	
~CSimuAlgorBase	析构函数		
SetT(0)	设置仿真时间	t(0)	无
SetX(0)	设置系统状态初值	x(0)	无
GetT	设置当前仿真时间	无	ts
Getx	检索当前系统状态	无	xs
Getdx	检索当前系统状态的微分	无	dxs
Function	求状态微分方程	无	无
euler	全区间定步长欧拉法	step,interval,points,z	无
euler-vary	全区间变步长欧拉法	step,interval,points,z	无
witty	全区间定步长维梯法	step,interval,points,z	无
runge-kutta	全区间定步长龙格-库塔法	step,interval,points,z	无
runge-kutta-vary	全区间变步长龙格-库塔法	step,interval,points,z	无

续表

方法（函数）名称	功能说明	调用参数	返回值
runge-kutta-step	龙格-库塔法积分一步	step	无
adams	全区间亚当斯法	step,interval,points,z	无
hamming	全区间汉明法	step,interval,points,z	无
gill-vary	全区间变步长基尔法	step,interval,points,z	无

（2）参数模型类主要包括两部分：系统对象特性参数与额外参数。

（3）仿真模型类库主要用于实现各对象的仿真功能，由鱼雷仿真基类、目标仿真基类、发射艇、仿真基类、作战环境仿真基类和试验框架类等构成。

（4）试验框架类包括五个模型：观测变量、输入调度、初始化设定、终止条件及数据采集与综合说明。试验框架类是在设计仿真试验框架基类基础上扩充得到的。图 4.66(a)～(d)分别给出了上述四类结构图。

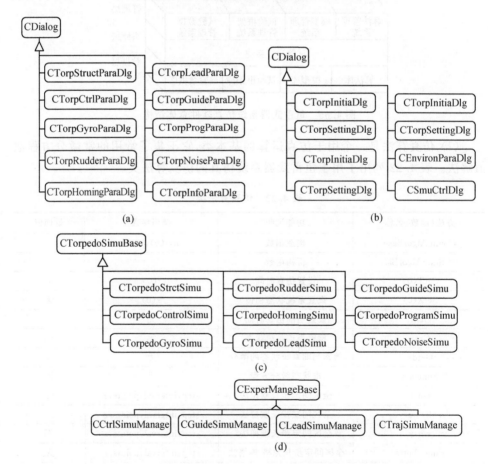

图 4.66　鱼雷参数模型仿真设定、仿真模型和试验框架的类结构图

图 4.67 为所设计的鱼雷武器系统仿真软件总体流程图。

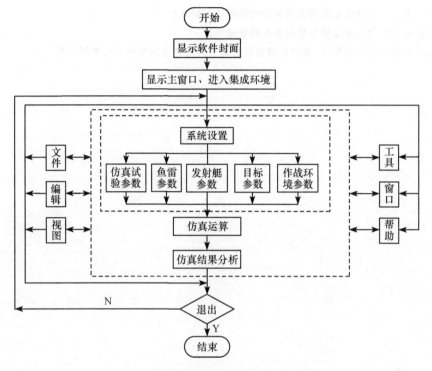

图 4.67　鱼雷武器系统仿真软件总体流程图

思　考　题

1. 试对所讲过的复杂系统建模方法与技术进行归类。

2. 混合建模方法与组合建模方法有何不同？它们的技术特点何在？

3. 从混合建模的角度,讨论灰色神经网络建模方法,并举例说明。

4. 从混合建模的角度,分别讨论模糊推理技术与专家系统及模糊神经网络与遗传算法的融合问题。

5. 分析基于 Multi-Agent 建模与基于自组织理论建模的相似和不同之处。

6. 分析基于云理论建模与基于模糊集论建模的本质区别。

7. 举例说明基于 Petri 网建模方法的主要技术特点和应用范围。

8. 举例说明基于贝叶斯网建模的主要技术特点和应用范围。

9. 试说明 Bootstrap、Bayes 及 Bayes Bootstrap 建模方法的主要区别之处,并给出实例。

10. 能否举出本章定性建模方法以外的另一些定性建模方法,并以实例说明。

11. 说明因果追溯建模方法对于研究系统动力学的重要意义和作用。

12. 举例说明基于元模型的建模过程。

13. 为什么说基于量子神经网络建模是一种很有发展前景的建模方法与技术。

14. 综合集成建模方法的主要思想何在？

15. 对于复杂适应系统应采用何种建模方法与技术？

16. 论述面向对象建模方法与技术的普适性。

17. 在多分辨率建模中，如何合理选取时间分辨率和空间分辨率？举例说明。

第 5 章　复杂系统 M&S 支撑环境及工具

5.1 概　　述

复杂系统 M&S 支撑环境及工具的研究、研制、开发及应用对于复杂仿真系统开发/运行共享资源、提高效率和节省费用、缩短周期具有十分重要的意义。支撑环境及工具包括开发环境、运行环境和工具集等。

随着 M&S 规模的扩大和应用领域的拓展,对模型的一致权威描述、模型的标准件化、重用性、互操作性、可扩展性及网络支持等成为 M&S 支撑环境与工具研究和开发的关键与热点。顺应这种潮流和趋势,近年来相继出现一系列优秀的通用的或专业的 M&S 支撑环境与工具,如 UML/Rational Rose、ABM/Swarm、OpenGL/Vega、 MultiGen/Creator、 MATLAB/Simulink、 ADMS、 STAGE/STRIVE、HLA/RIT 等。它们获得了广泛应用和实践考验,并产生了举世瞩目的效益及成果,应予以推崇。除此,本章还列举了许多不同专业领域的其他 M&S 支撑环境及工具,可供选择使用。

5.2 UML/Rational Rose

5.2.1 引言

UML 是统一建模语言的简称,是面向对象技术发展和软件系统描述标准化、可视化、文档化的产物,由 Booch 和 Rumbaugh 于 1995 年首先推出。

UML 不同于传统的程序设计语言,而是一种可视化的统一建模语言标准,用以从不同角度描述模型,通过模型来表征系统的结构和静、动态特性,且可以作为系统测试阶段的依据。

UML 最突出的特点与功能是,适用于以面向对象技术来描述任何类型的系统特别是复杂离散事件系统和软件密集的系统,而且适用于系统开发的不同阶段,直至系统完成后的测试和维护。

Rational Rose 是目前最好的基于 UML CASE 工具,是用 UML 快速开发应用程序的工具之一,它支持各种图,如 Use Case、Sequence、Collaboration、State Chart、Component Deployment 等;可视化建模是该软件的特点之一;它通过正向和逆向转出工程代码特性,可以支持 C++、Java、Visual Basic 和 Oracle 8 的代码正向产生和逆向转出工程代码等。

5.2.2　UML/Rational Rose 简介

UML 是一种用以详细描述系统的可视化语言,实际上只是在词汇表中出现的一组图形符号,有三种构造块,即事物、关系和图。

事物是提取系统模型中最具代表的成分抽象而成,被分为 4 种:结构事物、行为事物、分组事物和注释事物。结构事物主要描述概念或物理元素,表示系统模型中的静态部分。基本结构事物有 7 种,这就是类、接口、协作、用况、主动类、构件及节点;行为事物是系统模型中的动态部分,主要有两种,即交互和状态机制;分组事物是由系统模型分解成的组织结构,其中最主要的是包,包是把模型元素分解成组的机制;注释事物用以描述说明、解释和标准模型内的任何元素。最主要的注释事物是注解,它是依附于一个元素或一组元素之上并对其进行解释或约束的简单符号。

关系指把系统中的事物结合在一起。UML 有四种基本关系:依赖、关联、泛化和实现。其中泛化关系是指从特殊到一般的关系,实现这种关系是类元之间的语义关系;图系指把相关事物聚集在一起。UML 中的图是从不同视角观察的系统画图,称之为 UML 视图。UML 最常用的图有 10 种:类图、对象图、用况图、交互图、状态图、活动图、构件图、实施图、用例图和逻辑图。除此,还有并发图、展开图、序列图、协作图、配置图等。

UML 中贯穿始终且一直应用的公共机制亦非常重要,它包括通用机制(注释、修饰、通用划分)和扩展机制(版型、加标签、约束等)。

Rational Rose 属于一种高端建模分析软件,其功能非常强大,主要包括:①生成代码;②逆向转出工程代码,其目的在于显示出现有系统的组织与结构,收集元素信息(类、属性、操作、关系、包、组件等),并利用这些信息生成或更新对象模型;③进行可视化建模,将模型中的信息用标准图形元素直观地显示,使建模及研究人员对模型的重要信息与交互一目了然。

5.2.3　应用实例

例 5.1　复杂钢结构天窗的吊装过程 M&S。

利用 UML 对该复杂工程系统进行描述,并依次建立仿真系统实施仿真。其总体方案如图 5.1 所示。

其中的天窗安装部分(如东天窗)用例图如图 5.2 所示。协作图如图 5.3 所示。顺序图如图 5.4 所示。

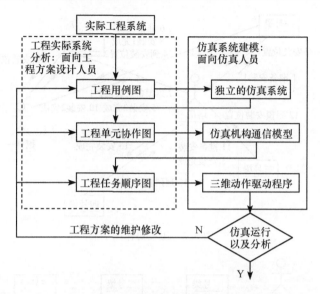

图 5.1 基于 UML 的复杂钢结构天窗吊装过程的 M&S 总体方案

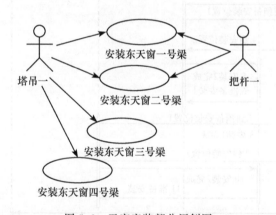

图 5.2 天窗安装部分用例图

M&S 和实际施工结果表明,通过 UML M&S 得到了一个可行的工程实现方案,对实际工程起到了指导性作用,减少了误差,提高了施工效率。

例 5.2 DEVS 规范与 UML 相结合的 C⁴ISR 系统建模。

(1)问题提出。

离散事件仿真 DEVS 规范为复杂离散事件系统 M&S 提供了可参照的标准,从而保证了模型的规范性、重用性和仿真互操作能力。但由于它缺乏图形化描述形式,且本身不具有可执行与行为验证能力,而增加了基于 DEVS 规范 M&S 的难度。UML 正好可以弥补这种缺陷,故产生了 DEVS 规范与 UML 建模方法相结合的思想。

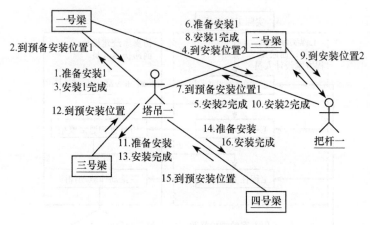

图 5.3　工程协作图

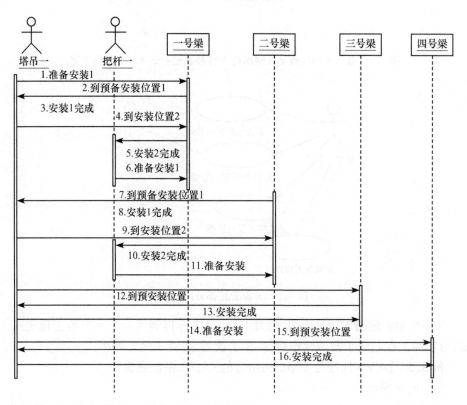

图 5.4　工程顺序图

（2）方法及原理。

为了将 DEVS 抽象化描述与 UML 可视化方式相结合，构成一个通过计算机处理的 M&S 系统，文献（王宏生，2006）提出了一个将 DEVS 原子模型与复合模型分别向 UML 状态图和组件图映射的方法,并在 C⁴ISR 系统总体方案规范化建模中得到了成功应用。

由 DEVS 规范可知,DEVS 原子模型 M_a 可描述为一个九元组

$$M_a = \{IP, OP, X, \Sigma, Y, \delta_{int}, \delta_{ext}, \lambda, t_a\} \tag{5.1}$$

式中,IP、OP——输入和输出端口集;

　　Σ——状态 $\{\sigma_i\}$ 的集合;

　　X, Y——输入,输出事件集;

　　δ_{int}——$\Sigma \rightarrow \Sigma$ 是内部的转移函数;

　　δ_{ext}——$(\Sigma \times R \times IP) \rightarrow \Sigma$ 外部转移函数;

　　λ——$\Sigma \rightarrow Y$ 是输出函数;

　　t_a——$\Sigma \rightarrow R$ 是时间推进函数。

DEVS 原子模型的语义可描述为:系统处于状态 σ_i 并持续 $t_a(\sigma_i)$ 时间,直到时间结束事件到达时发生改变,或在一个外部事件到达时发生改变。当外部事件 X_j 到达时,系统从当前状态转移到 $\delta_{ext}(\sigma_i, e_i, X_j)$(这里,$e_i$——状态 σ_i 已流逝的时间);当时间结束事件到达时,系统从当前状态转移到 $\delta_{int}(\sigma_i)$ 并生成一个类型为 $\lambda(\sigma_i)$ 的事件。

UML 状态图如图 5.5 所示,是具有历史的有限状态自动机的可视化描述。

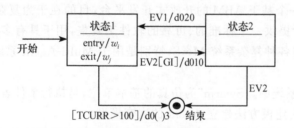

图 5.5　UML 状态图

UML 状态图可用五元组来表示,即

$$SD = \{S, S^{\cdot}, S^{\odot}, P, T\} \tag{5.2}$$

式中,S——有限状态集,$S = \{S_i = G_i, w_i, q_i\}$;

　　$S^{\cdot}$——初始状态集,$S^{\cdot} = \{S_i \in S\}$;

　　$S^{\odot}$——最终状态集,$S^{\odot} = \{S_i \in S\}$,这里假设一般情况下 $S^{\odot} = \varnothing$;

　　P——离散事件集,$P = \{P_i\}$;

　　T——转移集合,$T = \{s_{bi}, s_{ei}, p_i, g_i, a_i \mid s_{bi}, s_{ei} \in S, p_i \in P, g_i(x):\text{range}(x) \rightarrow (\text{True}, \text{False}), a_i(y):\text{any} \rightarrow \text{None}\}$。

在此基础上,分别建立 DEVS 原子模型的状态集、输入-输出端口、转移和输出事件与 UML 状态图中的状态、事件、转移和输出事件之间相应映射与转换,其

过程与结果可参阅文献(王宏生,2006)。至于 DEVS 复合模型与 UML 组件图的映射较为简单,因为两者具有相似的结构,所以只需要将 DEVS 复合模型中的组件、端口与连接器分别映射到 UML 组件图即可。

(3) 结论。

通过基于 DEVS 规范与 UML 多视图相结合的 C⁴ISR 系统建模,提高了 C⁴ISR 系统与设计的规范化,实现了 C⁴ISR 系统规范化 M&S 过程的无缝集成。

5.3 ABM/Swarm

5.3.1 引言

Agent 是复杂系统研究和 M&S 的重要手段,基于 Agent 的建模(ABM)方法及其开发工具 Swarm 早就受到了普遍推崇和采用。

对于 ABM 的方法原理、技术特点和典型应用已在上章里讨论过,这里不再赘述。本节只就 Swarm 平台作一说明。

5.3.2 Swarm 平台简介

1. 基本思想和方法

Swarm 是一个基于 ABM 的开放式开发平台,目的在于为复杂系统研究人员和 M&S 工作者提供一个标准的、可靠的软件工具集,用于具有多层次、高度分散体系结构特征的各种复杂系统 M&S,特别是用于 Multi-Agent 系统的设计、实现、运行和分析。

在 Swarm 系统中,"Swarm"为仿真的基本单位,是执行事件表的 Agent 集合,Swarm 采用层次建模方法建立 Agent 的嵌套模型。

Swarm 平台的基本思想来自于人工生命复杂适应系统的基本特征:分散的、相对自治的实体之间及与动态环境间相互交互,没有一个指挥这些个体行为的中央机构,而每个个体均根据对环境的适应来决定本身的行为、内部状态及与其他个体和环境的通信。根据这种思想,Swarm 把一个个体(包括它的部件和时间表)封装起来,一个"Swarm"代表一个个体的集合和它们的行为时间表,并在模块化和组件化思想下形成一个为动态建模所需要的复杂嵌套式 Swarm 层次结构。该结构以 Agent 为基础,从底层向上层组装形成整个系统的模型(见图 5.6)。

总之,Swarm 是基于 CAS 理论开发的多主体(agent)软件工具集。它采用基于 Agent、自下而上面向对象的建模方法,通过直接模拟组成复杂系统的观微主体行动,以及主体与主体和主体与环境之间的相互作用,研究宏观系统的整个行为,以达到对复杂适应系统 M&S 试验研究的目的。目前被广泛应用于社会、经济、军事、生态等领域的研究。

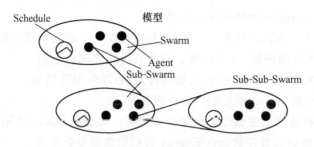

图 5.6　Swarm 的嵌套式层次结构

2. 体系结构

Swarm 系统的基本组成为个体、时间表、程序库及 Java 接口等。

个体定义了 Swarm 系统中的基本对象。一个典型的个体是一个包括一系列规则、反映和刺激的模型，Agent 和 Swarm 本身都可以作为一个个体。

时间表规定了这些对象独立事件发生的流程，不同 Swarm 的时间表的执行是并行的，它体现了复杂系统中并发性的特点。

程序库大部分是用 Objective C 语言编写的类库，这些类库组成了 Swarm 开发工具，包括内存管理、提供 Activity 类库、Agent 信息提取、探测器与对象的实时通信、提供 GUI 图形化用户界面等。Java 是 Swarm 的重点支持编程语言，Java 接口可直接调用 Swarm 内核中的功能。

5.3.3　应用实例

例 5.3　基于 Swarm 的数字生命 M&S。

（1）问题提出。

数字生命概念是托马斯·雷于 1990 年提出的。在此，数字生命世界 Tierra 是用数字计算机系统资源为人工生命提供了一个生存环境，以数字为载体来探索生命进化过程中出现的各种现象、规律及复杂系统的突现行为。

这里，将借助 Swarm 平台构建两种异类数字生命及共同生存的环境，模拟自然界生命体最基础的繁殖、歼灭等生命现象，通过可视化窗口观察生命个体及群体的交互行为，得到结果的不可测性和突现性。

（2）建立系统模型。

采用基于 Agent 建模方法，定义两种异类数字生命 Agent$_1$ 和 Agent$_2$，使它们具有自然界生命体的最基本特征，如同种生命的繁殖，异种生命的吞并、逃逸等，通过 Swarm 平台观察两类生命的发展趋势。在此基础上，从特征、对环境感知和行为三方面设定每个 Agent 类的属性，建立特征模型。其主要属性为：

① 位置,该 Agent 所处空间位置属性;

② 能量,每个 Agent 具备一定能量,其值可在一个设定范围内随机取得;

③ 类型,区分两种异类生命,便于两类 Agent 之间的通信;

④ 颜色,区分显示两种生命,观察其行为、相互作用及结果;

⑤ 空间,两类 Agent 所处的生命环境。

通过设置和获取上述属性的参数和参数值。实现对环境的感知,获取信息,如 Setx 为设置生命的位置参数,get Energy 为获取能量参数值等。

设置基本行为:①$Agent_1$ 相遇同类 $Agent_2$,$Agent_1$ 产生后代,个数增加、能量增加;②$Agent_1$ 相遇异类 $Agent_2$,比较能量大小:若 $Agent_2 > Agent_1$,则 $Agent_1$ 逃逸;$Agent_1 > Agent_2$,则 $Agent_1$ 歼灭 $Agent_2$,吸收其能量;③每个 Agent 移动一格,其能量减一,即 Agent 长期保持不灭敌也不被灭的状态。

设置每类 Agent 的数目后,便建立起多 Agent 的系统模型。

(3) 系统程序实现。

系统程序实现包括定义主体、建立主体、建立模型 Swarm、制定模型 Swarm 的进度表、建立图形化观测 Swarm、建立数据图表等。其关键是建立模型 Swarm。

(4) 仿真结果及分析。

有关具体系统程序实现及仿真结果可详见文献(冯迪砂等,2007)。仿真结果表明,利用 Swarm 平台构建两种异类数字生命及共同生存环境的方法是可行的,对于研究自然界生命繁殖后代、歼灭敌类、自然死亡等生命现象有一定的效果和参考价值,但用于自然生态系统、人类系统等尚需要提高模拟的复杂度。

例 5.4 连续竞价股票市场的 Swarm 模型实现。

(1) 问题描述。

本例是文献(高宝俊等,2006)提供的一个基于 Agent 的连续竞价股票仿真模型的实现方法与过程。

利用 Swarm 实现模型的系统可描述如下:股票市场是连续竞价市场。假设市场中只有一只股票,其数量固定并且不产生股利,现金的利息收入不用于股票投资,故该市场的总现金和股票数量保持不变;市场中有 N 名交易者,每个交易者在初始时被赋予一定的现金 c_i 和一定数量的股票 s_i;交易者分基本分析者和技术分析者两类,买卖决策规则各不相同;交易者可提交市价订单或限价订单进行交易,其订单匹配原则为价格优先和时间优先,在交易者的预算约束条件下,每个订单的交易数量没有限制,但不允许空买空卖,一份订单可以全部执行,也可以部分执行。

(2) Swarm 仿真程序结构。

Swarm 包括三类对象:Model Swarm、Observer Swarm 和 Agent(代理人)。其中 Model Swarm 是核心,它将定义代理人 Agent 的种类、数量及相互间的逻辑关系和行为执行动作序列表。Observer Swarm 的作用是检测模型的运行过程,记录模型运行时各个 Agent 状态变化,并输出图形化结果。应指出,前两类对象建立了 Swarm 仿真程序的框架结构,而后者则是 Swarm 对象的子类。

（3）Swarm 平台下的 Agent 及其交互实现。

Swarm 把 Agent 作为对象来实现单个 Agent 的属性和行为表达,在此使用类来实现某个 Agent,并将一个或多个 Agent 的某些功能抽象出来定义为一个类。

Swarm 通过离散事件仿真来实现 Agent 间的交互,即 Agent 通过在离散的时刻发生的事件来改变自身的状态与模型中的其他 Agent 进行交互（见图 5.7）。动

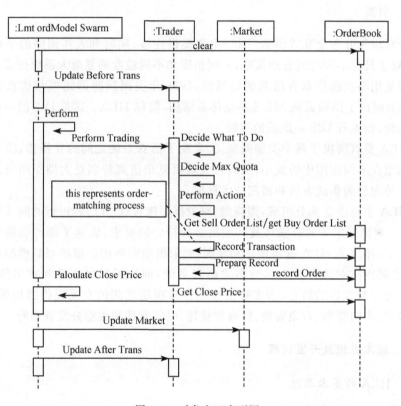

图 5.7　对象交互序列图

OrderBook、Trader、Market、Fundamentalist、Technicist 为 Swarm 主要对象类。其中,Market 为投资交易的市场环境;Fundamentalist 为基本分析者;Technicist 为技术分析者;Trader 为进行交易活动的投资者;OrderBook 为提交市场订单、订单排序、订单匹配及股票价格发现等;Perform Trading,Decide What To Do 为交易者决策规则与方法;Decide Max Quota 为决定每次交易可能交易的最大股票数量;Perform Action 为交易的实际代码;Prepare Order 为交易者根据当前的市场价格和拥有的资源来准备一个限价订单;Record Transaction 为记录一次交易发生时交易价格和股票交割数量;Record Order 为记录一个限价订单;Get Closeprice 为计算获取每一期的收盘价格;Update BeforeTrans 为每期交易之前调用;Update After-Trans 为每期交易之后调用;Buy Order List 为实际订单列表;Sell Order List 为卖出订单列表。

作序列表是 Swarm 仿真模型运行时 Agent 的动作按其发生先后顺序的重复执行的列表,模型运行中可通过 Schedule 对象来执行预先定义的动作序列。

(4) 结论。

基于 Agent 的股票市场的 Swarm 模型是研究复杂金融系统的新手段,本文提供了一定的参考和借鉴。

5.4 HLA/RTI

5.4.1 引言

针对原先分布交互式仿真(DIS)主要提供连续、实时和人在回路的平台级仿真,而对于具有不同时间管理策略、不同精度和不同粒度的复杂大系统仿真不能提供模型重用与互操作联合仿真的局限性,1996 年美国国防部建模与仿真办公室(DMSO)提出了国防系统 M&S 高层体系结构,简称 HLA。这是 DIS 的一种新的体系结构,标志着 DIS 一次质的飞跃。

HLA 重点解决了两个关键问题:①实现了仿真系统之间的互操作;②有利于仿真模型在不同应用中的重用,从而为大规模复杂仿真特别是大型军用仿真应用提供一种理想的集成方法和通用技术框架。

HLA 主要由 3 部分组成,即规则、对象模型模板(OMT)和运行时间支持系统(RTI)。规则规定了所有联邦及其成员必须符合的要求,表达了部件功能划分和逻辑关系,体现了 HLA 基本构思和原则;对象模型模板用以描述对象模型的结构框架,它将面向对象方法引入分布式仿真系统,创造了互操作性和重用性机制;RTI 作为联邦执行的核心,为多种类型的仿真应用之间的交互提供通用服务,如联邦管理、声明管理、对象管理、所有权管理、时间管理和数据分发管理等。

5.4.2 基本思想及开发过程

1. HLA 的基本思想

HLA 的基本思想之一是使用面向对象方法与技术设计、开发和实现系统的对象模型,以获得仿真联邦的高层次的互操作和重用。按照 HLA 的规则规定,所有联邦和联邦成员必须按照 OMT 提供各自的联邦对象模型(FOM)和联邦成员的仿真对象模型(SOM),被存入相应的数据库,供联邦执行开发过程使用或重用。

HLA 的基本思想之二是正式将分布仿真的开发、执行同相应的支撑环境分离开(见图 5.8)。

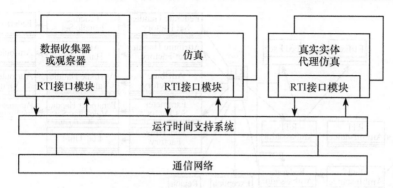

图 5.8　HLA 仿真的逻辑结构

2. HLA/RTI 的统一建模

RTI 是 HLA 仿真的核心部件,其功能类似分布式操作系统,是 HLA 接口规范的具体体现。为了实现 HLA/RTI 的统一建模,图 5.9(a)、(b)分别给出了 RTI 系统的用况图和 HLA/RTI 系统类图。有关 RTI 的类分析和所提供的六大管理建模可详见文献(齐欢等,2004)。

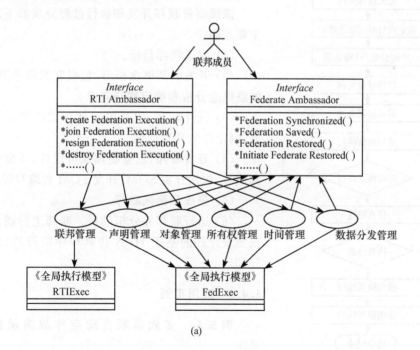

(a)

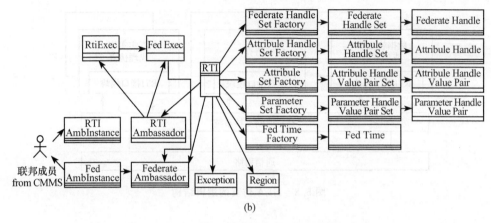

(b)

图 5.9　RTI 系统用况图和 HLA/RTI 系统类图

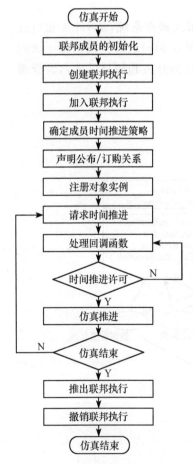

图 5.10　基于 HLA 的
仿真程序流程图

3. 开发过程

为了快速地开发基于 HLA 的仿真系统，DMSO 提出了联邦开发和执行过程模型 FEDEP，给开发提供了一个通用步骤。

该模型将联邦开发和执行过程分成如下六个主要步骤：

（1）定义联邦目标。

（2）开发联邦概念模型，包括联邦剧情开发、抽象概念分析和确定联邦需求。

（3）设计联邦，包括确定联邦成员数目及功能，制定详细开发计划。

（4）开发联邦，依据联邦成员设计，开发个联邦成员，包括开发 SOM、开发 FOM 和编写程序。

（5）集成和测试联邦。

（6）运行联邦并分析结果。联邦运行通常是按照设计好的基于 HLA 仿真程序进行的（见图 5.10）。

5.4.3　应用实例

例 5.5　多武器联合防空作战演示仿真系统。

该系统是我国较早自行研制的一个综合仿真系统（SSS），用于多武器防空作战演示。对于这样一个大型复杂仿真系统,由于当时 DIS 和 HLA 两种技术共存,且 HLA 尚不能完全替代 DIS 而采用了 DIS/HLA 混合式集成仿真方案。其核心是 DIS/HLA 支撑平台,由 DIS 分系统、HLA 分系统及转换器组成。整个系统体系结构如图 5.11 所示。

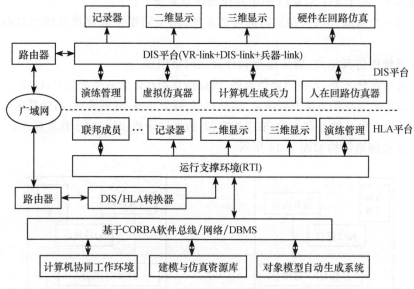

图 5.11　SSS 的体系结构

在该系统中,对象模型自动生成系统(OMAS)是一个基于对象模型模板的软件工具,它可以与其他软件,如实体建模软件集成(见图 5.12);系统模型框架如图 5.13 所示;RTI 是支持联邦运行的核心成员,可为联邦成员提供运行时间所需的

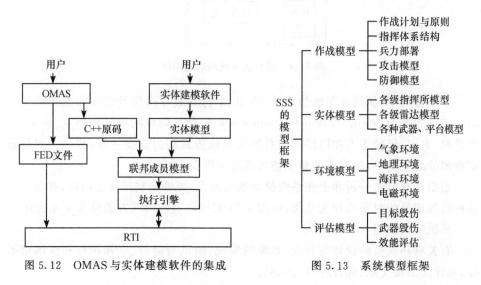

图 5.12　OMAS 与实体建模软件的集成　　　　　图 5.13　系统模型框架

前述 6 类服务；采用 DIS/HLA 转换器将 DIS 的 PDU 与 HLA 信息运行相互转换，以实现 DIS 子系统与 HLA 子系统的互联；DIS 的支撑软件为 DIS-link，它不仅具有 VR-link 全部功能，而且可以扩充。

例 5.6　基于 HLA/RTI 的坦克作战仿真系统。

这是一个营级作战人在回路的仿真系统，用于陆军主战武器演练和某些方面研究。

该系统由仿真结点、服务结点和计算机网络组成。

仿真结点分 3 类：人在回路仿真器、简化仿真器和计算机生成兵力（CGF）。仿真功能包括运动学与动力学方程解算、运动模拟、视景生成、音效合成、特殊效果合成及人机交互等。服务结点有 4 类：演练管理器、数据记录器、时间同步器及观察器。

计算机网络结构如图 5.14 所示。

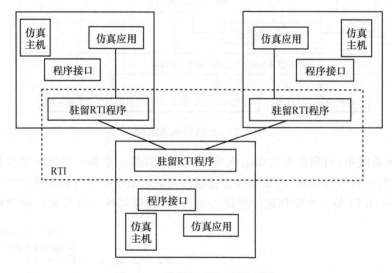

图 5.14　计算机系统网络结构图

系统包括 11 辆战斗车辆仿真器，约 40 个仿真战斗岗位及蓝方和虚拟战场环境。三维战场为 10km×10km 和 60km×60km，通过局域网将各种坦克、装甲车、直升机、火炮、导弹等人在回路的仿真器及其他仿真兵力连接一起，并加入到分布式虚拟战场环境中，所构成的整个仿真系统如图 5.15 所示。

根据作战需求分析和上述系统概念模型开发，可确定联邦组成结构，并设计出各种联邦成员的对象类和交互类，运用 RTI 实现红、蓝、白三方的分布交互仿真。

系统结构如图 5.16 所示。

有关联邦成员的设计与开发、系统的集成、测试与运行、联邦执行和演练结果等，可详细参阅文献（郭齐胜等，2003）。

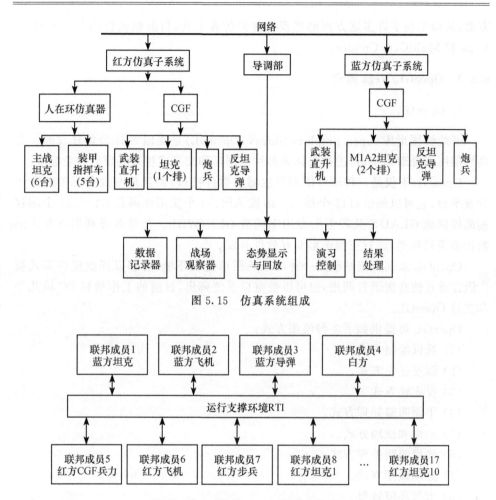

图 5.15　仿真系统组成

图 5.16　坦克作战仿真联邦逻辑结构图

5.5　OpenGL/Vega 和 MultiGen/Creator

5.5.1　引言

实践证明,人类将通过听觉和视觉从客观世界获取 80% 以上的信息。因此,开发最自然的拟人的交互技术一直是人类追求的目标。计算机和信息处理科学的发展终于实现了人们的这一理想,这就是虚拟现实(VR)技术的出现。VR 的出现不仅受到了社会和科技界的重视,而且受到了仿真界的极大关注。因为它的应用进一步给 M&S 注入了新的活力,大幅度提高了逼真度。视景 M&S 是 VR 技术的重要表现形式之一,被广泛用于虚拟环境、虚拟战场、产品结构设计、动画制作等方面,从而出现了许多这方面的建模软件和仿真工具,目前较流行的是 OpenGL/Vega 和 MultiGen/Creator。

5.5.2 OpenGL/Vega 简介

1. OpenGL

开放性图形库(open graphics library,OpenGL)是美国 SGI 公司开发的一套高性能图形处理系统,目前被公认为高性能图形和交互式视景处理的行业标准。

OpenGL 不仅是一种硬件图形发生器的软件接口,而且是与设备无关的图形开发平台,它可以提供:115 个核心库函数 API、43 个实用库函数 GLU、31 个编程辅助库函数 GLAUX 及若干个专用库函数 GLX/WGL。开发者可利用这些库函数构造视景模型,进行三维图形交互软件开发。

OpenGL 及其支持系统是一种可选的图形生成环境,能够以函数库的形式被 C 语言或其他高级语言调用,也可以被窗口系统调出,目前的工作站和 PC 机几乎都支持 OpenGL。

OpenGL 可提供如下多种绘图方式:

(1) 线框绘制方式。

(2) 深度优先方式。

(3) 反走样方式。

(4) 平面明暗处理方式。

(5) 阴影和纹理方式。

(6) 光滑明暗处理方式。

(7) 运动模糊方式。

(8) 大气环境效果。

(9) 深度或效果等。

因此,可实现逼真的三维绘制效果,建立高质量的交互式三维场景的视景动画。

OpenGL 对三维图形操作可归纳为:描述场景(建模)→设置视点→计算光照→光栅化→屏幕。可见,该操作与人观察外部世界的过程是一致的。其具体步骤为:

(1) 根据基本图形建立景物模型,并对所建模进行数学描述。

(2) 把景物模型放在三维空间中合适的位置,并设置视点,以观察场景。

(3) 计算模型中的所有物体的色彩,同时确定光照条件、纹理映射方式。

(4) 把景物模型的数学描述及其色彩信息转换为屏幕上的像素,即光栅化。

除此,还需要对像素进行操作、自动消隐处理等。

OpenGL 工作的基本流程如图 5.17 所示。图 5.18 还给出了它的显示流程。

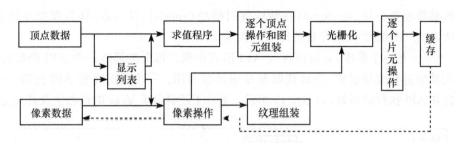

图 5.17　OpenGL 的基本工作流程

图 5.18　OpenGL 的三维图形显示流程

由图可见,为了获得高质量的三维图形显示,必须进行图形变换和图像处理。图形变换包括几何变换、投影变换、剪取变换、视区变换。图像处理有颜色、光照、纹理、效果、隐藏面消除、显示列表、帧缓存和动画等。

有关 OpenGL 函数库和三维图形建模方法,可参阅文献(贾连兴,2006;康风举,2001)。

2. Vega

Vega 是美国 MultiGen-Paradigm 公司用于虚拟现实、实时视景仿真、声音仿真以及其他可视化领域的世界领先级应用工具。它支持快速复杂的视觉仿真程序,是能为用户提供一种处理复杂仿真事件的便捷平台。

Vega 是在 SGI Performer 软件基础上发展起来的。从底层实现讲,Vega 是基于场景图的,而场景图管理又是基于 OpenGL 标准图形库的。

Vega 的突出优势是,可大幅度地减少源代码的编程,并使用 Vega 提供的库函数迅速地创建各种实时交互的 3D 环境,以满足不同行业需要。

Lynx 图形环境是点击式的,Vega 使用 Lynx 设定和预览应用程序,而这些 Vega 应用程序可以是用户在开发环境下建立的程序,也可以是 Vega 软件包执行的一个基本 Vega 应用程序。

Vega 的模块是十分丰富的,可供用户选用或扩展。这些模块可归纳为如下 15 类:①声音模拟模块(audio works);②海洋模块(marine);③动态仪表和动态字符模块(symbology);④导航信号灯模块 NSL;⑤光束模块(light lobes);⑥非线性失真矫正模块 NLDC;⑦记录及重放模块 VCR;⑧云景模块(cloud scope);⑨人体模拟模块 DI-Guy;⑩载体对象管理模块 SSVO;⑪浸入式环境模块(immersive);

⑫传感器模拟模块(sensors);⑬特殊效果模块(special effects);⑭分布交互仿真模块 DIS/HLA;⑮大规模数据库管理模块 LADBM。

　　Vega 是一个类库,它以语言的 API 形式出现。每个类都是一个 API 的集合,可在其中进行变量设置、变量获取及专用函数调用。一个类的完整 API 包括一些由公共 API 执行的函数,如图 5.19 所示。表 5.1 还给出了 Vega 的核心类及其功能。

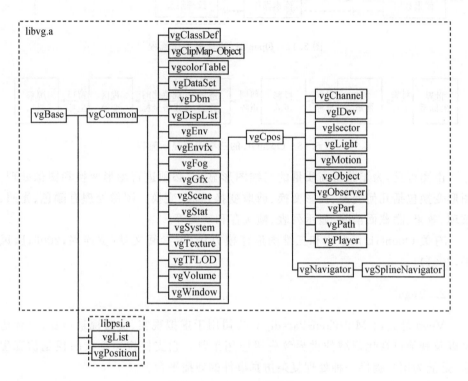

图 5.19　Vega 类的结构

表 5.1　核心类及其功能

类	功　　能	类	功　　能
vgChannel	窗口中的视点	vgObject	可见几何体
vgClassDef	用户类定义	vgObserver	模拟中的视点
vgColorTable	颜色表	vgPart	对象物部件
vgDataSet	装入对象物的方法	vgPath	路径参数
vgDbm	数据库管理器	vgPlayer	场景运动体
vgDisplist	显示列表	vgScene	对象体的集合
vgEnv	自然现象的控制	vgSplineNavigator	样条导航器
vgEnvfx	自然现象	vgStat	定制的统计表
vgFog	雾控制	vgSystem	Vega 系统
vgGfx	通道的图形控制	vgTexture	纹理

续表

类	功　能	类	功　能
vgIDev	输入设备	vgTFLOD	地形细节等级的淡入淡出
vgIsector	交叉方法	vgVolume	体
vgLight	光源	vgWindow	图形处理过程
vgMotion	动态运动		

5.5.3　MultiGen/Creator 简介

MultiGen/Creator 是 MultiGen-Paradigm 公司开发的三维建模套装软件,用来开发诸如大地、海洋、天空等视景仿真数据库。无论是对于建立动态模型还是产生特定大地景模型,它几乎是所必需的工具。目前,MultiGen/Creator 以其强大的高度逼真三维图形制作和最优化实时处理功能,在高级实时视景仿真领域占据着主导地位。另外,MultiGen/Creator 以 OpenGL 为基础,采用 OpenGL 作为底层 API,拥有良好的集成开发环境,能高效地建立多边形三维模型,同时可提供功能齐全的 API 函数,能让用户以自动的方式工作在所见及所得的环境中。

在高级三维图形/图像的创建中,MultiGen/Creator 的技术保证体系是较完善的,从而使 MultiGen/Creator 具有如下强大功能及技术特点:

(1) 层次化结构,即为了方便整个模型的管理,采用层次化的结构来存储三维模型。在此,最底层为多边形层次,每个节点代表一个多边形;有多个多边形节点组成物体,所有物体集合构成物体层,物体层之上是集合层;整个模型的最上层是数据库。显然,这种层次结构有利于对三维场景或物体进行几何划分,从而提高了管理效率。

(2) 截面放样。截面放样技术是目前最广泛采用的物体多边形建模技术,是将物体当成近似的柱体或台体及其组合,在关键位置截面,并连接各个截面的顶点,从而得到多边形模型。MultiGen/Creator 所提供的自动放样工具(loft tool),可自动地完成连接截面顶点的工作。截面放样技术很适合于生成以柱体为主要形状的物体,如汽车、飞机、导弹以及空间战场环境中的运动实体等。图 5.20 为截面放样生成 A10 战机机身。

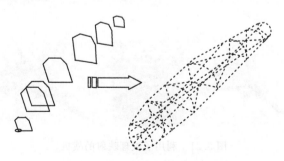

图 5.20　截面放样生成 A10 战机机身

（3）细节次层（LOD）。LOD 模型是指对同一场景或物体使用具有不同细节的描述方法得到同一组模型，供绘制时选用，这样可大幅度提高绘制速度。目前 LOD 算法多种多样，但都基于如下思想：在保证三维物体基本几何特征的前提下，通过合并多边形、删除点、线、面或重新分布顶点等方法来减少顶点和多边形的数量。

（4）分解与整合。对于过于复杂的场景或物体，建模中常用模型分解与整合的方法，即先将复杂模型分解成一系列简单的基本型体（分结构体），再合理地整合分结构体，最后获得整体造型。

（5）曲面控制线的构造。这是保证光滑曲面的必要技术，建立曲线时首先利用投影、插补、光顺等手段生成样条曲线，然后通过其"曲线梳"实现曲线修改，最终达到光滑的效果。

（6）曲面光顺评估。这是保证曲面光顺的重要技术措施，是通过对构成的曲面进行渲染处理，进而显示高斯曲率的彩色实现的。

（7）纹理映射。纹理由一组数据元素（称为纹素）组成，可以通过扫描、编辑来生成。纹素又由颜色通道组成，颜色通道是灰度值，红、绿、蓝和 AIPha。要将一个纹理模式应用到模型，必须先将纹理文件载入到纹理调色板，再运用纹理工具来映射纹理。

（8）纹理内存估计。纹理图像中的每个分量需要 8bit，即一个字节的内存。因此，纹理内存需要的字节数为：x 方向尺寸 $\times y$ 方向尺寸 $\times$ 分量数目。如一个 1024×1024RGB AIPha 纹理需要 $1024 \times 1024 \times 4B = 4MB$ 的内存。值得指出，纹理每个方向的尺寸必须是 2 的幂次方，否则纹理会自动重新计算尺寸，直至变成 2 的幂次方的尺寸。

（9）多纹理和子纹理。多纹理是面属性的扩展，可以任意组合 8 层纹理，使用多纹理可添加本地细节，而不必要增加额外的多边形。子纹理可定义更小的纹理，它对于在一个模型的不同区域映射同一个纹理的不同部分是很有用的，复杂几何模型表面上的迷彩，甚至更细微的结构均可通过子纹理来实现。图 5.21 为子纹理映射的效果。

图 5.21　利用子纹理映射的战机

（10）透明纹理。不透明复杂钢结构实体造型会导致模型文体异常庞大,这时可用镂空纹理对实体进行贴片处理,使纹理镂空区出现透明效果（见图 5.22）。

图 5.22 运用透明纹理构造雷达的钢支撑架和栏杆

（11）标志牌技术。它是解决视线转动到面的法向垂直时旗帜会变成一直线问题的一项技术,采用该技术可使模型转动时,旗帜始终正对屏幕。

（12）动画。模型产生动画是 Multi-Gen/Creator 最重要的功能之一,且动画产生简单、简便。

5.5.4 应用实例

例 5.7 海洋战场环境的视景建模与显示。

海洋战场环境的视景建模与显示是海战场分布式作战仿真系统的重要组成部分（见图 5.23）,也是研制和开发虚拟海洋战场视景仿真系统（见图 5.24）的关键技术。

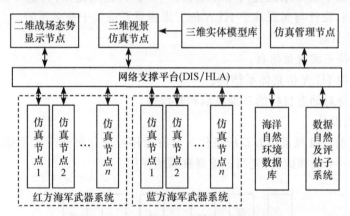

图 5.23 海战场分布式作战仿真系统结构图

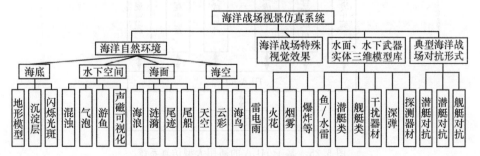

图 5.24 虚拟海洋战场环境视景仿真系统结构图

视景仿真的本质是将仿真过程以三维动画的形式实时显示出来,其主要内容包括实体的环境的三维建模和仿真驱动两部分。

对于这样一个相当复杂的视景仿真系统,经分析可优选基于 Vega 开发的 MultiGen/Creator 作为三维建模工具,并针对 Vega 目前不满足水下环境功能模块需求的缺陷,采用将底层的 OpenGL 代码嵌入到 Vega 应用中,实现了 Vega 模块扩展。如海底地形、海地光斑、水下气泡、水下混浊度等,均可采用借助 OpenGL 扩展的"水下空间"模块。值得指出,这些模块的开发,主要基于如下两项工作:①Lynx 界面的扩展;②"水下空间"模块动态链接库开发;按照 Vega 规范开发的"水下空间"模块的使用方法,同其他选项模块完全类同,即在进入主循环之前,首先调用类初始化函数;此后执行 vgDefinesys()函数时,被文体读取,模块的类和关键字回函数被调用;调用 vgConfigsys()函数配置 Vega 及新增模块,然后程序进入主循环……。

例 5.8 基于 HLA 的三维视景仿真系统。

在上述 OpenGL/Vega、MultiGen/Creator 等 M&S 环境及工具支持下,三维视景仿真系统被很好地用于军事、经济、社会、工业、农业、交通、城市规划与设计等各个领域。为了更好地适应网络环境,进一步扩大应用范围,特别是用于虚拟战场、作战推演,设计与实现基于 HLA 的三维视景系统是十分必要的。

1) 设计目标

(1) 支持三维视景仿真。

(2) 采用 HLA 仿真体系结构。

(3) 支持对动态目标的三维显示和管理等。

2) 结构设计

所设计的三维视景仿真系统可作为具有通用标准化框架下大型仿真系统(见图 5.25)的一个联邦成员,充当三维观察器的作用。

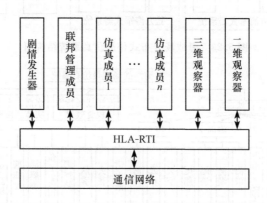

图 5.25　基于 HLA 的通用大型仿真系统

3) 对联邦成员要求

系统中联邦成员众多,除联邦管理与监控成员外,还有其他联邦成员,为了他们之间交互,必须对相关成员提出特定要求,要求应是多方面的(略)。

4) 三维视景仿真系统设计与实现

(1) 结构设计。作为通用三位可视化平台,可支撑各种具体应用的仿真系统,其系统结构如图 5.26 所示。

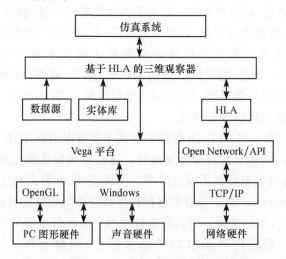

图 5.26　基于 HLA 仿真的三维可视化平台结构

(2) HLA 接口设计与实现。HLA 接口负责按规定格式将仿真系统信息通过 HLA 体制传送给视景仿真系统,而视景系统只按接收到的信息加载模型,并根据用户需求成为通用三维观察器。接口设计与实现主要包括 SOM、订购类、显示对象类等设计与实现。

5.6　MATLAB/Simulink

5.6.1　引言

矩阵实验室(matrix laboratory)简称 MATLAB,是 20 世纪末至今的大型科学工程计算软件优秀代表,也是当今世界上最优秀的数值计算软件。MATLAB/Simulink 对于自动控制及其仿真有着特殊的功能,是目前国内外控制领域内计算、M&S 和计算机辅助设计的最顶尖、最优秀、最流行软件。

5.6.2　MATLAB/Simulink 简介

MATLAB 程序设计语言是美国 Math Works 公司于 20 世纪 80 年代中期推出的高性能数值计算软件,当初只是为线性代数的矩阵运算提供一个运算工具,主要针对控制系统领域。经过 20 多年的开发、扩充和不断完善,已发展成为适合多学科、功能特强、特全的大型系统软件,该公司在 2004 年 9 月推出了 MATLAB 7.0(R14)版,是目前市面上的最新版。

1. 主要特点

MATLAB 软件与 Simulink 仿真工具具有如下许多优势特点:

(1) 功能特强大,适用多学科。可用于线性代数的向量、数组、矩阵计算、高次方程求根、插值与数值微商运算、数值积分运算、常微分方程的数值积分运算、数值逼近、最优化方法等。几乎所有科学研究和工程技术所需的计算都可以用 MATLAB 来解决。因此,它被广泛应用于航空、航天、航海、自动控制、生物医学工程、语音处理、图像信息处理、雷达工程、信号分析、计算机技术、建筑业、物理学、化学、制造业、环境工程等各个领域。

(2) 编程效率高。MATLAB 提供了极其丰富的库函数,既有常用的基本库函数,又有种类齐备、功能丰富的专用库函数。这些库函数是预先编制好的子程序,均可直接调用,故极大地提高了编成效率。实践证明,在科学与工程应用领域里,它比使用 Basic、Fortran 和 C 等语言进行程序设计的编程效率要高好几倍。

(3) 界面友好,使用简便。它具有友好的用户界面与易学易用的帮助系统,可通过 help 命令查询任何库函数的功能及用法,而命令格式又极为简单(即 help＋命令或函数);它将编辑、编译、执行、调试等多个步骤融为一体,并可通过人机对话,调用不同的子程序(即库函数),实现交互功能。另外,MATLAB 的编程运算十分贴近人的思维方式,因此非常简便。

(4) 语句简单,内涵丰富,扩充能力强。MATLAB 最基本的语句结构是赋值语句,其一般形式为:变量名列表＝表达式;最重要的成分是函数,函数调用的一般形式为:(a,b,c,…)＝func(d,e,f,…)。这样,不仅使库函数功能更加丰富,且大大减少了所需磁盘空间,同时使编写的 M 文件简单、精练而高效。

(5) 强大方便的图形功能。既能提供多种"高级"图形函数,又能开发面向图形对象的"低级"图形函数,且绘图函数调用简单易行。

(6) 具有活笔记本功能。它的 Notebook 成功地把 Microsoft Word 与 MATLAB 集成为一个整体,从而为文件处理、科学计算、工程设计构造了一个完美统一的工作环境,只要在命令窗口中执行 Notebook 或在 Word 环境中建立 M-book模版,即可进入一个新环境。

(7) 最先进的强大自动控制软件工具包。工具包集成了国际上著名自动控制专家智慧和成果,构成了目前最先进的强有力自动控制工具,包括控制系统工具箱、信号处理控制箱、系统识别工具箱、鲁棒控制工具箱、μ 分析与综合工具箱、定量反馈理论工具箱、神经网络工具箱、多变量频域设计工具箱、最优控制工具箱等,且还在不断开发和完善。可以说,每个工具箱都是该控制领域里的最权威、最先进的计算与仿真程序软件。

2. 控制系统的 MATLAB 计算与仿真

由于 MATLAB 的控制工具箱里软件内容丰富、系统门类齐全,已覆盖了控制系统的各个领域,从而使控制系统计算与仿真的传统方法发生了革命性变化,几乎所有的控制系统计算与仿真问题只要通过 MATLAB 实现都可以迎刃而解。

3. MATLAB 7.0 的安装使用

MATLAB 7.0 是 MATLAB 的新近版本,比老版本提供了更多、更强的新功能和更全面、更方便的联机帮助信息。故本书优先推崇安装与使用 MATLAB 7.0。它可以安装到 IBM 或与之完全兼容的带数学协处理器的 Intel486、奔腾及其以上的 PC 机上。其安装要求、过程启动和使用可参阅文献(杨善林等,2007)。

4. Simulink 仿真工具

Simulink 是 MATLAB 的重要工具箱之一,主要功能是实现动态系统建模、仿真与分析。它既支持连续系统与离散系统及它们的混合系统,也支持线性系统与非线性系统及多采样频率系统。

Simulink 作为仿真工具有如下特色:①可将微分方程或差分方程直接绘制成控制系统的动态模型结构图——框图;②可将模块库中提供的各种标准模块连接成与实际控制系统相对应的 Simulink 动态结构图,形成一个完整的控制系统模型;③通过 Simulink 菜单或 MATLAB 命令窗口键输入命令进行控制系统仿真及动态分析。

利用 Simulink 建模是很简便的,建模过程只是从 Simulink 模块库中选择所需要的基本功能模块,不断复制到模型窗口"untitled"里,再用 Simulink 的特殊连续方法把多个基本模块连接成描述控制系统的结构框图。可见,Simulink 是完全采用标准模块方块图的复制方法来构造动态系统结构图模型的,构建时仅需要进行鼠标操作,其主要工作是:模块查找、选择、复制、移动、删除、粘贴和连接等。在动态系统建模、仿真与分析中,目前建议采用 Simulink 6.1。

5.6.3　应用实例

例 5.9　用 Simulink 建立复杂控制系统模型。

已知一晶闸管直流电双闭环调速系统(V-M 系统)Simulink 动态结构图。如图 5.27(a)所示。图中,直流电机数据为:$P_{nom}=10\text{kW}$,$U_{nom}=220\text{V}$,$I_{nom}=53.5\text{A}$,$n_{nom}=1500\text{r/min}$,电枢电阻 $R_a=0.31\Omega$,V-M 系统主电路总电阻 $R=0.4\Omega$,电枢回路电磁时间常数 $T_a=0.0128\text{s}$,三相桥平均失控时间 $T_s=0.00167\text{s}$;触发整流装置

的放大系数 $K_s = 30$;系统运动部分飞轮矩相应的机电时间常数$T_m = 0.042s$,系统测速反馈系数 $K_t = 0.0067V \cdot min/r$,系统电流反馈系数 $K_i = 0.072V/A$,电流环滤波时间常数 $T_{oi} = 0.002s$;转速环滤波时间常数$T_{on} = 0.01s$。试用 Simulink 建立该模型。

利用上述 Simulink 建模过程,在设置参数后,很容易得到该系统模型 smx071. mdI(见图 5.27(b))。

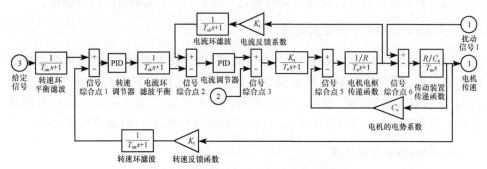

(a) 双闭环调速系统的 Simulink 动态模型结构图

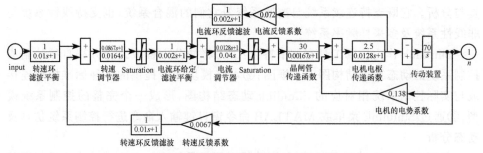

(b) 带参数的系统结构图模型 smx071.mdI

图 5.27

例 5.10 利用 MATLAB 进行控制系统设计。

已知一位置随动系统如图 5.28 所示。

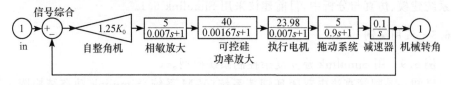

图 5.28 位置随动系统

试利用 MATLAB 借助 Bode 图方法设计该系统滞后-超前串联校正网络,使之满足:

① 在单位斜坡信号 $r(t) = t$ 作用下,使速度误差系数 $K_v = 600s^{-1}$;

② 系统校正后剪切频率 $\omega_c \geqslant 50\text{rad/s}$;

③ 系统校正后相角稳定裕度 $r \geqslant 40°$;

④ 系统阶段给定响应超调量 $\sigma\% \leqslant 35\%$。

为了求解该控制问题,可按如下步骤进行:

(1) 求出 K_0,由图 5.28 可得前向通道传递函数

$$G_0(S) = 1.25K_0 \frac{5}{0.007s+1} \cdot \frac{40}{0.00167s+1} \cdot \frac{23.98}{0.007s+1} \cdot \frac{1}{0.9s+1} \cdot \frac{0.1}{s}$$

可见,系统被控对象为 Ⅰ 型系统,有

$$K_v = K = 600s^{-1}$$

式中,K——系统开环增益。

根据速度误差定义,有

$$K_v = \lim_{s \to 0} s \cdot G_0(s)$$

将 $G_0(S)$ 和 K_v 代入上式,可计算出 $K_0 \approx 1$。

(2) 求滞后校正网络的传递函数 $G_{c1}(s) = \dfrac{1+Ts}{1+\beta Ts}$。据题知,可取校正后系统

剪切频率,$\omega_c = \dfrac{50\text{rad}}{s}$,$\beta = 10$。并给出该传递函数的 MATLAB 程序:

$$\text{wc} = 50; \text{bata} = 10; \text{T} = \frac{1}{(0.1 * \text{wc})};$$

$$\text{batat} = \text{bata} * \text{T}; \text{Gc} = \text{tf}([\text{T}, 1], [\text{batat}, 1])$$

运行程序后可得 $G_{c1}(s) = \dfrac{0.2s+1}{2s+1}$。

(3) 求超前校正网络的传递函数 $G_{c2}(s) = \dfrac{1+Ts}{1+\alpha Ts}$,其 MATLAB 程序如下:

```
G1 = tf(1.25, 1); G2 = tf(5, [0.007  1]); G3 = tf(40, [0.00167  1]);
d3 = conv([0.007  1], [(0.9  1]); G4 = tf(23.98, d3);
G5 = tf(0.1, [1  0]); G6 = tf([0.2  1], [2  1]);
sope = G1 * G2 * G3 * G4 * G5 * G6; WC = 50;
[GC] = (leddc2, sope, [WC])
```

运行程序后得

$$G_{c2}(s) = \frac{0.8416s+1}{0.000475s+1}$$

(4) 校验。在上述设计串联校正网络下,校验系统频域性能是否满足题知要求。为此,可给出 MATLAB 程序 L166.m 来进行计算:

```
%   MATLAB  PROGRAM  L166.m
```

```
Clear
G1=tf(1.25,1);G2=tf(5,[0.007  1]);G3=tf(40,[0.00167  1]);
d3=conv([0.007  1],[0.9  1]);G4=tf(23.98,d3);
G5=tf(0.1,[1  0]);G6=tf([0.2  1],[2  1]);
G7=tf([0.8416  1],[0.000475  1]);
G=G1 * G2 * G3 * G4 * G5 * G6 * G7
margin(G)
```

运行程序后可得校正后系统的 Bode 图及频域性能指标,如图 5.29 所示。

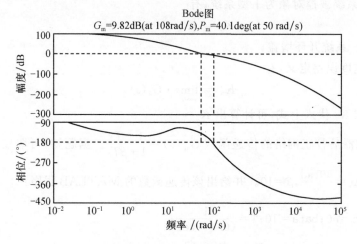

图 5.29　校正后系统的 Bode 图

由图 5.29 可知,模型稳定裕度 $L_h=9.82dB$;$-\pi$ 穿越频率 $\omega_g=108rad/s$;相角稳定裕度 $\gamma=40.1°$;剪切频率 $\omega_c=50rad/s$。显然,校正后系统符合要求。

(5)计算校正后阶跃性能指标。为此,可给出程序 L166a.m:

```
%  MATLAB  PROGRAM  L166a.m
Clear
G1=tf(1.25,1);G2=tf(5,[0.007  1]);G3=tf(40,[0.00167  1]);
d3= conv ([0.007    1], [0.9    1]); G4 = tf (23.98, d3); G5 = tf
    (0.1,[1  0]);
G6=tf([0.2  1],[2  1]);G7=tf([0.8416  1],[0.000453  1]);
G=G1 * G2 * G3 * G4 * G5 * G6 * G7
sys=feedback(G,1);
step(sys)
[y,t]=step(sys)
[sigma,tp,ts]=perf(1,y,t)
```

运行程序可得校正后系统的阶跃曲线（见图 5.30）及其性能指标为：$\sigma\% = 34.6123\%, t_p = 0.0572s, t_s = 0.1704s$。显然，校正后的系统符合阶跃性能指标要求。

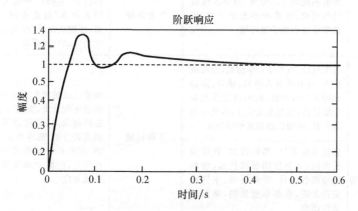

图 5.30 校正后系统的单位阶跃响应曲线

应指出，以上两例取自文献（黄忠霖等，2006；黄忠霖，2004）。

5.7 ADAMS/View

5.7.1 引言

ADAMS(automatic dynamic analysis of mechanical system)是由美国 Mechanical Dynamic Inc 公司研制的集建模、求解、可视化技术为一体的虚拟样机软件，是世界上目前使用范围最广、最负盛名的机械系统分析软件。

虚拟样机技术(virtual prototype technology)是设计制造领域的重大革新，在一定程度上改变了人们的传统观念和习惯，虚拟样机可实现拥有几十万零部件高性能飞机的设计与制造而不用图纸，这在过去简直是不可想象的。就此而言，ADAMS 软件的作用和意义就可想而知了，目前，它已被广泛应用于航空、航天、航海、汽车、铁道、兵器、化工、机械制造等领域的产品设计、系统分析及科学研究，是这些领域内复杂系统特别是复杂机械系统 M&S 的重要支撑环境及工具。

5.7.2 ADAMS 简介

ADAMS 是目前世界上应用最广泛、最具权威性的机械系统动力学仿真分析软件，用以建立和测试虚拟样机，实现在计算机上分析复杂机械系统的动力学与运动学性能。文献（王国强等，2002）给出了该软件在多个领域内的部分应用（见表 5.2）。

表 5.2　ADAMS 软件的部分应用

工程领域	应用	工程领域	应用
航空航天	发射系统动力学研究,制导系统设计与研究,弹道和姿态动力学,模拟零重量和微重量环境	工业机械	涡轮机和发动机设计,传送带和电梯仿真,卷扬机和起重机设计,机器人仿真,包装机械工作过程模拟,压缩机设计,洗衣机振动模拟,动力传动装置模拟
汽车工程	悬架设计,汽车动力学仿真,发动机仿真,动力传动系仿真,噪音、振动和冲击特性预测,操纵舒适性和乘坐舒适性,控制系统设计,驾驶员行为仿真,轮胎道路相互作用仿真	工程机械	履带式或轮式车辆动力学分析,车辆稳定性分析,重型工程机械的动态性能预测,工程效率预测,振动载荷谱分析,部件和发动机载荷预测,部件和发动机尺寸确定,耐久性研究,挖掘功率预测,研究蛮石碰撞效应
铁路车辆及装备	悬挂系统设计,磨耗预测,轨道载荷预测,货物加固效果仿真,物料运输设备设计,事故再现,车辆稳定性分析,临界车速预测,乘员舒适性研究		

1. 主要特点

ADAMS 软件的特点可主要归纳如下:

(1) 利用交互式图形环境和零件、约束、力库,快速、方便地创建参数化的机械系统三维几何模型。

(2) 在计算机上实现复杂机械系统(包括刚体和柔性体)的运动学、静力学以及性能和非线性动力学分析。

(3) 具有先进的数值分析技术和强有力的求解能力。

(4) 可提供多种"虚拟样机"方案、辅助机械系统设计和帮助改进设计。

(5) 具有丰富、强大的函数库,供用户自定义力和运动发生器。

(6) 具有开放式结构,允许用户集成自己的子程序。

(7) 能够以动画和曲线图形显示系统状态过程和自动输出结果(包括位移、速度、加速度及反作用力等)。

(8) 可预测机械系统的性能、运动范围、碰撞、包装、峰值载荷和计算有限元的输入载荷。

(9) 支持同大多数 CAD、FEA 和控制设计软件之间的双向通讯等。

2. 基本组成

ADAMS 软件由若干模块组成,包括核心模块、功能扩展模块、专业模块、工具箱和接口模块等 5 类,如图 5.31 所示。其中最主要的模块为用户界面模块 ADAMS/View、求解器 ADAMS /Solver 及专用后处理模块 ADAMS/Post Processor。

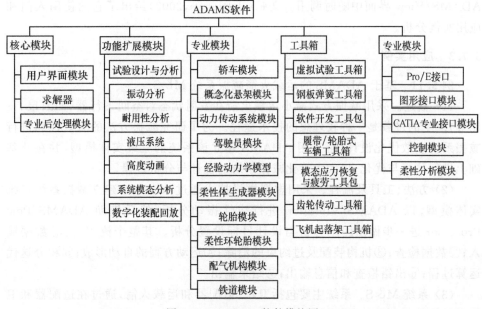

图 5.31　ADAMS 软件模块图

3. 虚拟样机 M&S

虚拟样机创建是 ADAMS 的一个独立功能，可在 ADAMS/View 环境下类似物理样机来实现。图 5.32 给出了虚拟样机 M&S 的基本流程。

ADAMS/View 提供了丰富的几何体(刚体、柔性体和质点)建模工具，包括作图几何元素、简单几何实体、连接、布尔运算及模型修饰工具等。采用点击方式从 Build 菜单中选择并获得所需要的建模工具。进一步，有关虚拟样机模型检验、参数化分析等可参阅文献(王国强等，2002)。

4. ADAMS/Hydraulics 模块

该模块是 ADAMS 中一个极具代表性的实用模块，用以建造机械系统与液压回路之间相互作用的模型，并可在计算机里设置机械-液压系统的运行特性。使用很方便，可在

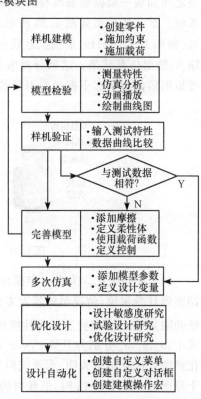

图 5.32　虚拟样机 M&S 的基本流程

ADAMS/View 界面中随时调用。文献(王国强等,2002)给出了它的使用入门和应用实例分析。

5.7.3 应用实例

例 5.11 基于 ADAMS 的运载火箭减振系统 M&S。

(1) 概述。采用减振方式减小运载火箭在发射状态对空间飞行器(如卫星、飞船等)产生的过载是一种较理想的技术途径。为了研究减振方法的有效性和进行减振系统参数优化设计,可采用 ADAMS 建立该系统的三维实体模型,并在此基础上进行仿真与优化,以大大简化减振系统的设计与分析过程。

(2) 方法、工具及流程。采用虚拟样机技术通过 ADAMS 建立减振系统三维实体模型,以 ADAMS/Vibration 进行线性振动分析,然后借助 ADAMS/Post Processor 进一步做出因果分析与设计目标设置分析。其整个流程为:①数据输入;②数据检查;③机构装配及过约束的消除;④运动方程的自动形成;⑤积分迭代运算过程;⑥出错检查和信息输出;⑦结果输出。

(3) 系统 M&S。系统主要包括卫星、适配器和运载火箭,通过在适配器和卫星之间加装一层振动隔离材料,以减小振动对卫星的影响。利用 ADAMS 建立的系统三维实体模型如图 5.33 所示。在此模型下,对系统输入 X 方向正弦扫频信号(频率 1~1000Hz)来模拟运载火箭发射状态下的振动输入,于是可得到卫星的输入-输出仿真结果。结果分析表明,当系统输入大于 6Hz 时该减振系统可以有效地削弱发射状态下振动对卫星的影响。

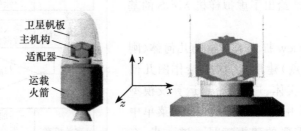

卫星帆板
主机构
适配器
运载
火箭

图 5.33　减振系统三维实体模型

(4) 参数优化。为进一步提高系统减振效果,参数优化是必要的,即需要通过调整设计变量值,使模型的特定方面性能最大或最小化。这里,优化变量为减振系统的阻尼比 ξ;决定特定方面性能的目标函数为 $\min F_0(x)=\sqrt{\alpha_1\sigma_x^2+\alpha_2\sigma_y^2+\alpha_3\sigma_z^2}$。式中,$\sigma_x,\sigma_y,\sigma_z$ 分别为卫星 x,y,z 方向的响应。在 ADAMS 环境下,可选取遗传优化算法。优化结果表明,当系统阻尼比 ξ 取 0.05 时,系统在 5Hz 以上的减振效果十分明显;当 $\xi=0.15$ 时,低频时的峰值相应最小,但高频的减振效果最差。可见,在实际工程中应参照 ADAMS 仿真结果去比较合适的阻尼比 ξ。

（5）结论。利用 ADAMS 软件建立振动系统三维实体模型和通过 ADAMS/Vibration 工具进行优化仿真达到了研究效果。结果表明，采用添加振动隔离措施的方式来减小运载火箭发射状态下的振动响应，进而减小卫星的设计刚度与强度是完全可行的；同时证明，ADAMS 软件具有速度快、分析方便、便于实施和结果准确等特点，是一种理想的分析、设计与仿真软件。

例 5.12　轿车防抱制动系统（ABS）的 M&S。

（1）问题提出。为了减少车辆控制系统的开发周期和费用，需要在设计阶段采用 M&S 手段来验证控制算法对车辆性能的影响。为此，提出一种通过建立 ADAMS 和 Simulink 联合仿真模型，在各种工况下对 ABS 的逻辑门限控制方法进行验证。

（2）方法与工具。利用基于 ADAMS 和 Simulink 联合仿真方法对 ABS 控制算法进行验证。即在 ADAMS 中建立车辆模型，在 MATLAB/Simulink 中建立逻辑门限值方法的 ABS 控制模型，将两者通过控制接口集成起来进行联合仿真，以验证各种工况下的 ABS 控制算法。

（3）构造 ADAMS 样机模型。在 ADAMS/CAR 中对某轿车进行建模。整车模型包括 8 个主要部分，如图 5.34 所示。

（4）控制系统设计。选用 MATLAB/Simulink 来完成控制系统设计。为了同实车匹配保持一致和完成逻辑门限值方法中的较多状态转换，需要拟制逻辑门限值方法的 ABS 控制策略，并采用有限状态机工具 Stateflow。

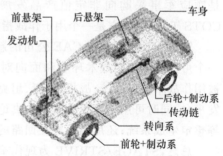

图 5.34　利用 ADAMS 构造的某轿车样机模型

（5）ADAMS 与 Simulink 联合仿真。联合仿真前，需要在 ADAMS 中设置模型的输入和输出；车辆模型与控制器之间的输入-输出关系如图 5.35 所示；ADAMS 与 MATLAB 之间通过 ADAMS/Control 实现数据交互，从而进行联合仿真。

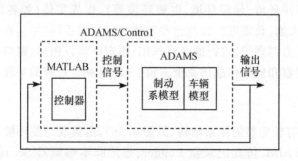

图 5.35　车辆模型和控制器的输入-输出信号

应强调指出,联合仿真中必须使 Simulink 和 ADAMS 的输出步长一致,这里同时设为 1ms。同时需任意改变车辆的各部分参数、控制器各参数及各种路面条件,以便涵盖 ABS 的所有工况。

(6) 仿真结果及结论。仿真结果表明,①车轮转动惯量对轮加速度的变化影响非常明显;②采用门限值降低策略能大大提高控制效果,不会使车轮抱死;③在不平度较大路面上,轮速波动大,车身速度下降慢,使制动距离增大;④仿真与实车试验的结果基本相同,利用该方法建立的整车模型和控制模型是准确的,能够可信地用于模拟真实系统。

5.8　STAGE/STRIVE

5.8.1　引言

想定工具与环境生成(scenario toolkit and generation environment,STAGE)是顺应军事采购向非定值产品发展趋势。由 Virtual Prototypes 公司开发的 COTS 工具软件,它是一个用于作战指挥、仿真机模拟训练等的高度灵活开放平台。

STRIVE 是加拿大 CAE 公司的新一代战术仿真和训练系统开放环境,也是一个可提供完备的战术环境和面向对象的 C++ 应用程序接口(API)的软件包。被用作战术仿真系统、战机、潜艇、坦克、电子战模拟器和分布式模拟训练系统的开发平台;同时可用作新概念武器仿真论证、装备试验、作战方案论证、联合演习预演等想定生成系统;还可用于人在回路的实时仿真和大型构造仿真。

总之,STAGE/STRIVE 为现代军事作战、训练和演练提供了一个完整的、优秀的 M&S 开发平台和知识库。

5.8.2　STAGE 简介

1. 概述

STAGE 是一个构造想定并实现作战环境的开发工具。想定包括作战环境(如气象环境、海洋环境、地理环境、电磁环境等)、作战实体(如各级指控机构、飞机、舰船、导弹、火炮、鱼雷等),以及这些实体通过战术手段(如侦察、攻击、防御、毁伤、作战计划、兵力部署等)进行的交互作用;想定环境以图形、窗口、表格等形式为用户提供一个观察和监控作战仿真全方位、全时空和全过程的手段。

2. 体系结构

STAGE 具有较完整的体系结构(见图 5.36),由集成开发环境 IDE、想定管理器 SE、仿真引擎 SIM、仿真记录器 Logger、想定脚本编辑器 Scenario Script Editor、地图编辑 Genmap、XML 数据库等组成。其主要部分为 IDE、SIM、SE、实用工具(Logger、Genmap)和开发工具包(SDK)。想定管理器 SE 包括数据库编辑、想定编辑、运行环境、脚本编辑及其他相关应用。

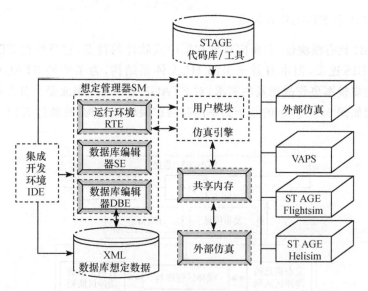

图 5.36　STAGE 5.0 的体系构架

3. 主要部件

STAGE 的主要部件包括作战区域、大气原型、海洋原型、平台示例和平台原型等。这里,原型系指战术环境中真实对象的特性集合,可用来描述平台、特殊区域、大气和海洋等实体的属性;平台是作战环境中可独立存在的 Profile。平台可容纳武器、传感器、电子干扰等不同的 Profile。比如,一个平台 Profile 可以用来描述 F-16 战斗机性能;一个武器 Profile 可以用来描述 Seasparrow 导弹。STAGE 支持以下平台类型:固定翼飞机、直升飞机、水面舰艇、潜艇、陆地基站等;示例(或称实例)为想定中平台的具体实现。例如,某想定有多架 F-16 战斗机,每架 F-16 战斗机都是其 Profile 的一个示例。应指出,每个实体都是一个示例,并且与某个 Profile 相关联;一个传感器如果不附着在一个平台上,将不能单独存在于仿真环境中;特殊区域指陆地或海上雷区,或数据库编辑中定义的原型(profile)的海上区域。

4. 仿真数据库及其管理

STAGE 的仿真数据库是十分丰富和强大的,大体可分为三类,即环境仿真数据库、装备仿真数据库和作战仿真数据库。每类数据库均通过 STAGE DBE 进行分层管理和维护。如环境仿真数据库管理大气模型、海洋模型、地形模型和特殊区域模型;装备仿真数据库管理平台模型、传感器模型、武器模型、电子干扰模型、水声参数模型、接合部模型；作战仿真数据库管理编队队形模型、战术编组模型、作战想定模型。

5. HLA 和 STAGE 的集成

STAGE 具有模块化、非面向对象和集中式软件的特点，它虽然在 STAGE 5.0 中实现了 DIS 连接，但本身并未采用 HLA 体系结构，为了扩展 STAGE 体系结构，应付大规模军事作战仿真的需求，对 STAGE 和 HLA 集成是十分必要的。为此，可采用如图 5.37 所示的基于共享内存的扩展软件结构，并通过 RTI 实现其扩展功能。

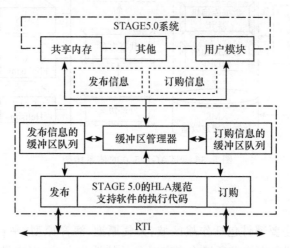

图 5.37　具有 HLA 规范适应能力的扩展 STAGE 5.0 系统结构

5.8.3　STRIVE 简介

1. 概述

STRIVE 为开放式结构，它包括一个通用仿真框架，当新武器、传感器、平台等被设计和开发后，就可在此基础上建立高精度的仿真对象模型，并被集成到此框架中。模型被存放在模型库中，以备仿真演习中调用。另外，STRIVE 中还包含大量现成模型（如已验证的装备和武器模型），软件安装后即可用于仿真演习。这些演习运行在 PC 机上。

STRIVE 库中存放的模型、行为条例、想定、角色、样本等可通过电子方式进行传送、复制、修改或输出到文件。

2. 主要特点

（1）可快速建立仿真、训练应用。

（2）具有友好的用户界面。

（3）完全基于 HLA 结构和组件化结构。

（4）以 Plugin 概念作为应用基础。所谓 Plugin 就是一种扩展应用功能的机制，即一个 Plugin 作为一个扩展软件模块，集各种 Plugin 为一起来增加对于整体的服务和功能。

（5）完整的数据库。由多个模块组成，不仅包括可直接使用的已验证的装备和武器模型，而且可提供包括作战条例、气象、地形、水声、导航、通信和声音等方面的大量最新数据，如气象模块提供全球最新气象数据，标准导航库提供全球覆盖数据，水声数据库提供完整的水声数据等。

（6）分布式负荷处理。

（7）标准的软件和硬件平台。基于 Windows 和 C++软件平台及标准 PC 硬件。

3. 诸多的 STRIVE 开发环境与工具

加拿大 CAE 公司研制的新一代战术仿真和训练系统开发环境与工具是十分丰富、强大和实用的。它们包括：

（1）STRIVE-CGF 计算机兵力生成开发框架，是下一代合成战术环境和计算机生成兵力生成工具包，可提供具有高真实度 CGF 的陆、海、空、天交互合成实时虚拟战场环境。

（2）STRIVE-SFX 仿真开发框架，是新一代仿真开发工具和运行环境，用于开发面向对象的基于 HLA 的分布式应用（如大规模仿真演习等）。

（3）STRIVE-IOS 导演台，是一个图形工具包，用于教员控制和监视仿真环境，以便及时掌握仿真的关键因素。

（4）STRIVE-NAVX 导航服务器，是一个导航数据库系统，为本地和分布式仿真系统提供导航数据的管理和接入服务。

（5）STRIVE-COMMS 通信服务器，是新一代通信系统仿真工具，为陆、海、空应用提供完整的模块化的通信训练解决方案。

（6）STRIVE-WX 气象服务器，是气象仿真软件包，用于产生和仿真气象环境条件及其效应。

（7）STRIVE-TERRAINX 地形服务器，是新一代 HLA 兼容的地形服务器，用于多种地形设置和推理，产生实时虚拟处理环境。

（8）STRIVE-SOUND 声音服务器，是新一代数字声音仿真系统，用于提供多频道、高保真度的音响效果。

5.8.4　应用实例

例 5.13　基于 STAGE 的 CGF 建模与仿真。

　　利用 STAGE 可以快捷、有效地进行计算机生成兵力(CGF)的环境模型、物理模型和行为模型,其模型框架如图 5.38 所示。

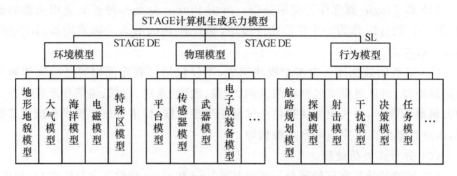

图 5.38　基于 STAGE 的 CGF 模型框架

　　其中,环境建模和实体物理建模可以利用数据编辑器,通常分为如下三步骤实现:①在 DI 中将 STAGE 平台的构成要素定义一个原型;②在 DI 中通过给原型的属性负于具体的数据值来创建实例,如大气、海洋、舰船、导弹和传感器等;③在想定编辑器中引用相应的实例,得到想定中的战场环境或 CGF 实体;行为建模可以通过脚本语言(SL)来完成。SL 是一组动作的过程描述,可以附在想定中的个体 CGF 实体上,赋予实体各种智能行为,其主要特征为基于规则的推理。如在某水面舰艇作战仿真系统中,就采用了 STAGE 对大气环境、海洋环境、电磁环境、特殊环境等进行建模。大气环境模型描述了仿真区域海平面以上空间的大气特征和大气参数(大气温度、大气压力、风向、风速等)及其对雷达、红外、光电传感器的影响;海洋环境模型描述仿真海域的海洋特征和海流参数(海水温度、流向、流速等)及其对水声传感器影响。实体物理模型是实体物理特性的描述,有静态特性和动态特性之分。通常包括实体的运动学与动力学模型、传感器模型、武器模型等。

　　除此,为了实现水面舰艇作战仿真,实体与实体之间交互、实体与环境的交互是至关重要的。图 5.39 给出了这种交互关系。

　　例 5.14　基于 STAGE 的舰艇对抗 M&S。

　　舰艇对抗 M&S 可以实现作战双方在贴近实战环境下真正意义上的兵力对抗,为战法研究、部队训练、装备研制提供重要参考。鉴于这类 M&S 对象是一个涉及武器、传感器、指控系统、平台和海区环境的复杂动态交互过程,可采用加拿大Engenvity Technologies 公司推出的 STAGE 先进实时作战环境生成工具。其M&S 的设计和实现过程如下:

　　(1)系统描述。

　　以水面舰艇与潜艇的作战为研究对象,可构成作战双方的对抗仿真系统,其系统结构及功能如图 5.40 所示。

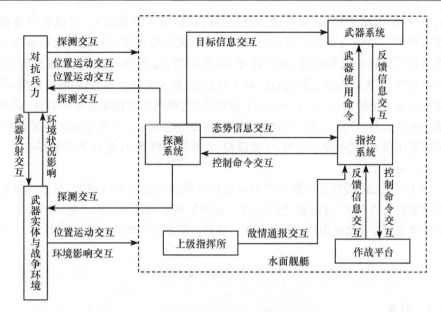

图 5.39　某水面舰艇作战仿真实体交互关系

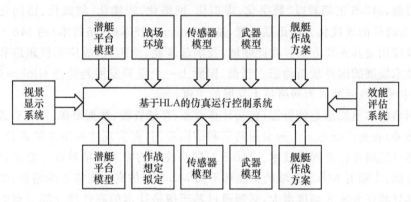

图 5.40　舰艇对抗仿真系统结构及功能

（2）系统建模。

STAGE 作为开放式仿真平台，可利用数据库编辑器完成环境建模和实体物理建模；借助脚本描述语言完成各种兵力的行为建模；通过开发接口可扩展 STAGE 所支持的环境模型和物理模型，生成新增类型模型；应用用户模型可以扩展脚本描述语言，也可以直接完成实体的各类复杂行为模型。

在建模中，环境建模包括大气环境、海洋环境、电磁环境、特殊环境等方面的建模。大气环境模型描述仿真区域海平面以上空间的大气特征和大气参数；海洋环境模型描述仿真海域的海洋特征和海流参数；电磁环境模型描述仿真区域的电磁对抗（包括无源水声干扰和有源水声干扰等）；特殊环境模型描述仿真区域中的水雷情况(包括引爆半径、引爆重量、布雷密度、杀伤概率等参数)。实体物理建模为仿真实体的运动学与动力学模型、传感器模型、武器模型等的描述。运动学和动力学模型包括实体的极限特性(最小速度、最大速度、最大加速度、最小加速度、最大旋回角速度、最大摇摆角、最大高度、最大角速率、最大俯冲速率等)和响应速度;传感器模型的各类传感器(雷达、声呐、电子侦察等)物理特性和探测性能的描述;武器模型描述各类武器(导弹、水雷等)的物理特性和毁伤性能;行为建模由航路规划模型、探测器使用模型、武器使用模型、干扰模型、指挥决策模型、作战任务模型等组成。

(3) 模型扩展。

由于 STAGE 提供的大部分模型只是初步的通用战场交战模型,难以满足复杂的实战对抗仿真需求,故必须进行扩展。这种扩展是利用 STAGE 提供的开发工具创建高精度和高置信度用户模型的过程。模型扩展方法可参阅文献(赵晓哲等,2006)。

5.9　Globus Toolkit

5.9.1　引言

目前,M&S 正朝着以"数字化、虚拟化、网络化、智能化、集成化、协同化和普适化"为特征的现代化方向迅猛发展,基于 Internet 技术(网格技术)的 M&S 支撑技术及应用是其重要方面。在此领域,我国起步晚、差距大,故应积极跟踪和研究网格技术发展的国外最新动态。当前,国际上一个重要发展趋势是 Globus Toolkit 为主的网格标准成为网格技术发展的主流。

网格的本质思想是使资源(包括计算资源、存储资源、数据资源、知识资源和专家资源等)在更广泛意义上的全面共享和协同应用,而实现这种思想的途径、方法和网格设施服务就是网格技术。M&S 对网格技术的需求和依赖性主要来自以下三个方面:①随着 M&S 领域的扩展和不同 M&S 与仿真粒度需求的增加,仿真节点及其计算任务将大幅度增大,必须通过基于网格技术的高性能计算节点的共享计算资源来满足这种需求。②将网格中负载平衡技术、资源动态调度技术、容错技术等引入基于网络的 M&S,以解决当前不能根据各节点实际情况动态分配资源的缺陷。③在海量存储和数据密集(如军用 M&S 中的数字化地貌、数字天空和各种探测设备获取的数字,基本上为天文数字)成为制约 M&S 发展的瓶颈下,借助网格技术可帮助走出困境。

5.9.2　网格技术发展概况

国际上对于网格技术及其在 M&S 的应用研究较早,近年来发展尤其迅速。较知名的有:美国地震工程仿真网格 NEES Grid、全球信息网格 GIG、复杂系统仿真与应用的网格项目 SF Express;欧洲的 Gross Grid 项目,并在 2003 年开发出了一系列应用原型系统,被用于外科手术的交互式仿真和可视化、洪水预报决策支持系统、高能物理的分布式数据分析、天气预报及空气污染分析等。

值得指出,美国对于网格技术及其应用是最为重视的,并取得了一系列重大成果。例如,在 1998 年,SF Express 项目使用了跨多个时区的 13 台超级计算机和 1386 个处理器,成功地模拟了 100298 个战斗实体,实现了当时历史上最大规模的战争模拟;又如,从 1999 年开始美国国防部投入数百亿美元组建全球信息网格 GIG。GIG 集成了全球各种军事信息,包括侦察、职能、战斗信息、后勤、运输、医疗等,并通过实时计算和通信完成信息的收集、处理、存储、分发管理和安全保障等功能。

我国亦十分重视发展网格技术,不仅已能生产基于网格技术的高性能计算机,如曙光超级服务器、银河巨型机和神威巨型机等,同时实施了相关网格技术研究项目,如 China Grid 计划、E-Science、织女星网格等。

在所有这些网格技术研究和基础设施建设中,从技术上讲,以 Globus Toolkit 最为典型,下面作简要介绍。

5.9.3 Globus Toolkit 简介

1. 概述

Globus Toolkit 3.x 有多个模块组成,主要包括核心模块、安全服务模块、资源管理服务模块、信息服务模块和数据服务模块等;COG(commodity grid toolkit)提供了一个跨平台的客户端工具来访问远端 Globus 和进行通信;基于 Globus 和 Java COG 提供的功能模块,可用于研究仿真网格支撑平台技术,并可在此基础上搭建起支撑分布式系统的协同建模/仿真支撑环境(见图 5.41)。

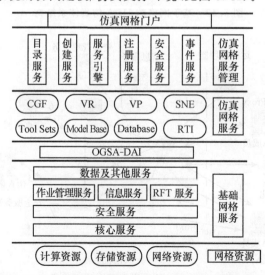

图 5.41 基于网格的协同建模/仿真支撑环境体系结构

2. Globus 应用开发

Globus 具有很大的开发空间,它与仿真相结合不仅可以便捷地构造如图 5.41 所示的协同建模/仿真支撑环境,给传统 M&S 带来新的生机,而且能够有效地改造广泛应用的 HLA 仿真系统,克服这类系统现存的许多缺陷(如资源的动态分配较为困难,仿真运行的安全性与容错性较差,缺乏对大型并行仿真应用的支持等)。改造后基于网格的 HLA 仿真系统如图 5.42 所示。它既克服了传统 HLA 仿真上述缺陷,又是新一代 HLA 仿真系统具有良好的扩展性、便于支持仿真的全生命周期和能够自动收集仿真结果。图 5.43 还给出了基于仿真网格服务典型运行模式。

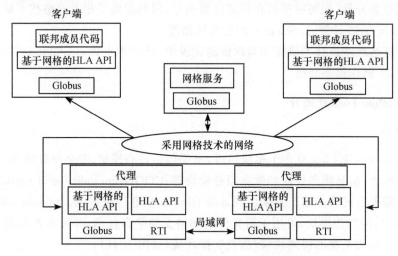

图 5.42　基于网格的 HLA 仿真体系结构

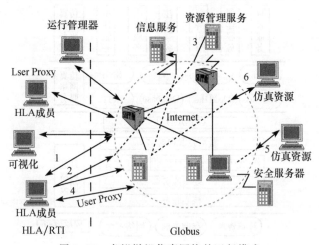

图 5.43　虚拟样机仿真网格的运行模式

值得指出,在 Globus 应用开发中,国内不少单位如中国航天二院、北京航空航天大学、北京理工大学、国防科学技术大学、解放军理工大学取得不少成果,作出了重要贡献。

5.9.4　应用实例

例 5.15　基础网格平台形成与仿真网格服务开发。

OGSA(open grid services architecture)提出了网格服务开发与部署的规范。在 OGSA 中,一切网格资源都被看成仿真网格服务。网络服务建立在 Web 服务的基础上,使用 WSDL(web service description language)机制描述其公共接口并实现 Web 服务功能扩展。基于 Globus 和 Java CoG 封装功能模块,开发出 AST-Grid 软件包和相应服务,便可形成基础网格平台。该平台实现面向用户安全认证、资源查询、作业调度、文件传输及信息管理等基础网格服务功能,并作为仿真网络服务开发的基础。为了支持仿真网格服务的快速开发,支持仿真资源的快速网格化,文献(彭晓源等,2004)给出了实现框架如图 5.44 所示。

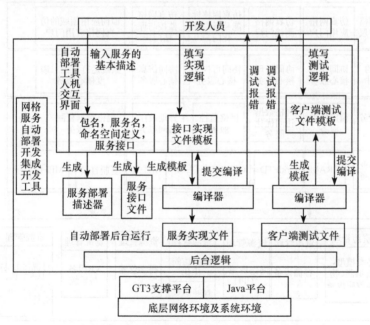

图 5.44　仿真网格服务辅助开发工具实现框架

例 5.16　仿真网格技术综合研究。

文献(李伯虎等,2004)给出了一个仿真网格技术综合研究体系结构,如图5.45 所示。它以应用领域仿真需求(如复杂军事体系对抗仿真、复杂产品虚拟样机、SBA 复杂仿真和其他应用等)为背景,综合应用复杂系统模型技术、先进分布仿真技术/VR 技术、网络技术、管理技术、系统工程技术及其应用领域有关的专业技术,实现网络/联邦中各类资源安全地共享与重用、协同互操作、动态优化调度运行,从而对工程/非工程领域内已有或设想的复杂系统/项目进行论证、研究、分析、设计、加工生产、试验、运行、评估和报废活动。这是一个综合研究仿真网格技术及其应用的重要平台。利用此平台进行了一系列相关关键技术研究,其中包括仿真网格的体系结构和总体技术、仿真网格服务资源的动态综合管理技术、仿真领域资源等的网格化技术、仿真网格协同建模/仿真的互操作技术、仿真网格的 QOS 和实时性实现技术、仿真网格运行的监控和优化调度技术、仿真网格应用的开发与实施技术、仿真网格的可视化服务实现技术、仿真网格的安全支撑技术、仿真网格的门户技术等。

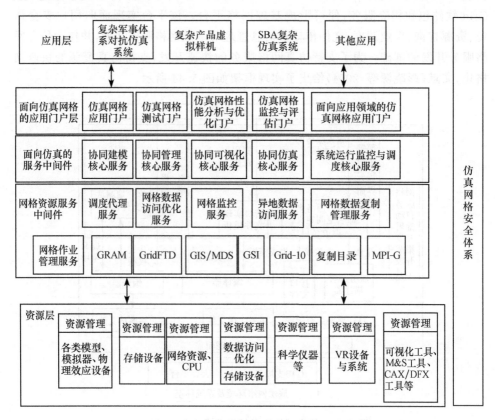

图 5.45　仿真网格综合研究体系结构

5.10　M&S 的其他支撑环境与工具

随着仿真科学技术的不断发展和复杂系统 M&S 需求的日趋增大,近年来复杂系统 M&S 的支撑环境与工具接二连三地出现,有力地推动着系统 M&S 的进步。对于这些环境及工具不可能像前面那样较详细讲述,只是一一列举供读者参考。

1. OPNET/NS-2

OPNET NS-2(network simulator version 2)是目前常用的网络仿真软件。其中,NS-2 因其源代码公开、可扩展性强、速度和效率优势明显而普及率最高。

NS-2 是由(美)伯克利大学研发的世界一流大型网络仿真软件,也是一种可扩展、可重用、基于离散事件驱动、面向对象的网络仿真器。它支持局域网、广域网、无线移动网及卫星网络的仿真,用于军事通信网络 M&S 研究,同时是我国目前应用最为广泛的网络仿真软件。C^4ISR 系统的通信系统 M&S 常采用这种软件。

NS-2 采用 C++编写算法机制,以 OTc1 解释器为前端,用户使用 OTc1 库的对象编写并运行仿真脚本,可通过普适性模板添加新的模板(杨锦亚等,2006)。

2. dsPACE/Targetlink

dsPACE(digital signal process and control engineering)全称为数字信号处理和控制工程,是由德国 dsPACE 公司开发的一套基于 MATLAB/Simulink 的控制系统开发及半实物仿真的软硬件工作平台。它作为一种先进而可靠的开发、测试和仿真系统,对控制系统前期产品原型开发、中期产品实现和后期产品测试和闭环仿真都提供了强有力的支持。

dsPACE 系统具有高度的集成性和模块性,允许用户根据需求来组建用户系统,并利用 Simulink 的控制算法和模型框图自动生成 dsPACE 系统的运行代码,还可下载到 dsPACE 系统实时运行。dsPACE 的专长是控制器快速建模(rapid control prototyping,RCP)及硬件在回路中的控制器测试(hardware-in-the-loop Simulink,HIL)。控制器快速建模,是使用 dsPACE 的 DSP 板运算器的数学模型,并由 DSP 板 I/O 接口与受控制器物体连接,以达到快速测试控制器原始设计。

Targetlink 是 dsPACE 公司最新研发的软件,用以将控制器的数学模型自动转换成定点运算的 C 程序,可大大缩短控制器的研制周期。

dsPACE 实时仿真系统具有其他仿真系统无法比拟的如下优点:①组合性强;②过渡性好;③对产品实时控制器支持性强;④快速性好;⑤性能价格比高;⑥可靠性高;⑦基于 PC 机和 Windows 操作系统;⑧实时性好;⑨灵活性强。

因此,已被广泛用于航空、航天、汽车、发动机、电力机车、机器人、驱动和工业控制等领域,尤其适于航空、航天飞行器的安控及轨控与动力学 M&S。仿真中包括了 5 个基本模块:轨道模块、卫星动力学仿真模块、卫星敏感仿真模块、执行部件仿真模块、姿态控制器仿真模块。

3. AD RTS/rtX/SIL

AD RTS/rtX/SIL 系统是世界著名的仿真系统公司——（美）ADI 公司继 AD-10 和 AD-100 仿真系统后发展的实时仿真平台。它们是目前世界实时性极好的系统，能强有力地支持"以仿真为核心"的研发过程，为用户提供全新的通用、开放的实时仿真硬件平台和友好的仿真软件环境，用于进行快速原理样机、各种嵌入系统的设计和仿真试验，以及大型系统地面集成测试与仿真，已在航空、航天、航海、兵器、汽车等领域获得了广泛应用。美国陆、海、空军，波音公司，湾流公司，NASA，Honeywell，GE，GM 等是他们的重要客户。该系统参与的重大项目有 F-18、V-22、EA6B、"掠夺者"无人机、波音 777、波音 787、空客 380，以及我国某些航空、航天、舰船、兵器等产品的研制和模拟训练。

AD RTS 基于 VME 总线，rtX 基于 PCI 或基于 PCI/PXI/CPCI 混合总线，SIL 是适用于系统集成测试的多节点分布式实时仿真系统。这些实时仿真平台具有如下突出优势：

（1）平台硬件良好的开放性。支持 VME/PCI/PXI/CPCI 总线标准的货架板卡，为客户配置系统和未来的升级提供了丰富的选择。同时，支持客户自行开发的板卡，Advantage 软件帮助客户自行开发相应的驱动程序。

（2）平台软件良好的开放性。支持各种建模工具，所支持的模型包括C/C++、FORTRAN、Simulink、System Build、ADSIM、Statemate、Ada、Carsim 等。

（3）强大的计算能力。提供多种计算引擎，使用目前市场上最先进的处理器，具备强大的模型解算能力。

（4）自动任务分配。软件精心设计可保证多个模型解算任务自动地分配到多个计算引擎中完成，无需人工分配。

（5）精确时钟。使用 IRIG-B 板卡提供的精确时钟作为仿真时钟，甚至可使用 GPS 的时钟，精度可达 10^{-12} s。同时，也支持使用外部时钟。

（6）高速网络。包括 GB 量级的以太网、SCRAMnet、VMIC 等实时网络，通过高速 HT 总线通信，HT 提供了 182.4Gbit/s 的带宽，可保证非常大型仿真系统数据交换的实时性。同时还提供桌面协同仿真平台 Advantage GP（目标机为 PC），这样即使无实时仿真平台，也能进行软件在回路中的仿真测试和方案保证。

（7）完善的实时工具。包括实时脚本工具、集成 DEBUG 工具、API 接口、Altia 面板、测试自动化等。

（8）完善的辅助系统。包括故障注入系统 FIU、实物供电系统、断线箱系统 Break-outBox、信号连接自动重构系统、自动测试和校准系统等。

（9）传感器、执行机构的模拟。提供多种模拟的传感器：应变计、热电偶、直线变阻器、旋转变阻器、扭矩马达、步进马达、编码器等。

4. STK

STK 是美国 AGI 公司推出的用于航天产业设计和分析的专业卫星分析工具软件。主要由如下 13 个模块相互组合而成:基本模块、覆盖模块、通信和雷达模块、VO 模块、链接模块、MFT(导弹飞控)模块、宇航模块、传输模块、GIS 模块、POD(高精度定轨)模块、DIS 模块、空间环境模块、CAT 模块等。它能够提供逼真的三维可视化动态场景以及精确的图表、报告等多种分析结果,支持卫星寿命的全过程,是航天飞行、遥感、通信、导航、设计制造、研究分析,以及测试、发射和在轨运行等各个环节中都有广泛应用的软件工具。全球 80%航天单位都在使用 STK。

5. DirectX

DirectX 是美国 Microsoft 公司开发的实时飞行软件。与 OpenGL 相比,DirectX最大特色是支持 T&L,即坐标转换和照明,更适于在 PC 机上进行仿真程序的开发。我国有关单位已开发出基于 DirectX 的无人机三维虚拟飞行仿真系统,使用结果良好。

6. Simu Works

Simu Works 是由清华大学自主研制的仿真支撑系统。主要由仿真引擎 Simu Engine 和模型开发环境 Simu Builder 组成,可运行于微机 Windows 平台。系统采用了面向对象的模块化建模方法,具有方便、快捷、通用性、开放性好和自动化程度高的优点,已在火电站仿真、水电站仿真、热力管网仿真、化工过程仿真、经济研究及潜艇作战综合仿真等多个方面获得成功应用,效果良好。

7. KD-FBT

KD-FBT 是国防科技大学自主研制开发的用于多联邦互联的软件。该软件可快速创建桥接成员,在联邦间提供一个透明、松耦合的、有效的多联邦互联。已成功应用于某大规模联合作战训练仿真系统,对类似多联邦系统互联有一定参考和借鉴价值。

8. SISP

SISP 是清华大学自主研发的支持复杂大系统设计仿真一体支撑平台(简称 SISP)。主要用于复杂大系统的数字化模型设计、协同仿真和虚拟测试。由相应的三部分软件组成,即模型设计软件、协同仿真软件和虚拟测试软件,在平台应用上,这三种功能软件可无缝集成在一起。

9. IDL

IDL(interactive data language)是美国 ITT VIS 公司推出的第四代可视化交

互数据语言,为新一代交互式、跨平台、面向图形对象的应用程序开发语言,具有语法简单和数据分析及可视化功能强大的突出特点。IDL 的最初原型为 NASA 的一个可视化项目,早在 1982 年 NASA 就选用 IDL 进行火星飞越航空器的研究,2004 年还参与了火星探测计划中的测试和传感器设计。JPL 的科学家利用 IDL 对“勇气号”和“机遇号”的数据进行了分析。目前,IDL 已广泛应用于科学计算、信息处理、空间科学、地球科学、海洋、气象、资源环境、数字图像处理、天文、教育和商业等领域。

IDL 于 20 世纪 90 年代进入我国,已在中科院、气象局等单位得到了开发应用。ITT VIS 公司于 2006 年 4 月推出了最新版本 IDL 6.3 及其系列产品,是快速交互可视化数据分析必备工具,开始在世界范围内流行。

10. LS-SVM

LS-SVM(least squares support vect machine)是最小二乘支持向量机的简称,是标准支持向量机的一种扩展。采用 LS-SVM 建模是复杂非线性建模中的理论方法之一,与神经网络方法相比具有求解快、鲁棒性好和不需要大量样本的显著优势。已广泛应用于模式识别、信号处理、时间序列预测、复杂系统动力学与运动学、控制系统多故障诊断等领域。

11. SIMPLORER

SIMPLORER 是 ANSOFT 公司推出的多领域复杂系统仿真软件包,包含机电文件、电子线路、控制算法在内的系统仿真和多种仿真算法。它不同常规仿真软件,只局限于某一工程技术领域问题,尤其适合对机电驱动系统和电力、电子系统运行 M&S 分析。该软件提供了 C/C++编程接口和用户自定义模型功能,避免进行复杂数学转换,对于不同工程领域问题可以直接选择最适宜的建模语言进行M&S。

12. XML

XML 为可扩展标记语言,是更容易被计算机理解的 Internet 信息描述语言,能够表示复杂数据的结构信息,同时保持非常好的扩展性,是分布式系统中信息透明传输和交互的良好载体。由于它被设计成形式和内容分离、具有自描述能力、可扩展和对不同平台透明,故广泛应用于各个领域(如航空、航天、作战某领域)的数据表示和信息交互。

13. MathML

MathML(math makeup language)是 W3C 数学工作小组在 XML 基础上提出

的数学标记语言,是计算机之间交换数学信息的标准。它继承了 XML 的简洁、可扩充及灵活性的特点,为交换与识别数学表达式提供了统一描述,以文本形式的数据作为信息的载体。在不同的平台和应用程序之间,遵照 MathML 标准可以进行数学模型的共享和交互。

14. JiST/SWANS

JiST 是美国学者 Rimon Barr 等新近提出的一种基于 Java 的仿真平台,被用于 MANET 网络仿真。其中,JiST 是基于 Java 离散事件仿真引擎;SWANS 是一个在 JiST 平台上实现的可扩展的移动 Adhoc 网络仿真器。

15. Modelica/MathModelica/Dymola

Modelica 是欧盟统一组织为解决复杂物理系统 M&S 问题而提出和研制的多领域统一建模语言标准规范。它按照面向对象和组件化思想,对不同领域物理系统(电导、液压、控制、热流等)的模型进行统一表述以构建不同学科的标准件库,并在 Dymola 软件平台上进行仿真。基于 Modelica 标准,国际上已开发出 Dymola、MathModelica 等 M&S 工具。其中,Dymola 是由瑞典 Dynasim AB 公司设计开发的第一个支持 Modelica 语言的 M&S 工具,可提供图形化建模环境、文本建模环境,支持基于图标的拖放式图形建模和具有 Modelica 语言的文本建模,具有强大的符号处理引擎,集成了多个数值求解包,可实现大规模的多领域物理系统 M&S。MathModelica 由瑞典 Linköping 大学 PELAB 实验室设计开发,具有与 Dymola 一样的图形和文本建模能力,但各组成模块没有集成在同一框架界面中,在 M&S 中需反复激活和切换操作界面。

目前,MathModelica/Dymola 已在多学科 M&S 中得到广泛应用。使用非常简便,并可根据用户需求利用 Modelica 语言或其他建模语言扩充组件库,只要正确编写组建代码和制定好相应连接口,便可以通过依次连接组件完成目标系统的仿真。

16. REPAST

REPAST 最早由美国芝加哥大学研发,后经美国 Argonne 国家实验室扩展,是一个基于多 Agent 和 JAVA 语言的仿真平台,主要用于复杂适应系统 M&S,在国外得到了广泛应用,应用领域为理论研究、社会系统仿真、经济系统仿真、电力市场仿真等。具有功能强大、使用简便等突出优点,是一个极具应用前景的复杂系统 M&S 平台。

17. MODSAF

MODSAF 是当今公认最成功的 CGF 系统,是由美国 Loral System 公司研

制,已发展到 MODSAF 5.1。MODSAF 系统的典型配置主要有三类工作站组成,
即 SAFsim、SAFstatio 和 SAFlogger。ModSAF 采用模块化、组件化、面向对象和
层次化设计思想与方法,具有强大的 CGF 功能。目前已广泛应用于 CGF 技术研
究和陆、海、空的多个仿真系统,在著名的"STOW"演习中获得了成功使用。

18. JMASE

JMASE(joint modeling and simulation environment)是一个面向对象的
M&S 支撑环境。JMASE 由三部分组成:①JMASE 体系结构;②模型与 JMASE
间的标准接口;③基于 GUI 的一系列工具。它通过定义和提供一系列标准、服务、
模型接口和工具集,不仅满足了国防领域内模型的重用和互操作,而且支持包括模
型开发、组装、配置、执行和分析在内的 M&S 全过程的一体化和标准化。JMASE
已广泛应用于以武器装备和军事作战为代表的复杂 M&S。JMASE 与其他可视
化软件相结合(如 JMASE/Simulink 等)进行联合 M&S 是一个重要发展方向;
JMASE 与 KD/PARSE 框架集成可大幅度地提高分布交互仿真效率,约使运行时
间减少 35%。

19. UG/Open

UG(unigraphics)是 CAD/CAM/CAE 集成软件系统,UG/Open 为 UG 二次
开发工具。主要由 4 个开发工具组成:Open GRIP、Open Menuscript、Open UI-
styler、Open API。可提供理想的可视化虚拟环境、参数化建模、干涉检查动态仿
真等。该软件和工具被广泛用于航空、航天、航海、汽车制造、通用机械、模具加工
等行业领域。

20. JAVA/VRML

JAVA 是一种强大的 Web 编程语言,具有多方面功能,在 VR 中有广泛应用,
利用它可以简捷地创建 360°实景物体和场景展示,并能模拟三维空间。一个突出
特点是基于 Java 技术的产品可在浏览器上直接浏览,而不需任何插件。MGI 技
术就是基于 Java 的系列全景图片和连续图片处理软件。

VRML(virtual reality markup language)为虚拟造型语言,又称虚拟现实建模
语言,是一种可以发布 3D 网页的跨平台语言,可以提供一种更自然的体验方式,
包括交互性、动态效果、连续性以及用户的参与探索。它是目前两类分布式虚拟现
实网络平台的支撑软件之一,被广泛用于虚拟仿真和远程虚拟购物等领域。

21. SYSML

SYSML(systems modeling language)是国外研究中的一种新型系统建模语

言。它是为了满足系统工程需求,由国际系统工程学会(INCOSE)提出的作为系统工程的标准建模语言。SYSML 1.0 版已被 OMG 作为标准采纳,并于 2005 年推出了 SYSML 的集成支持环境。目前已成为一种超出系统工程领域的多用途标准建模语言,能够支持各种复杂系统的详细说明、分析、设计、验证和确认。

SYSML 十分类似于统一建模语言 UML,语言结构同样是基于四层元模型结构:元元模型、元模型、模型和用户对象。可实现可视化表示,作为系统建模工具的基本图形为九种,分四类:结构图、参数图、需求图和行为图。结构图包括类图和装配图,行为图包括活动图、顺序图、时间图、状态图和用例图。

22. COSIM

COSIM(协同仿真平台)是一种基于协同仿真技术、面向复杂分布仿真系统通用的组件化协同仿真的平台,是复杂系统 M&S 发展的必然产物。它通过提供一个综合的仿真环境来支持复杂系统的分布、交互、协同仿真需求,由一个开放的、基于标准的(WEB、XML、HLA/RTI)仿真集成框架和几个可灵活组装的、支持复杂系统协同建模与分布式仿真运行的仿真部件构成。COSIM 体系结构如图 5.46 所示。它包括想定编辑工具、系统高层建模工具、组件自动生成和测试工具运行管理工具、测试评估工具和模型库等工具。

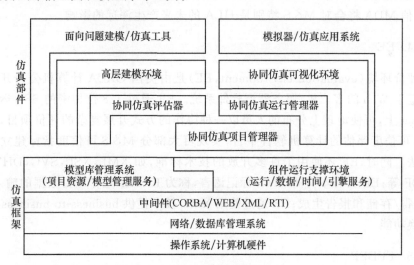

图 5.46　协同仿真平台的体系结构

由图 5.46 可知,协同仿真框架是运行计算机网络环境的一组软件,它将各仿真部件组成仿真系统并支持该系统运行,整个框架由支撑软件与服务程序组成。

应指出,协同仿真技术是指异地、分布的建模,仿真分析人员可在一个协同、互操作的环境中,方便、快捷和友好地采用各自领域的专业分析工具对构成系统的各子系统进行 M&S 分析,或从不同技术视图进行功能、性能的单点分析,并透明地支持它们参与整个系统的联合仿真,协作完成对系统的仿真的一种复杂系统仿真分析方法。

COSIM 作为面向复杂分布仿真系统的平台,主要用于虚拟样机工程、军事体系、对抗仿真、计算机生成兵力、虚拟测试与评估、网格技术研究等领域。

23. MDA

MDA(model driven architecture)是由 OMG(对象管理组织)提出的一个软件开发框架,即模型驱动构架,或称模型驱动体系构架。MDA 包括一系列核心标准,如 UML,MOF,CWM,XML 等,其内涵在于利用模型来指导系统理解、设计、构建、部署、使用、维护及更新过程。它的主要思想是采用标准建模语言,从现实系统中抽象出与技术无关、领域相关的业务模型,即平台独立模型 PIM——描述支撑某些业务的软件系统;针对不同实现技术制定多个映射规则,并通过这些规则和自动化工具将业务模型转换成一个或多个领域相关、平台相关的应用模型——平台相关模型;最后利用工具将其平台相关模型自动转换成代码,进行继承和测试。

MDA 对实现复杂仿真系统特别是 HLA 仿真系统的便携性、互操作性、可重用性及模型扩展作用很大,目前已成为复杂仿真系统开发的热点,得到了广泛应用,相信 MDA 将会对 M&S 特别是 HLA 的未来产生深远的影响。

24. EE

评价环境(evaluation environment,EE)是由美国 ORCA 计算机公司开发的一种基于 Web 的客户机/服务器型软件系统。EE 通过 128 位加密的 SSL 运行在 Internet 上,可使地理上分布的人员以一种协作的方式开展复杂的评价项目,作为 M&S 可信度评估的计算机软件平台,实现可大部分 M&S 可信度指标建立与评估方法。同时,EE 还使用了许多开放的技术标准,如 XML,XSL,SVG,DHTML 和 PDF 等;EE 具有本身的 XML 标记语言,称为 EEML,用作项目数据的输入/输出、获得/存储和报告生成;EE 通过使用 XML 技术提供 business-to-business 的数据交换功能。

25. FEDEP

联邦开发与运行过程(federation development and execution process,FEDEP)是由 DMSO 研发并推出的联邦开发与运行过程模型,用来指导 HLA 仿真系统开发,以提高系统的可重用性。新近 FEDEP 模型 1.5 版将创建 HLA 仿真系统的过程分为六步:①定义联邦目标;②开发联邦概念模型;③设计联邦;④开发联邦;⑤集成和测试联邦;⑥运行联邦和准备结果。

26. POOSL

POOSL(parallel object-oriented specification language)是由荷兰研发的一种面向对象的形式化建模语言,由数据类、处理器和聚类三部分组成。它基于数学定义的语义和离散马尔可夫链,能够准确、有效地描述系统并发的、分布的和实时的行为特性,具有执行速度快,可直观描述大型工业级系统和执行结果确定、唯一的显著特点,已被实践证明是一种很高效的分析和评估工业级的建模语言。

27. VISSIM

VISSIM 是为了解决 MATLAB 许多工具箱与硬件连接较为困难而推出的一种功能强大的电力、电子和自动控制建模仿真软件。该软件能够提供友好的用户界面,含有丰富的控制元件库和强大的数学运算模型,并容易将其他仿真软件中的元器件转化为通用数学模型,且能够与 C++、DSP 和集成的 MATLAB 模块连接。目前已开始用于电力、电子、控制系统的建模、分析与开发研究,并为实际电路设计调试提供了新的思路。

28. SCADE

SCADE 是一种高安全性的应用开发环境。它采用“基于模型”的开发流程,通过无歧义的形式化建模方法对需求进行建模,并通过一系列的验证手段确保模型的正确性和完整性。

SCADE 提供了两种图形化建模机制和多种模型验证方法。数据流机制适合连续系统建模,主要用于传感器等时间间隔采样、信号处理、计算并输出等,通过多个图形或文本节点的组合来实现软件的图形化建模,图形化的表示数据流和状态转移;有限状态机适合于离散事件系统建模,主要用于响应外部中断或处理内部事件,发出警报并进行边界检测、模式转换或是通信协议等。模型验证主要方法包括静态分析、模拟仿真、覆盖率分析和形式验证等。

目前,SCADE 已成功用于构建高质量、高安全性要求的软件模型,特别是弹载软件模型。

29. 基于 DSP/BIOS 的飞控软件仿真系统

DSP/BIOS 是 TI 公司开发的一个实时操作系统,作为 DSP 芯片的各种实时操作系统的底层软件,其主要功能包括实时任务调度、中断、I/O 服务和其他实时操作,还能够实时捕获 DSP 目标系统的各种信息,并将其送给 PC 机。

基于 DSP/BIOS 的飞控软件仿真系统是一个能够实现飞控软件快速原型技术的软件开发调试平台与系统仿真平台。主要由主机和目标机两部分组成,其功能为:①利用 DSP/BIOS 工具创建基于 TMS320C6202/01 DSP 的飞控软件应用程序;②实现 Microsoft Visual C++软件工具平台与 TMS320C6202/01 DSP 数据采集以及与控制板卡的数据通信,同时监控 DSP 代码执行效率。

30. XMSF

继 1995 年美国国防部 M&S 办公室(DMSO)提出 HLA 和 RTI 后,于 2002 年又提出了可扩展 M&S 框架。XMSF(extensible modeling and simulation framework)是由美国海军研究生院、乔治-梅森大学及 SAIC 公司研发的一种基于模型驱动体系结构的元模型思想和 Web 技术的可扩展 M&S 框架。其本质是一种互操作协议,同 HLA 或 ALSP 相似。用以解决在基于不同的技术环境实现 RTI 之间还不能实现互联、互通,导致仿真对象间不能实现互操作,以及没有达到平台无关和语言无关等问题。

XMSF 并非一种应用,而是一套技术解决方法的标准和分布式方法的集合。这一标准集合利用 Web 服务和技术为 M&S 应用建立了一个技术框架。其核心是使用通用技术、标准和开放的体系结构促进 M&S 在更大范围的互操作和重用,它可以建立一个统一的异构分布仿真框架,支持不同的编程语言、操作系统和硬件平台,是 M&S 技术发展的方向。

XMSF 的提出对 HLA 在可重用性、互操作性、可组合性、高性能 RTI、安全性等方面进行完善,使 C⁴ISR 系统和仿真系统能够充分利用 Web 技术的优势,以适应美军网络中心战(network centric warfare,NCW)的需求。

31. VTK

VTK(visualization toolkit)是一个用于可视化应用程序构造与运行的支撑环境,是由 Will Schroeder、Bill Lorensen 和 Ken Martin 三个学者一起开发的,集计算机图形、图像处理和可视化处理于一体的软件系统。它集成了图形/图像和可视化领域内的上百种算法,它在三维函数库 OpenGL 的基础上,采用面向对象技术开发,可以跨平台使用,不仅具有强大的三维图形功能,而且其设备的无关性使其代码具有良好的移植性。整个系统包括 600 多个类,源代码超过 32500 行。应用中,所建立的 VTK 应用程序框架可使用 C++、JAVA、Tc1/TK、Python 等多种编程语言调用。VTK 使用面向对象技术包含了大量对象模型,并划分为图形模型对象和可视化模型对象两个方面。整个图形模型主要有渲染控制器、渲染窗口、渲染器、灯光、照相机、角色、属性、映射、交换等。可视化模型主要包括数据对象和过程对象。其中数据对象有对边形数据、非结构点数、结构网格、非结构网格;过程对象有数据源、过滤器和映射。

VTK 已在建筑、产品设计、医学、地球科学、流体力学、军事作战等各个领域中得到广泛应用。随着 Web 和 Internet 技术的发展,VTK 将会有更好的发展前景。

32. Stateflow

Stateflow 是一种基于 MATLAB/Simulink 和有限状态机理论的图形化离散事件仿真环境,通过状态流程和事件驱动实现对离散事件系统的 M&S。它作为图形化设计工具,每个状态自动机用一个图来表示,每个图在 Simulink 中封装成一个模块,一个 Simulink 仿真模块中可以有多个这样的图。每个图都有自己的输入、输出及内部的数据状态。

一个 Stateflow 图由图形对象和非图形对象构成。图形对象包括状态、转换、节点、图形函数等。非图形对象则包括数据和事件的定义。

Stateflow 可实现有限状态机代码的自动生成,用户只需要在 Stateflow 界面绘制状态转移图和流程标识,由 Stateflow 生成 Simulink 的仿真代码。仿真时,还可以很直观地观察状态转换过程,便于调试和修改,并能和 Realtime 工具箱紧密集成,直接生成目标代码进行半实物仿真。

Stateflow 具有建模简洁、直观、方便,并与 Simulink 紧密集成的突出特点,特别适于具有离散事件的混合系统(hybrid system)M&S,已广泛用于武器系统(如巡航导弹武器系统)等领域的仿真。

33. JMASS/JSIMS/JWARS

JMASS/JSIMS/JWARS 是美国国防部正在实施的 3 个基于国防信息基础设施的仿真系统项目,即联合建模仿真系统/联合仿真系统/联合作战系统,它们分别用于武器装备采办、作战仿真训练/演练和战场/战役分析,是分布式虚拟环境的典型应用。

(1) JMASS 是 20 世纪 90 年代由美国空军航空系统中心和怀特试验室研发的一个完整的军事仿真系统,包括一套定义良好的标准/规范、有效仿真引擎、分析工具和经确认的威胁模型基础结构。它遵从 HLA 规范,能与虚拟战场中的其他仿真模型进行互操作,主要针对底层工程设计和战术级系统分析。目前的 JMASS 版本主要用于多个领域的建模与分析,如电子战的研究与开发、测试与评估。JMASS 包含四部分:传统模型功能实现(导弹、交战、飞行员心理模型等)、红方威胁模型、蓝方数字化兵力模型和 JMASS 体系结构(工具、服务器、标准、接口、三军通用程序等)。

(2) JSIMS 是(美)国防部以 STOW 为基础,于 20 世纪末研制的一个支持多兵种联合演练仿真系统。仿真领域包括海、空、天与特种操作,仿真级别包括战场操作、战术与决策,仿真任务为训练、战术演练与教育等。

JSIMS 是典型的新一代大型联合作战仿真系统,由陆军模拟系统、空军模拟系统、海军模拟系统、海军陆战队模拟系统、通用组件、国防部 M&S 办公室模拟系统、国家安全局模拟系统、国家情报局模拟系统、国家侦察局模拟系统等构成,不仅能提供不同军种模拟/模型的互操作能力,还提供了对联合作战参谋人员训练的能力。

2002 年运用 JSIMS 进行了"千年挑战 2002"联合军演,构成了一个包括不同军中的 42 个仿真系统,具有 15000 个目标、600 个作战平台及 400 种弹药约 90 多个联邦成员的大规模分布式虚拟战场环境。

(3) JWARS 是一个战役级的军事行动模型,能提供队战役层次上联合作战的全面描述,其中包括对 C^4ISR 系统及其过程的描述;后勤保障对作战影响的描述;对战斗级机动作战的描述等。

JWARS 是美军的一个最新推演类作战模拟系统,在逻辑上分成 3 个域,即问题域(作战功能、陆战、海战、空战、空间战、后勤、C^4ISR 等)、仿真域(仿真开销、合成环境、地形、气象、基础设施、数据库服务、HLA/RTI 等)和平台域(计算机、人-机界面、想定管理、战场情报、实验设计、输出分析等)。

JWARS 采用 CASE 工具和面向对象基于实体的建模方法,支持两种不同类型的分析,即单模拟仿真重复样本分析和多模拟仿真重复样本分析。

除此,作为虚拟战场早期开发的(美)SIMNET、STOW、NPSNET 仍在继续使用;我国北京航空航天大学、国防科学技术大学、中国科学院软件研究所等建立的分布式虚拟环境平台 DVENET 其水平已接近 STOW。

34. SPNP/DSPNexpress

SPNP 是美国 Duke 大学 Trivedi 教授研发的一个较成熟的随机 Petri 网软件。SPNP 的使用界面是 C 语言形式的 SPN 描述语言(C 语言的扩充),它所描述的扩展 SPN 模型实际上是随机回报网模型,而所扩充的测试性能参数包括两类:稳态期望值和瞬态分析值。

SPNP 可以运行在广泛平台的 UNIX 系统和 VMS(VAX)之下。目前,SPNP 已成为复杂系统 Petri 建模的必备工作环境和应用基础。

DSPNexpress 是由德国 Dortmund 大学 Lin demann 教授研发的一种确定与随机 Petri 网数字求解软件,由几个软件模块集合而成,被放存 UNIX 文件系统的不同目录,可以在 SunOS 4.1 支持下运行在 Sun 工作站,也可分别在 ULTRIX 4.2 和 HP-UX 9.0 支持下运行在 DEC 和 HP 工作站。它们的所有模块都是由 C 语言实现的。

DSPNexpress 允许多用户模式,每个用户可从中激活求解程序。同时,DSPNexpress 图形用户界面允许对 DSPN 模型友好定义、修改和数值分析;DSPN 的位置、瞬时变迁、指数变迁、确定变迁和弧的图形描述由选择相应的对象和命令实现。

35. FTA

FTA(Fault Tree Analysis)原本是美国贝尔实验室首先使用的故障树分析法,20 世纪 60 年代初就被成功用于民兵导弹发射控制系统的可靠性研究。目前,已形成 Visual C++ 环境下开发的故障树分析软件,在国际上被公认为是可靠性、安全性分析的一种基于蒙特卡罗法的有效仿真软件。我国工程技术人员已将该软件用于导弹武器系统分析,收到了很好的效果。当前正在对自动建树和可修系统数学模型等进行深入研究,以进一步提高软件的自动化水平和扩展应用范围。

36. LabVIEW

LabVIEW 是一个功能完整的软件开发环境,同时也是一种功能强大的编程语言,而且是一种用图标和连线代替文本行来创建应用程序的图形化编程语言,故被称为 G 语言。LabVIEW 中提供了多种信号处理模块,且 LabVIEW 程序又称虚拟仪器,因此可比 Matlab 更直观、方便地进行机电系统动态分析和电子测量领域仿真,除此之外还具有仿真精度高、效率高的特点。

37. VR Juggler

VR Juggler 是近年来在国外虚拟现实领域发展迅速的视景开发软件。该软件 1997 年由美国爱荷华州大学研制成功,提供一个灵活的、可支持扩展的、且支持多种 VR 应用的通用软件平台。它不同于其他 VR 软件,而是提供了一个通用的虚拟环境框架。一个完整的基于 VR Juggler 开发系统由用户应用层、VR Juggler 绘制管理器及 VR Juggler 内核和设备管理器等四部分组成。另外,VR Juggler 在虚拟设备的配置方面提供了一个图形化的编辑和管理工具——VJcontrol 同时也提供了一个动态配置的机制,即在仿真运行过程中实时地改变虚拟设备配置而无需改动硬件设备。我国有关部门已利用 VR Juggler 开发出可提供多种模拟设备输入及多种图形 API 应用的空间任务视景仿真系统。

38. Saber

Saber 是美国 Synopsys 公司开发的一款功能强大的电力电子仿真软件,它为混合信号设计与验证提供了一个仿真平台。Saber 支持自顶向下的复杂电力电子系统设计和自底向上的具体设计验证。在概念设计阶段,可利用该软件中所提供的电路模块搭建起系统的基本框架,支持模块化的方框图设计;在详细设计阶段,可借助 Saber 的通用模型库和较为精确的具体型号的元器件模型组成仿真系统。

Saber 所使用的 MAST 语言是一种硬件描述性语言,适用该语言可建立用户所需要的元件或电路模型。此外,Saber 还是一个开放的软件环境,它可以与多种仿真工具软件如 MATLAB 等接口。该软件已成功用于目前的飞机电气综合系统工程设计,起到了缩短工程设计周期、降低设计及试验成本,并进一步提高产品设计质量的重要作用。

思 考 题

1.为什么说 UML 是一种普适化的建模语言? 在这种语言中有哪些主要描述图形?

2.为什么说 Rational Rose 是目前最好的基于 UML 的 CASE 工具? 作为高端建模分析软件,它具有哪些主要强大的功能?

3.试述基于 Agent 建模方法(ABM)及其开发工具 Swarm 的重要作用,举例说明它们的应用。

4.试述 HLA/RTI 的出现背景,并给出 HLA 仿真系统的开发过程。

5.为什么国内不少领域在使用 DIS/HLA 混合体系结构? 这种结构有何特点? 试举例说明。

6.在三维视景仿真中通常使用哪些 M&S 环境和工具,试比较这些软件的优缺点。

7.给出 OpenGL 的基本工作流程和三维图形显示流程。

8.为什么说 Vega 是当前可视化领域的世界领先级应用软件?

9.试述 MultiGen/Creator 的功能特点,以及在特大型地景仿真中的作用。

10.举例说明基于 HLA 的三维视景仿真系统的设计与实现。

11.指出 MATLAB/Simulink 的主要特点,举例说明它在控制系统计算与仿真中的应用。

12.什么是虚拟样机技术? 该技术与 ADAMS 软件有何关系? 怎样在 ADAMS 上实现虚拟样机 M&S?

13.如何建立 ADAMS 和 Simulink 联合模型? 试举例说明。

14.试述 STAGE 和 STRIVE 两软件的应用领域及其作用和意义。

15.举例说明 STAGE 的开发应用。

16.在 STRIVE 下有哪些新一代战术仿真和训练系统开发环境与工具? 其各自用途是什么?

17. 试说明网格技术对复杂系统 M&S 发展的重要作用。在仿真网格综合研究中有哪些主要关键技术?

18.举例说明 Globus 应用开发过程。

19.何为网格和协同仿真技术? 指出 COSIM 的特点及应用领域。

20.试述 ADI 公司有哪些实时仿真硬件和软件环境?

21.试对本书中的其他复杂系统 M&S 环境与工具进行归类,并指出用于军事领域中的主要环境与工具。

22.指出您所知道或使用过的上述以外的 M&S 支撑环境,并与类似软件相比较。

第6章 大型复杂仿真系统的 VV&A 及可信度评估

6.1 引 言

模型是对包括系统、实体、现象、过程在内的真实世界的数学的、物理的或逻辑的描述,仿真则是建立系统模型应用模型运行预测未来、辅助设计和进行科学研究的全过程。它们既区别于真实客观事物又不同于传统的实物试验,而是基于相似理论采用建模和物理方法对真实系统(或过程)的抽象、映射、描述和复现。因此,建模与仿真必须严肃地回答及证实如下三个问题:①模型是否正确地描述了实际系统的外部表征和内在特性? ②仿真是否有效地反映了模型数据、性状和行为? ③仿真结果是否实现了应用目标与用户需求? 这就是通常所说 M&S 的可信性(credibility)、有效性(validity)和可接受性(acceptability)问题。由于 M&S 总是不可能完全准确地描述和复现真实系统(或过程),所以最大的问题是可信性问题;缺乏可信性的模型和仿真系统是没有任何意义的,故仿真界专家们认为仿真可信度是系统仿真最重要的性能指标,也是仿真科学与技术发展的生命线。这不仅对于一般中、小仿真系统如此,而且对于大型复杂仿真系统尤为重要。

可见,为了保证获得有效的、可信的和可接受的仿真结果,必须对模型和仿真系统进行校核、验证和确认(verification validation accreditation,VV&A)。

大型复杂仿真系统 VV&A 是针对可信度评估而实施的一项活动,它贯穿于整个系统开发的全生命周期,其意义和作用是十分重大的,主要体现在如下六个方面:

(1) 可以有效地提高仿真结果的正确性,增强应用仿真系统的信心。

(2) 可以降低应用仿真系统的风险,尤其避免灾难性风险,从而做到缩短研制周期,提高开发效率。

(3) 可能降低仿真系统的总投资,提高应用效率。

(4) 有利于对科学研究问题进行全方位分析。

(5) 扩大仿真系统应用范围,提高仿真系统的重用性。

(6) 可以促进仿真系统的全面质量管理,提高管理水平和效率(见图 6.1)。

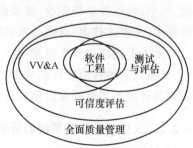

图 6.1 仿真系统可信度评估与
VV&A、软件工程、系统测试与
评估及全面质量管理的关系

总之,建模与仿真的 VV&A 是系统仿真领域中非常重要的共用技术,是评估和确保大型复杂仿真系统特别是军用复杂仿真系统可信度必不可少的工作过程和方法。

6.2　大型复杂仿真系统的特点及可信度评估对策

6.2.1　现代大型复杂仿真系统的特点

现代大型复杂仿真系统通常是复杂的半实物仿真大系统。这种大系统一般由若干个子系统和下属分系统甚至子分系统等构成。结构复杂、层次多、规模庞大、使用模型复杂、运行时空范围广、系统新技术含量高、仿真功能强且具有严格精度要求、开发费用昂贵、建造风险大等是它的主要特点。社会仿真系统、经济仿真系统、生物和生态仿真系统、能源与化工仿真系统、交通运输仿真系统、环境工程仿真系统、特别是军用仿真系统(包括战略、战役、战术级作战仿真系统、各类武器装备研制仿真系统、各类武器的训练仿真器和工程仿真器等)均属于这类大系统。

结构复杂、层次多、规模大是大系统区别于一般中、小系统的重要标志和明显特征。现代大型复杂仿真系统因具有这种明显特征而被称为大系统。一般包括如下多个部分:①众多描述实际系统或元部件的数学模型;②实现模型运行和系统管理的仿真计算机系统和仿真支撑软件;③产生某种物理效应的仿真器软、硬设备;④特殊仿真环境生成工具和装置;⑤人机交互界面和仿真系统各部分连接接口及交互通信系统;⑥仿真系统测试、监控和显示设备;⑦参与开发和使用仿真系统(或仿真器)的人员,等等。像这样的大系统,也必然是多层次的。如地面防空作战综合仿真系统,就是一个结构复杂、多层次的分布式仿真系统。

使用模型复杂、数量大、时空范围大、功能强是除上述特点外大型复杂仿真系统的重要特征,尤其是它涉及的领域相当广阔,往往包括力学、声学、热学、电子、机械、光学、材料等学科专业,涉及面向对象技术、人工智能技术、图形/图像技术、网络技术、多媒体技术、虚拟技术、信息技术、软件工程等。

由于上述特点和大型复杂仿真系统研究目标的多样性及其影响因素的不确定性,从而给它的可信度评估带来了极大难度,如果没有一个完整的可信度评估体系和支持环境与工具是难以完成评估中的 VV&A 工作的。

6.2.2　大型复杂仿真系统的可信度评估对策

针对上述大型复杂仿真系统的特点和它的可信度评估是一项极其复杂的系统工程,为了做好此项工作,必须采取相应的对策。这些策略包括:

(1) VV&A 必须贯穿于 M&S 的全过程;

（2）采用层次化方法，从源头做起，即从基本的功能子模型校验开始，逐步扩展到整个仿真系统；

（3）既要做到模型（数据）校核与验证文本化，重视采用传统方法与技术，又要不断创新评估新理论、新方法与新技术；

（4）把可信度评估重点放在具有代表性的现代大型复杂仿真系统——HLA仿真系统上，使 VV&A 工作真正融入分布交互式仿真系统的并发/应用过程中去；

（5）高度重视可信度评估出现的新问题和新要求，不断完善评估体系和健全保障机构。

6.3　VV&A 基本概念及相关概念

6.3.1　基本概念

如前所述，仿真系统（包括 M&S）存在一个可信性问题，或者说可信度评估问题。仿真系统的可信度可以通过校核与验证加以测量和评判，通过确认来正式地加以认证，从而使仿真系统可以为某一特定的应用目的服务，这个过程就是仿真系统的校核、验证与确认，简称 VV&A。

美国 DoD5000.61 指令对校核、验证与确认进行了如下严格定义：

（1）校核（verification）。确定仿真系统准确地代表了开发者的概念描述和技术要求的过程。

（2）验证（validation）。从仿真系统应用目的出发，确定仿真系统代表真实世界正确程度的过程。

（3）确认（accreditation）。官方正式地接受一个仿真系统为专门的应用服务的过程。

进一步讲，校核、验证和确认要解决的问题分别是：

（1）校核是确定仿真系统模型及其仿真实现是否准确地表达了开发者需求的迭代过程，侧重于对仿真建模过程的检验，即检查仿真模型代码和逻辑是否正确，是否准确地完成了仿真系统的预期功能。

（2）验证是证实仿真系统的真实性，是对数学模型和逻辑模型输出进行的彻底检查，应用从真实世界或一个可信源数据与仿真系统的输出行为和结果进行比较而得到仿真系统是否逼真的结论。因此，验证的最根本方法是实验、观测和比较，最鲜明的目的是提供一组支持模型或仿真对特殊应用的可信性证据。

（3）确认是解决仿真系统是否适合特定应用的问题，由官方或权威机构做出仿真系统对某一特定应用是否接受的最终决策。它建立在上述 VV&A 结果的基

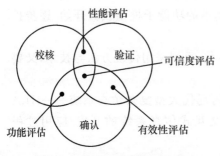

图 6.2　校核、验证和确认之间的
联系及效应

础上,并与一个可接受性标准/规范进行比较来完成。

由此可知,校核涉及"是否正确地建立了仿真系统"的问题,验证涉及"是否建立了正确的系统模型"的问题,确认涉及"是否可以使用仿真系统"的问题,三者既独立又密切联系,且为仿真系统的功能评估、性能评估、有效性评估和可信度评估奠定了基础,提供了科学依据,如图 6.2 所示。

6.3.2　相关概念

1. 可信性、可信度与逼真度

可信性与可信度(或可信度)是两个不同的概念。可信性是一个定性而非定量的术语,系指用户在模型中看到适合自己使用的性能,并且拥有对模型或仿真能够服务于他的目的的信心,即仿真系统使用者应用仿真解决具体问题和行为决策的信心。具体讲,如果决策者和其他关键项目人员承认模型或仿真及其数据是"正确的",则该模型或仿真及其数据就具有可信性。

可信度(或可信度)是一个定量的术语,目前有多种定义,较为确切的是"仿真系统的使用者对应与仿真系统在一定环境、一定条件下仿真试验的结果,解决所定义问题正确性的信任程度",或者说"仿真系统作为原型系统的相似替代系统在特定的建模与仿真的目的和意义下,在总体结构和行为水平上能够复现原型系统的可信性程度"。

所谓逼真度就是模型或仿真以可测量或可察觉方式复现真实世界对象的状态和行为的程度。逼真度分为模型逼真度和仿真逼真度。

模型逼真度是指"在研究目的的限定条件下,模型相对于仿真对象的近似程度"。

仿真逼真度则是"仿真对仿真对象某个侧面或整体的外部状态和行为的复现程度"。

2. VV&A 原则与工作模式

原则是一种可接受的或称被承认的行为或规则。VV&A 原则是人们在 VV&A 实践中应该力求遵循的行为,是 VV&A 工作的指导方针,也是 VV&A 概念体系的基础。

仿真系统的 VV&A 工作模式是指仿真系统生命周期 VV&A 过程模型,具体

讲,就是仿真系统生命周期中的 VV&A 活动内容或工作框架,是对 VV&A 迭代
工作过程特点的描述。一般 VV&A 过程模型应包括如下内容:①需求校核;②制
定 VV&A 计划;③概念模型验证;④设计校核;⑤实现校核;⑥仿真结果验证;
⑦系统确认等。

3. 准确性与精度

建模与仿真中,准确性与精度是同一概念,系指在一个模型或仿真内,一个参
数或变量,或者一系列参数或变量准确地符合事实或某个所选择的标准、讨论的目
标的程度。具体讲,①是仿真系统能够达到的静、动态技术指标与规定或期望的
静、动态性能指标之间的误差或允许误差;②是描述参数值在仿真或联邦中可能偏
离其预期值的最大数值。

4. DIS 与 HLA

DIS(distributed interactive simulation)是分布式交互仿真的英文缩写,是指
采用协调一致的结构、标准、协议和数据,通过局域网或广域网将分散在各地的仿
真设备互联,形成可参与的综合性仿真环境。

HLA(high level architecture)是高层体结构的英文缩写,系指一个通用的技
术框架,在这个框架下,可以接受现有的各类仿真过程的共同加入,并实现彼此的
互操作。HLA 主要由三部分组成:对象模型模板、运行支撑系统和 HLA 相容性
规则。

5. 联邦及联邦成员

具有基础支持结构,基于对系统中所描述对象的共同理解,彼此进行交互作用
的模型(或仿真系统)谓之联邦。或者说是基于对仿真对象的共同理解,并且作为
一个整体而使用以完成一个特定目的,彼此进行交互作用的联邦成员系统、一个共
同的联邦对象模型和基础支持结构。

构成模型和仿真联邦的一部分单独的模型或仿真称之为联邦成员。具体讲,
在 HLA 中,参与到一个联邦中的所有系统和子系统都被称为联邦成员,如联邦管
理器、数据收集器、C⁴ISR 系统、传感器、仿真应用、隐形观察器和其他有用的东西。
联邦成员可以是分布式的。

6. 开发风险与使用风险

与仿真开发本身有关的风险称之为开发风险。这种风险与仿真开发和修改计
划中的技术、进度或花费中存在的一些潜在问题有关。

使用一个模型或仿真的不正确结果所引起的风险谓之使用风险。

7. 仿真系统可信度评估

为获得可信的仿真系统及其仿真结果,对模型有效性和仿真系统对模型运行的影响做出的认真分析和定量评价。这既是一个理论问题,又是一个工程方法和技术问题。

8. 校核与验证代理及确认代理

对于一个模型、仿真或 M&S 联邦,由 M&S 发起人(用户)制定进行校核和验证的组织被称为校核与验证代理,简称 V&V 代理。该代理的职责是通过确保完成所有的 V&V 工作向确认代理提供仿真应用适切性证据。

确认代理系指负责进行确认评估的个人、团体或组织,或者说确认主持方指派对建模与仿真应用实施确认评价的机构。

9. 概念模型

它是对真实世界的一种规范描述和抽象,是与实现无关的仿真系统开发者关于将要开发系统的概念性描述。它可以是描述性文档,也可以是物理模型、数学模型或其他形式。

10. 原则与平台

原则是一个基本的、主要的或普遍的法则或真理,从中可派生出其他的法则和真理。亦可以说是一个可接受的或被承认的行为或实施规则,或一个独特的起支配作用的观点。

平台系指在表示可能性的体系(层次)中,用来描述和汽车、飞机、导弹、舰船、固定场所等相当的一种表示级别,其他的表示级别包括个体、基本组成部件或模型组(它们组成了平台)。

11. 交互作用、互操作性及可重用性

交互作用系指相互作用的行为或过程,或者说是对象、组成部分、系统、模型或仿真影响或改变彼此行为的方式。

对于 M&S 互操作性是指一个模型或仿真向其他模型和仿真提供服务和接受其他模型和仿真服务的能力,并且利用这样的交换服务可以使这些 M&S 完全没有异常地在一起有效操作的能力。对于联邦而言,互操作性是一个联邦成员能像其他成员提供的服务。HLA 通过规则、OMT、RTI 来保证联邦成员的互

操作。

可重用性系指为了某个特定仿真应用而开发的一个仿真或为了其他目的可以被重新使用的能力。

12. 仿真系统的测试

为了验证仿真系统工作是否正常和提供可信度评估依据,而对仿真系统各部分进行的联机测试谓之仿真系统测试。

6.4 VV&A 的原则和工作模式

6.4.1 仿真系统 VV&A 原则

建立和正确应用仿真系统 VV&A 原则,不仅是 VV&A 工作成功的保障,而且能够有效地利用资源。

仿真系统 VV&A 原则是关于 VV&A 基本观点和活动准则的总结,可简要归纳如下:

【原则 1】 完全的 V&V 是不可能的。所谓完全的 V&V 是指在所有可能的输入条件下,测试或检查模型或仿真,在实际工程中是不可能做到的。因此,V&V 活动范围应根据应用的可信性需求合理的确定。

【原则 2】 不存在绝对正确的模型。因为任何模型都是基于相似理论的真实系统(或过程)的替代物,总是近似的,因此只有相对正确的概念。自然,V&V 的目标不是要证明模型或仿真的绝对正确性,而是要保障它们对于应用目标充分地精确。

【原则 3】 VV&A 应当贯穿于 M&S 的全生命周期。由于仿真系统开发的各个阶段都对 M&S 的可信性有重要影响,所以 VV&A 应该在 M&S 中是一个持续不断的过程,即 VV&A 工作应与仿真系统开发并驾齐驱,才能充分发挥 VV&A 作用。

【原则 4】 正确清楚地阐述问题是 VV&A 的基础。爱因斯坦曾指出"一个问题正确的阐述甚至比解决它更重要"。因此,对需求定义和仿真系统预期应用的清楚、准确阐述是 VV&A 工作的前提,否则 VV&A 活动将失去意义。

【原则 5】 仿真可信性是相对于仿真系统的应用目的而言的。由于仿真系统是一种仿真环境或仿真平台,它应该能适应相当广泛的一类仿真研究。这样对于同一个仿真系统若应用目的不同,逼真度要求就不同,自然会得到关于可信性的不同结论,因此校核、验证和确认都将是针对预期应用进行的。

【原则 6】 仿真系统的验证不能保证仿真系统对于预期应用的可接受性。因为影响系统可接受性的因素是多方面的，它不仅包括模型的有效性，而且与 M&S 的目标和需求有关。所以仿真系统的验证只是仿真系统具有可用性（usability）的必要条件，而不是充分条件。

【原则 7】　尽可能避免或减小 VV&A 中的三类错误。在仿真过程可能出现三类错误：①Ⅰ型错误：当仿真结果足够可信时却不接受（拒绝）所造成的错误；②Ⅱ型错误：无效的仿真结果被认为是有效而予以接受（不拒绝）所造成的错误；③Ⅲ型错误：由于问题描述与表达不正确或不准确而使仿真研究工作围绕非本质问题而进行，导致仿真试验结果不准确或与实际研究问题无关。应注意，犯Ⅰ型错误的概率称为对建模者的不信任风险，但不会造成 VV&A 费用的增加；犯Ⅱ、Ⅲ型错误的概率分别称为模型用户风险和问题描述与表达风险，这种错误有可能导致严重后果。

【原则 8】　每一子系统的 V&V 并不能保证整个仿真系统的可信性。这是显而易见的，因为每个子系统的可信性都是在特定范围内具有足够的可信性，其误差积累最终可能导致整个仿真系统的误差超出允许的范围，所以它并不能保证整个仿真系统是足够可信的。

【原则 9】　仿真系统的确认不是简单的肯定或否定的二值逻辑问题。确认的内涵应该是仿真系统的 M&S 在多大程度上与仿真目标相适应，是定量地评估描述，而不是简单说成"好"或"不好"。

【原则 10】　VV&A 既是一门艺术，又是一门科学，需要创造性和洞察力。VV&A 并不是一个简单的选择和运用 V&V 技术的过程，而是每项工作都需要 VV&A 人员像艺术家那样精心设计和构思。VV&A 是集系统工程、软件工程、计算机技术、建模与仿真理论和方法以及各类领域知识为一体的一门科学，因此是一项团队工作，需要发挥集体智慧和创造性及洞察力。

【原则 11】　分析人员对 VV&A 的成功有着直接的影响。VV&A 不仅需要通过测试获得数据，更需要进行深入细致地分析，尤其是对于无法通过测试来检验的问题。同时，分析人员还要参与 VV&A 的工作，因此他们对 VV&A 的成功有着直接影响。

【原则 12】　VV&A 必须做好计划和记录工作。计划在 VV&A 实施过程中起着导向作用，格式化的记录不仅是当前持续不断 VV&A 的必要写实，而且将为 VV&A 的下一步工作提供信息，作为重要参考或借鉴。

【原则 13】　V&V 需要某种程度的独立，以便将开发者的影响减到最小，这就是相对独立性原则。这是因为 VV&A 工作类似于建筑工程中的工程监理，不仅需要与开发人员相互配合，更需要本身独立从事。

【原则 14】　成功的 VV&A 需要对所使用的数据进行 VV&A。这就是数据有效原则，为了保证数据的有效性，必须对 VV&A 所有用到的数据进行校核和验证。

6.4.2　VV&A 工作模式

VV&A 工作是同仿真系统开发同步进行的,并贯穿于仿真系统全生命周期。与软件生命周期概念类似,仿真系统生命周期是指仿真系统从提出问题开始,通过完成需求分析、设计、实现、测试等开发工作,直到仿真系统运行(即使用)、维护及管理的全过程,如图 6.3 所示。

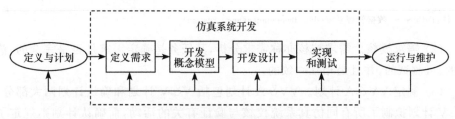

图 6.3　仿真系统全生命周期

VV&A 工作模式就是上述仿真系统生命周期 VV&A 过程模型。它描述了 VV&A 活动的踪迹、内容和工作框架,如图 6.4 所示。

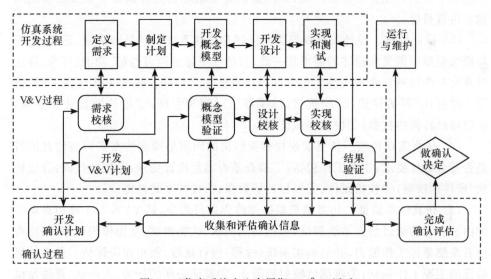

图 6.4　仿真系统全生命周期 VV&A 活动

(1) 定义需求。需求是说明一个特定仿真应用的详细需要的功能、表达、条件、约束和假定的集合,它包括问题(系统)需求、用户需求和仿真需求。表 6.1 给出了以某飞行仿真系统为例的需求说明。

表 6.1 某飞行仿真系统的需求定义

问题：在仿真飞行环境中训练某战机飞行员核武器操作手		
问题需求	用户需求	仿真需求
① 某战机特性 ② 某战机座舱配置图 ③ 开关、按钮及仪表的功能 ……	① 威胁描述 ② 季节、时间、气象等 ③ 通信与控制接口 ④ 位置、地形等 ⑤ 战术 ……	① 计算机系统(软、硬件) ② 软件编码类型 ③ DBMS、数据格式 ④ 仿真器体系结构 ⑤ 仿真器接口 ⑥ 仿真输入、输出及结果显示 ……

注：DBMS——数据管理系统(data base management system)。

(2) 需求校核。需求校核亦称需求分析，其任务是确定需求是否是完全的、清晰的、可测试的，并且是相互一致的。

(3) 制定 VV&A 计划。VV&A 计划包括 V&V 计划和确认计划两大部分。V&V 计划拟制了所有同仿真系统校核与验证有关的活动，而确认计划则规定了与系统确认有关问题和可接受性标准。

(4) 概念模型验证。概念模型验证是要确定概念模型中显示的能力是否包括了满足需求所必需的全部能力。通常要完成如下两项主要工作：①确保需求在概念模型中得到了充分正确的体现；②检查概念模型是否充分满足了仿真的预期用途和仿真目标。

(5) 设计校核。设计校核要解决的问题是仿真系统设计是否清晰、正确，是否与概念模型中定义和描述的需求相一致；目的在于保证所有特征、功能、行为、算法以及交互作用被正确和完整地包含在设计表达和文件中。主要工作包括：①校核需求映射；②评估算法；③校核接口；④评估时间和空间；⑤校核数据转换方法；⑥校核已转换的数据；⑦校核测试计划。

(6) 仿真实现校核。仿真实现校核要解决的问题是确定仿真实现与仿真运行是否符合设计要求；主要工作包括：①检查是否满足设计要求；②校核代码；③校核软/硬件的映射；④校核硬件；⑥校核初始数据；⑦校核系统性能。

(7) 仿真结果验证。仿真结果验证亦称为运行验证，是 VV&A 工作中最重要的内容。它将通过仿真系统测试(包括功能测试、性能测试、互操作测试等)来检查仿真系统整体工作能力，并与真实系统(过程)进行比较，做出相应评估。仿真结果验证的主要工作包括：①将测试映射到需求；②验证必须的行为、表示法、算法及模型；③验证数据；④判定错误等。

(8) 系统确认。确认过程是仿真系统 VV&A 工作过程的重要组成部分，它建立在 V&V 工作基础上，两者关系如图 6.5 所示。仿真系统确认过程包括如下工作：①制定确认计划；②收集和评估确认信息；③进行确认评估；④做出确认决定。

其中前三项任务由确认代理完成,而第四项工作在确认代理做出建议的基础上由用户完成。

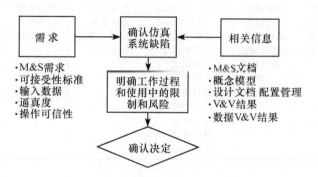

图 6.5 确认概念及与 V&V 的关系

6.5 仿真系统 V&V 方法

6.5.1 仿真系统校核方法

校核是 VV&A 的基础,实质是检验仿真系统开发者是否正确地实现了设计目标要求的过程。对于计算机仿真,最常见的是校核程序模型的逻辑和代码,因此校核方法基本上是将软件检验方法修改后用于仿真模型的校核。校核将从仿真模型建立过程中如下的不同环节和不同角度进行。

1. 仿真误差源校核

理论和实践证明,系统仿真误差源主要包括仿真模型误差、仿真方法误差、计算机计算误差和仿真硬件误差等。

仿真模型实际上是基于系统数学模型的二次简化模型,二次化建模过程中将不可避免地引入各种误差,同时建模中受随机噪声干扰、数据长度限制和测试与采样系统精度影响,都会带来各种计算误差。仿真方法和算法误差来自截断误差、舍入误差和信号重构误差等方面。硬件误差对于计算机仿真来说主要涉及由于计算机字长有限而引起的舍入误差。总之,仿真误差源校核将主要针对上述二次建模误差、计算误差、截断误差、舍入误差等进行。

2. 仿真程序校核

原则上,软件工程领域的所有软件校核方法都可以用于仿真程序(即仿真模型)的校核。表 6.2 给出了目前仿真模型的各种校核方法。

表 6.2　仿真模型校核方法分类

分类	非正规方法	静态分析	动态分析	符号分析	结束分析	理论证明
方法名称	程序员自查 概念执行 代码会审 设计审核 过程审核	词法分析 语义分析 结构分析 数据流分析 一致性检查	自上而下的测试 自下而上的测试 黑箱测试 白箱测试 临界测试 调试 运行跟踪 运行监控 运行描绘 符号测试 递归测试	符号分析 路径分析 原因-效果分析 分区分析	断言分析 归纳断言 边界分析	正确性证明 Lamda 微积分 微词微积分 微词变换 推理 逻辑演绎 归纳

6.5.2　仿真系统验证方法

　　验证是仿真系统 VV&A 最重要的内容,它总是同预期应用目标紧密相连的,将在很大程度上反映仿真系统的功能、性能、行为是否满足所有提出的可接受性标准,是否具有足够的精度和交互能力,以满足应用目标的需求。

　　验证主要包括如下两方面:其一是检查概念模型是否正确地描述了原型系统(即实际系统);二是检查数学模型(或实物模型)输入/输出行为是否充分接近原型系统的输入/输出行为。目前,用于仿真系统验证的方法很多,可视具体仿真对象和应用目标而选用,亦可采用它们相结合的混合方法。表 6.3 给出了仿真系统的验证方法及分类。下面仅重点讨论一般最大熵谱估计法和新的基于神经网络的最大熵谱估计法,供读者参考使用。

表 6.3　仿真系统的验证方法及分类

	定性		外观验证法、图示比较法、图灵法、检验法
仿真系统验证方法	定量	静态性能一致性验证方法 — 参数检验法	正态分布法(F 检验法、T 检验法)、非正态总体分布法、区间估计法、假设检验法、点估计法
		分布拟合检验法	指数分布的拟合检验法、正态分布检验法(W 检验法、D 检验法、偏度检验法、峰度检验法)、Pearson χ^2 检验法、Kolmogorov 检验法
		非参数检验法	Smirnov 检验法、秩和检验法、游程检验法、Mood 法
		自助法	
		稳健统计法	均值和方差的稳健估计法、M 检验法
		Bayes 方法	数据有效性检验法、检验分布参数法(正态总体的方差检验法、正态总体的均值检验法)
		动态性能一致性验证方法 — 时域法	一般时域法(判断比较法、Theil 不等式系数法、回归分析法、误差分析法、灰色关联分析法、相似系数法、正态总体一致性验证法、Bayes 理论法、自相关函数检验法)、时序建模比较法(平稳时序建模法)、非平稳时序建模法等
		频域法	经典谱估计法(直接法、间接法)、窗谱估计方法(加窗谱估计法)、最大熵谱估计(Yule-Walker 法、Burg 递推法)、瞬时谱估计、交叉谱估计、演变谱估计等

6.5.3　一般最大熵谱估计法

设有广义平稳时间序列 $x(n)(n=1,2,\cdots,k)$，其功率谱 $S_x(w)$ 定义为自相关函数 $R(m)$ 的傅里叶变换，若 w 为采样角频率，则有

$$S_x(w) = \sum_{m=-\infty}^{+\infty} R(m) e^{-jmw} \tag{6.1}$$

式中

$$R(m) = E[x^*(n+m)x(n)] \tag{6.2}$$

通常假设 $x(n)$ 具有零均值。

在最大熵意义下，估计 $\hat{S}_x(w)$ 的表达式为

$$\hat{S}_x(w) = \frac{\sigma^2}{\left|1 + \sum_{k=1}^{P} a_k e^{-jwk}\right|} \tag{6.3}$$

式中，a_k 为自回归序列 AR 模型的系数，P 为 AR 模型的阶数，σ^2 是模型中白噪声的方差。式(6.3)即为一般最大熵谱估计公式。显见，功率谱估计的关键在于系数 a_k 的确定。

目前实际应用中，一般采用 Yule-Walker 法和 Burg 递推法求解样本的最大熵谱估计值。下面简单讨论这两种方法。

1. Yule-Walker 法

Yule-Walker 法求最大熵谱估计值的步骤如下：

(1) 利用所得样本 $x(0),x(1),\cdots,x(N-1)$ 估计 $P+1$ 阶自相关函数，其公式为

$$\hat{R}(k) = \frac{1}{N} \sum_{n=0}^{N-k-1} x^*(n+k)x(n), \quad k = 0,1,2,\cdots,P_{\max} \tag{6.4}$$

(2) 利用 $\hat{R}(k)$ 构成样本 Yule-Walker 方程

$$\sum_{k=1}^{P} a_k \hat{R}(m-k) = \begin{cases} \sigma^2, & m=0 \\ 0, & m=1,2,\cdots,P \end{cases} \tag{6.5}$$

(3) 求解式(6.5)，得 a_k 和 σ^2。

(4) 将 a_k 和 σ^2 代入式(6.3)，求得最大熵谱估计值。

显然，式(6.4)估计相关系数 $\hat{R}(k)$ 和求解线性方程组时，运算量很大，用 Yule-Walker 法求解时，其乘法数量级为 $O(P^3)$。因此，可采用如图 6.6 所示的 Levision-Durbin 高速递推算法，将运算量从 $O(P^3)$ 减至 $O(P^2)$。

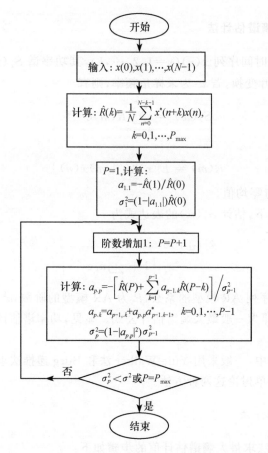

图 6.6　减少运算量的 Levision-Durbin 算法流程图

2. Burg 递推法

Burg 递推法第 k 步的递推公式为

$$\varphi_k^{(k)} = \frac{2\sum_{t=k+1}^{N} e^{(k-1)}(n)b^{(k-1)}(n-1)}{\sum_{t=k+1}^{N} \{[e^{(k-1)}(n)]^2 + [b^{(k-1)}(n-1)]^2\}} \tag{6.6}$$

$$e^k(n) = e^{(k-1)}(n) + \varphi_k^{(k)}b^{(k-1)}(n-1) \tag{6.7}$$

$$b^k(t) = \varphi_k^{(k)}e^{(k-1)}(n) + b^{(k-1)}(n-1) \tag{6.8}$$

$$e^0(n) = b^0(n) = x(n) \tag{6.9}$$

用 Burg 递推法求最大熵谱估计值的计算步骤为:

（1）计算初始值

$$\varphi_k = \frac{1}{N} \sum_{n=1}^{N} |x(n)|^2 \tag{6.10}$$

$$e^0(n) = b^0(n) = x(n) \tag{6.11}$$

（2）令 $k=1$ 求得 $\varphi_1(1)$。

（3）由 $\varphi_1(1)$ 和式（6.7）、式（6.8）求得 $e^1(n)$、$b^1(n)$，再由式（6.6）求得 $\varphi_2(2)$。以此类推可以求得 $\varphi_k^{(k)}$。求得 $\varphi_k^{(k)}$ 后，利用下面的公式求解 $\varphi_i^{(k)}$（$i=1,2,\cdots,k-1$）和 $[\varphi_k^{(k)}]^2$：

$$\varphi_i^{(k)} = \varphi_i^{(k-1)} + \varphi_k^{(k)} \varphi_{k-i}^{(k-1)}, \quad i=1,2,\cdots,k-1 \tag{6.12}$$

$$(\sigma^k)^2 = |1-[\varphi_k^{(k)}]^2| [\sigma^{(k-1)}]^2 \tag{6.13}$$

$$[\sigma^{(0)}]^2 = R(0) \tag{6.14}$$

（4）令 $\varphi_k^{(k)} = \hat{a}_k$，将 $\hat{a}_k$ 和 σ^2 代入式（6.3），即可求得最大熵谱估计值。

在求解出仿真试验样本函数的熵谱估计值和实际样本函数的熵谱估计值后，还必须进行谱的相容性检验，即一致性检验。

3. 谱的相容性检验

设仿真试验输出序列 $\{X_i\}$ 和实际试验输出序列 $\{Y_i\}$（$i=1,2,\cdots,n$）的最大熵谱估计值分别为 $\hat{S}_x(f)$ 和 $\hat{S}_y(f)$，谱密度分别为 $S_x(w)$ 和 $S_y(w)$（$w=2\pi f$）。由熵谱估计的极限分布性质可知

$$\sqrt{\frac{N}{P}}[\hat{S}(w)-S(w)] \rightarrow N\{0,2[1+\delta(w)+\delta(w-\pi)]S^2(w)\} \tag{6.15}$$

这里，$\delta(t)$ 为 Kronecker δ 函数，其定义为

$$\delta(t)=1,t=0; \quad \delta(t)=0,t\neq 0 \tag{6.16}$$

N 为数据程度，P 为 AR 逼近的阶次。即

$$V(w) = \sqrt{\frac{2[1+\delta(w)+\delta(w-\pi)]}{N/P}} \tag{6.17}$$

则式（6.15）可写成和式（6.17）相似的形式

$$\hat{S}(w)/S(w) \rightarrow N[1,V^2(w)] \tag{6.18}$$

设 $\hat{S}_x(w)$ 和 $\hat{S}_y(w)$ 分别为同一种最大熵谱估计法从相同长度的序列得到的 $S_x(w)$ 和 $S_y(w)$ 的谱密度，则它们都满足式（6.18），且 $V(w)$ 相同，即

$$\begin{cases} \xi \triangleq \hat{S}_x(w)/S_x(w) \rightarrow N[1,V^2] \\ \eta \triangleq \hat{S}_y(w)/S_y(w) \rightarrow N[1,V^2] \end{cases} \tag{6.19}$$

如果能求出

$$\zeta \triangleq \frac{\xi}{\eta} = \frac{\hat{S}_x(w)/S_x(w)}{\hat{S}_y(w)/S_y(w)} \tag{6.20}$$

的分布,则可构造出相容性检验方案。

设二维随机变量的概率函数为

$$p_\xi(x) = p_\eta(x) = \frac{1}{\sqrt{2\pi}V}e^{\frac{1}{2V^2}(x-1)^2} \tag{6.21}$$

$$p_\zeta(x) = \frac{1}{2\pi V^2}\int_{-\infty}^{\infty} \mid z \mid e^{\frac{1}{2V^2}(zx-1)^2+(z-1)^2}dz \tag{6.22}$$

对上式直接积分,得

$$p_\zeta(x) = \frac{1}{\pi(1+x^2)}e^{-\frac{1}{v^2}} + \frac{1+x}{\sqrt{\pi}V(1+x^2)^{3/2}}e^{-\frac{(1-x)^2}{2V^2(1+x^2)}}\left[2F\left(\sqrt{\frac{1+x^2}{2V^2}}\cdot\frac{1+x}{1+x^2}\right)-1\right]$$
$$\tag{6.23}$$

式中,$F(\cdot)$——标准正态分布函数。

据此,可求出 ζ 的可信度为 $100(1-\alpha)\%$ 的可信区间 Θ,满足

$$P\{\zeta \in \Theta\} = \int_\Theta P_\zeta(x)dx = 1-\alpha \tag{6.24}$$

于是,相容性检验方案的构造过程如下:

(1) 针对观察数据长度所采用的 AR 阶数,按式(6.17)计算 $V(w_i)$,$i=0$,$1,\cdots,m$,$w_i \in [-\pi,\pi]$。

(2) 取定检验的显著性水平 α,按式(6.24)求出 Θ_i,$i=0,1,\cdots,m$。

(3) 若 $\hat{S}_x(w_i)/S_y(w_i) \in \Theta_i$,则判定 $S_x(w)$ 和 $S_y(w)$ 在频率 w_i 相等;否则,判定二者在频率点 w_i 不相等。

(4) 如果在所有频率点 $w_i(i=0,1,\cdots,m)$,$S_x(w_i)$ 和 $S_y(w_i)$ 都相等,则判定 $S_x(w)$ 和 $S_y(w)$ 相等,即相容,意味着仿真试验结果与实际试验结果是一致的,仿真系统是合适的;否则二者不相等,即不相容,意味着仿真试验结果与实际试验结果不符,仿真系统不合适。

6.5.4　基于神经网络的最大熵谱估计法

在实际中,采用 Yule-Walker 法求解 Levision-Durbin 方程计算功率谱的最大熵谱估计值时,虽然得到一定光滑程度的谱密度,但它的分辨率不高、峰值点漂移严重;而 Burg 提出的递推算法,运用了像前向后预报误差,虽然增加了分辨率,减轻了峰值漂移,但是所需的运算量比较大,很难实现实时处理。如果减少运算量,往往又会导致处理性能下降。为了取得在处理性能与运算量之间的理想折中结果,采用基于神经网络的最大熵谱估计法是一条有效的新途径。

1. 基本思想

基于神经网络的最大熵谱估计法是在最大熵谱估计值的求解过程中,充分利

用神经网络的高度运算能力,来求解最大熵谱估计值,从而实现了高性能算法。这里,采用线性规划神经网络。

2. 算法及其实现

对于 $x(n)$ 的有限个样本 $x(0),x(1),\cdots,x(N-1)$,而非 $P+1$ 个自相关函数,进行神经网络熵谱估计的具体步骤为:

(1) 利用所得样本 $x(0),x(1),\cdots,x(N-1)$ 估计 $P+1$ 阶自相关函数

$$\hat{R}(k) = \frac{1}{N}\sum_{n=0}^{N-k-1} x^*(n+k)x(n), \quad k = 0,1,2,\cdots,P_{\max} \tag{6.25}$$

(2) 利用 $\hat{R}(k)$ 构成样本 Yule-Walker 方程

$$\sum_{k=1}^{P} \hat{a}_k \hat{R}(m-k) = -\hat{R}(m), \quad m = 1,2,\cdots,P \tag{6.26}$$

对应的矩阵形式为

$$\begin{bmatrix} \hat{R}(0) & \hat{R}(-1) & \cdots & \hat{R}(1-P) \\ \hat{R}(1) & \hat{R}(0) & \cdots & \hat{R}(2-P) \\ \vdots & \vdots & & \vdots \\ \hat{R}(P-1) & \hat{R}(P-2) & \cdots & \hat{R}(0) \end{bmatrix} \begin{bmatrix} \hat{a}_1 \\ \hat{a}_2 \\ \vdots \\ \hat{a}_P \end{bmatrix} = - \begin{bmatrix} \hat{R}(1) \\ \hat{R}(2) \\ \vdots \\ \hat{R}(R) \end{bmatrix} \tag{6.27}$$

(3) 将式(6.25)代入式(6.27),则有

$$\boldsymbol{X}^{\mathrm{H}}\boldsymbol{X}\boldsymbol{A} = \boldsymbol{X}^{\mathrm{H}}\boldsymbol{X}_1 \tag{6.28}$$

式中

$$\boldsymbol{X} = \begin{bmatrix} x(0) & \cdots & 0 \\ \vdots & & \vdots \\ x(P) & \cdots & x(0) \\ \vdots & & \vdots \\ x(N-1) & \cdots & x(N-P-1) \\ \vdots & & \vdots \\ 0 & \cdots & x(0) \end{bmatrix}_{(N-P)\times(P+1)}, \quad \boldsymbol{A} = \begin{bmatrix} \hat{a}_1 \\ \hat{a}_2 \\ \vdots \\ \hat{a}_P \end{bmatrix}_{P\times 1}$$

$$\boldsymbol{X}_1 = \begin{bmatrix} x(1) \\ x(2) \\ \cdots \\ x(N-1) \\ 0 \end{bmatrix}$$

由式(6.28)可知

$$\boldsymbol{A} = (\boldsymbol{X}^{\mathrm{H}}\boldsymbol{X})^{-1}\boldsymbol{X}^{\mathrm{H}}\boldsymbol{X}_1 \tag{6.29}$$

根据线性规划神经网络,相应式(6.29)就可以用图 6.7 所示的神经网络求解。

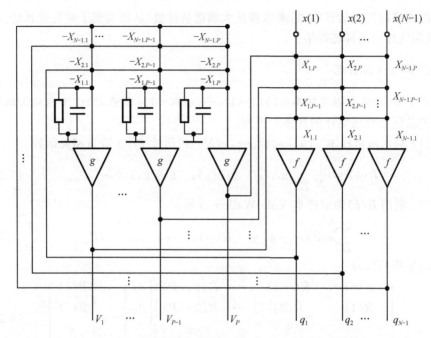

图 6.7　基于线性规划神经网络的最大熵谱估计值计算实现

由线性规划神经网络的特点可知,此网络是稳定的,且稳定时

$$\boldsymbol{V}_f = \left(\boldsymbol{X}^{\mathrm{H}}\boldsymbol{X} + \frac{1}{RK_1K_2}\right)^{-1}\boldsymbol{X}^{\mathrm{H}}\boldsymbol{X}_1 \tag{6.30}$$

若选择足够大的 R、K_1、K_2,则

$$\boldsymbol{V}_f = \boldsymbol{A} = (\boldsymbol{X}^{\mathrm{H}}\boldsymbol{X})^{-1}\boldsymbol{X}^{\mathrm{H}}\boldsymbol{X}_1 \tag{6.31}$$

$\boldsymbol{V}_f$ 一旦获得,由式(6.28)可知,$\boldsymbol{V}_f = a_k$,就可以用式(6.3)得到 $x(n)$ 的最大熵谱估计值 $\hat{S}_x(w)$,然后,再用式(6.3)中的谱的相容性进行检验。于是,便实现了高性能算法。

6.6　复杂仿真系统生命周期 VV&A 方案设计

VV&A 工作是一个复杂而又艰难的系统工程,其成功与否在很大程度上取决于所制订的 VV&A 方案。为此在方案制订中,必须遵循如下原则:①VV&A 方案应覆盖整个仿真系统全生命周期。②综合考虑对仿真系统 VV&A 有影响的诸因素,这些因素如表 6.4 所示。③VV&A 方案必须是切实可行的。因此,VV&A 方案设计应将 VV&A 过程模型与具体仿真系统开发紧密结合,既要避免一味追求 VV&A 活动的全面性,又要避免过分压缩 VV&A 工作。④在有限经费投入下,应重点保证对可信性影响最大的一些 VV&A 工作,以提高它的有效性。⑤充分理解 VV&A 工作的极端重要性,根据仿真系统实际制订最有效的 VV&A 方案。⑥应以 VV&A 标准过程模型为基础,根据特定需求进行剪裁。

表 6.4　各种因素对 VV&A 的影响

影响因素	仿真系统实际情况	
关键技术	已知的关键技术	未经验的关键技术
应用需求	已知的确定需求	经常变化的需求
组成部件	可重用的经过 VV&A 的部件	绝大部分的新开发的部件
设计情况	不变的设计方案	变化的设计方案
网络结构	确定的通信要求和网络结构	不确定的通信要求和网络结构
性能指标	可预测的性能指标	未知的性能指标
工具库	强有力的工具库支持	零星的工具支持
数据资源	经过 VV&A 的数据来源	未经过 VV&A 的数据来源
操作要求	已知的操作要求	模糊的操作要求
开发队伍	训练有素的开发队伍	非专职的开发队伍
对 VV&A 工作要求	最少	最大

仿真系统 VV&A 方案设计通常按下列步骤进行:收集信息→进行风险分析→确定 VV&A 任务→进行 VV&A 活动剪裁→VV&A 方案详细设计→VV&A 方案评审→VV&A 方案修改→提交 VV&A 计划文档等。其中,对于 VV&A 方案设计的有用信息包括:①仿真系统需求分析;②软、硬件接口标准;③仿真系统开发计划;④质量保证/配置管理计划;⑤设计标准和技术要求;⑥测试计划;⑦数据采集、产生计划和步骤;⑧内部安全校核;⑨问题报告/差异报告历史研究和分析等。VV&A 计划的基本内容包括 V&V 和确认两部分。对于 V&V 有:①应用目的及描述;②仿真系统背景;③定义及参考文献;④V&V 相关人员及职责;⑤仿真系统的预期使用;⑥实施 VV&A 的信息源;⑦计划完成的 V&V 活动描述;⑧工具;⑨预算;⑩V&V 报告;⑪附录。对于确认有:①目的;②仿真系统背景;③定义及参考文献;④V&V 相关人员及职责;⑤进度、里程碑和资源;⑥仿真系统的预期使用;⑦实施 VV&A 的信息源;⑧可接受标准;⑨确认方法等。

6.7　典型复杂仿真系统生命周期 VV&A 开发过程

6.7.1　分布交互式仿真系统生命周期 VV&A 开发过程

分布交互式仿真(DIS)系统是美国已宣布停止而在我国有些部门还在继续使用的典型复杂仿真系统,这种系统的生命周期 VV&A 开发过程本体如下:计划演练和定义需求→设计、开发和测试演练→执行演练→演练分析与评价→反馈仿真演练结果。其模型框架如图 6.8 所示。

这里,演练系指仿真系统开发中,某个仿真系统地执行,而仿真具有特定的参数、特征数据、初始条件、工作人员和外部系统,用来表示特殊的或普通的想定。

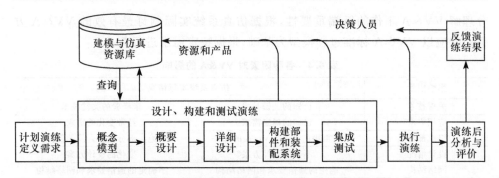

图 6.8　DIS 系统生命周期 VV&A 开发过程模型

6.7.2　HLA 仿真系统生命周期 VV&A 开发过程

　　该系统生命周期 VV&A 开发可抽象为六个阶段或步骤：①定义联邦目标；②开发联邦概念模型；③设计联邦；④开发联邦；⑤集成和测试联邦；⑥执行联邦并分析结果。这实际上就是 FEDEP 模型——基于 HLA 仿真系统生命周期 VV&A 开发过程模型，如图 6.9 所示。

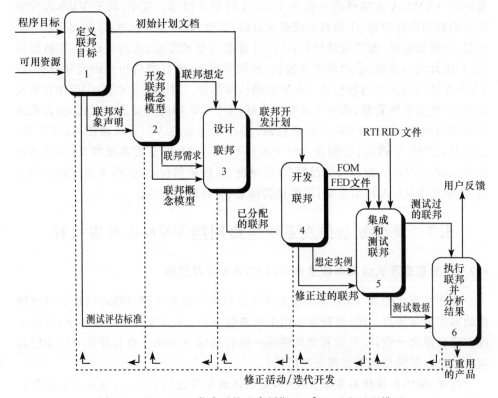

图 6.9　基于 HLA 仿真系统生命周期 VV&A 开发过程模型

6.7.3　DIS/HLA 仿真系统生命周期 VV&A 开发过程

如前所述,DIS/HLA 仿真系统是 DIS 和 HLA 两种技术和体系结构共存条件下的一种混合体系复杂仿真系统。这种系统 VV&A 开发关键是 DIS 系统与 HLA 系统的集成,其核心问题在于它们之间的信息传递与交互。基于 DIS/HLA 混合体系结构仿真系统生命周期 VV&A 开发过程模型如图 6.10 所示。

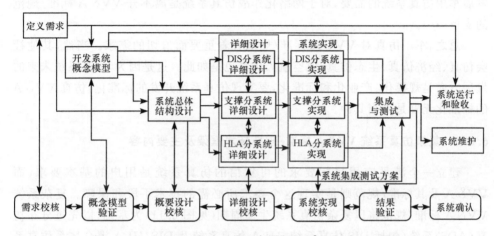

图 6.10　DIS/HLA 仿真系统生命周期 VV&A 开发过程模型

6.8　复杂仿真系统 VV&A 标准/规范及其应用

6.8.1　引言

规范化是仿真系统特别是复杂仿真系统发展的重要方向之一,复杂仿真系统 VV&A 规范化是其重要方面。VV&A 的规范化对于经济、有效地进行 M&S,减少人力资源浪费具有重要的意义,对于军用系统 M&S 尤其重要。世界发达国家已有 VV&A 标准/规范,并在不断发展和完善。相比之下我国存在较大差距,目前尚处于研究阶段。

6.8.2　复杂仿真系统 VV&A 标准/规范的需求分析

标准是产品和用户之间的一种通信工具。标准化与规范化工作不仅在国民经济和社会发展中发挥着非常重要的技术基础作用,而且在系统建模与仿真领域也占有很重要的地位。

如前所述,仿真系统 VV&A 是一项复杂的系统工程,为了保证其有效性,提高施行效率,没有这方面标准化和规范化是不可想象的。以现代军用仿真系统为例,分析表明,现代军用仿真系统,无论武器研制仿真系统或是武器使用操作训练仿真系统还是作战演练仿真系统,均属于典型的大型复杂仿真系统。VV&A 标准/规范对于这类复杂仿真系统来说,①是建设好和使用好军用仿真系统的重要技术保障;②是设计与实现通用先进仿真环境和仿真应用系统的重要条件;③是军用仿真系统可信度评估的重要依据;④是军用 M&S 标准化的主要基础;⑤是健全和发展军用仿真系统的需要,对于网络化作战仿真系统是离不开 VV&A 标准/规范的支持……。

　　总之,军用仿真对 VV&A 标准/规范有着重要而迫切的需求。当然,其他社会仿真、经济仿真、生态仿真、航空航天仿真也是如此。这是因为,仿真系统未来的发展方向是规模化、产业化和标准化,要实现仿真系统开发的标准化,仿真 VV&A 的标准化无疑是首当其冲。

6.8.3　复杂仿真系统 VV&A 标准/规范技术框架及主要内容

　　建立一个满足应用目标要求的可置信的仿真系统是用户的基本要求,而 VV&A 及其标准/规范则是实现这个要求所必需的技术手段和保障。复杂系统 VV&A 标准/规范将以复杂仿真系统生命周期(见图 6.11)为基础,以先进分布仿真(ADS)系统(包括 DIS 仿真系统、HLA 仿真系统及 DIS/HLA 混合体系仿真系统)为主要对象。严格地规范 VV&A 概念及其相关概念、定义、作用、原创、内容、过程、结果等方面的内容,并提出 VV&A 统一的、最基本的技术要求。为了有条不紊地做好这项研究工作,研制和健全复杂仿真系统 VV&A 标准/规范技术框架是十分必要的(见图 6.12)。该框架对复杂仿真系统 VV&A 标准/规范的研究和形成具有关键性的指导意义,它不仅提出了标准/规范的范围,而且指出了全面、系统的标准/规范方面,以及它们之间的逻辑关系,具有清晰的层次性和方便的可操作性。

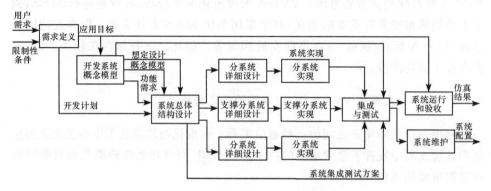

图 6.11　复杂仿真系统生命周期

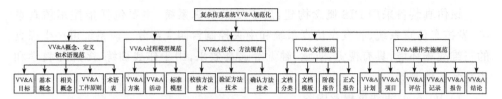

图 6.12　复杂仿真系统 VV&A 标准/规范技术框架

复杂仿真系统 VV&A 标准/规范涉及的内容很广,其主要内容如图 6.13 所示。

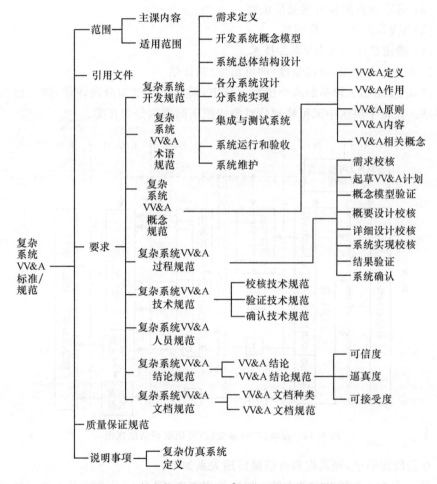

图 6.13　复杂仿真系统 VV&A 标准/规范内容框架

6.8.4　复杂仿真系统 VV&A 标准/规范应用

下面以某武器系统仿真装备为例,讨论规范化 VV&A 的应用过程。

例 6.1　某武器系统仿真装备的 VV&A 规范化应用。

该仿真装备采用 DIS 概念构建，属于复杂仿真系统，主要包括指控车仿真系统、发控车仿真系统、收发车仿真系统和中央控制台四大部分。该系统可产生逼真的三维战场环境，具有视觉、听觉、触觉等逼真效果，用于作战训练、多媒体教学和仿真装备检测等。

1）VV&A 活动过程及内容

（1）制定 VV&A 计划。VV&A 计划概略内容包括：①VV&A 项目名称；②VV&A 目的和意义；③VV&A 小组的工作方式；④VV&A 小组的工作任务等。

（2）确定逼真度和可接受度法则。

（3）VV&A 小组工作内容。

（4）确定欲使用的 VV&A 技术。

2）M&S 逼真度/可接受度（即可信度）的评估

图 6.14 给出了评估的六个层次。其中，前五个层次为阶段评估，第六层为综合评估。在每个层次中又可将评估对象按照不同类别分为几类。

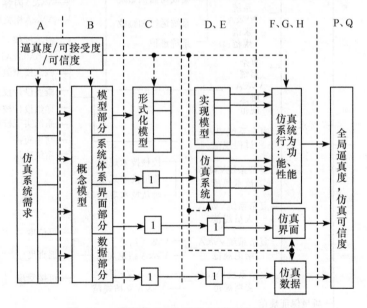

图 6.14　逼真度/可接受度/可信度评估层次图

在阶段评估中，逼真度和可信度传递关系如下：

设 q_{ij} 是第 i 个评估对象在第 j 层次的逼真度（图 6.14 中框内的 1 表示该层次上 $q_{ij}=1$），则第 j 层次的综合逼真度 Q^j 根据不同的意义可分别为

$$Q_1^i = \min\left[q_{ij} \mid i = 1,2,\cdots,N\right] \quad （取底估计） \tag{6.32}$$

$$Q_2^i = \frac{1}{N}\sum_{i=1}^{N} q_{ij} \quad （线性估计） \tag{6.33}$$

$$Q_3^j = \frac{\overline{x}_r \overline{y}_r}{0.5(\overline{x}_r + \overline{y}_r + \overline{\varepsilon}_r)\overline{\varepsilon}_r + \overline{x}_r \overline{y}_r} \quad （空间逼近） \tag{6.34}$$

式中, $\overline{x}_r = \sqrt{\dfrac{1}{N}\sum_{n=1}^{N} x_n^2}$, $\overline{y}_r = \sqrt{\dfrac{1}{N}\sum_{n=1}^{N} y_n^2}$, $\overline{\varepsilon}_r = \sqrt{\dfrac{1}{N}\sum_{n=1}^{N} (x_n - y_n)^2}$。

设 α_{ij} 是第 i 个评估对象在第 j 层次的可接受度标准, p_{ij} 是第 i 个评估对象在第 j 层次的可信度。图 6.14 中的框 1 表示在该层次上 $\alpha_{ij} = q_{ij} = 1$, 则

$$p_{ij} = \begin{cases} 1, & q_{ij} \geqslant \alpha_{ij} \\ \dfrac{q_{ij}}{\alpha_{ij}}, & q_{ij} < \alpha_{ij} \end{cases} \tag{6.35}$$

第 j 层的综合可信度 p^j 为

$$p_1^j = \min\left[p_{ij} \mid i = 1, 2, \cdots, N \right] \quad （取底估计） \tag{6.36}$$

$$p_2^j = \frac{1}{N}\sum_{i=1}^{N} p_{ij} \quad （线性估计） \tag{6.37}$$

$$p_3^j = \frac{\overline{x}_r \overline{y}_r}{0.5(\overline{x}_r + \overline{y}_r + \overline{\varepsilon}_r)\overline{\varepsilon}_r + \overline{x}_r \overline{y}_r} \quad （空间逼近） \tag{6.38}$$

VV&A 小组将利用上述 M&S 逼真度/可信度的评估结果, 在结合 V&V 过程的信息形成确认报告。

3) 部分 VV&A 报告和操作记录

为了示意 VV&A 报告和操作记录的范式, 表 6.5、表 6.6 和表 6.7 分别给出了其中的 M&S 确认报告、概念模型阶段结论报告和 VV&A 记录表。

表 6.5 M&S 确认报告

M&S 项目名称	××××××××××××××××									
VV&A 报告名称	M&S 确认报告					VV&A 报告标志				RAC1
M&S 评估项目	A	B	C	D	E	F	G	H	I	综合评估
阶段评估 逼真度 q	1.00	1.00	1.00	0.97	1.00	0.96	0.96	—		$Q_2 = 0.984$
阶段评估 可信度 p	1.00	1.00	1.00	0.97	1.00	0.97	0.98	—		$P_2 = 0.988$
总体评估 逼真度 q	1.00	0.98	0.94	0.93	—					$Q_3 = 0.953$
总体评估 可信度 p	1.00	0.99	0.97	0.96	—					$P_3 = 0.975$
M&S 可接受性/逼真度结论	根据 GJB ××××-×××× 标准, 本 VV&A 小组对该 M&S 项目进行了全面的校核与验证, 并进行了全面的质量评估。依 VV&A 小组与 M&S 用户在 VV&A 初期制定的 M&S 可接受性准则, 综合评估得到该 M&S 项目的离线逼真度为 98.4%; 离线可信度为 98.8%; 全员全速运行的逼真度为 95.3%, 可信度为 97.5%。VV&A 小组的结论如下: M&S 具有几乎完全的逼真度(95%~100%)。 M&S 对于预期的应用是可放心接受的(95%~100%)。 有关该 M&S 项目的详细 VV&A 报告、建议、VV&A 的其他文件见本报告的其他部分。 VV&A 组长(签字) 20 年 月 日									

续表

确认机关与系统用户意见	批准确认机关意见：	M&S用户意见：
	(盖章) (签字) 20　年　月　日	(盖章) (签字) 20　年　月　日

说明	阶段评估——A:系统需求;B:概念模型;C:理论模型;D:实现模型;E:仿真系统;F:仿真运行; 　　　　　G:仿真界面 总体评估——A:功能;B:性能;C:界面;D:数据

表6.6　概念模型阶段 VV&A 结论报告

M&S项目名称	×××××××× 武器系统仿真装备							
VV&A 报告名称	概念模型				VV&A 报告标志			RB1
VV&A 工作组成员								
M&S需求项目	A	B	C	D	E	F	G	H	阶段评估
M&S可接受性准则	1.00	1.00	1.00	1.00	0.92	1.00	—	—	$P_1 = 0.980$
M&S可接受性评估	1.00	1.00	1.00	1.00	0.98	1.00	—	—	$P_2 = 0.996$
M&S逼真度准则	1.00	1.00	1.00	1.00	1.00	1.00	—	—	$Q_1 = 0.900$
M&S逼真度评估	1.00	1.00	1.00	1.00	0.90	1.00	—	—	$Q_2 = 0.983$

M&S可接受性结论	根据 GJB ××××-×××× 标准,本 VV&A 小组对该 M&S 项目进行了阶段校核与验证,并对需求项目进行了质量评估。依 VV&A 小组与 M&S 用户在 VV&A 初期制定的 M&S 可接受性准则,综合评估得到该 M&S 项目的阶段性可接受度高于 98.0%,阶段性平均逼真度高于 98.0%。VV&A 小组的结论如下: 　　M&S该阶段工作对于预期的应用是可放心接受的($P = 95\% \sim 100\%$)。 　　M&S该阶段工作具有几乎完全的逼真度($Q = 95\% \sim 100\%$)。 　　有关该 M&S 项目的详细 VV&A 报告、建议、VV&A 的其他文件见本报告的其他部分。 　　　　　　　　　　　　　　　　　　　　　　　　VV&A 组长(签字) 　　　　　　　　　　　　　　　　　　　　　　　　20　年　月　日

说明	A:系统原理与框架;B:系统组成要素;C系统变量;D:系统的工程、数学依据;E:系统的假设条件/简化的部分;F:原始数据组

表 6.7　某武器系统仿真装备项目 VV&A 记录表

| 200　年　月　日 | | | 第 01 表 | | | |

操作员：			V&V 总评		1.00	
性能需求			V&V 操作		子项权值	综合评分
序号	子项名称	描述/说明	码	注		
1	虚拟战场 1	大投影二、三维地形：R≥500km	＊＊＊		1.00	1.00
2	虚拟战场 2	观察角：俯视，环视，侧视≥120°	＊＊＊		1.00	1.00
3	虚拟战场 3	场景(线度)分辨率：1/1000	＊＊＊		1.00	1.00
4	虚拟战场 4	声效：实效/影视效果	＊＊＊		1.00	1.00
5	虚拟战场 5	空情模拟(敌机，火力)逼真度≥95%	＊＊＊		1.00	1.00
6	虚拟战场 6	友邻部队：雷达，机场，要地，布局	＊＊＊	1	1.00	1.00
7	空情监测 1	接受 DIS 网上空情 1~32 批	＊＊＊		1.00	1.00
8	空情监测 2	单雷达监测≤3 批	＊＊＊		1.00	1.00
9	空情模拟 1	模拟空情容量 1~32 批	＊＊＊		1.00	1.00
10	空情模拟 2	单雷达容量≤3 批	＊＊＊		1.00	1.00
11	空情模拟 3	飞机目标：6 类 17 种	＊＊＊	2	1.00	1.00
12	空情模拟 4	导弹目标：3 类 9 种	＊＊＊	3	1.00	1.00
13	空情模拟 5	目标速度：50~1000m/s	＊＊＊		1.00	1.00
14	空情模拟 6	目标距离≤500km	＊＊＊		1.00	1.00
15	空情模拟 7	目标高度≤30km	＊＊＊		1.00	1.00
16	空情模拟 8	机动过载：1~5g	＊＊＊		1.00	1.00
17	空情模拟 9	战术动作：合批、分批、编队	＊＊＊		1.00	1.00
18	导弹模拟 1	空中弹数：1~3	＊＊＊		1.00	1.00
19	…					

注：(1) 表中的"码"指进行 VV&A 时操作的代码。
　　(2)"注"指该项有注释，且按表页编号，注释统一编排在本页的续页中。

6.9　VV&A 的自动化、通用化和智能化问题

6.9.1　VV&A 工作流的自动化

所谓自动化是指自动引导仿真团队按工作流定义的流程开展工作，并针对具体活动提供辅助。工作流执行服务由一个或多个工作流引擎组成，它提供了过程实例的运行环境。工作流引擎的关键技术包括解释、发放、控制、辅助执行工作流。文献(方可等，2005)提供了一种 VV&A 工作流自动化实现方案如图 6.15 所示。

6.9.2　通用的 VV&A 体系

由于 VV&A 贯穿于 M&S 应用开发全生命周期，因此需要对 M&S 应用开发周期进行阶段划分。通常，可将 M&S 应用开发的全生命周期描述为一个八元式

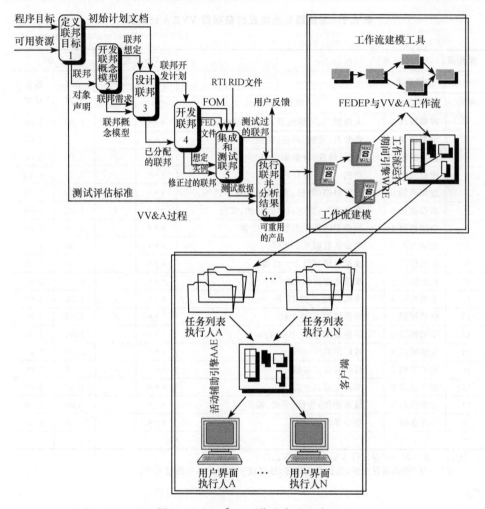

图 6.15　VV&A 工作流自动化实现

$$LP = \{UoD, CM, RSP, DSP, EM, IA, R_e, ReP\}$$

式中,LP——M&S 应用开发的全生命周期;

　　UoD——M&S 应用论域;

　　CM——M&S 应用对象系统的概念模型;

　　RSP——M&S 需求规范;

　　DSP——M&S 设计规范;

　　EM——可执行的 M&S 模块;

　　IA——将所有 EM 合在一起以实现 M&S 应用的总体属性;

　　R_e——M&S 应用结果的获得;

ReP——对 M&S 应用的陈述。

这样,由 M&S 应用的可信度指标集和全生命周期,方可定义 M&S 应用的 VV&A 为

$$\langle VV\&A \rangle = Cer^{T} \times LP$$

这就是由一个 3×8 矩阵表示的通用的 VV&A 体系。

6.9.3 基于人工智能的 VV&A 平台

为了提高仿真系统 VV&A 的效率和准确性,实现 VV&A 工具的通用化与自动化,研究和开发基于人工智能的 VV&A 平台(intelligent VV&A platform,IVVAP)是一条重要的技术途径。文献(曹海旺,2006)开发了一个原型系统,并在水声对抗仿真系统中得到了成功应用。

IVVAP 是一个开发的通用智能化 VV&A 平台,由基础平台、系统使能器、应用使能器、库模块、输入/输出设施等部分组成。它应用人工智能的学习、推理能力,综合各种 VV&A 方法与过程,为 M&S 的 VV&A 提供了一个通用的自动化工具。其体系结构如图 6.16 所示。

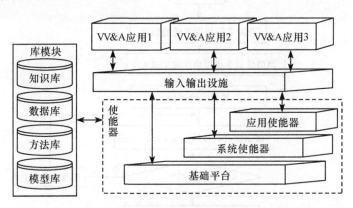

图 6.16 IVVAP 的体系结构

其中,基础平台是一个底层支撑平台,由操作系统、硬件、网络等组成,为系统使能器、应用使能器及库模块开发及应用提供了基本环境;库模块由知识库、数据库、方法库及模型库组成,为 IVVAP 提供各种信息源。系统使能器由数据管理使能器、通信使能器、推理机等模块组成,用以智能性地实现 VV&A 计划生成、VV&A 文档产生、VV&A 数据分析与管理、VV&A 方法实现和 VV&A 结果综合评价等。其中,推力机由解释模块、黑板、推理模块、处理模块、知识获取模块、仿真评价模块及协调模块等构成,各模块间的关系如图 6.17 所示;应用使能器 IVVAP 与具体 VV&A 应用的输入/输出通道,提供了通用的 VV&A 应用框架;输入/输出设施是 VV&A 应用于使能器之间的通道。

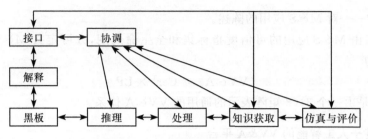

图 6.17　推理机结构示意图

1. IVVAP 的实现

　　IVVAP 的实现包括系统使能器的实现、应用使能器的实现和库模块的实现，并在它们和基础平台的支持下，完成智能化 VV&A 工作，其总工作流程如图 6.18 所示。

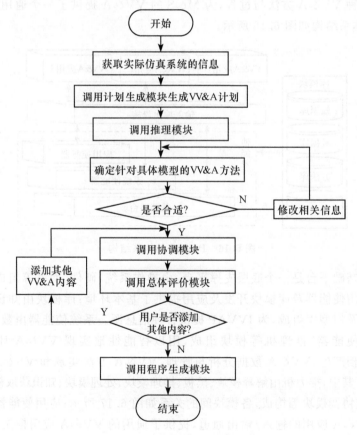

图 6.18　IVVAP 工作流程图

2. 应用实例

例 6.2 水声对抗仿真系统 VV&A 的自动化实现。

水声对抗仿真系统是一个包括管理、攻击、防御、对抗、环境、演示和水下航行器组成的分布式复杂仿真系统,如图 6.19 所示。

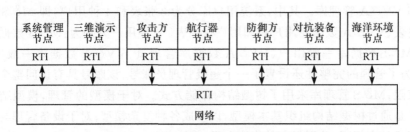

图 6.19 分布式水声对抗仿真结构示意图

鉴于该系统 VV&A 工作的复杂性特点,需要综合各种 VV&A 方法,研制并应用 VV&A 自动化软件。因此,可在上述 IVVAP 支持下,通过输入设施将水声对抗仿真系统的相关信息输入应用使能器,由应用使能器生成水声对抗仿真系统的 VV&A 软件。它在系统使能器的支持下,通过解释、推理生成相应 VV&A 计划,选定对各模型进行 VV&A 的方法,并调用相应的方法模块(如频谱分析法、灰色关联法、模糊综合评判法等),生成文档和完成对仿真系统的评估。应用结果表明,IVVAP 能够有效地支持该系统的 VV&A 工作,满足了当前 VV&A 对自动化工具的要求,具有良好的应用前景。

6.10 M&S 的 VV&A 管理系统设计与实现

6.10.1 引言

为了提高 M&S 可信度,设计并实现 M&S 的 VV&A 管理系统(简称 MS-VMS)是十分必要的。该系统将利用分布式数据库、综合存储 M&S 及 VV&A 的各种信息,使得 M&S 及 VV&A 在全生命周期中实现协调、有效的管理。

6.10.2 系统结构设计

系统采用分布式结构,使 M&S 和 VV&A 各部分可在不同终端上通过网络访问系统数据库。系统软件由三部分组成:服务器程序 SA、客户端程序 CA 和数据服务单元 DSU。SA 不仅负责管理所有数据库资源,而且可提供各种数据显示、跟踪、分析及评估工具,并具有扩展性;CA 主要为用户下载系统各种信息及上传自己完成的工作提供帮助；DSU 为整个系统提供中间层的数据访问与存储功能，并单独运行在数据库服务器上，为 SA 和 CA 提供数据服务。

6.10.3　系统数据库设计

该数据库是 MSVMS 的核心，按照逻辑分为 3 个子库：系统用户库、M&S 管理库和 VV&A 管理库。其中，系统用户库分为 3 张表和 4 种用户，即 M&S 数据库用户表、VV&A 数据库用户表和用户权限表。4 种用户分别为：M&S 数据库管理员、M&S 数据库一般用户、VV&A 数据库管理员、VV&A 数据库一般用户。除此，为了管理的完整性还设置了一个超级管理员账号，该账号具有访问整个数据库的权限；M&S 管理库采用了树型结构存储方式。对于模型的管理，模型结构表的任务是通过树型结构组织基本模型，以形成各种复杂模型；对于设备管理与模型管理模式基本相同，差别仅存储内容各异。

6.10.4　VV&A 管理库设计

VV&A 数据库包括 VV&A 方法库、VV&A 专家意见库、VV&A 结果库和 VV&A 日志库，其设计采用自动生成表格模式。

6.10.5　系统功能设计

MSVMS 各个部分的功能如表 6.8 所示。

表 6.8　管理系统部分功能表

功　　能	程　　　序		
	SA	CA	DSU
系统用户管理	F	N	N
模型库管理	F	P	N
设备库管理	F	P	N
实验库管理	F	P	N
系统资源库管理	F	P	N
仿真开发日志库管理	F	P	N
VV&A 方法库管理	F	N	N
VV&A 专家意见库管理	F	N	N
VV&A 日志库管理	F	N	N
数据导入导出	F	P	N
实验数据存储与播放	N	N	F

F：包含所有功能；P：包含部分功能；N：不包含此功能

6.10.6　应用实例

例 6.3　MSVMS 在某地空导弹仿真系统 M&S 和 VV&A 开发中的应用。

该系统是一个半实物、全数字复杂仿真系统。利用 MSVMS 的 VV&A 方法库中提供的验证功能(如 Theil 不等式验证),对全数字、半实物和打靶数据进行验证,获得了如下有用结果:

全数字与半实物的验证:TIC=0.0936;

打靶与半实物的验证:TIC=0.2608;

全数字与打靶的验证:TIC=0.2145。

以上结果被存储在数据库中,对于某型地空导弹仿真系统的确认提供了有益帮助。

6.11　大型复杂仿真系统的可信度评估方法

6.11.1　引言

仿真可信度是由仿真系统与原型系统之间的相似性决定的,是仿真系统与仿真应用的相适应程度,在仿真系统开发和应用中占有举足轻重的作用。因此,仿真可信度评估方法的研究及应用一直是仿真界极为关注的问题。

仿真可信度评估包括仿真模型和仿真系统的校核、验证和验收,与前述 VV&A 是两个不同的概念。简单地说,仿真系统的可信度为 VV&A 提供了目标,而 VV&A 是仿真可信度评估的基础和重要内容。

随着仿真科学与技术的发展和应用领域的不断扩大,仿真系统特别是大型复杂仿真系统的可信度评估越来越重要,其评估方法与日俱增。目前,大型复杂仿真系统可信度评估方法除常用的层次分析评估法、模糊综合评判法和模糊层次分析评估法等外,还出现了灰色综合评估法、相似度辨识评估法、基于逼真度评估法等。本节首先简要阐明前三种方法,然后重点讨论作者参与研制的后三种新方法。

6.11.2　层次分析评估法

层次分析评估法是大型复杂仿真系统可信度评估的最常用方法之一。它建立在第 2 章中层次分析理论的基础上,评估分如下四步进行:①建立递阶层次结构模型,为此,可将大型复杂仿真系统分解成如图 6.20 所示的结构层次关系;②构造两两比较判断矩阵;③计算权重;④进行一致性检验。

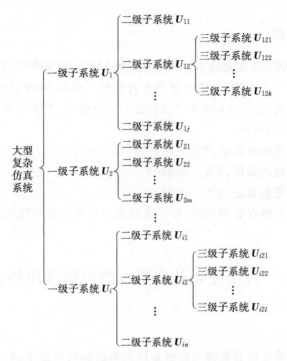

图 6.20　大型复杂仿真系统的层次结构图

6.11.3　模糊综合评判法

模糊综合评判基于第 2 章中的模糊集理论。可对被评估的系统建立评价因素集、各因素权重集、各种评价结果组成的评价集，采用一定的合成算子进行综合运算和评价。评估中大概亦分如下四个步骤：

（1）建立模糊评判初始模型。该模型有三个基本要素：因素集 $U = \{u_1, u_2, \cdots, u_n\}$；评判集 $V = \{v_1, v_2, \cdots, v_m\}$；模糊映射 $f: U \rightarrow F(V)$，$u_i \mid \rightarrow f(u_i) = (r_{i1}, r_{i2}, \cdots, r_{im}) \in F(V)$。由 f 诱导出一个模糊关系

$$\boldsymbol{R} = \begin{bmatrix} f(u_1) \\ f(u_2) \\ \vdots \\ f(u_n) \end{bmatrix} = \begin{bmatrix} r_{11} & r_{12} & \cdots & r_{1m} \\ r_{21} & r_{22} & \cdots & r_{2m} \\ \vdots & \vdots & & \vdots \\ r_{n1} & r_{n2} & \cdots & r_{nm} \end{bmatrix} \tag{6.39}$$

由 $\boldsymbol{R}$ 诱导出一个模糊变换

$$T_R: F(U) \rightarrow F(V), \quad \boldsymbol{A} \mid \rightarrow T_R(A) = \boldsymbol{A} \cdot \boldsymbol{R} \tag{6.40}$$

于是，三元体 $(\boldsymbol{U}, \boldsymbol{V}, \boldsymbol{R})$ 便构成一个模糊综合评判模型。它像一个"转换器"，若输入一个权重分配 $A = (a_1, a_2, \cdots, a_n)$，则输出一个综合评判 $B = A \cdot R = (b_1,$

$b_2, \cdots, b_m$),即

$$(b_1, b_2, \cdots, b_m) = (a_1, a_2, \cdots, a_n) \cdot \begin{bmatrix} r_{11} & r_{12} & \cdots & r_{1m} \\ r_{21} & r_{22} & \cdots & r_{2m} \\ \vdots & \vdots & & \vdots \\ r_{n1} & r_{n2} & \cdots & r_{nm} \end{bmatrix} \qquad (6.41)$$

若使用 Zadeh 算子($\land$, $\lor$),则

$$b_j = \bigvee_{i=1}^{n} (a_i \land r_{ij}), \quad j = 1, 2, \cdots, m \qquad (6.42)$$

(2) 确定权重。为了确定权重,可以采用隶属度计算方法(如绝对比较法、二元比较法、模糊统计法等)。

(3) 算子的改善。Zadeh 算子($\land$, $\lor$)即取最大和最小值,用于个体较多的对象评判相对较为粗糙,可采用概率算子和有界算子。

对于概率算子($\cdot$, $\hat{+}$)有

$$a \cdot b = a \times b, \quad a \hat{+} b = a + b - a \times b \qquad (6.43)$$

对于有界算子($\ominus$, $\oplus$)有

$$a \ominus b = \max\{a + b - 1\}, \quad a \oplus b = \min\{a + b, 1\} \qquad (6.44)$$

(4) 鉴于经过模糊运算后会"淹没"许多权重分配信息,故常在仿真系统可信度评估中采用多层次模糊评判模型。

6.11.4　模糊层次分析评估法

模糊层次分析法(FAHP)与层次分析法(AHP)的本质区别在于,为了解决 AHP 存在的一致性指标难以达到问题,而将 AHP 中的"构造判断矩阵"变成 FAHP 中的"构造模糊一致性判断矩阵"。

模糊层次分析法的具体步骤为:

(1) 建立系统层次结构模型。

(2) 建立优先关系矩阵,即每一层次中的因素针对因素的相对重要性建立矩阵。

(3) 将优先关系矩阵改造成模糊数一致矩阵,即按照定理 6.1 把各优先关系矩阵改造成模糊一致矩阵。

(4) 使用模糊一致的判断矩阵去推算各因素的重要次序,并对权重指标归一化处理。

【定理 6.1】　由模糊互补矩阵构造模糊一致矩阵:若对模糊互补矩阵按行求和,记作 $r_i = \sum_{k=1}^{m} f_{ik}, i = 1, 2, \cdots, m$,实施如下数学变换 $r_{ij} = \dfrac{r_i - r_j}{2m} + 0.5$,则由此建立的矩阵 $\boldsymbol{R} = (r_{ij})_{m \times m}$ 是模糊一致矩阵。

这里,设模糊矩阵 $\boldsymbol{F}=(f_{ij})_{m\times m}$,若有 $f_{ij}+f_{ji}=1$,则称该矩阵为模糊互补矩阵。若这个模糊互补矩阵对于任意 k 均有 $f_{ij}=f_{ik}-f_{jk}+0.5$,则它就是模糊一致矩阵。

6.11.5 灰色综合评估法

这是一种以灰色关联分析理论为指导,基于专家评判的综合性评估方法。其主要评估过程是:建立灰色综合评估模型→对各种评价因素和各专家进行权重系数选择→进行综合评估。

1. 评估过程

1) 建立灰色综合评估模型

该模型的建立分为三步:

(1) 建立评价树子系统。仿真系统可信度评估采用树的层次结构(见图 6.21)。其中,树的根结点为整个仿真系统的总体可信度评价指标,树的叶结点为影响该指标的各个因素子系统,其他结点为抽象的影响根结点的因素。

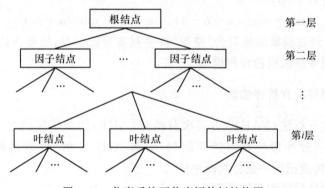

图 6.21 仿真系统可信度评估树结构图

(2) 专家评判。通常,由五六名 VV&A 工作所需专业领域的权威专家组成评判小组,进行按项目内容"打分"评价。

(3) 根据专家评判结果,建立灰色评估矩阵。灰色评估矩阵的建立与前述基于灰色系统理论建模方法相同,包括①确定评价指标矩阵;②数据处理;③确定灰色评估矩阵。

$$\boldsymbol{R}=\begin{bmatrix} L_1(1) & L_2(1) & \cdots & L_n(1) \\ L_1(2) & L_2(2) & \cdots & L_n(2) \\ \vdots & \vdots & & \vdots \\ L_1(m) & L_2(m) & \cdots & L_n(m) \end{bmatrix} \tag{6.45}$$

式中

$$L_i(k) = \frac{\min\limits_{i} \min\limits_{k} |\gamma_k^* - \gamma_k^i| + \rho \max\limits_{i} \max\limits_{k} |\gamma_k^* - \gamma_k^i|}{|\gamma_k^* - \gamma_k^i| + \rho \max\limits_{i} \max\limits_{k} |\gamma_k^* - \gamma_k^i|} \tag{6.46}$$

式中，ρ——分辨系数，在[0,1]中取值，通常取0.5;

$\min\limits_{i} \min\limits_{k} |\gamma_k^* - \gamma_k^i|$——两级最小差;

$\max\limits_{i} \max\limits_{k} |\gamma_k^* - \gamma_k^i|$——两级最大差。

2）选择权重系数

无论是评价因素或是专家评判，都有一定的权重。权重以系数值表示，通过计算得到。计算方法可以是直接给出法、层次分析法、重要性排序法和模糊子集法等。在灰色综合评估法中，常采用多种权系数赋值方法综合运用，其流程如图6.22所示。

3）多层次灰色综合评估

多层次灰色综合评估模型及相应评估流程分别如图6.23(a)、(b)所示。

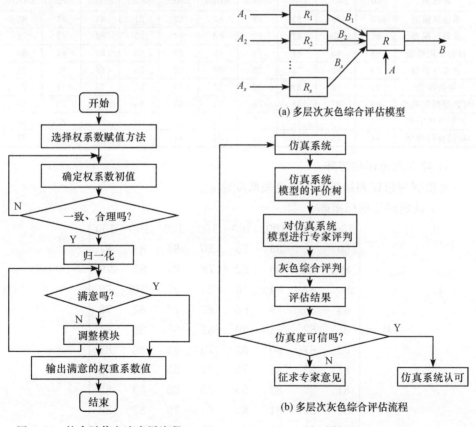

(a) 多层次灰色综合评估模型

(b) 多层次灰色综合评估流程

图 6.22　综合赋值方法应用流程　　　　　　　　　图 6.23

2. 应用实例

例 6.4 某大型仿真系统的射击诸元计算子系统可信度评估。

某大型复杂仿真系统是一个四级子系统组成的分布交互式仿真系统。其中射击诸元计算子系统属三级子系统。可采用基于专家评判的灰色综合评判法对该子系统可信度进行如下评估：

图 6.24 射击诸元子系统评价树

射击诸元计算子系统：
- 杀伤区模型
- 发射区模型
- 目标分配模型
- 遭遇点模型
- 姿态模型
- 可拦截判断模型
- 发射决策子模型
- 航路捷径模型

1) 建立该子系统的评价树

该评价树相对较为简单,如图 6.24 所示。

2) 专家评判

由多个学科专家进行评判,采用打分方法(满分为 100)。评判值如表 6.9 所示。

表 6.9 射击诸元计算子系统的专家评判值

评估值	SME1	SME2	SME3	SME4	SME5	SME6	SME7	SME8	SME9	SME10
杀伤区模型	80	89	80	85	85	82	81	81	81	82
发射区模型	82	85	82	80	82	87	85	80	82	78
目标分配模型	85	80	84	79	78	80	85	82	81	80
遭遇点模型	79	82	78	88	80	82	76	86	80	84
姿态模型	80	78	81	82	82	79	84	78	84	85
可拦截判断模型	83	81	85	78	85	85	83	80	79	83
发射决策模型	84	83	80	82	80	83	80	83	82	86
航路捷径模型	81	79	83	81	84	81	82	82	80	81

3) 建立灰色评估矩阵

可根据专家评判结果采用灰色关联度建立。

(1) 确定评价指标矩阵

$$D = \begin{bmatrix} 100 & 100 & 100 & 100 & 100 & 100 & 100 & 100 \\ 80 & 82 & 85 & 79 & 80 & 83 & 84 & 81 \\ 89 & 85 & 80 & 82 & 78 & 81 & 83 & 79 \\ 80 & 82 & 84 & 78 & 81 & 85 & 80 & 79 \\ 85 & 80 & 79 & 88 & 82 & 78 & 82 & 78 \\ 85 & 82 & 78 & 82 & 82 & 85 & 80 & 84 \\ 82 & 87 & 80 & 82 & 79 & 85 & 83 & 81 \\ 81 & 85 & 85 & 78 & 84 & 83 & 80 & 82 \\ 81 & 80 & 82 & 86 & 78 & 80 & 83 & 82 \\ 81 & 82 & 81 & 80 & 84 & 79 & 82 & 80 \\ 82 & 78 & 80 & 84 & 85 & 83 & 86 & 81 \end{bmatrix}$$

（2）进行数据处理。对 D 进行均值化处理后得

$$D = \begin{bmatrix}
1.1879 & 1.1918 & 1.2036 & 1.1996 & 1.2048 & 1.1931 & 1.1918 & 1.2075 \\
0.9503 & 0.9773 & 1.023 & 0.9477 & 0.9902 & 0.9902 & 1.0011 & 0.9781 \\
1.0572 & 1.013 & 0.9623 & 0.9836 & 0.9664 & 0.9664 & 0.9892 & 0.9539 \\
0.9503 & 0.9773 & 1.0109 & 0.9357 & 1.0141 & 1.0141 & 0.9534 & 1.0022 \\
1.0097 & 0.9534 & 0.9508 & 1.0556 & 0.9306 & 0.9306 & 0.9773 & 0.9418 \\
1.0097 & 0.9773 & 0.9387 & 0.9597 & 1.0141 & 1.0141 & 0.9534 & 1.0143 \\
0.9741 & 1.0368 & 0.9628 & 0.9836 & 1.0141 & 1.0141 & 0.9892 & 0.9781 \\
0.9622 & 1.013 & 1.023 & 0.9357 & 0.9902 & 0.9902 & 0.9534 & 0.9901 \\
0.9622 & 0.9534 & 0.9869 & 1.0316 & 0.9545 & 0.9545 & 0.9892 & 0.9901 \\
0.9622 & 0.9773 & 0.9748 & 0.9597 & 0.9425 & 0.9425 & 0.9773 & 0.966 \\
0.9741 & 0.9296 & 0.9628 & 1.0076 & 0.9902 & 0.9902 & 1.0249 & 0.9781
\end{bmatrix}$$

（3）确定灰色评估矩阵。由式（6.46）可计算出第 i 个专家对第 k 因素的灰色关联系数

$$\min_i \min_k |\gamma_k^* - \gamma_k^i| = 0.13067$$
$$\max_i \max_k |\gamma_k^* - \gamma_k^i| = 0.22942$$

再由式（6.46）得到灰色评估矩阵

$$R = \begin{bmatrix}
0.6965 & 0.7453 & 0.8311 & 0.6693 & 0.6899 & 0.7728 & 0.8035 & 0.7131 \\
1 & 0.8361 & 0.6904 & 0.7422 & 0.6461 & 0.7188 & 0.7733 & 0.6663 \\
0.6965 & 0.7453 & 0.7986 & 0.6481 & 0.7141 & 0.8356 & 0.695 & 0.7669 \\
0.8378 & 0.695 & 0.6678 & 0.9487 & 0.7 & 0.6506 & 0.7453 & 0.6451 \\
0.8378 & 0.7453 & 0.6466 & 0.6919 & 0.7 & 0.8356 & 0.695 & 0.7969 \\
0.7469 & 0.91 & 0.9041 & 0.7422 & 0.6673 & 0.8356 & 0.7733 & 0.7131 \\
0.7208 & 0.8361 & 0.8311 & 0.6481 & 0.798 & 0.7728 & 0.695 & 0.739 \\
0.7208 & 0.695 & 0.7406 & 0.8681 & 0.6461 & 0.6945 & 0.7733 & 0.739 \\
0.7208 & 0.7453 & 0.7146 & 0.6919 & 0.798 & 0.6718 & 0.7453 & 0.69 \\
0.7469 & 0.6511 & 0.6904 & 0.8002 & 0.8306 & 0.7728 & 0.8715 & 0.7131
\end{bmatrix}$$

4）权重选择

子系统进行评估时，组成因素指标的权重系数值为

$$A = [0.15, 0.1, 0.1, 0.1, 0.2, 0.15, 0.15, 0.05]$$

十位专家权重系数值为

$$A = [0.05, 0.11, 0.07, 0.12, 0.08, 0.14, 0.15, 0.13, 0.06, 0.11]$$

5）灰色综合评估

由评价公式

$$B = R \cdot A, \quad b_i = \sum_{k=1}^{m} a_k \cdot L_i(k) \tag{6.47}$$

可得各专家的射击诸元子系统的评估结果。

$B = R \cdot A$

$$
= \begin{bmatrix}
0.6965 & 0.7453 & 0.8311 & 0.6693 & 0.6899 & 0.7728 & 0.8035 & 0.7131 \\
1 & 0.8361 & 0.6904 & 0.7422 & 0.6461 & 0.7188 & 0.7733 & 0.6663 \\
0.6965 & 0.7453 & 0.7986 & 0.6481 & 0.7141 & 0.8356 & 0.695 & 0.7669 \\
0.8378 & 0.695 & 0.6678 & 0.9487 & 0.7 & 0.6506 & 0.7453 & 0.6451 \\
0.8378 & 0.7453 & 0.6466 & 0.6919 & 0.7 & 0.8356 & 0.695 & 0.7969 \\
0.7469 & 0.91 & 0.9041 & 0.7422 & 0.6673 & 0.8356 & 0.7733 & 0.7131 \\
0.7208 & 0.8361 & 0.8311 & 0.6481 & 0.798 & 0.7728 & 0.695 & 0.739 \\
0.7208 & 0.695 & 0.7406 & 0.8681 & 0.6461 & 0.6945 & 0.7733 & 0.739 \\
0.7208 & 0.7453 & 0.7146 & 0.6919 & 0.798 & 0.6718 & 0.7453 & 0.69 \\
0.7469 & 0.6511 & 0.6904 & 0.8002 & 0.8306 & 0.7728 & 0.8715 & 0.7131
\end{bmatrix}
\cdot
\begin{bmatrix}
0.15 \\
0.10 \\
0.10 \\
0.10 \\
0.20 \\
0.15 \\
0.15 \\
0.05
\end{bmatrix}
$$

$$
= [0.73913, 0.76322, 0.73422, 0.74646, 0.75149, 0.75674, 0.75638, 0.72484,
$$
$$
0.72993, 0.77461] \tag{6.48}
$$

再由公式

$$K = B \cdot E$$

可得到专家对整个射击诸元计算子系统的可信度的评估值 $K = 0.74927$。其中

$$E^{\mathrm{T}} = [0.05, 0.1, 0.07, 0.12, 0.08, 0.14, 0.35, 0.13, 0.06, 0.1]$$

由此可见,利用灰色综合评估方法对该子系统的评估结果是可接受的,可信度较高。

6.11.6　相似度辨识评估法

1. 系统与模型的相似度概念

通常,数学模型 M 由结构 H 和参数 θ 构成,可记之 $M = M(H, \theta)$。若以符号 Z 和 F 分别代表真实系统和仿真系统,则有 $M_Z = M_Z(H_Z, \theta_Z)$ 和 $M_F = M_F(H_F, \theta_F)$。

建立仿真系统的直接目标是:I/O 一致,即 $I_Z = I_F$ 时,$O_Z = O_F$。

建立仿真系统的本质要求为:系统与模型的结构和参数相一致,即 $I_Z = I_F$ 时

$$M_Z = M_F \quad \text{或} \quad H_Z = H_F, \quad \theta_Z = \theta_F \tag{6.49}$$

事实上,仿真系统不可能完全满足式(6.49),而只能是近似地满足。其满足程度被称为系统与模型的相似度,一般有相似准则来确定。如对于飞行器运动相似,就有相似准则

$$\min J = \frac{1}{T_{\mathrm{H}}} \int_0^{T_{\mathrm{H}}} (\theta_Z - \theta_F)(\theta_Z - \theta_F)^{\mathrm{T}} \mathrm{d}t \qquad (6.50)$$

式中，T_{H}——所研究的时间间隔。

显然，准则函数 J 永远是非负的，其值越小，仿真系统与真实系统就越相似，仿真系统就越可信。于是，系统与模型的相似度（简称仿真系统相似度）在一定程度上反映了仿真系统的可信度。

2. 仿真系统相似度求法

为方便起见，先研究同构（即 $H_Z = H_F$）条件下的仿真系统相似度，然后在此基础上修正得到一般仿真系统相似度；其具体步骤如下：

（1）令 $\theta_Z = \theta_Z(\theta_1, \theta_2, \cdots, \theta_n)$，$\theta_F = \theta_F(\theta_1', \theta_2', \cdots, \theta_n')$，其中，$\theta_i, \theta_i'(i=1,2,\cdots,n)$ 为同构模型参数。

（2）选取相似元

$$U_i = U_i(\theta_i, \theta_Z'), \quad i = 1,2,\cdots,n$$

（3）求取相似元相似度

$$q_i = \frac{\min \{|\theta_i|, |\theta_Z'|\}}{\max \{|\theta_i|, |\theta_Z'|\}}, \quad i = 1,2,\cdots,n$$

（4）确定模型相似度

$$\theta_j = \sum_{i=1}^n r_i q_i, \quad \sum_{i=1}^n r_i = 1, \quad r_i \text{ 为权重}, i = 1,2,\cdots,n \qquad (6.51)$$

（5）确定 $H_Z \neq H_F$ 的仿真系统相似度。

大量辨识实例表明，利用不同的辨识模型结构（H）对真实系统和仿真系统的相似度进行求取，其相似度基本不变，但不尽相同。这是因为模型相似度反映了真实系统和仿真系统的本质相似性。为了更准确地确定仿真系统相似度，合理的方案是用不同辨识模型结构对应求得的模型相似度 θ_j 进行加权平均，求得

$$\theta_\Sigma = \sum_{j=1}^l w_j \cdot \theta_j \qquad (6.52)$$

式中，w_j——权重，$\sum_{j=1}^l w_j = 1$；

l——所选辨识模型结构数目。

权重 w_j 可由先验知识、专家评定等给出。若难以确定时，一般可采用等权形式

$$w_j = \frac{1}{l}, \quad j = 1,2,\cdots,l \qquad (6.53)$$

图 6.24 给出了上述仿真系统相似度算法流程。

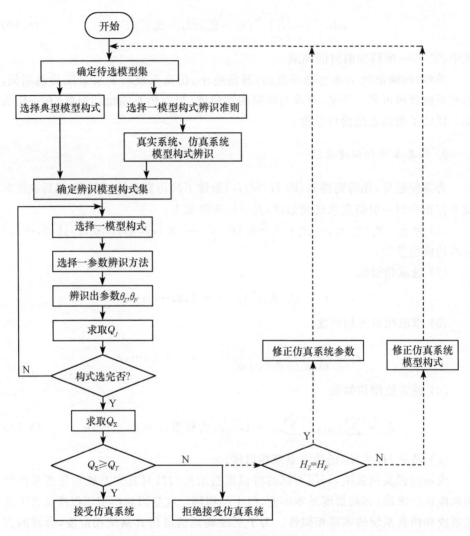

图 6.24　仿真系统相似度算法流程

3. 大型复杂仿真系统全局模型的相似度求取

大型复杂仿真系统的全局模型相似度求取建立在 6.9.6 节算法的基础上,可先将大系统分为多个独立的子系统,再将子系统向更小、更低层次分解,直到便于求取每部分的局部模型相似度为止。将低层模型相似度求出,再加权平均得到高一级层次模型相似度,以此类推,最终求出大型复杂仿真系统的全局模型的相似度,如图 6.25 所示。

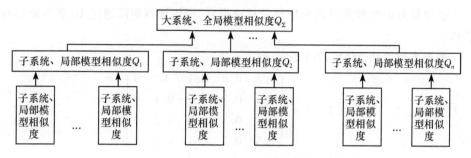

图 6.25　大型复杂仿真系统全局模型相似度

4. 应用实例

例 6.5　某防空作战仿真系统相似度模糊综合评判。

首先根据该系统属大型复杂仿真系统的特点,建立如表 6.10 所示的层次结构关系。

表 6.10　某防空作战仿真系统相似度模糊评判综合评判结构关系

第一级指标	第二级指标	第三级指标	模糊评判矩阵				
			优	良	中	差	较差
性能 $U_1(0.75)$	战勤操作 $U_{11}(0.45)$	接电控制(0.10)	0.3	0.6	0.1	0	0
		功能检查(0.40)	0.5	0.3	0.1	0.1	0
		维护检查(0.10)	0.4	0.3	0.2	0.1	0
		战斗操作(0.40)	0.5	0.3	0.1	0.1	0
	电磁干扰 $U_{12}(0.40)$	地物杂波(0.10)	0.2	0.2	0.1	0.3	0.2
		气象杂波(0.20)	0.4	0.3	0.2	0.1	0
		泊条杂波(0.30)	0.5	0.3	0.1	0.1	0
		欺骗干扰(0.40)	0.5	0.2	0.1	0.1	0.1
	目标环境战术背景 $U_{13}(0.10)$	分批目标(0.35)	0.4	0.3	0.3	0	0
		合批目标(0.65)	0.5	0.2	0.2	0.1	0
	战术演练 $U_{14}(0.025)$		0.2	0.2	0.3	0.2	0.1
	多媒体记录、重演、成绩评定 $U_{15}(0.025)$	记录(0.30)	0.3	0.4	0.1	0.2	0
		重演(0.20)	0.4	0.4	0.2	0	0
		成绩评定(0.50)	0.6	0.3	0.1	0	0
无故障时间 $U_2(0.15)$	主控系统 $U_{21}(0.5)$		0.6	0.2	0.2	0	0
	S 车仿真装备 $U_{22}(0.15)$		0.5	0.3	0.2	0	0
	G 车仿真装备 $U_{23}(0.15)$		0.4	0.3	0.2	0.1	0
	F 车仿真装备 $U_{24}(0.15)$		0.4	0.3	0.3	0	0
	多媒体记录、重演、成绩评定 $U_{25}(0.05)$		0.5	0.2	0.2	0.1	0
机动性能 $U_3(0.03)$	展开时间 $U_{31}(0.3)$		0.5	0.2	0.2	0.1	0
	撤收时间 $U_{32}(0.7)$		0.6	0.4	0	0	0
经济性 $U_4(0.07)$			0.5	0.3	0.1	0.1	0

表中括号内的权重系数由层次分析法得到,模糊评判矩阵通过 10 名专家评判获得。

如果采用算法 M(∨,∧)算法,则

$$\widetilde{\boldsymbol{U}}_{11} = \begin{bmatrix} 0.1 & 0.4 & 0.1 & 0.4 \end{bmatrix} \begin{bmatrix} 0.3 & 0.6 & 0.1 & 0 & 0 \\ 0.5 & 0.3 & 0.1 & 0.1 & 0 \\ 0.4 & 0.3 & 0.2 & 0.1 & 0 \\ 0.5 & 0.3 & 0.1 & 0.1 & 0 \end{bmatrix}$$

$$= \begin{bmatrix} 0.4 & 0.3 & 0.1 & 0.1 & 0 \end{bmatrix}$$

$$\widetilde{\boldsymbol{U}}_{12} = \begin{bmatrix} 0.1 & 0.2 & 0.3 & 0.4 \end{bmatrix} \begin{bmatrix} 0.2 & 0.2 & 0.1 & 0.3 & 0.2 \\ 0.4 & 0.3 & 0.2 & 0.1 & 0 \\ 0.5 & 0.3 & 0.1 & 0.1 & 0 \\ 0.5 & 0.2 & 0.1 & 0.1 & 0.1 \end{bmatrix}$$

$$= \begin{bmatrix} 0.4 & 0.3 & 0.2 & 0.2 & 0.1 \end{bmatrix}$$

$$\widetilde{\boldsymbol{U}}_{13} = \begin{bmatrix} 0.35 & 0.65 \end{bmatrix} \begin{bmatrix} 0.4 & 0.3 & 0.3 & 0 & 0 \\ 0.5 & 0.2 & 0.2 & 0.1 & 0 \end{bmatrix}$$

$$= \begin{bmatrix} 0.5 & 0.3 & 0.3 & 0.1 & 0 \end{bmatrix}$$

$$\widetilde{\boldsymbol{U}}_{14} = \begin{bmatrix} 0.2 & 0.2 & 0.3 & 0.2 & 0.1 \end{bmatrix}$$

$$\widetilde{\boldsymbol{U}}_{15} = \begin{bmatrix} 0.3 & 0.2 & 0.5 \end{bmatrix} \begin{bmatrix} 0.3 & 0.4 & 0.1 & 0.2 & 0 \\ 0.4 & 0.4 & 0.2 & 0 & 0 \\ 0.6 & 0.3 & 0.1 & 0 & 0 \end{bmatrix}$$

$$= \begin{bmatrix} 0.5 & 0.3 & 0.2 & 0.2 & 0 \end{bmatrix}$$

$$\widetilde{\boldsymbol{U}}_1 = \begin{bmatrix} 0.45 & 0.40 & 0.10 & 0.025 & 0.025 \end{bmatrix} \begin{bmatrix} \boldsymbol{U}_{11} \\ \boldsymbol{U}_{12} \\ \boldsymbol{U}_{13} \\ \boldsymbol{U}_{14} \\ \boldsymbol{U}_{15} \end{bmatrix}$$

$$= \begin{bmatrix} 0.4 & 0.3 & 0.2 & 0.2 & 0.1 \end{bmatrix}$$

$$\widetilde{\boldsymbol{U}}_2 = \begin{bmatrix} 0.5 & 0.15 & 0.15 & 0.15 & 0.05 \end{bmatrix} \begin{bmatrix} 0.6 & 0.2 & 0.2 & 0 & 0 \\ 0.5 & 0.3 & 0.2 & 0 & 0 \\ 0.4 & 0.3 & 0.2 & 0.1 & 0 \\ 0.4 & 0.3 & 0.3 & 0 & 0 \\ 0.5 & 0.2 & 0.2 & 0.1 & 0 \end{bmatrix}$$

$$= \begin{bmatrix} 0.5 & 0.2 & 0.15 & 0.15 & 0 \end{bmatrix}$$

$$\widetilde{\boldsymbol{U}}_3 = \begin{bmatrix} 0.3 & 0.7 \end{bmatrix} \begin{bmatrix} 0.4 & 0.3 & 0.2 & 0.1 & 0 \\ 0.6 & 0.4 & 0 & 0 & 0 \end{bmatrix} = \begin{bmatrix} 0.6 & 0.4 & 0.2 & 0.1 & 0 \end{bmatrix}$$

$$\widetilde{U}_4 = [0.5 \quad 0.3 \quad 0.1 \quad 0.1 \quad 0]$$

$$\widetilde{U} = [0.75 \quad 0.15 \quad 0.03 \quad 0.07] \begin{bmatrix} U_1 \\ U_2 \\ U_3 \\ U_4 \end{bmatrix} = [0.4 \quad 0.3 \quad 0.2 \quad 0.2 \quad 0.1]$$

根据最大隶属度原则,该仿真系统的相似性属于优秀,该仿真系统的可信度为优秀。

如果采用算法 $M(\cdot, +)$,则

$$\widetilde{U}_{11} = [0.1 \quad 0.4 \quad 0.1 \quad 0.4] \begin{bmatrix} 0.3 & 0.6 & 0.1 & 0 & 0 \\ 0.5 & 0.3 & 0.1 & 0.1 & 0 \\ 0.4 & 0.3 & 0.2 & 0.1 & 0 \\ 0.5 & 0.3 & 0.1 & 0.1 & 0 \end{bmatrix}$$

$$= [0.47 \quad 0.33 \quad 0.11 \quad 0.09 \quad 0]$$

$$\widetilde{U}_{12} = [0.1 \quad 0.2 \quad 0.3 \quad 0.4] \begin{bmatrix} 0.2 & 0.2 & 0.1 & 0.3 & 0.2 \\ 0.4 & 0.3 & 0.2 & 0.1 & 0 \\ 0.5 & 0.3 & 0.1 & 0.1 & 0 \\ 0.5 & 0.2 & 0.1 & 0.1 & 0.1 \end{bmatrix}$$

$$= [0.4 \quad 0.25 \quad 0.12 \quad 0.12 \quad 0.06]$$

$$\widetilde{U}_{13} = [0.35 \quad 0.65] \begin{bmatrix} 0.4 & 0.3 & 0.3 & 0 & 0 \\ 0.5 & 0.2 & 0.2 & 0.1 & 0 \end{bmatrix}$$

$$= [0.465 \quad 0.235 \quad 0.235 \quad 0.065 \quad 0]$$

$$\widetilde{U}_{14} = [0.2 \quad 0.2 \quad 0.3 \quad 0.2 \quad 0.1]$$

$$\widetilde{U}_{15} = [0.3 \quad 0.2 \quad 0.5] \begin{bmatrix} 0.3 & 0.4 & 0.1 & 0.2 & 0 \\ 0.4 & 0.4 & 0.2 & 0 & 0 \\ 0.6 & 0.3 & 0.1 & 0 & 0 \end{bmatrix}$$

$$= [0.47 \quad 0.35 \quad 0.12 \quad 0.06 \quad 0]$$

$$\widetilde{U}_1 = [0.45 \quad 0.40 \quad 0.10 \quad 0.025 \quad 0.025] \begin{bmatrix} U_{11} \\ U_{12} \\ U_{13} \\ U_{14} \\ U_{15} \end{bmatrix}$$

$$= [0.4348 \quad 0.2858 \quad 0.1315 \quad 0.1015 \quad 0.0265]$$

$$\widetilde{\boldsymbol{U}}_2 = \begin{bmatrix} 0.5 & 0.15 & 0.15 & 0.15 & 0.05 \end{bmatrix} \begin{bmatrix} 0.6 & 0.2 & 0.2 & 0 & 0 \\ 0.5 & 0.3 & 0.2 & 0 & 0 \\ 0.4 & 0.3 & 0.2 & 0.1 & 0 \\ 0.4 & 0.3 & 0.3 & 0 & 0 \\ 0.5 & 0.2 & 0.2 & 0.1 & 0 \end{bmatrix}$$

$$= \begin{bmatrix} 0.520 & 0.245 & 0.215 & 0.020 & 0 \end{bmatrix}$$

$$\widetilde{\boldsymbol{U}}_3 = \begin{bmatrix} 0.3 & 0.7 \end{bmatrix} \begin{bmatrix} 0.4 & 0.3 & 0.2 & 0.1 & 0 \\ 0.6 & 0.4 & 0 & 0 & 0 \end{bmatrix}$$

$$= \begin{bmatrix} 0.54 & 0.37 & 0.06 & 0.03 & 0 \end{bmatrix}$$

$$\widetilde{\boldsymbol{U}}_4 = \begin{bmatrix} 0.5 & 0.3 & 0.1 & 0.1 & 0 \end{bmatrix}$$

$$\widetilde{\boldsymbol{U}} = \begin{bmatrix} 0.75 & 0.15 & 0.03 & 0.07 \end{bmatrix} \begin{bmatrix} \boldsymbol{U}_1 \\ \boldsymbol{U}_2 \\ \boldsymbol{U}_3 \\ \boldsymbol{U}_4 \end{bmatrix}$$

$$= \begin{bmatrix} 0.4203 & 0.2622 & 0.1327 & 0.0800 & 0.0199 \end{bmatrix}$$

同样,可以根据最大隶属原则,可得出该仿真系统的相似性属于优秀,该仿真系统的可信度为优秀。

设着眼于因素集 $\boldsymbol{U}$,即该子系统所包含的各特性(指标)为

$$\boldsymbol{U} = \{u_1, u_2, \cdots, u_M\} \tag{6.54}$$

抉择评语集为:{优、良、中、差、较差},分为 5 等,设为

$$\boldsymbol{V} = \{v_1, v_2, \cdots, v_5\} \tag{6.55}$$

评判矩阵为

$$\widetilde{\boldsymbol{R}} = \begin{bmatrix} r_{11} & r_{12} & \cdots & r_{15} \\ r_{12} & r_{22} & \cdots & r_{25} \\ \vdots & \vdots & & \vdots \\ r_{M1} & r_{M2} & \cdots & r_{M5} \end{bmatrix} \tag{6.56}$$

权系数矩阵为

$$\widetilde{\boldsymbol{A}} = \begin{bmatrix} a_1 & a_2 & \cdots & a_M \end{bmatrix} \tag{6.57}$$

综上所述,可得到实现仿真系统相似度模糊综合评判的计算机流程,如图 6.26 所示。

6.11.7 基于逼真度评估法

1. 主要思想

如前所述,所谓逼真度就是模型或仿真以可测量或可觉察方式复现真实系统

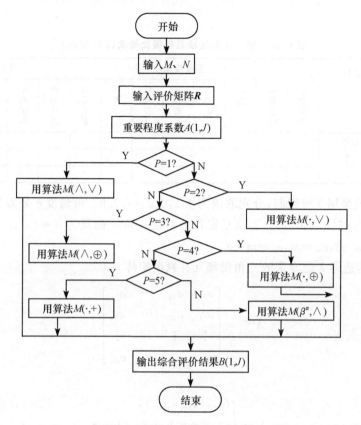

图 6.26　仿真系统相似度模糊综合评判计算机流程

（过程）状态和行为的程度。逼真度被分为模型逼真度和仿真逼真度，可从两个不同角度给出相对于仿真对象的近似（或复现）程度，这正是仿真系统可信度的重要依据和基础。基于这种客观事实，我们有足够理由将逼真度评估作为仿真系统可信度评估的一种基本方法和技术，这种评估方法对于视景仿真系统尤为重要。

2. 方法原理

逼真度评估常用基于 $Fuzzy\ AHP$ 方法，这种方法已在 6.9.4 节讲过，这里不再赘述。其区别仅在于这里评估对象不是可信度而是间接的逼真度。

在此，将借助模糊三角函数确定权重，并利用模糊综合评判方法对仿真系统进行逼真度评估，从而得到可信度评估结论。

为了确定权重集，设因素集为 $U(u_1, u_2, \cdots, u_m)$，权重分配采用 Fuzzy AHP 法，可分四步进行：

（1）专家填写因素权重比较表。其中，第一准则层因素权重比较表如表 6.11

所示。

表 6.11　第一准则层项目权值比较表（9 等级制）

指标 比较因素 （两两比较）	重要度比较								可信度比较		
	极为次要	明显次要	次要	略次要	同等重要	略重要	重要	明显重要	极为重要	很有把握	较有把握	把握一般
U_1 与 U_2 比较												
U_2 与 U_3 比较												
……												

模糊数采用 9 等级制，分别取值为 $0.1,0.2,\cdots,0.9$。可信度 δ 分为 3 等级，分别取值为 $0.05,0.1,0.15$。于是专家打分对应三角模糊数为 $a=(a_1,a_2,\cdots,a_n)$，其中 $a_1=m-\delta,a_m=m,a_n=m+\delta$。

（2）构造第 k 位专家的三角模糊互补判断矩阵

$$\boldsymbol{A}^{(k)}=\begin{bmatrix} a_{11} & a_{12} & \cdots & a_{1n} \\ a_{21} & a_{22} & \cdots & a_{2n} \\ \vdots & \vdots & & \vdots \\ a_{n1} & a_{n2} & \cdots & a_{nn} \end{bmatrix} \tag{6.58}$$

式中

$$a_{ij}=(a_{lij},a_{mij},a_{nij})=\begin{cases} (a_{lij},a_{mij},a_{nij}), & i>j,i\neq j \\ (1-a_{lij},1-a_{mij},1-a_{nij}), & i<j,i\neq j \\ (0.5,0.5,0.5), & i=j \end{cases}$$

（3）计算第 k 位专家的归一化权重向量

$$\bar{\boldsymbol{w}}^{(k)}=\begin{bmatrix} \bar{w}_1 & \bar{w}_2 & \cdots & \bar{w}_n \end{bmatrix}^{\mathrm{T}} \tag{6.59}$$

式中

$$\bar{w}_i=\frac{\sum\limits_{i=1}^{n}a_{ij}}{\sum\limits_{i=1}^{n}\sum\limits_{j=1}^{n}a_{ij}}=\left[\frac{\sum\limits_{i=1}^{n}a_{lij}}{\sum\limits_{i=1}^{n}\sum\limits_{j=1}^{n}a_{nij}},\frac{\sum\limits_{i=1}^{n}a_{mij}}{\sum\limits_{i=1}^{n}\sum\limits_{j=1}^{n}a_{mij}},\frac{\sum\limits_{i=1}^{n}a_{nij}}{\sum\limits_{i=1}^{n}\sum\limits_{j=1}^{n}a_{lij}}\right]$$

将 $\bar{w}_i$ 进行两两比较，可求得 $\bar{w}_i\geqslant\bar{w}_j$ 的可能度

$$p_{ij}=\lambda\max\left\{1-\max\left(\frac{\bar{w}_{jm}-\bar{w}_{il}}{\bar{w}_{im}-\bar{w}_{il}+\bar{w}_{jm}-\bar{w}_{jl}},0\right),0\right\}$$
$$+(1-\lambda)\max\left\{1-\max\left(\frac{\bar{w}_{jn}-\bar{w}_{im}}{\bar{w}_{in}-\bar{w}_{im}+\bar{w}_{jn}-\bar{w}_{jm}},0\right),0\right\} \tag{6.60}$$

式中，$\lambda\in[0,1]$。

建立可能度矩阵

$$\boldsymbol{P} = (p_{ij})_{n \times m} \tag{6.61}$$

求出 $\boldsymbol{P}$ 的行和并归一化,得到权重向量

$$\boldsymbol{w}^{(k)} = [w_1 \quad w_2 \quad \cdots \quad w_n]^{\mathrm{T}} \tag{6.62}$$

(4) 设共有 k 位专家参评,则对 k 个专家集值统计:通过分别给出各专家的判断矩阵 $\boldsymbol{A}^{(k)}$,可求得各自权重向量 $w^{(k)}$,并求其平均值得到最终权重向量为

$$w = \frac{\sum\limits_{k=1}^{k} \overline{w}^{(k)}}{K} \tag{6.63}$$

逼真度综合评价如下:

设专家给出的评价集为 $S(s_1, s_2, \cdots, s_n)$,对每个因素 u_i 都有个模糊评价 $R(r_{i1}, r_{i2}, \cdots, s_{in})$,其矩阵形式为

$$\boldsymbol{R} = \begin{bmatrix} r_{11} & r_{12} & \cdots & r_{1n} \\ r_{21} & r_{22} & \cdots & r_{2n} \\ \vdots & \vdots & & \vdots \\ r_{n1} & r_{n2} & \cdots & r_{nn} \end{bmatrix}_{m \times n} \tag{6.64}$$

式中,$\boldsymbol{R}$——单因素评价矩阵;

$\quad$ r_{ij}——因素 u_i 对评价集 s_j 的隶属度。

设权重向量为 $w=[a_1, a_2, \cdots, a_m]$,则综合评价为

$$\boldsymbol{D} = w \cdot \boldsymbol{R} \tag{6.65}$$

式中,$(\cdot)$——表示某种合适的模糊算法,记为 $M(+, *)$。

常见模糊运算模型如表 6.12 所示。

表 6.12　常见模糊运算模型

序　号	模　型	算　子	运算公式
I	$M(\wedge, \vee)$	$\wedge \vee$	$b_j = \bigvee\limits_{i=1}^{m} (w_i \wedge r_{ij})$
II	$M(\cdot, \vee)$	$\cdot \vee$	$b_j = \bigvee\limits_{i=1}^{m} (w_i \cdot r_{ij})$
III	$M(\wedge, \oplus)$	$\wedge \oplus$	$b_j = \sum\limits_{i=1}^{m} (w_i \wedge r_{ij})$
IV	$M(\cdot, \oplus)$	$\cdot \oplus$	$b_j = \min \left[1, \sum\limits_{i=1}^{m} (w_i \cdot r_{ij}) \right]$
V	$\cdot +$	$\cdot +$	$b_j = \sum\limits_{i=1}^{m} (w_i \cdot r_{ij})$

若选择加权平均模型 $M(\cdot, \oplus)$，则逼真度计算为

$$D = w \cdot R = \left[b_1 = \sum_{i=1}^{m} (w_i \cdot w_{i1}), \cdots, b_n = \sum_{i=1}^{m} (w_i \cdot w_{in}) \right] \quad (6.66)$$

式中，R 由专家评分表得到（见表 6.13）。

表 6.13　专家评分表

指标 \ 因素	属性描述								
	最差 S_1	很差 S_2	差 S_3	较差 S_4	一般 S_5	较好 S_6	好 S_7	很好 S_8	最好 S_9
U_1									
U_2									
……									

3. 仿真系统逼真度评估指标体系

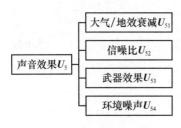

图 6.27　音效仿真逼真度
评估指标体系

有效的指标体系，对于逼真度评估是必不可少的。通常，不同仿真系统其逼真度评估指标体系不尽一样。逼真度评估对于听觉/视觉仿真系统尤其重要，故这里以此为例。

给出了音效仿真系统逼真度指标体系如图 6.27 所示。

给出了视景仿真系统逼真度指标体系如图 6.28 所示。

4. 应用实例

例 6.6　某武器系统对抗视景仿真系统的逼真度评估。

依据本小节提出的视景仿真逼真度评估算法及指标体系对该系统的逼真度进行评估。为简便起见，仅以三维模型逼真度 U_1 的评估为例。

（1）指标层次如前述图 6.23 所示。

（2）确定分级指标的权重。请 10 位专家对其权重进行评估，其中第 K 位专家的权重评判为

$$\begin{bmatrix} (0.5, 0.5, 0.5) & (0.65, 0.7, 0.75) & (0.6, 0.7, 0.8) & (0.75, 0.8, 0.85) \\ (0.25, 0.3, 0.35) & (0.5, 0.5, 0.5) & (0.25, 0.3, 0.35) & (0.55, 0.75, 0.85) \\ (0.2, 0.3, 0.4) & (0.65, 0.7, 0.75) & (0.5, 0.5, 0.5) & (0.7, 0.8, 0.9) \\ (0.15, 0.2, 0.25) & (0.15, 0.3, 0.45) & (0.1, 0.2, 0.3) & (0.5, 0.5, 0.5) \end{bmatrix}$$

其三角模糊数权重向量为

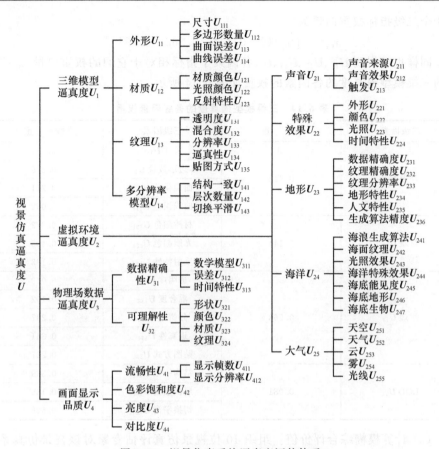

图 6.28　视景仿真系统逼真度评估体系

$$\overline{\boldsymbol{w}}^{(k)} = \begin{bmatrix} (0.278, & 0.338, & 0.414) \\ (0.172, & 0.225, & 0.293) \\ (0.228, & 0.288, & 0.364) \\ (0.100, & 0.150, & 0.214) \end{bmatrix}$$

相应可能度矩阵

$$\boldsymbol{P} = \begin{bmatrix} 0.500 & 1.000 & 0.872 & 1.000 \\ 0.000 & 0.500 & 0.019 & 1.000 \\ 0.128 & 0.981 & 0.500 & 1.000 \\ 0.000 & 0.000 & 0.000 & 0.500 \end{bmatrix}$$

可得权重向量为

$$\boldsymbol{w}_{U_1}^{(k)} = [0.422 \quad 0.190 \quad 0.325 \quad 0.063]^{\mathrm{T}}$$

同理可得其他专家对 U_{11}、U_{12}、U_{13}、U_{14} 的权重评分,最后利用加权平均法得到

这 4 个二级指标权重向量为

$$w_{U_1} = \begin{bmatrix} 0.412 & 0.144 & 0.363 & 0.081 \end{bmatrix}^{\mathrm{T}}$$

同样也可得到 U_{11}、U_{12}、U_{13}、U_{14} 各因素子指标相对于它们的权重向量,最终求得的三维模型逼真度的各因素的权重如表 6.14 所示。

表 6.14   三维模型逼真度的各级因素权重

二级因素	权　重	三级因素	权　重
外形 U_{11}	0.412	尺寸 U_{111}	0.361
		多边形数量 U_{112}	0.376
		曲面误差 U_{113}	0.211
		曲线误差 U_{114}	0.052
材质 U_{12}	0.144	材质颜色 U_{121}	0.372
		光照颜色 U_{122}	0.435
		反射特性 U_{123}	0.193
纹理 U_{13}	0.563	透明度 U_{131}	0.043
		混合度 U_{132}	0.102
		分辨率 U_{133}	0.297
		逼真性 U_{134}	0.331
		贴图方式 U_{135}	0.227
LOD U_{14}	0.081	结构一致 U_{141}	0.539
		层次数量 U_{142}	0.135
		切换平滑 U_{143}	0.526

（3）计算模糊综合评价值。组织 10 位视景仿真评估专家对该视景仿真系统的各项因素打分,得到评估矩阵,以其中某种武器模型为例,其模型外观因素 U_{11} 结果如表 6.15 所示。

表 6.15   专家对二级因素指标的评价表

专家序号 指标	1	2	3	4	5	6	7	8	9	10
U_{111}	7	9	8	8	8	6	7	8	8	9
U_{112}	6	7	7	6	7	5	6	8	7	7
U_{113}	8	8	9	8	7	7	8	7	9	7
U_{114}	6	7	7	8	7	6	7	7	7	9

由此可得评价矩阵

$$R = \begin{bmatrix} 0 & 0 & 0 & 0 & 0 & 0.1 & 0.2 & 0.5 & 0.2 \\ 0 & 0 & 0 & 0 & 0.1 & 0.3 & 0.5 & 0.1 & 0 \\ 0 & 0 & 0 & 0 & 0 & 0 & 0.4 & 0.4 & 0.2 \\ 0 & 0 & 0 & 0 & 0 & 0.3 & 0.6 & 0.1 & 0 \end{bmatrix}$$

相应综合评估结果为

$$D_{11} = W_{11} \cdot R_{11} = [0,0,0,0,0.038,0.164,0.376,0.308,0.114]^{\mathrm{T}}$$

同理可得

$$D_{12} = W_{12} \cdot R_{12} = [0,0,0,0,0.017,0.142,0.375,0.411,0.055]^{\mathrm{T}}$$

$$D_{13} = W_{13} \cdot R_{13} = [0,0,0,0,0.0143,0.221,0.242,0.346,0.048]^{\mathrm{T}}$$

$$D_{14} = W_{14} \cdot R_{14} = [0,0,0,0,0.03,0.113,0.33,0.423,0.104]^{\mathrm{T}}$$

综合上述因素评估结果,可得外形评估向量为

$$D_1 = W_1 \cdot R_1$$

$$= [0.412,0.144,0.363,0.081]^{\mathrm{T}} \begin{bmatrix} 0 & 0 & 0 & 0 & 0.038 & 0.164 & 0.376 & 0.308 & 0.114 \\ 0 & 0 & 0 & 0 & 0.017 & 0.142 & 0.375 & 0.411 & 0.055 \\ 0 & 0 & 0 & 0 & 0.143 & 0.221 & 0.242 & 0.346 & 0.048 \\ 0 & 0 & 0 & 0 & 0.03 & 0.113 & 0.33 & 0.423 & 0.104 \end{bmatrix}$$

$$= [0,0,0,0,0.072,0.117,0.323,0.346,0.081]$$

为了便于评价,可以用百分制给出各评价等级赋值,从"最差"到"最好"9 个等级分别赋值为 20～100,这样便可得到外形的综合评价得分为

$$H = [0,0,0,0,0.072,0.117,0.323,0.346,0.081]$$
$$\times [20,30,40,50,60,70,80,90,100]^{\mathrm{T}} = 81.98$$

显然,由评价结果可知,该武器三维模型的外形与实物基本相符,能满足视景仿真需求。

思　考　题

1. 试述 VV&A 的基本概念和相关概念。

2. 指出 VV&A 与仿真系统可信度评估的关系,并论述 VV&A 的意义和作用。

3. 论述 VV&A 工作原则及模式。

4. 给出 V&V 方法和技术体系。

5. 为什么要研究和制定复杂仿真系统的 VV&A 标准/规范? 试给出它的技术框架和内容框架,并做必要解释。

6. 举例说明复杂仿真系统的 VV&A 标准/规范的应用。

7. 论述大型复杂仿真系统的特点及可信度评估对策。

8. 论述可信度评估的各种方法与技术。

9. 论述灰色综合评估方法原理和主要评估过程。

10. 论述仿真系统可信度与相似度的关系及如何利用相似度进行可信度评估。

11. 指出你所知道的仿真系统可信度评估新方法,并举例说明它们的实际应用。

参 考 文 献

卜广志等.2007.一种用于模型检验的符号检验法.计算机仿真,24(1).

蔡远利.2006.多 Agent 系统形式化建模方法学.系统仿真技术及其应用.合肥:中国科学技术大学出版社.

曹海旺,薛朝改,黄建国.2006.基于人工智能的 VV&A 平台研究.系统仿真学报,18(12).

曹立军等.2006.基于正反向混合推理的故障仿真预测模型.系统仿真学报,18(3).

陈其晖等.2005.基于系统动力学的高校发展战略研究.系统仿真技术,1(2).

陈森发.2005.复杂系统建模理论与方法.南京:东南大学出版社.

陈宗海,黄元亮.2004.定性定量仿真技术的研究//系统仿真技术及其应用论文集.合肥:中国科学技术大学出版社,6.

崔霞,戴汝为,李耀东.2003.群体智慧在综合集成研讨厅体系中的涌现.系统仿真学报,15(1).

邓万扬,田英杰.2006.数据挖掘中的新方法——支持向量机.北京:科学出版社.

邓正宏等.2004.面向对象技术.北京:国防工业出版社.

丁海山,毛剑琴.2006.模糊系统逼近理论的发展现状.系统仿真学报,18(8).

段家庆,陈宗海.2006.模糊定性仿真与灰色定性仿真//系统仿真技术及其应用论文集.合肥:中国科学技术大学出版社,8.

方可,杨明,王子才.2005.HLAFEDE 及 VV&A 的工作流技术研究.系统仿真学报,17(3).

方敏等.2006.混合系统的形式验证方法.系统仿真学报,18(10).

冯迪砂,吴斌.2007.两种数字生命的 Swarm 仿真研究.系统仿真学报,19(4).

高宝俊等.2006.基于 Agent 的股票市场仿真模型的 Swarm 实现.系统仿真学报,18(4).

龚卓蓉.2002.Vega 程序设计.北京:国防工业出版社.

郭佳子,张占月.2006.基于置信度的卫星多分辨率建模与仿真.系统仿真技术及其应用,8.

郭齐胜等.2003.分布交互仿真及其军事应用.北京:国防工业出版社.

韩超等.2007.可扩展建模与仿真框架(XMSF)综述.计算机仿真,24(1).

韩中庚.2005.数学建模方法及其应用.北京:高等教育出版社.

衡星辰等.2006.动态贝叶斯网络在复杂系统中建模方法的研究.系统仿真学报,18(4).

洪炳镕等.2005.虚拟现实及其应用.北京:国防工业出版社.

胡小建等.2004.基于联结树的贝叶斯的推理结构及构造算法.系统仿真学报,16(11).

胡晓峰.2006.战争复杂性与信息化战争模拟.系统仿真学报,18(12).

胡笑旋等.2006.面向复杂问题的贝叶斯网建模方法.系统仿真学报,18(11).

胡兆勇,屈梁生.2004.贝叶斯网络推理的一种仿真算法.系统仿真学报,16(2).

黄道颖.2006.计算机网络.北京:科学出版社.

黄淑英.2006.复杂系统的辨识与系统模型.系统仿真学报,18(增刊2).

黄志鹏,石琴.2005.交通流元胞自动机模型综述//系统仿真技术及其应用论文集,合肥:中国科学技术大学出版社,7.

黄忠霖,周向明.2006.控制系统 MATLAB 计算及仿真实训.北京:国防工业出版社.

黄忠霖.2004.控制系统 MATLAB 计算及仿真.北京:国防工业出版社.

贾连兴.2006.仿真技术与软件.北京:国防工业出版社.

贾仁耀,刘湘伟.2007.建模与仿真的校核与验证技术综述.计算机仿真,24(4).

焦李成,刘静,钟伟才.2006.协同进化计算与多智能体系统.北京:科学出版社.

金士尧等.2006.基于复杂系统的公众科学素质仿真及对策研究.系统仿真学报,18(12).

康凤举.2001.现代仿真技术与应用.北京:国防工业出版社.

赖一楠等.2005.航天器五自由对接试验台动力学特性仿真.系统仿真学报,17(11).

雷洪涛等.2006. C^4 ISR 仿真技术参考模型研究.计算机仿真,23(9).

李宝,吴华,金士尧.2007.一种基于 ABD 的网络中心战概念级仿真模型.计算机仿真,24(4).

李伯虎.2004.现代建模与仿真技术发展中的几个焦点.系统仿真学报,16(9).

李建平等.2007.多拟合凸线性组合元模型及其应用∥系统仿真技术及其应用论文集.合肥:中国科学技术大学出版社,9.

李建平等.2007.雷达系统发现与跟踪目标仿真元模型方法.系统仿真学报,19(3).

李龙等.2006.定性仿真中关键问题分析.系统仿真技术及应用,合肥:中国科学技术大学出版社,18.

李庆民等.2006.武器系统仿真模型的可信性验证方法研究.系统仿真学报,18(12).

李士勇等.2006.非线性科学与复杂性科学.哈尔滨:哈尔滨工业大学出版社.

李小波等.2007.主动元模型的建模框架研究∥系统仿真技术及其应用论文集.合肥:中国科学技术大学出版社,9.

李颖哲等.2006.基于 EELG 理论与 Dymola 环境的多学科系统集成仿真.系统仿真学报,18(8).

李勇.2005.基于混合 Petri 网的网络建模与仿真.计算机仿真,22(6).

李众,高健.2004.电液伺服变距系统的二维云模型控制研究.系统仿真学报,16(5).

廖守亿,戴金海.2004.复杂适应系统及其基于 Agent 的建模与仿真方法.系统仿真学报,16(1).

廖守亿,戴金海.2005.复杂系统基于 Agent 的建模与仿真设计模式及软件框架.计算机仿真,22(5).

刘宝宏,黄柯棣.2004.基于 HLA 的多分辨率建模框架的设计与实现.系统仿真学报,16(7).

刘宝宏.2003.多分辨率建模的理论与关键技术研究[博士学位论文].长沙:国防科技大学.

刘光明等.2007.基于多种软件平台的卫星动力学仿真研究.系统仿真学报,19(2).

刘海波等.2007.基于 XMSF 的一种新型 RTI 的设计与实现∥系统仿真技术及其应用论文集.合肥:中国科学技术大学出版社,9.

刘建永等.2004.多分辨率地形模型动态构模与实时显示研究.系统仿真学报,16(4).

刘思峰等.2000.灰色系统理论及其应用.北京:科学出版社.

刘兴堂,邓建军.2002.飞行员最优控制建模及应用仿真.电光与控制,(2).

刘兴堂,李润玲.1991.人控制模型研究综述.系统仿真学报,3(11).

刘兴堂,李小兵.2000.复杂仿真器的计算机控制系统研究.工业仪表与自动化装置.

刘兴堂,李小兵.1998.一种有效改善空中飞行模拟器性能的新方法.飞行力学,(4).

刘兴堂,刘力,孙文.2006.仿真系统及其标准/规范研究.计算机仿真,23(3).

刘兴堂,刘力.2006.精确制导武器与仿真技术研究.系统仿真学报,18(8).

刘兴堂,刘力等.2007.对复杂系统建模与仿真的几点重要思考.系统仿真学报,19(13).

刘兴堂,吕杰,周自全.2003.空中飞行模拟器.北京:国防工业出版社.

刘兴堂,牟俊林.1990.一种拟合气动系数曲线的新方法.飞行力学,(1).

刘兴堂,万少松等.1999.飞行器运动模型计算机辨识技术.系统仿真学报,11(10).

刘兴堂,王革命,张双选.2003.多模自适应控制在空中飞行模拟器中的应用.系统仿真学报,15
　　(1).

刘兴堂,王青歌.2003.仿真系统置信度评估中的辨识方法.计算机仿真,21(3).

刘兴堂,吴晓燕.2001.现代系统建模与仿真技术.西安:西北工业大学出版社.

刘兴堂,赵红言等.1997.飞行员数学模型与新机飞行品质预测.飞行力学,(1).

刘兴堂.2006.导弹制导控制系统分析设计与仿真.西安:西北工业大学出版社.

刘兴堂.2006.精确制导、控制与仿真技术.北京:国防工业出版社.

刘兴堂.2006.现代辨识工程.北京:国防工业出版社.

刘兴堂.2003.应用自适应控制.西安:西北工业大学出版社.

刘振娟等.2007.基于混合 Petri 网的图形建模仿真系统.系统仿真学报,19(4).

柳世考,刘兴堂,李军.2001.利用相似理论进行系统模型验证.计算机仿真,19(11).

柳世考,刘兴堂,张文.2002.利用相似度对仿真系统可信度进行定量评估.系统仿真学报,14
　　(2).

吕栋雷等.2006.利用方差分析法进行模型验证.计算机仿真,23(8).

吕品等.2006.基于多分辨率格网数据的观察点设置问题研究.系统仿真学报,18(12).

马登武等.2005.虚拟现实技术及其在飞行仿真中的应用.北京:国防工业出版社.

毛少杰.2004.C^4ISR 论证模型体系框架研究∥全球化制造高级论坛暨 21 世纪仿真技术研讨会
　　论文集.北京:世界图书出版公司.

毛媛,刘杰,李伯虎.2002.基于元模型的复杂系统建模方法研究.系统仿真学报,15(2).

孟祥恰等.2007.基于云模型的主现信任管理模型研究.系统仿真学报,19(14).

莫卫东.2006.现代计算机网络原理与设计.西安:西北工业大学出版社.

欧阳莹之.2002.复杂系统理论基础.田宝国等译.上海:上海科技教育出版社.

庞国峰.2007.虚拟战场导论.北京:国防工业出版社.

彭荆明等.2006.基于 MBTY 的水下航行体控制系统建模与仿真.计算机仿真,23(7).

彭晓源等.2004.仿真网格研究及其应用∥全球化制造高级论坛暨 21 世纪仿真技术研讨会论文
　　集.北京:世界图书出版公司.

齐欢等.2004.HLA 仿真与 UML 建模.北京:科学出版社.

钱峰.2001.动态系统马尔可夫建模理论及应用研究[博士学位论文].西安:第二炮兵工程学院.

钱学森,于景元,戴汝为.1990.一个科学新领域-开放的复杂巨系统及其方法论.自然杂志,13
　　(1).

钱学森.1981.系统科学、思维科学与人体科学.自然杂志,(1):3~7.

钱学森等.2007.论系统工程(新世纪版).上海:上海交通大学出版社.

秦世引,高学.2003.多分辨率建模方法及其应用∥全国仿真学术会议论文集.

撒力,熊范纶.2005.一个基于Swarm的人工生态系统模型.系统仿真学报,17(3).

商长安,刘兴堂,仵浩.2002.军用大型复杂仿真系统的特点及其置信度评估对策.系统仿真学报,14(5).

邵晨曦等.2006.一种新的Petri网模型建立方法.系统仿真学报,18(11).

沈健,王敏文.2005.MATLAB与C++结合复杂动态对象仿真建模方法//第一届MATLAB®&-Simulink®中国用广大会暨技术论坛论文集.

沈俊,宋健.2007.基于ADAMS和Simulink联合仿真的ABS控制算法研究.系统仿真学报,19(5).

石纯一,廖士中.2002.定性推理方法.北京:清华大学出版社.

石峰等.2006.HLA仿真系统因果追溯性设计.计算机仿真,23(11).

石峰等.2006.大规模战役分析仿真分析中的因果追溯方法研究.系统仿真学报,18(5).

石峰等.2007.面向复杂仿真因果追溯的行为建模方法.系统仿真学报,19(2).

史爱芬等.2006.复杂武器系统定性建模与仿真探析.系统仿真学报,18(增刊2).

苏建元等.2007.基于随机Petri网的信息系统工作流建模.计算机仿真,24(6).

孙勇成等.2005.基于灰色聚类法的仿真系统可信度分析.计算机仿真,22(10).

汤新民,钟诗胜.2007.基于元模型的模糊Petri网反向传播学习算法.系统仿真学报,19(14).

唐雪梅,张金槐等.2001.武器装备小子试验分析与评估.北京:国防工业出版社.

田景文,高美娟.2006.人工神经网络算法研究及其应用.北京:北京理工大学出版社.

田铮等.2005.非线性时间序列建模的混合GARCH方法.系统仿真学报,17(8).

汪小帆等.2006.复杂网络理论及其应用.北京:清华大学出版社.

王冬琳.2004.数学建模及实验.北京:国防工业出版社.

王飞跃.2005.计算实验方法与复杂系统行为分析和决策评估.系统仿真学报,16(5).

王国强等.2002.虚拟样机技术及其在ADAMS上的实践.西安:西北工业大学出版社.

王红卫.2002.建模与仿真.北京:科学出版社.

王宏生.2006.人工智能及其应用.北京:国防工业出版社.

王建平,刘文胜.2005.武器系统的层次化、组合化建模方法//05′全国仿真技术学术会议论文集.

王珂等.2007.基于ADAMS的减振系统仿真.计算机仿真,24(5).

王仁春,李昊,戴金海.2007.系统建模与仿真应用的校验、确认与验收.计算机仿真,24(5).

王日华等.2006.基于UML的弹道导弹攻防对抗仿真系统建模研究.系统仿真学报,18(10).

王书舟,伞冶.2004.基于混沌神经网络的复杂系统建模方法研究//全球化制造高级论坛暨21世纪仿真技术研讨会论文集,北京:世界图书出版公司.

王曙钊,刘兴堂,段锁力.2007.利用灰色关联度理论对仿真模型的评估研究.空军工程大学学报(自然科学版),(1).

王曙钊,刘兴堂.2005.近地空域环境仿真模型框架研究.系统仿真学报,17(8).

王曙钊,刘兴堂等.2005.复杂仿真系统VV&A规范应用研究.空军工程大学学报(自然科学版),(9).

王曙钊.2007.VV&A度量理论、度量模型和规范化研究[博士学位论文].西安:空军工程大学.

王维平等.2007.基于元模型的可重用仿真模型表示方法研究.计算机仿真,24(8).

王文庆.2005.复杂系统自适应鲁棒控制——基于模糊逻辑系统的分析设计.西安:西北工业大学出版社.

王行仁.2004.建模与仿真技术若干问题探讨.系统仿真学报,16(9).

王莹等.2007.定性组合建模技术研究与实现.系统仿真学报,19(3).

王跃宝等.2004.面向复杂性过程的模型辨识软件设计及应用.系统仿真学报,16(7).

王正中.2004.复杂系统预期行为仿真的演化建模研究.系统仿真学报,16(9).

吴大林等.2006.基于虚拟样机的仿真系统校核、验证与确认研究.计算机仿真,23(7).

吴俊杰等.2005.基于网格的新一代 HLA 仿真系统的设计与研究∥系统仿真技术及其应用论文集.合肥:中国科学技术大学出版社,7.

吴小兰等.2007.基于 dSPACE 的矩阵变换器电流控制策略实现.系统仿真学报,19(3).

吴小溜等.2006.逻辑控制系统的一种建模方法.计算机仿真,23(8).

吴晓燕,刘兴堂,任淑红.2006.仿真系统 VV&A 研究.空军工程大学学报(自然科学版),(7).

夏常第,万百五.1998.考虑参数变化的定性仿真.系统仿真学报,10(2).

夏红伟等.2006.基于 RTX 的卫星姿控系统地面实时仿真系统.计算机仿真,23(9).

肖田元.2004.虚拟制造加速产品创新∥全球化制造高级论坛暨 21 世纪仿真技术研讨会论文集.北京:世界图书出版公司.

熊光楞等.2004.协同仿真与虚拟样机技术.北京:清华大学出版社.

徐刚,吴智铭.2004. FMS 建模和形式化验证.系统仿真学报,16(9).

徐勇刚,王行仁等.2005.分布复杂系统仿真支撑环境研究.系统仿真学报,17(8).

薛福珍,柏浩.2004.基于先验知识和神经网络的非线性建模与预测控制.系统仿真学报,16(5).

薛惠锋.2007.复杂性人工生命研究方法导论.北京:国防工业出版社.

燕雪峰等.2004.网格环境中的 HLA 仿真系统∥全球化制造高级论坛暨 21 世纪仿真技术研讨会论文集.北京:世界图书出版公司.

杨炳儒.2004.基于内在机理的知识发现理论及其应用.北京:电子工业出版社.

杨锦亚等.2006. NS-2 新功能模块的开发.计算机仿真,23(11).

杨善林,胡小建.2007.复杂决策任务的建模与求解方法.北京:科学出版社.

杨神化等.2007.基于 MAS 和 SHS 智能港口交通流模拟系统的开发与应用.系统仿真学报,19(2).

杨雪榕,廖瑛,冯向军.2006.建模与仿真及 VV&A 管理系统设计.计算机仿真,23(10).

杨延西等.2006.基于 LS-SVM 的机器人逆运动学建模.系统仿真学报,18(5).

姚重华.2005.环境工程仿真与控制(第二版).北京:高校教育出版社.

叶含笑,吴洪谭.2004.虚拟人体建模技术的应用与发展.系统仿真学报,16(7).

张楚贤,李世其.2005.基于 UML 的复杂工程仿真方法.系统仿真学报,17(8).

张宏科等.2003.路由器原理与技术.北京:国防工业出版社.

张剑芳,李中学.2004.基于范例推理的后勤非对抗性仿真作业系统研究.系统仿真学报,16(11).

张连文.2006.贝叶斯网引论.北京:科学出版社.

张双选,刘兴堂.2001.大型宇航环境仿真器中的气压自适应控制.光电与控制,(3).

张卫华等.2007.基于 JMASE 的地空导弹联合建模与仿真.系统仿真学报,19(6).

张文红,陈森发.2004.生态工业系统——一个开放的复杂巨系统.系统仿真学报,16(3).

张啸天等.2007.作战模型柔性集成方法研究.系统仿真学报,19(1).

赵冀翔等.2006.基于 Modelica 的流体点胶过程仿真技术研究.系统仿真学报,18(10).

赵敏荣,吴晓燕,刘兴堂.2003.复杂仿真系统模型验证方法的研究.系统仿真学报,15(10).

赵巍等.2007. MathML 在数学建模与仿真中的应用研究.系统仿真学报,19(5).

赵晓哲等.2006.基于 STAGE 的舰潜对抗仿真系统设计.系统仿真学报,18(4).

赵占龙.2006.基于 SD 的军事行动与战略储备关系仿真模型研究.系统仿真学报,18(12).

郑小霞,钱锋.2006.基于 PCA 和最小二乘支持向量机的软测量建模.系统仿真学报,18(3).

钟珞等.2007.人工神经网络及其融合应用技术.北京:科学出版社.

钟玮珺等.2006.基于 XML/Schema 的海军战术军事概念模型研究.计算机仿真,23(7).

周少平等.2006.探索性分析建模.计算机仿真,23(4).

周扬等.2006.空间目标几何与行为一体化建模研究.计算机仿真,23(9).

周自全,刘兴堂.1997.现代飞行模拟技术.北京:国防工业出版社.

诸静.2005.模糊控制理论与系统原理.北京:机械工业出版社.

邹晖,陈万春,殷兴良.2004. Stateflow 在巡航导弹仿真中的应用.系统仿真学报,8(8).

(新西兰)Meerschaert M M. 2005.数学建模方法与分析(原书第二版).刘来福等译.北京:机械
工业出版社.

Cheng Y L,Liu X T. 1992. Model research for computer shaded target display. BICSC92.

Frank R,Giordano Maurice D,Weir William P. 2003. Fox:A First Course in Mathematical Mod-
eling,Third Edition. New York:Thomson Learning.

Ingo Wegener. Complexity Theory. Berlin:Springer Verlag,2005.

Lei hu min,Lin Xing-tang. 1995. Complex simulation technology(CST) in modern scientific re-
search. BICSC'95.

Li B H,et al. 2004. Research and Implementation on Collaborative Simulation Grid Platform,SC-
SC,San Jose,USA.

Liu X T,Mu J L. 1990. To study flight dynamics with qualitive theory of differential equation.
ICDVC'90.

Martin Adelantado,Stephan Bommet. 2001. Multiresolution modeling and simulation with the
high level architecture. Spring SIW.

Micheal Wooldgidge. 2003.多 Agent 系统引论.石纯一等译.北京:电子工业出版社.

SGI. 2005. OpenGL Performer Programmer's Guide [EB].

Shera D A. 1999. Library of Markov chain Monte Carlo routine for matlab. Harvard shool of pub-
lic Health.

SISO-STD-003. 2004. 3-Draft-V0. 7,Guide for Base Object Model(BOM) Use and Implementa-
tion.

STAGE Scenario 5. 0 Developer Guide [CP/DK], ETI, 2004.

STAGE Scenario 5. 0 User Guide [CP/DK], ETI, 2004.

Tian X H, Song L. 2006. Psychological controlling Mechanism of Higher Education Admin Striation in the Social Complex System. 26th International Congress of Applied Psychology, Athens, Greece.

Wan S Z, Li G, Liu X T. 2003. Identifying and controlling on adaptive inverse model based on artificial neural network. Conference Proceeding of The Sixth International Conference on Electronic Measurement and Instrument Electronic Measurement and Instrument Society of Chinese Institute of Electronic(ISTP).

Wu X Y, Liu X T. 1995. Research and discussion of new type and practical digital analog hybrid simulation computation system. BICSC'95.

Xiu X T. 1989. Study of model validity and modeling approach. BICSC'89.

Арьков В Ю, Струков И Т. 2000. Формирование Случайных Сигналов с заданными характеристиками с использованием управляемыхцепей маркова(Тез. докл.). Моделированне, вычислення, проектирование В условиях неопределенности. Труды межд. научн. конф. уфа: УГАТУ-С4444.

Васильченко К К, Кочемков Ы А, Лсонов В А, Лоплавский Б К. 1993. Структурная идентификация математический модели движения Самолёта. М. : Машиностроение, 351С.

Куликов Г Г, Брейкин Т В, И Арьков В Ю. 2000. К вопросу о применении моделей Маркова В Полунатурных Стендах ДЛЯ Испытания САУ ГТД. Известия Вузов. Авиационная Техника, 1.

Куликов Г Г, Флеминг П Д, Брейкин Т В, Арьков В Ю. 1998. Марковскце модели сложных динамических систем: индентификация, Моделирование И контроль состояния. УФа: Уфимский Государственный авиационный Технический Университет.